高职高专计算机教学改革 新体系 教材

计算机网络技术
实用教程 （第3版）

褚建立　主　编

邵慧莹　刘　霞　路俊维
钱孟杰　曹新鸿　郗君甫　副主编

清华大学出版社
北京

内 容 简 介

本书是智慧职教平台课程教材，同时也是普通高等教育"十一五"国家级规划教材修订版。

本书系统地介绍了计算机网络的相关知识，全书共分为 11 个单元，内容包括计算机网络和互联网、家庭网络（SOHO）的组建、小型办公室局域网的组建、网络的互联、IP 编址、对 IP 网络划分子网、传输层、应用层、无线网络和移动网络、广域网与宽带接入技术、中小型网络安全攻防。

本书作为智慧职教平台课程的配套教材，提供了视频、动画、课件、习题、技能训练等丰富的学习资源，方便用户学习（扫描书中二维码）。本书以"基本理论＋实用技术＋项目实训"为主线，每章都配有习题和技能训练等模块，以帮助读者掌握本单元的重点知识并提高实践能力。

书中概念明了、结构清晰、图文并茂，内容由浅入深、易学易用、实用性强。通过对本书的学习，读者可以较系统地掌握计算机网络技术的基础知识和基本技能。

本书适合作为计算机网络技术专业教材，也可作为相关培训机构的培训资料和网络技术爱好者的参考书。

图书在版编目（CIP）数据

计算机网络技术实用教程 / 褚建立主编 . —3 版 . —北京：清华大学出版社，2022.1
高职高专计算机教学改革新体系教材
ISBN 978-7-302-59762-9

Ⅰ . ①计…　Ⅱ . ①褚…　Ⅲ . ①计算机网络 – 高等职业教育 – 教材　Ⅳ . ① TP393

中国版本图书馆 CIP 数据核字（2021）第 262501 号

责任编辑：张　弛
封面设计：常雪影
责任校对：袁　芳
责任印制：朱雨萌

出版发行：清华大学出版社
　　　　　网　　　址：http://www.tup.com.cn, http://www.wqbook.com
　　　　　地　　　址：北京清华大学学研大厦 A 座　　　　　邮　　编：100084
　　　　　社 总 机：010-83470000　　　　　　　　　　　　邮　　购：010-62786544
　　　　　投稿与读者服务：010–62776969, c-service@tup.tsinghua.edu.cn
　　　　　质量反馈：010-62772015, zhiliang@tup.tsinghua.edu.cn
　　　　　课件下载：http://www.tup.com.cn, 010-83470410
印 装 者：三河市铭诚印务有限公司
经　　销：全国新华书店
开　　本：185mm×260mm　　　　印　　张：19.75　　　　字　　数：566 千字
版　　次：2009 年 1 月第 1 版　　2022 年 3 月第 3 版　　印　　次：2022 年 3 月第 1 次印刷
定　　价：59.90 元

产品编号：069317-01

第3版前言

一、背景

本书是普通高等教育"十一五"国家级规划教材修订版。2020年以来，受新冠肺炎疫情的影响，除实体经济外，其他行业开展了网上办公，网上员工招聘、培训，网上教学、视频会议、网络直播等成为工作常用手段，而且取得了良好效果。这离不开信息技术的快速发展，并且在某种程度上也改变着我们的生活习惯、学习方式和工作模式。

教学课件

当今社会也是一个数字化、网络化、信息化的社会，Internet/Intranet（因特网/企业内部网）在世界范围内迅速普及，电子商务的热潮急剧膨胀。社会信息化、数据的分布式处理、各种计算机资源的共享等应用需求推动着计算机网络的迅速发展。政府上网、企业上网、家庭上网以及数字/智慧城市建设的启动等一系列信息高速公路建设的实施，都急需大量掌握计算机网络基础知识和应用技术的专门人才。根据全国高等职业教育信息类系列教材研讨会的精神，在适当介绍理论知识，突出实践能力培养的基础上，结合编者多年从事计算机网络教学与研究的经验，在《计算机网络技术实用教程（第2版）》的基础上修订出版了《计算机网络技术实用教程（第3版）》。

本书概念简洁、结构清晰、深入浅出、通俗易懂。全书在编写中坚持实用技术和工程实践相结合的原则，侧重理论联系实际，结合高等职业院校学生的特点，注重基本能力和基本技能的培养，落实课程思政要求，培养学生精益求精的工匠精神，树立共享发展理念，做文明守法的网民，增强无线网络和校园网安全防范意识。

二、内容和特色

本书从能力角度构建知识的系统性和完整性，突出职业能力培养的要求，坚持集先进性、科学性和实用性为一体，尽可能将最新、最实用的技术写进教材，满足"以提高学生职业能力和职业素养为主"的高职教学模式的需要。在内容的选取上，网络理论以必需、够用为原则，侧重于网络实用技术及实际技能的介绍与训练，以组建、调试和使用为主，既强调计算机互联和网络协议的基础知识学习，也注重实际组网技能的培训。本书按照"项目教学法"模式进行编写，收集目前代表最新的网络技术方展方向，融合最新的教学理念和教学模式，将全书的结构划分为11个学习单元、11个工程项目任务，真正体现了基于能力培养的教学目标，具体安排如下。

学习单元	知识内容	项目任务
学习单元1　计算机网络和互联网	计算机网络概念；互联网的组成；计算机网络的组成、功能、分类、拓扑结构；计算机网络性能指标；计算机网络体系结构	——
学习单元2　家庭网络（SOHO）的组建	物理层协议；数据通信的基础知识；传输媒体；数据链路和帧；封装成帧；透明传输；差错控制；IP地址与掩码	双绞线线缆及其制作；利用双绞线实现双机直接连接
学习单元3　小型办公室局域网的组建	局域网特点、层次结构、网络适配器；局域网截止访问控制方法；以太网技术及扩展的以太网、快速以太网、千兆位以太网和万兆位以太网；虚拟局域网技术；企业园区网层次化设计	小型交换式网络组建；交换机地址学习
学习单元4　网络的互联	网络层所提供的服务及虚拟互联网络；网络层协议（IP、ARP、ICMP）；互联网的；路由选择协议；网络层设备-路由器；IP多播	网络层常用命令ipconfig、ping、arp、tracert、pathping、route等；使用Packet Trace分析ARP、IP和ICMP报文；使用wireshark分析ARP、IP和ICMP报文
学习单元5　IP编址	IPv4地址子网掩码、网络、主机和广播地；公有地址和私有地址、IPv4单播、广播和组播；IPv6数据报格式、表达方式、地址结构；IPv4向IPv6过渡	使用IPv6组网

续表

学 习 单 元	知 识 内 容	项 目 任 务
学习单元 6　对 IP 网络划分子网	子网划分概念；无类子网划分；可变长子网掩码	子网划分
学习单元 7　传输层	传输层的作用；进程之间的通信；传输层协议；用户数据报协议 UDP；传输控制协议 TCP；TCP 可靠数据传输技术；TCP 的传输连接管理；TCP 的流量控制和拥塞控制	常用命令：netstat 命令、nbtstat 命令；传输层协议实验；利用 Wireshark 观察 TCP 报文
学习单元 8　应用层	网络应用程序体系结构；域名系统 DNS；万维网 WWW；文件传送协议 FTP；动态主机配置协议；电子邮件；远程终端协议 Telnet	分析 DNS 报文及协议
学习单元 9　无线网络和移动网络	无线网络的基本概念、分类；无线局域网概念、IEEE 802.11 协议标准、无线电频谱与 AP 天线、常见的无线网络设备、WLAN 组网结构	构建基础网络无线局域网
学习单元 10　广域网与宽带接入技术	广域网的基本概念、点对点协议；IP 接入体系结构；宽带接入、ADSL 接入技术、宽带光纤接入方式、光纤同轴混合网（HFC 网）、以太网接入；互联网服务提供商 ISP；局域网接入与网络地址转换 NAT	—
学习单元 11　中小型网络安全攻防	网络安全定义、特征；数据密码技术；网络安全威胁技术；网络安全防护技术；互联网使用的安全协议	中小型网络安全攻防

本书以适应高职教学改革的需要为目标，充分体现高职特色，基于工作过程，努力从内容到形式有所创新和突破。本书的特色如下。

1. 引入"项目导向、任务驱动"思想，提高学习主动性

本书在教材体系结构上进行了重大改革，将现代教学广泛使用的"任务驱动"思想引入进来，提高了学生学习本课程的主动性。整个教材共设置了 4 个学习情境、12 个工程项目。

2. 紧跟行业技术发展，创新教材内容

本书注重新知识、新技术、新内容、新工艺的讲解，吸收了有丰富实践经验的企业技术人员参与教材的编写，与行业企业密切联系，保证教材内容紧跟行业技术最新发展动态。

3. 突出实践教学，强化能力培养

本书继续保持高职教育特色，进一步加大了实训教学的内容，理论联系实际，教材中的项目均来自于实际工程实践，激发了学生学习本课程的积极性，有针对性地培养了学生的实践动手能力。

4. 注重现代教学手段，建设立体化教材体系

本书注重现代教学手段的应用，开发了具有动态演示功能的多媒体教学课件，努力建设立体化教材体系，方便教师与学生学习，提高了学生学习本课程的兴趣。

三、致谢

本书由河北科技工程职业技术大学褚建立教授组织编写及统稿，其中单元 4、6、8 由褚建立编写，单元 1、7 由邵慧莹编写，单元 2 由路俊维编写，单元 3 由刘霞编写，单元 5 由钱孟杰编写，单元 9 由王沛编写，单元 10 由曹新鸿编写，单元 11 由郗君甫编写。参与本书编写的还有河北科技工程职业技术大学的马雪松、李军、陶智、董会国、王党利、陈步英等，他们提出了许多建议，在此一并表示感谢。从复杂网络技术中编写出一本简明的、满足企业网络基本需求的教材确实不是一件容易的事情，因此，衷心感谢企业技术专家对本书提出的建设性意见和建议。本书也得到了清华大学出版社的大力支持和帮助，在此也向他们表示衷心的感谢！

由于编者水平有限且技术日新月异，书中难免存在不妥之处，恳请广大读者批评指正。

编 者

2021 年 9 月

目　　录

学习单元 1　计算机网络和互联网

在过去的几个世纪里，每个世纪都有一种占主导地位的技术。18世纪随着工业革命到来的是伟大的机械时代；19世纪则属于蒸汽机时代；而到了20世纪，信息的收集、处理和分发技术成为关键的技术。随着计算机技术和通信技术的结合，21世纪的一个重要特征就是数字化、网络化和信息化，它是一个以网络为核心的信息时代。要实现信息化就必须依靠完善的网络，因此，网络基础设施现在已经成为信息社会的命脉和发展知识经济的重要基础。网络对社会生活的很多方面以及对国民经济的发展都已经产生了不可估量的影响。网络在人们的日常生活、学习和工作中所起的作用越来越重要。为此有必要了解一下什么是计算机网络，计算机网络到底有哪些应用，以及如何组建网络。

今天的互联网无疑是有史以来由人类创造且精心设计的最大系统，该系统具有数以亿计相连的计算机、通信链路和交换机，有数十亿使用便携计算机、平板电脑和智能手机进行连接的用户，还有无数与互联网连接的"物品"，包括游戏机、监视系统、手表、眼镜、温度调节装置、体重计和汽车等。随着互联网的发展及应用，面对如此巨大并且具有如此众多不同组件和用户的互联网，怎么理解它的工作原理？它的结构如何？

通过本单元的学习，大家应该掌握以下知识。

- 网络是如何影响我们学习、工作和生活方式的。
- 互联网边缘部分和核心部分的作用。
- 理解电路交换和分组交换的概念。
- 了解网络的组成和功能。
- 熟悉网络的分类。
- 了解计算机和互联网的演变和发展。
- 熟悉网络的性能指标。
- 熟悉理解网络体系结构。

互联网的全球化速度已超乎所有人的想象。无论是社会、商业还是政治的方方面面都随着这一全球化网络的发展而发生着深刻的变化。

1.1　全球联网

无处不在的网络为我们与同一地区或全球各地的人们进行通信或共享信息和资源提供了便利。

1.1.1　当今网络

对于大多数人来说，使用网络已成为日常生活中不可或缺的一部分。网络改变了人们之间传统的交流方式。

(1) 日常生活中的网络。当今世界的网络让人与人之间的联系变得空前便利。当人们想到某个创意时，可以实现即时沟通，使创意变为现实；新闻事件和新的发现在几秒钟内就能举世皆知；可以在电商平台或商家网上平台进行购物，可以实现跨境交易；旅行、住宿可以在网上办理，甚至目的地的天气都可以在网上获取；人们可以通过网络和大洋彼岸的朋友交流和玩游戏；网约车、出租车、自驾车司机手持一个手机就可以走遍全国不用问路；个人、企业之间通过网上银行足不出户就可以完成资金的流动；支付宝、微信等支付方式的出现改变了现金支付的方式。

(2) 网络改变我们的学习方式。人们接受优质教育不再受到距离的限制。在线远程学习消除了地理位置的障碍，增加了人们的学习机会。网络提供了各种形式的学习方式，包括互动练习、评估和反馈。

（3）网络改变了我们的通信方式。随着互联网的全球化，许多新的通信方式也应运而生，人们可以更加便利地实现全球通信。如腾讯的 QQ、微信，阿里的钉钉，微软的 MSN、ICQ 等即时通信软件。

（4）网络改变了我们的工作方式。自 2020 年 1 月暴发新冠肺炎疫情以来，各行政大厅、企事业单位开展网上办公，网上员工招聘、培训，召开远程视频会议，教育部门也开展了"停学不停课"网上教学活动，这些都与我们传统的工作方式有所不同。网络直播产生了网红经济，催生了新的职业。

（5）网络改变了我们的娱乐方式。互联网可以支持传统的娱乐形式，可以在线收听歌曲、欣赏电影、阅读书籍以及下载资料以便将来脱机访问。也可以在线观看体育赛事和音乐会的直播、录像和进行点播。网络促进了各种新娱乐形式（如在线游戏）的出现，玩家们参与游戏设计者们设计的各种网上游戏的角逐。人们可以和世界各地的认识的或不认识的朋友在网上并肩作战，就像我们在同一游戏室一样。网络给了我们与以往完全不同的体验。

1.1.2 身边的网络

网络规模可以是小到两台计算机组成的简易网络，也可以是大到连接数百万台甚至更多的设备的超级网络。

（1）将少量的几台计算机互联并将它们连接到互联网的小型家庭网络。可以在多台本地计算机之间共享资源，如打印机、文档、图片和音乐等。

（2）可让一个家庭办公室或远程办公室的计算机连接到企业网络或访问集中的共享资源的小型办公室或 / 家庭办公室（SOHO）网络。

（3）可能有许多站点，包含成百上千相互连接的计算机的大中型网络（例如大型企业和学校使用的网络）。在大型企业和大型组织中，网络的应用更加广泛。

（4）互联网是连接全球亿万台计算机的网络。是现存最大的网络，是由众多网络所组成的网络。

1.1.3 计算机网络概念

对于计算机网络（简称网络）没有严格的定义，其内涵也在不断变化中。所谓网络，就是将分布在不同地理位置上的具有独立工作能力的计算机、终端及其附属设备用通信设备和通信线路连接起来而形成的计算机集合，通过配置网络软件，计算机之间可以借助于通信线路传递信息、共享软件、硬件和数据等资源。也就是说网络是由若干结点（Node）和连接这些结点的链路（Link）组成。图 1-1 所示为一个具有四个结点和三条链路的网络。我们看到一台服务器、一台计算机（微机）、一台笔记本通过三条链路连接到一个交换机上，构成了一个简单的网络。

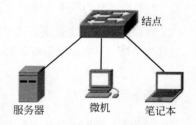

图 1-1　计算机网络示意图

从以上网络的定义可以看出以下 3 点。

（1）一个网络可以包含多个"结点"，结点可以是计算机、集线器、交换机或路由器等，在后面单元我们会介绍集线器、交换机和路由器等设备。

> 注意：在网络领域，"结点"是 node 的标准译名，而"结点"是非标准表达，本书采用"结点"。

（2）网络是通过通信设备和通信线路把有关的计算机有机地连接起来的。所谓"有机地"连接是指连接时彼此必须遵循所规定的约定和规则。

（3）建立网络的主要目的是实现通信、信息的交流、计算机分布资源的共享或者是协同工作。其中最基本的目的是资源共享，包括硬件资源、软件资源和数据资源的共享。

1.1.4 互连网与互联网

网络和网络之间还可以通过路由器等设备互连起来，这样就构成了一个覆盖范围更大的网络，这样的网络称为互连网（internet），如图 1-2 所示。因此互连网是网络的网络（Network of Networks）。

网络我们可以用一朵云来表示，这时候既可以把网络上的计算机包含在云中（见图 1-2），也可以把计算机画在云的外边（见图 1-3），通常，为了便于大家理解像讨论计算机之间的通信等之类问题，一般采用把计算机画在云外。把与网络相连的计算机称为主机（Host），这样，在图 1-3 中，用云表示的互联网里面就剩下许多路由器和连接这些路由器的链路了。

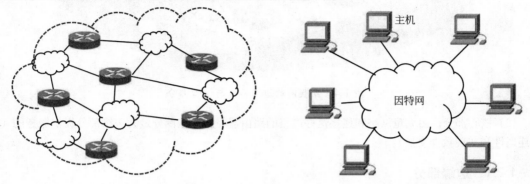

图 1-2　互连网（网络的网络）　　　　图 1-3　因特网与连接的主机

不久前，这些主机多数是传统的桌面 PC、笔记本、Linux 工作站以及所谓的服务器（用于存储和传输 Web 页面和电子邮件报文、视频等各种信息）。然而，现在越来越多的非传统 PC 机如平板电脑、智能手机、电视、游戏机、家用电器、交通信号灯、监视系统、手表、眼镜、温度调节装置、汽车控制系统等设备也连接到了互联网中。

由此大家可以初步建立这样的基本概念，即通过网络把许多计算机连接在一起，而通过互联网则把许多网络连接在了一起，因此，互联网就是世界上最大的计算机网络。

互联网（Internet）是世界上最大的互连网络（用户数以亿计，互连的网络数以百万计），是一个世界范围的计算机网络，即它是一个互联了遍及全世界数十亿计算机设备的网络。

据统计，在 2015 年有 134 亿台设备与互联网相连，而到了 2020 年则达到了 385 亿台设备。2016 年，全球互联网用户数为 34.2 亿人，相当于全球人口的 46%；而到了 2109 年，全球互联网用户数为 38 亿人，占全球总人口的一半以上。

> 💡**注意**：Internet（互联网或互连网）是一个通用名词，它泛指由多个网络互连而成的网络。

Internet（互联网）是一个专用名词，它指当前全球最大的、开放的、由众多网络相互连接而成的特定计算机网络，它采用 TCP/IP 协议族作为通信的规则，其前身是美国的 ARPAnet(Advanced Research Projects Agency Network, 高级研究计划局网络)。

1.2　互联网的组成

互联网的结构虽然非常复杂，并且在地理上覆盖了全球，但从其工作方式上看，可以划分为以下的两大部分，图 1-4 所示为这两部分的示意图。

（1）边缘部分。由所有连接在互联网上的主机组成。这部分是用户直接使用的，用来进行通信（传送数据、音频或视频）和资源共享。

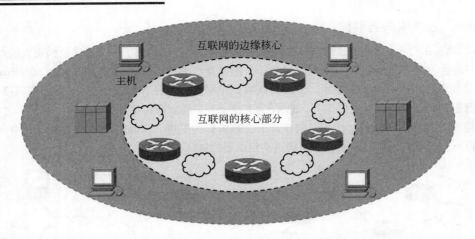

图 1-4　互联网的边缘部分与核心部分

（2）核心部分。由大量网络和连接这些网络的路由器组成。这部分是为边缘部分提供服务的（保证连通性和实现数据交换）。

1.2.1　边缘部分

互联网的边缘部分也称为资源子网。处在互联网边缘的部分就是连接在互联网上的所有的主机。这些主机又称为端系统（End System），"端"就是"末端"，也就是互联网的末端。端系统在功能上可能有很大的差别，小的端系统可以是一台普通个人计算机（PC 台式机、笔记本及平板电脑）和具有上网功能的手机，甚至可以是很小的网络摄像头，而大的端系统则可以是一台服务器、大型计算机。

- 桌面计算机（如包括桌面 PC、Mac、工作站等）。
- 服务器（如 Web 服务器、视频服务器、电子邮件服务器等）。
- 移动计算机（如笔记本电脑、智能手机、平板电脑、PDA 等）。
- 其他非传统设备（也称 IoT 设备，如电视、游戏机、家用电器、交通信号灯、监视系统、手表、眼镜、温度调节装置、汽车控制系统等）。

端系统的拥有者可以是个人、单位（如企业、学校、政府机关、科研院所等），也可以是某个 ISP（即 ISP 不仅仅是向端系统提供服务，也可以拥有一些端系统）。

边缘部分利用核心部分所提供的服务，使众多主机之间能够互相通信并进行数据交换或共享信息。

（1）接入网。用户和组织可以采取许多不同的方式连接到互联网，家庭用户、远程工作人员和小型办公室通常需要连接到互联网服务提供商（ISP）才能访问互联网（获得上网所需的 IP 地址）。不同 ISP 和地理位置的连接选项各不相同。接入网是指将端系统物理连接到其边缘路由器的网络。边缘路由器是端系统到任何其他远程端系统的路径上的第一台路由器。接入网主要解决的是"最后一公里接入"问题。

（2）物理媒体。端系统通过通信链路（Communication Link）和分组交换机（Packet Switch）连接到一起，再接入到互联网。而通信链路就使用了物理媒体。

目前，物理媒体分为两类，即导引型媒体和非导引型媒体。对于导引型媒体，是指电波沿着固体媒体前行，如双绞电缆、光缆和同轴电缆。对于非导引型媒体，是指电波在空气或外层空间中传播，例如无线局域网或数字卫星频道等。

1.2.2　互联网的核心部分

互联网的核心部分也称为通信子网，是互联网中最复杂的部分，因为网络中的核心部分要向网络边缘中的大量主机提供连通功能，使边缘中的任何一台主机都能够和其他主机进行通信。

互联网核心部分工作原理

在网络核心部分起特殊作用的是路由器（Router），它是一种专用计算机（但不是主机）。端系统通过通信链路（Communication Link）和分组交换机（Packet Switch）连接到一起。当一台端系统要向另一台端系统发送数据时，发送端系统令将数据分段，并为段加上首部字节，由此形成的数据包称为分组（Packet）。这些分组通过网络发送到目的端系统，在那里被装配还原成初始数据。路由器是实现分组交换（Packet Switching）的关键构件，其任务是转发收到的分组，这是网络核心部分最重要的功能。

为了弄清楚分组交换，下面先介绍电路交换的基本概念。

1. 电路交换

电路交换（Circuit Switching）是通信网中最早出现的一种交换方式，也是应用最普遍的一种交换方式，主要应用于电话通信网中，至今已有100多年的历史。

在电路交换网络中，通过网络结点在两个工作站之间建立一条专用的通信电路。最普通的电路交换例子是公用电话交换网（Public Switched Telephone Network, PSTN）。使用电路交换时，在通话之前，必须先拨号请求建立连接，当被叫用户听到交换机送来的振铃并摘机后，从主叫端到被叫端就建立了一个连接，也就是一条专用的物理通路。这个连接保证了双方通话时所需的通信资源，而这些资源在双方通信时不会被其他用户占用。此后主叫和被叫双方就能互相通话，通话完毕并挂机后，交换机释放刚才使用的这条专用的物理通路（即把刚才占用的所有通信资源归还给电信网）。这种必须经过"建立连接（占用通信资源）→通话（一直占用通信资源）→释放连接（归还通信资源）"三个步骤的交换方式称为电路交换。如果主叫用户在拨号呼叫时电信网的资源已不足以支持这次的呼叫（如被叫方在通话，同时通话数量超过线路容量），则主叫用户会听到忙音，用户需要挂机，等待一段时间后再重新拨号以建立连接。

图1-5所示为电路交换的示意图。在图1-5中，共有4部电话及其相连的市话程控交换机和长途程控交换机。

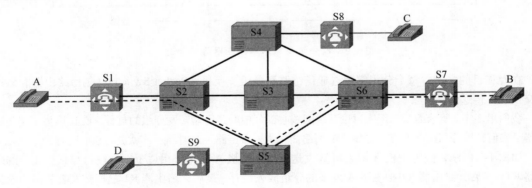

图1-5　电路交换的过程

用户线是用户电话机到所连接的市话程控交换机的连接线路，是用户独占的传送模拟信号的专用线路，而市话程控交换机、长途程控交换机之间拥有大量话路的中继线则是许多用户共享的，正在通话的用户只占用了中继线里面的一个话路（采用多路复用技术，如频分、时分、码分等），程控交换机之间是数字电路。这里的市话程控交换机和长途程控交换机统一用结点来表示。

电路交换方式，在传输数据之前需建立连接，因此存在延迟；而在电路建立后就专用该电路，即使没有数据传输也要占用电路，所以利用率可能较低。然而，一旦建立了连接，网络对于用户实际上是透明的，用户可以以固定的速率传输数据，除了传输延迟外，不再有其他的延迟。电路交换适用于实时性传输，但如果通信量不均匀，容易引起阻塞。目前我们常用的固定电话、移动电话都采用电路交换方式。

2. 报文交换

自古代就有的邮政通信就是采用了基于存储转发传输（Store-and-forward Transmission）原理的报文交换（Message Switching）方式。在报文交换中心，一份份电报被接收下来，并穿成纸带，操作员以每份报文为单位，撕下纸带，根据报文的目的结点地址，拿到相应的发报机转发出去。这种报文交换的时延较长，从几分钟到几小时不等，现在报文交换方式已不再使用了。

3. 分组交换

分组交换（Packet Switching）的概念是1964年提出来的，简称为分组交换或包交换，最早在ARPANET上得以应用，它试图兼有报文交换和线路交换的优点，而尽量避免两者存在的缺点。

在各种网络应用中，端系统彼此交换报文（Message）。为了从源端系统向目的系统发送一个报文，源端将传送的报文划分为一个个更小的数据段，例如，每个数据段为1024bit，在每一个数据段前面，加上一些由必要的控制信息组成的首部（Header）后，就构成了一个分组（Packet），也称"包"，分组的首部也可称为"包头"。分组是在互联网中传送的数据单元。分组中的首部是非常重要的，正是由于分组的首部中包含了诸如目的地址和源地址等重要控制信息，每一个分组才能在互联网中独立地选择传输路径，并被正确地交付到分组传输的终点。图1-6所示表示把一个报文划分为几个分组后再进行传送。

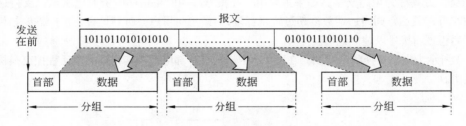

图 1-6   以分组为基本单位在网络中传送

在源和目的之间，每个分组都通过通信链路和分组交换机（Packet Switch）（包括路由器和链路层交换机）传送。

我们用图1-7所示的示意图来讨论互联网核心部分中的路由器转发分组的过程，在这里为了突出路由器是如何转发分组这个重点，把单个的网络简化为一条链路，这时路由器就成为核心部分的结点。

如图1-7所示，假定主机A向主机B发送数据。主机A先把分组逐个地发往与它直接相连的路由器R1；然后，路由器R1把主机A发来的分组放入缓存；最后，路由器R1根据转发表和路由选择协议选择把分组转发到链路R1 → R2，于是分组就传送到路由器R2。当分组在链路R1 → R2中传送时，该分组并不占用网络其他资源。

路由器R2同样按上述方法转发到路由器R3，当分组到达路由器R3后，路由器R3就最后把分组直接交给主机B。

假定在某一分组的传送过程中，链路R1 → R2的通信量太大，那么当路由器R1发送分组时，既可以选择先转发到路由器R5，也可以选择先转发到路由器R4，再转发到路由器R3，最后把分组传送到主机B。

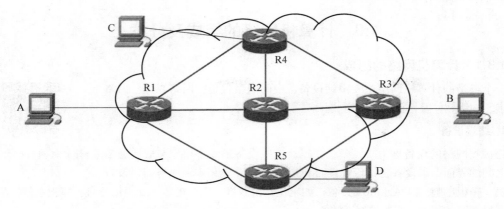

图 1-7　分组交换示意图

在网络中可同时有多台主机进行通信,如主机 C 在发送数据时也可以经过路由器 R4、R1 和 R5 到达主机 D。实际上,在互联网上可以允许非常多的主机同时进行通信,而一台主机中的多个进程(程序)也可以各自和不同主机中的不同进程进行通信。

分组交换在传送数据前不必占用一条端到端的链路的通信资源,只有分组在哪段链路上传送分组时才占用这段链路的通信资源。分组到达一个路由器后,先暂时存储下来,查找路由转发表,然后从一条合适的链路转发出去。分组在传输时就这样一段一段地断续占用通信资源,而且省去了建立连接和释放连接的开销,因而数据的传输效率较电路交换更高。

图 1-8 所示总结了电路交换和分组交换的主要区别。A 和 B 分别是源结点和目的结点,而 C 和 D 是在 A 和 B 之间的中间结点。

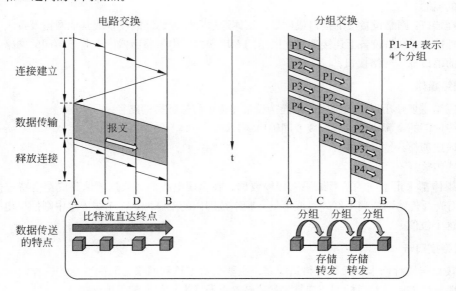

图 1-8　电路交换、分组交换比较

- 电路交换:整个报文的比特流连续地从源点直达终点,好像在一个管道中传送。
- 分组交换:单个分组(这只是整个报文的一部分)传送到相邻结点,存储下来后查找转发表,然后转发到下一个结点。

如图 1-8 所示,若要连续传送大量的数据,且其传送时间远大于连接建立时间,则电路交换的传输速率较快。而分组交换不需要预先分配传输带宽,在传送突发数据时可提高整个网络的信道利用率。

1.3　计算机网络的组成及分类

1.3.1　计算机网络的组成

一个典型的计算机网络主要由端设备、中间网络设备、网络媒体、网络接口卡、网络软件及协议等部分组成。

计算机网络概念分类

1. 终端设备

连接到网络的设备称为端设备或主机。这些设备形成了用户与底层通信网络之间的界面。端设备包括传统桌面PC、工作站、笔记本、服务器以及智能手机、平板电脑、PDA和IoT设备，如电视、游戏机、家用电器、交通信号灯、监视系统、手表、眼镜、温度调节装置、汽车控制系统等。

为了区分不同端设备或主机，网络中的每台端设备或主机都用一个地址加以标识。

2. 中间网络设备

中间网络设备与终端设备互连，将每台主机连接到网络，并且可以将多个独立的网络连接成互联网络。这些设备提供连接并在后台工作，以确保数据在网络中传输。

中间网络设备包括以下几种。

- 网络接入设备（交换机和无线接入点）。
- 网络互联设备（路由器）。
- 安全设备（防火墙、入侵检测设备）。

中间网络设备确定数据的传输路径，但不生成或修改数据。在中间网络设备上，会涉及物理端口和接口的概念。

- 物理端口：网络设备上的接口或插口，媒体通过它连接到终端设备或其他网络设备。
- 物理接口：网络设备上连接到独立网络的专用端口。由于路由器用于互连不同的网络，路由器上的端口称为网络接口。

3. 网络媒体

现代网络主要使用以下三种媒体来连接设备并提供传输数据的路径。

- 电缆内部的金属电线（双绞线或同轴电缆）。
- 玻璃或塑料纤维（光缆）。
- 无线传输。

每种媒体都采用不同的信号编码来传输数据。在金属电线上，数据要编码成符合特定模式的电子脉冲；而光纤传输则依赖于红外线或可见光频率范围内的光脉冲；在无线传输中则使用电磁波的波形来说明这个位值。

4. 网络接口卡

网络接口卡简称网卡，又称网络适配器，主要负责主机和网络之间的信息传输控制，它的主要功能是线路传输控制、差错检测与恢复、代码转换以及数据帧的装配与拆装等。

5. 网络软件及协议

网络软件一般包括网络操作系统、网络协议和通信软件等。

（1）网络操作系统。是网络软件的重要组成部分，是进行网络系统管理和通信控制的所有软件的集合，负责整个网络软、硬件资源的管理以及网络通信和任务的调度，并提供用户与网络之间的接口。常用的网络操作系统有Linux、Windows、UNIX、NetWare等。

（2）网络协议。是为了实现计算机之间、网络之间相互识别并正确进行通信而制定的一组标准和规则。

1.3.2 计算机网络的功能

计算机网络的主要功能是向用户提供资源的共享和数据的传输，计算机网络主要包括以下功能。

（1）数据通信。数据通信是计算机网络的最基本的功能之一，通过数据通信使分散在不同地理位置的计算机之间可相互传送信息。该功能是计算机网络实现其他功能的基础。

（2）实现资源共享。计算机网络中的资源可分成3大类，即硬件资源、软件资源和信息资源。相应地，资源共享也可分为硬件共享、软件共享和数据共享。可以在全网范围内提供如打印机、大容量磁盘阵列等各种硬件设备的共享及各种数据，如各种类型的数据库、文件、程序等资源的共享。

（3）进行分布式处理。对于综合性的大型问题可采用合适的算法，将任务分散到网中不同的计算机上进行分布式处理。

（4）综合信息服务。随着计算机网络的发展，应用也日益多元化，即可在一套系统上提供集成的信息服务，如电子邮件、网上交易、视频点播、文件传输、办公自动化等。

正是由于计算机网络具有以上的功能，计算机网络才得到了迅猛的发展，不仅各单位组建了自己的局域网，而且又把这些局域网互相连接起来组成了更大范围的网络，如 Internet。

1.3.3 计算机网络的分类

对计算机网络进行分类的标准很多，在这里介绍最常见的两种。

1. 按网络的传输技术分类

网络所采用的传输技术决定了网络的主要技术特点。根据数据传输方式的不同，计算机网络可分为广播网络和点到点网络两大类。

（1）广播网络（Broadcast Network）中的计算机或设备使用一个共享通信媒体进行数据传输，网络中的所有结点都能收到任何结点发出的数据信息。广播网络中的传输方式有单播（Unicast）、组播（Multicast）和广播（Broadcast）三种模式。如以太网和令牌环网属于广播网络。

（2）点到点网络（Point-to-Point Network）中的计算机或设备以点对点的方式进行数据传输，两个结点间可能有多条单独的链路。这种传播方式一般应用于广域网中，如 ADSL。

2. 按计算机网络的作用范围分类

根据计算机网络所覆盖的地理范围、信息的传输速率及其应用目的不同，计算机网络通常可分为局域网（LAN）、城域网（MAN）和广域网（WAN）。

（1）局域网（Local Area Network, LAN）。也称局部网，是指将有限范围内（例如一个实验室、大楼或校园）的各种计算机、终端与外部设备互连在一起的通信网络。具有传输速率高（通常为100Mbps、1000Mbps 甚至更高），其覆盖范围一般不超过几十千米，通常将一座大楼或一个校园内分散的计算机连接起来构成 LAN。

（2）城域网（Metropolitan Area Network, MAN）。有时又称为城市网、区域网、都市网。城域网介于 LAN 和 WAN 之间，其覆盖范围通常为一个城市或地区，可满足距离从几十千米到上百千米范围内的大量企业、机关、公司的多个局域网的互联需求，以实现大量用户之间的数据、语音、图形与视频等多种信息的传输。

（3）广域网（Wide Area Network, WAN）。又称远程网，所覆盖的范围从几十公里到几千公里。广域网可以覆盖几个国家或地区，甚至横跨几个洲，形成国际性的远程计算机网络。

1.3.4 网络的拓扑结构

在计算机网络中，把计算机、终端、通信处理机等设备抽象成点，把连接这些设备的通信线路抽象成线，并将由这些点和线所构成的拓扑称为网络拓扑结构。网络拓扑结构定义了计算机、终端设备等各种网络设备之间的连接方式，描述了线缆和网络设备的布局以及数据传输时所采用的路径，在很大程度上决定了网络的工作方式，对于网络的性能、可靠性以及建设管理成本等都有着重要的影响。

网络的拓扑结构通常有星形、总线型、环形、树形和网状结构，如图 1-9 所示。

| 星形结构 | 总线型结构 | 环形结构 | 树形结构 | 网状结构 |

图 1-9　各种不同的拓扑结构

（1）星形结构。由中央结点和通过点对点链路连接到中央结点的各结点（网络工作站等）组成。中央结点一般为交换机（点到点式）或共享式 Hub 集线器（广播式）。是局域网中最常用的拓扑结构。

（2）总线型结构。采用单根传输线作为传输媒体，所有的结点都通过相应的硬件接口直接连接到传输媒体或总线上。任何一个结点发送的信息都可以沿着媒体传播，而且能被所有其他的结点接收。目前这种网络正在被淘汰。

（3）环形结构。将各结点通过一条首尾相连的通信线路连接起来形成封闭的环，环中信息的流动是单向的。

（4）树形结构。从星型结构派生而来，各结点按一定层次连接起来，任意两个结点之间的通路都支持双向传输，网络中存在一个根结点，由该结点引出其他多个结点，形成一个分级管理的集中式网络，越顶层的结点处理能力越强。是目前在局域网建设中所采用的最常用的结构。

（5）网状结构。分为全连接网状和不完全连接网状两种结构形式。在全连接网状结构中，每一个结点和网中其他结点均有链路连接；而在不完全连接网状结构中，两结点之间不一定有直接链路连接，它们之间的通信，依靠其他结点转接。

1.4　计算机网络的性能

1.4.1　计算机网络的性能指标

影响网络性能的因素有很多，如传输的距离、使用的线路、传输技术、带宽等。对用户而言，则主要体现在所获得的网络速度不一样。网络的主要指标包括带宽、吞吐量、时延、往返时间和利用率等。

互联网的发展

1. 带宽

在局域网和广域网中，一般使用带宽（Bandwidth）来描述它们的传输容量。带宽本来是指某个信号具有的频带宽度，带宽的单位为 Hz（或 kHz、MHz 等）。

（1）在通信线路上传输模拟信号时，将通信线路允许通过的信号频带范围称为线路的带宽（或通频带）。

（2）在通信线路上传输数字信号时，带宽就等同于数字信道所能传输的"最高数据率"。数字信道传输数字信号的速率称为数据率或比特率。带宽的单位是比特每秒（bit/s）即通信线路每秒所能传输的比特数。如以太网的带宽为 100Mbps，意味着每秒能传输 100Mbit，即传输每比特用 0.01μs。

2. 吞吐量

吞吐量（Throughput）表示在单位时间内通过某个网络（或信道、接口）的数据量。吞吐量更经常地用于对现实世界中的网络的一种测量，以便知道实际上到底有多少数据量能够通过网络。因为诸多原因，实际吞吐量常常远小于所用媒体本身可以提供的最大数字带宽。例如，对于 100Mbps 的以太网，其典型的吞吐量可能只有 70~80Mbps。决定吞吐量的因素包括网络互联设备、所传输的数据类型、网络的拓扑结构、网络上的并发用户数量、用户的计算机、服务器和拥塞等。

3. 时延

时延（Delay 或 Latency）是指数据（一个报文或分组，甚至比特）从一个网络（或链路）的一端传送到另一个端所需要的时间。通常来讲，时延是由以下几个类型的传输时延所组成的。

（1）发送时延。是结点在发送数据时数据块从结点进入传输媒体所需的时间，也就是从数据块的第一个比特开始发送算起，到最后一个比特发送完毕所需的时间，又称为传输时延。发送时延发生在机器的内部的发送器中（一般就是发生在网络适配器中）。

（2）传播时延。是电磁波在信道中传播一定的距离需要花费的时间。传播时延则发生在机器外部的传输信道媒体上。

（3）处理时延。是指数据在交换结点为存储转发而进行一些必要的处理所花费的时间。

（4）排队时延。在网络传输中分组在进入路由器后要先在输入队列中排队等待处理。在路由器确定了转发接口后，还要在输出队列中排队等待转发，这就产生了排队时延。排队时延的长短取决于网络当时的通信量。

这样，数据在网络钟经历的总时延就是以上四种时延之和。

$$总时延 = 发送时延 + 传播时延 + 处理时延 + 排队时延$$

一般来说，小时延的网络要优于大时延的网络，而且在某些情况下，一个低效率、小时延的网络很可能要优于一个高效率但大时延的网络。

4. 往返时间

在计算机网络中，往返时间 RTT（Round-Trip Time）表示从发送方发送数据开始，到发送方收到来自接收方的确认（接收方收到数据后便立即发送确认），总共所需的时间。在互联网中，往返时间还包括各中间结点的处理时延、排队时延以及转发数据时的发送时延。往返时间与所发送的分组长度有关，发送很长的数据块的往返时间，应当比发送很短的数据块的往返时间要多些。

5. 利用率

利用率包括信道利用率和网络利用率两种。信道利用率是用来表示某信道有百分之几的时间是被利用的（有数据通过），完全空闲的信道的利用率是零；而网络利用率则是全网络的信道利用率的加权平均值。

信道利用率并非越高越好，根据排队论的理论，当某信道的利用率增大时，该信道引起的时延也就迅速增加。当网络的通信量很少时，网络产生的时延并不大，但在网络通信量不断增大的情况下，由于分组在网络结点（路由器或结点交换机）进行处理时需要排队等候，因此网络引起的时延就会增大。

1.4.2 计算机网络的非性能特征

计算机网络还有一些非性能特征也很重要，这些非性能特征与前面介绍的性能指标有很大的关系。

计算机网络的非性能特征主要包括费用、质量、标准化、可靠性、可扩展性和可升级性、易于管理和维护等。

1.5　计算机网络体系结构

1.5.1　网络协议与分层

1. 网络协议

计算机网络是由多个互联的结点组成的，结点之间需要不断地交换数据与控制信息。要做到有条不紊地交换数据，每个结点都必须遵守一些事先约定好的规则，这些规则规定了所交换数据的格式和时序，而这些为网络数据交换而制定的规则、约定与标准称为网络协议（Network Protocol），也可简称为协议。网络协议主要由以下三个要素组成。

计算机网络体系结构

- 语法：即用户数据与控制信息的结构和格式。
- 语义：即需要发出何种控制信息，完成何种动作以及做出何种响应。
- 时序：即对事件实现顺序的详细说明。

由此可见，网络协议是计算机网络不可缺少的组成部分。

2. 网络体系结构

计算机网络系统是一个复杂的系统，网络通信控制也涉及复杂的技术问题。计算机网络系统的设计一般采用结构化方法，即把一个较为复杂的系统分解成若干个容易处理的子系统，然后逐个加以解决。

计算机网络层次结构划分应按照"层内功能内聚，层间耦合松散"的原则，即在网络中，功能类似或紧密程度相关的模块应放置在同一层，层与层之间应保持松散的耦合，使信息在层与层之间的流动减到最小。

目前，有如下 2 个标准得到了公认和应用。

（1）OSI/RM。国际化标准组织 ISO 提出的开放系统互联参考模型 OSI/RM（Open System Interconnection Basic Reference Mode），该模型结构严谨，理论性强，学术价值高，是局域网和广域网上一套普遍适用的规范集合。

（2）TCP/IP。Internet 标准化组织制定的参考模型 TCP/IP，相对于 OSI/RM 来说更为简单，实用性强，现在已成为事实上的工业标准，现代计算机网络大多遵循这一标准。

3. OSI/RM 参考模型

国际标准化组织在 1978 年提出了开放系统互联参考模型，该模型是设计和描述网络通信的基本框架。

OSI/RM 已经被许多厂商所接受，已成为指导网络发展方向的标准，"开放系统互联"的含义是指任何两个不同的网络系统，只要遵循 OSI 标准是相互开放的，那么就可以进行互联。OSI/RM 只给出了计算机网络系统的一些原则性说明，并不是一个具体的网络。它将整个网络的功能划分成七个层次，如图 1-10 所示。层与层之间的联系是通过各层之间的接口进行的，上层通过接口向下层提出服务请求，而下层通过接口向上层提供服务。

七层模型中，低三层属于通信子网的范畴，它主要通过硬件来实现，而高三层协议为用户提供网络服务，属于资源子网的范畴，主要由软件来实现，运输层的作用则是用于屏蔽通信子网的具体通信细节，使得高层不需关心通信过程而只进行信息的处理即可。只有在主机中才可能需要包含所有七层的功能，而在通信子网中一般只需要低三层甚至只要低两层的功能就可以了。

OSI 参考模型并非指一个现实的网络，它仅仅规定了每一层的功能，为网络的设计规划出一张蓝图，各个网络设备或软件生产厂家都可以按照这张蓝图来设计和生产自己的网络设备或软件。

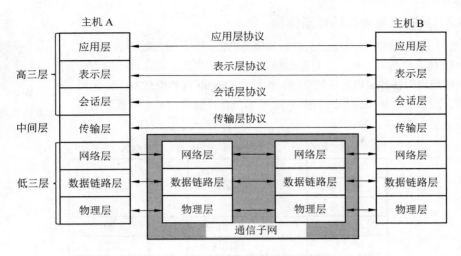

图 1-10　OSI 七层参考模型

4. TCP/IP 参考模型

TCP/IP 模型是由美国国防部创建的，所以有时又称 DoD (Department of Defense) 模型，是至今为止发展最成功的通信协议，它被用于构筑目前最大的、开放的互联网络系统 Internet。TCP/IP 模型只有四层，自上而下依次是应用层、运输层、网际层和网络接口层。图 1-11 所示列出了 TCP/IP 网络模型和 OSI 模型各层对应的关系。

TCP/IP模型		OSI模型
应用层		应用层
		表示层
		会话层
传输层		传输层
网际层		网络层
网络接口层		数据链路层
		物理层

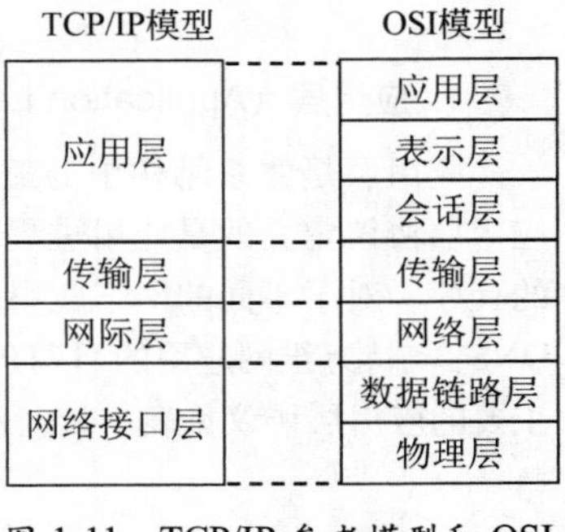

图 1-11　TCP/IP 参考模型和 OSI
模型各层对应的关系

TCP/IP 是一组通信协议的代名词，这组协议使任何具有网络设备的用户能访问和共享 Internet 上的信息，其中最重要的协议是传输控制协议（Transmission Control Protocol, TCP）和网际协议（Internet Protocol, IP）。TCP 和 IP 是两个独立且紧密结合的协议，负责管理和引导数据报文在 Internet 上的传输。二者使用专门的报文头定义每个报文的内容，TCP 负责和远程主机的连接，IP 负责寻址，使报文被送到其该去的地方。

（1）网络接入层。在 TCP/IP 模型中，网络接口层是 TCP/IP 模型的最底层，负责接收从网际层交来的 IP 数据报并将 IP 数据报通过底层物理网络发送出去，或者从底层物理网络上接收物理帧，抽出 IP 数据报并交给网际层。网络接入层使采用不同技术和网络硬件的网络之间能够互连，它包括属于操作系统的设备驱动器和计算机网络接口卡，以处理具体的硬件物理接口细节。

（2）网际层。负责独立地将分组从源主机送往目的主机，涉及为分组提供最佳路径的选择和交换功能，并使这一过程与它们所经过的路径和网络无关。在功能上非常类似于 OSI 模型中的网际层，即检查网络拓扑结构，以决定传输报文的最佳路由。

（3）传输层。其作用是在源结点和目的结点的两个对等实体间提供可靠的端到端的数据通信。为保证数据传输的可靠性，运输层协议提供了确认、差错控制和流量控制等机制。运输层从应用层接收数据，并且在必要的时候把它分成较小的单元，传递给网络层，并确保到达对方的各段信息正确无误。

（4）应用层。涉及为用户提供网络应用，并为这些应用提供网络支撑服务，把用户的数据发送到低层，为应用程序提供网络接口。由于 TCP/IP 将所有与应用相关的内容都归为一层，所以在应用层要处理高层协议、数据表达和对话控制等任务。

1.5.2 具有五层协议的体系结构

OSI 的七层协议体系结构概念清楚而且理论也较完整，但它既复杂又不实用。TCP/IP 体系结构则不同，且目前已经得到了非常广泛的应用。在学习计算机网络的原理时往往采取折中的办法，即综合 OSI 和 TCP/IP 的优点，采用一种只有五层协议的体系结构，如图 1-12 所示，这样既简洁又能将概念阐述清楚。

五层协议的体系结构

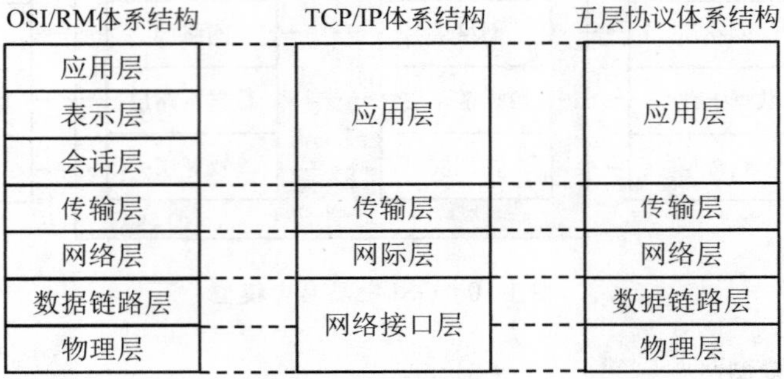

OSI/RM体系结构	TCP/IP体系结构	五层协议体系结构
应用层		应用层
表示层	应用层	
会话层		
传输层	传输层	传输层
网络层	网际层	网络层
数据链路层	网络接口层	数据链路层
物理层		物理层

图 1-12　五层协议体系结构

1. 应用层（Application Layer）

应用层是体系结构中的最高层，应用层的任务是通过应用进程间的交互来完成特定网络应用。应用层协议定义的是应用进程间通信和交互的规则，这里的进程（Process）就是指主机中正在运行的程序。对于不同的网络应用需要不同的应用层协议。在互联网中的应用层协议很多，如域名系统 DNS、支持万维网应用的 HTTP 协议、支持电子邮件的 SMTP 协议、支持文件传送协议的 FTP 协议等，主要的应用层协议见表 1-1。我们将应用层交互的数据单元称为报文（Message）。

表 1-1　主要的应用层协议

协 议 名 称	英 文 描 述	功 能 说 明
域名系统	DNS：Domain Network System	将域名转换为 IP 地址
动态主机配置协议	DHCP：Dynamic Host Configuration Protocol	该协议允许服务器向客户端动态分配 IP 地址和配置信息
简单邮件传输协议	SMTP：Simple Mail Transfer Protocol	允许客户端从邮件服务器发送电子邮件；允许服务器向其他服务器发送电子邮件
邮局协议第 3 版	POP3：Post Office Protocol	允许客户端从邮件服务器检索电子邮件；将电子邮件从邮件服务器下载到桌面
交互邮件访问协议	IMAP：Interactive Mail Access Protocol	允许客户端访问存储在邮件服务器中的电子邮件；在服务器上维护电子邮件
超文本传输协议	HTTP：Hyper Text Transfer Protocol	用于从 WWW 服务器传输超文本到本地浏览器的传输协议
文件传输协议	FTP：File Transfer Protocol	一种可靠面向连接而且确认结果的文件传送协议；设置规则，使得一台主机上的用户能够通过网络访问另一台主机或向其传输文件
远程网络终端协议	Telnet	为用户提供了在本地计算机上完成远程主机工作的能力
简单网络管理协议	SNMP：Simple Network Management Protocol	能够支持网络管理系统，用以监测连接到网络上的设备是否有任何引起管理上关注的情况

2. 传输层（Transport Layer）

传输层的任务就是负责向两个主机中进程之间的通信提供通用的数据传输服务。应用进程利用该服务传送应用层报文，所谓通用，是指并不针对某个特定网络应用，而是多种应用可以使用同一个运输层服务。由于一台主机可同时运行多个进程，因此运输层由复用和分用的功能，复用就是多个应用层进程可用时使用下面运输层的服务，而分用是运输层把收到的信息分别交付上面应用层的相应进程。

运输层主要使用传输控制协议和用户数据报协议两种。

- 传输控制协议 TCP：提供面向连接的、可靠的数据传输服务，其数据传输的单位是报文段（Segment）。
- 用户数据报协议（User Datagram Protocol, UDP）：提供无连接的、尽最大努力（Best-effort）的数据传输服务（不保证数据传输的可靠性），其数据传输的单位是用户数据报。

> 💡**注意**：运输层有时被称为传输层，因为该层所使用的 TCP 协议就叫作传输控制协议。在 OSI 七层协议体系结构中定义的第四层使用的是 transport 一词，而不是 transmission，因此，使用运输层这个译名较为准确。

3. 网络层（Network Layer）

网络层负责为分组交换网上的不同主机提供通信服务。在发送数据时，网络层把运输层产生的报文段或用户数据报封装成分组或包（Packet）进行传送。在 TCP/IP 体系中，由于网络层使用 IP 协议，因此分组也称为 IP 数据报，或简称为数据报（Datagram）。

> 💡**注意**：运输层的用户数据报 UDP 不同于网络层的 IP 数据报。

网络层的另一个任务就是要选择合适的路由，使源主机运输层所传下来的分组能够通过网络中的路由器找到目的主机。

互联网是由大量的异构网络通过路由器相互连接起来的。互联网使用的网络层协议是无连接的网际协议 IP（Internet Protocol）和其他路由选择协议，因此，互联网的网络层也称为网际层或 IP 层。

网络层主要协议有 4 个，即 IP、ICMP、ARP 和 RARP。

- 网际协议（IP）：是其中的核心协议，IP 协议规定网际层数据分组的格式。
- Internet 控制消息协议（Internet Control Message Protocol, ICMP）：提供网络控制和消息传递功能。
- 地址解析协议（Address Resolution Protocol, ARP）：用来将逻辑地址解析成物理地址。
- 反向地址解析协议（Reverse Address Resolution Protocol, RARP）：通过 RARP 广播，将物理地址解析成逻辑地址。

4. 数据链路层（Data Link Layer）

数据链路层简称链路层。我们知道，两台主机之间的数据传输，总是在一段一段的链路上传送的，这就需要使用专门的链路层协议。在两个相邻结点间的链路上传送数据时，数据链路层将网络层交下来的 IP 数据报组装成帧（Frame），在两个相邻结点间的链路上传送帧，每一帧包括数据和必要的控制信息（如同步信息、地址信息、差错控制等）。

在接收数据时，控制信息使接收端能够知道一个帧从哪个比特开始和到哪个比特结束，这样，数据链路层在收到一个帧后，就可从中提取出数据部分，上交给网络层。

控制信息还使接收端能够检测到所收到的帧中的差错，如发现差错，数据链路层就简单地丢弃这个出了差错的帧，以免继续在网络中传送下去白白浪费网络资源。如果需要改正数据在数据链路层传输时出现的差错，那么就要采用可靠传输协议来纠正出现的差错。

5. 物理层（Physical Layer）

在物理层上所传数据的单位是比特。发送方发送 0(或 1)时，接收方应当收到 0(或 1)，而不是 1(或 0)，因此在物理层要考虑用多大的电压代表"1"或"0"，以及接收方如何识别出发送方所发送的比特，在物理层还要确定连接电缆的插头应当有多少根引脚以及各条引脚应如何连接。

传送信息所用的物理媒体，如双绞线、光纤、无线信道等，并不在物理层协议之内，而在物理层协议的下面，因此，也有人把物理层下面的物理媒体作为第 0 层。

1.5.3 数据通信过程

所有的网络模型都使用封装和解封装的概念。假设一个人用 PC 机上的 Web 浏览器来访问 Web 服务器，用户很可能在浏览器中输入一个 URL（Web 地址），然后向服务器请求页面，Web 服务器则将包含页面的文件作为响应发送回来，为了能够发送该 Web 页面，在服务器端必须进行如图 1-13 所示的封装过程。

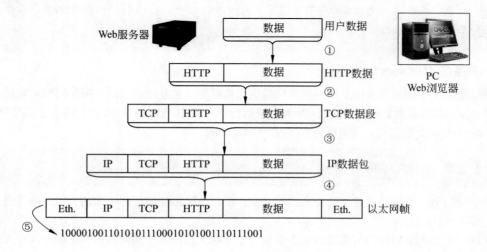

图 1-13　数据封装

（1）应用软件（本例中是 Web 服务器）将 Web 页面的内容和一些必需的应用层报头封装起来。对于 Web 服务来说，报头是由 HTTP 协议构成的，里面包含了要发送到 Web 浏览器的文件名等。这一过程包括了应用层进程，通常是由应用软件实现的。

（2）HTTP 应用层协议将 HTML 格式的网页数据传送到运输层。运输层软件（本例中是 TCP）将报头信息添加到 HTTP 数据。TCP 传输控制协议用于管理单个会话（这一步的数据结构称为分段，它包含 TCP 报头和数据）。

（3）网际层软件（本例中是 IP）将 IP 信息添加到 TCP 信息的前面。IP 信息包括源 IP 地址和目的 IP 地址，有了目的 IP 地址，不管是位于同一局域网还是互联网的另一端，数据都能够经由路由到达目的终端（这一步的数据结构称为包，它包含 IP 报头和数据）。

（4）在网络接口层为数据添加了新的报头，以及一个尾部信息。在本例中使用的是以太网网络接口控制器（Network Interface Controller, NIC），因此这一步中添加的是以太网报头和尾部，报头中包含了目的 MAC 地址，用来在以太网上转发数据（这一步的数据结构称为帧，它包含以太网报头、尾部和数据）。

（5）在网络接入层（和 OSI 的物理层相对应的那部分）完成比特流在媒体上的物理传送过程。

解封装完成的是比特流到达目的端计算机发生的事情，模型中的每一层都独立地执行自己的步骤来分析接收到的报头和报尾。

习 题

一、填空题

1. 网络按覆盖范围可分为_____、_____和_____。

2. 计算机网络主要由_____、_____和_____组成。

3. 网络协议的三要素组成是_____、_____和_____。

4. 网络的拓扑结构有_____、_____、_____、_____和_____网状型。

5. OSI 参考模型从低到高划分为_____、_____、_____、_____、_____、_____和_____ 7 个层次来描述网络功能。

6. DoD（Department of Defense）模型从上向下分为_____、_____、_____和_____ 4 层。

7. 在 TCP/IP 参考模型的运输层上，_____协议实现的是不可靠、无连接的数据服务，而_____协议是基于连接的通信协议，提供可靠的数据传输。

8. 数据链路层的传送单元是_____，网络层的传送单元是_____。

二、选择题

1. 计算机网络分为广域网、城域网、局域网的主要划分依据是（　　）。

　A. 拓扑结构　　　　　B. 控制方式　　　　　C. 覆盖范围　　　　　D. 传输媒体

2. 下面属于网络终端设备的四种设备是（　　）。（选择四项）

　A. 交换机　　　　　B. 打印机　　　　　C. IP 电话　　　　　D. 服务器

　E. 平板电脑　　　　　F. 无线接入点

3. 在 TCP/IP 模型中，（　　）负责确定穿越网络的最佳路径。

　A. 应用层　　　　　B. 运输层　　　　　C. 互联网层　　　　　D. 网络访问层

4. 下面（　　）协议应用于 TCP/IP 参考模型的运输层。（选择两项）

　A. HTTP　　　　　B. FTP　　　　　C. TCP　　　　　D. DNS

　E. UDP

5. 下面（　　）应用层协议让位于不同网络中的主机能够可靠地彼此传输文件。

　A. HTTP　　　　　B. FTP　　　　　C. IMAP　　　　　D. TFTP

　E. DHCP

6. 下面数据封装顺序正确的是（　　）。

　A. 数据→数据段→数据包→帧→位　　　　　B. 位→数据段→帧→数据包→数据

　C. 位→帧→数据包→数据段→数据　　　　　D. 数据→帧→数据包→数据段→位

　E. 位→数据包→帧→数据段→数据

三、名词解释

1. 带宽　2. 吞吐量　3. 时延　4. 对等网

四、思考题

1. 什么是计算机网络？计算机网络的主要功能是什么？

2. 计算机网络的拓扑结构有哪些？

3. 计算机网络有哪些常用的性能指标？

4. "主机"和"端系统"之间有什么不同？列举几种不同类型的端系统。

5. 互联网协议栈中的 5 个层次有哪些？在这些层次中，每层的主要任务是什么？

6. 什么是应用层报文？

7. 什么是运输层报文段？

8. 什么是网络层数据报？

9. 什么是数据链路层帧？

10. 计算机网络有哪些常用的性能指标？

学习单元 2　家庭网络（SOHO）的组建

在信息高速发展的时代，人们的生活、工作已离不开计算机了，人们总是把多个计算机连接起来，构建一个计算机网络，从而共享资源。其中小型办公网络或家居网络（SOHO）是最常见的网络形式，出现在一个家庭、一个办公区域、一个网吧、一个企事业单位（一栋楼或相连的几栋楼）等生活和工作环境中。搭建一个功能完善的小型网络环境，可以实现网络内部之间的通信，网络资源的共享，从而提高工作效率，为生活和工作带来方便。

为了家庭 SOHO 网络项目的构建的需要，上一单元我们学习了计算机网络的概念、组成、拓扑结构等，家庭 SOHO 网络的构建需要掌握理解以下几方面的内容。

- 将设备连接到数据网络的方式有哪些？
- 数据网络的物理层有何用途和功能？
- 以太网 UTP 电缆的结构是什么样的？

2.1　物理层协议

为了支持通信，OSI 模型将数据网络的功能划分为多层，每一层都与其上、下层合作以传输数据。OSI 模型中有两个层紧密相连（而在 TCP/IP 模型中它们是一个层），即数据链路层和物理层。

物理层概述

在发送设备上，数据链路层的作用是准备数据以供传输，并控制该数据访问物理媒体的方式，而物理层则是通过将代表数据的二进制编码成信号来控制数据传送到物理媒体的方式。

在接收端，物理层通过连接媒体接收信号，在将信号解码为数据后，物理层会将帧传递到数据链路层以便接收和处理。

数据网络的一项重要功能就是通过媒体传输数据，而传输数据的规则因媒体不同而不同。

2.1.1　物理层连接

在进行网络通信之前，都必须在本地网络建立一个物理连接，而物理连接可以通过电缆进行有线连接，也可以通过无线电波进行无线连接。

物理连接类型的使用取决于网络设置。例如，在很多企业的办公室，员工的台式计算机或笔记本电脑通过电缆或共享交换机进行物理连接，这种类型的设置为有线连接，数据通过物理电缆来进行传输。

除了有线连接外，许多企业还提供笔记本电脑、平板电脑和智能手机的无线连接，当使用无线设备时，数据会通过无线电波传输。目前，无线连接越来越受欢迎，使用非常方便。为了实现无线连接，无线网络上的设备必须连接无线接入点（AP）。

网络接口卡(NIC)负责将设备连接到网络，其中以太网网卡用于有线连接，而WLAN(无线局域网)网卡用于无线连接。

最终用户设备可能包括一种或两种类型的网卡。如台式计算机、工作站、服务器等一般只有以太网网卡，必须通过以太网电缆连接到网络，其他设备如网络打印机、笔记本电脑则可能既有以太网网卡又有 WLAN 无线网卡，而平板电脑、智能手机可能只包含 WLAN 网卡且必须使用无线连接。

2.1.2　物理层的基本概念

在前面，我们介绍了 OSI 的七层结构模型与网络功能的对应关系。我们知道，物理层是 OSI 七层结构模型的第一层，它向下直接与传输媒体相连接，起到数据链路层和传输媒体之间的逻辑接口作用，提供建立、维护和释放物理连接的方法，并可实现在物理信道上进行比特流传输的功能，如图 2-1 所示。

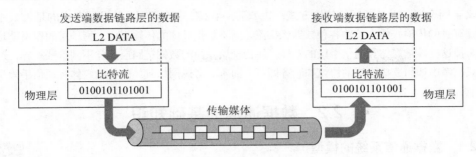

图 2-1　物理层与数据链路层的关系

1. 通信接口与传输媒体的物理特性

物理层通常用来连接两个物理设备并为数据链路层提供透明位流传输所必须遵循的协议。物理层协议要解决的是主机、工作站等数据终端设备与通信线路上通信设备之间的接口问题。数据终端设备又称 DTE（Data Terminal Equipment），指数据输入、输出设备和传输控制器或计算机等数据处理装置及其通信控制器。数据电路端接设备又称 DCE（Data Circuit Equipment），指自动呼叫设备、调制解调器(Modem)以及其他一些中间装置的集合。DTE 的基本功能是产生、处理数据；DCE 的基本功能是沿传输媒体发送和接收数据。如图 2-2 所示为 DTE/DCE 接口示意图。

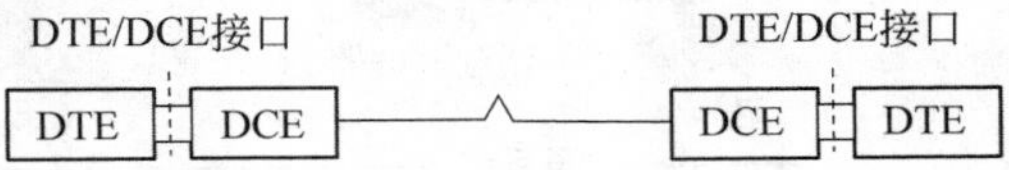

图 2-2　DTE/DCE 接口示意图

DTE 与 DCE 之间在连接时需遵循共同的接口标准，接口标准可由 4 个接口特性来加以详细说明，接口标准不仅为完成实际通信提供可靠的保证，而且可使不同厂家的产品做到相互兼容，从而设备间可有效交换数据。

（1）机械特性。规定了物理连接时所需接插件的规格尺寸，针脚数目和排列情况等，如常见的 EIA RS-232-C 标准规定 D 型 25 针接口，ITU-T X.21 标准规定 15 针接口等。

（2）电气特性。规定了在物理信道上传输比特流时信号电平的大小、数据的编码方式、阻抗匹配、传输速率和距离限制等。比如，在使用 RS-232C 接口且传输距离不大于 15m 时，最大速率为 19.2kbps。

（3）功能特性。定义了各个信号线的确切含义，即各个信号线的功能。比如 RS-232-C 接口中的发送数据线和接收数据线等。

（4）规程特性。定义了利用信号线进行比特流传输的一组操作规程，是指在物理连接的建立、维护和交换信息时数据通信设备之间交换数据的顺序。

2. 物理层的数据交换单元是二进制比特

为了传输比特流，可能需要对数据链路层的数据进行调制或编码，使之成为模拟信号、数字信号或光信号，以实现在不同的传输媒体上传输。

3. 比特的同步

规定了通信的双方必须在时钟上保持同步的方法，比如异步传输方式和同步传输方式等。

4. 线路的连接

物理层还考虑了通信设备之间的连接方式，比如，在点对点的连接中，两个设备之间采用了专用链路连接，而在多点连接中，所有的设备则共享一个链路。

5. 物理拓扑结构

定义了设备之间连接的结构关系，如星形拓扑、环形拓扑和网状拓扑等。

6. 传输方式

定义了两个通信设备之间的传输方式，如单工、半双工和全双工。物理层考虑的是怎么才能在连接各种计算机的传输媒体上传输各种数据比特流，而不是指具体的传输媒体。物理层的作用就是要尽可能地屏蔽掉这些传输媒体和通信手段的差异，使物理层上面的数据链路层感觉不到这些差异，这样数据链路层只需考虑如何完成本层的协议和服务即可，而不必考虑网络具体的传输媒体和通信手段是什么。

2.2 数据通信的基础知识

2.2.1 数据通信系统的模型

下面我们通过一个最简单的例子来说明数据通信系统的模型，即将两台个人计算机通过普通电话线进行连接，再通过公用电话网进行通信。

数据通信基础

如图 2-3 所示，一个数据通信系统可划分为三部分，即源系统（或发送端、发送方）、传输系统（或传输网络）和目的系统（或接收端、接收方）。

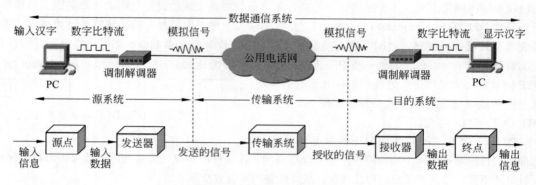

图 2-3 数据通信系统的模型

（1）源系统一般包括以下两部分。

- 源点（Source）。源点设备产生要传输的数据。源点又称为源站，或信源。
- 发送器。通常，源点生成的数字比特流要通过发送其编码后才能够在传输系统中进行传输。典型的发送器就是调制器。

（2）目的系统一般也包括以下两部分。

- 接收器。接收传输系统传送过来的信号，并把它转换为能够被目的设备处理的信息。典型的接收器就是解调器，它把来自传输线路上的模拟信号进行解调，提取出在发送端置入的信息，还原出发送端产生的数字比特流。
- 终点（Destination）。终点设备从接收器获取传送来的数字比特流，然后实现信息输出（例如，把汉字在个人计算机屏幕上显示出来）。终点又称为目的站，或信宿。

在源系统和目的系统之间的传输系统可能是简单的传输线，也可以是连接在源系统和目的系统之间的复杂网络系统。

在上述通信系统模型中，会用到一些术语，如信息、数据和信号等。

通信的目的是传送信息（Message），如话音、文字、图像、视频等都是信息；而数据（Data）是运送信息的实体，通常是有意义的符号序列；信息的表示可用计算机处理或产生，信号（Signal）则是数据的电气或电磁的表现形式。

根据信号中代表信息的参数的取值方式不同，信号可分为两类，即模拟信号和数字信号，如图 2-4 所示。

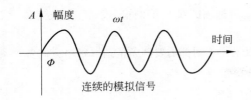

图 2-4　模拟信号和数字信号

（1）模拟信号（或连续信号）。指信号的因变量随时间连续变化的信号。电视图像信号、语音信号、温度压力传感器的输出信号以及许多遥感遥测信号都是模拟信号。

（2）数字信号（或离散信号）。是指信号的因变量不随时间连续变化的信号，通常表现为离散的脉冲形式。在计算机、数字电话和数字电视中所处理的往往是数字信号。在使用二进制码元时，只有 0、1 两种码元代表不同状态。

2.2.2　数据通信典型组网模型

通信网络最常用的有以下三种典型组网模型。

（1）两台主机之间的通信。如图 2-5 所示，两台计算机之间通过一根网线相连，便组成了一个最简单的网络。在两台计算机上运行相应的文件传输软件即可实现两台计算机之间的通信。

（2）多台主机之间的通信。图 2-6 所示的网络模型稍微复杂一些，它由一台路由器和多台计算机组成。在这样的网络模型中，通过网络设备（如交换机）的转发作用，每两台计算机之间都可以自由地传递文件。

（3）访问 Internet 的通信。如图 2-7 所示，当用户希望从某个网址获取文件时，需将个人计算机PC 先接入 Internet，才能下载所需的文件。

图 2-5　两台主机之间的通信　　图 2-6　多台主机之间的通信　　图 2-7　访问 Internet 的通信

2.2.3　信道

信道（Channel）并不等同于电路，一般都是用来表示向某一方向传送信息的媒体，因此，一条通信电路往往包含一条发送信道和一条接收信道。

在计算机网络中有物理信道和逻辑信道之分，物理信道是传输信号的物理通路，由传输媒体及相关通信设备组成，也称为通信链路；而逻辑信道虽然也是一种通路，但它是建立在物理信道基础上，一个物理信道通常可以提供多个逻辑信道。

在数据通信中，从通信的双方信息交互的方式来看，可以有以下三种基本方式。

（1）单工通信（Simplex）即单向通信。即只能有一个方向的通信而没有反方向的交互。像无 / 有线电广播、电视广播以及计算机与打印机、键盘之间的数据传输均属单工传输。

（2）半双工通信（Half-duplex）即双向交替通信。即通信的双方都可以发送信息，但不能双方同时发送（当然也不能同时接收）信息。这种通信方式一般是一方发送另一方接收，而经过一段时间后再反过来。

（3）全双工通信（Full-duplex）即双向同时通信。即通信的双方可以同时发送和接收信息，又称为信号可同时沿相反的两个方向传送。

单工通信只需要一条信道，而半双工通信和全双工通信则都需要两条信道（每个方向各一条），显然，双工同时通信的传输效率最高。

2.2.4 基带信号

来自信源的信号常被称为基带信号（即基本频带信号），如计算机输出的代表各种文字或图像文件的数据信号就属于基带信号。基带信号往往包含有较多的低频成分，甚至有直流成分，而许多信道并不能传输这种低频分量或直流分量，为了解决这一问题，就必须对基带信号进行调制（Modulation）。

1. 基带调制

仅仅对基带信号的波形进行变换，使它能够与信道特性相适应，变换后的信号仍然是基带信号。由于这种基带调制是把数字信号转换成另一种形式的数字信号，这种过程也称为编码（Coding）。常用的编码方式有以下几种。

- 不归零制：正电平代表 1，负电平代表 0。
- 归零制：正脉冲代表 1，负脉冲代表 0。
- 曼彻斯特编码：位周期中心的向上跳变代表 1，位周期中心的向下跳变代表 0，但也可反过来定义。
- 差分曼彻斯特编码：在每一位的中心处始终都有跳变，位开始边界有跳变代表 0，而位开始边界没有跳变代表 1。

2. 带通调制

使用载波进行调制，把基带信号的频率范围搬移到较高的频段，并转换为模拟信号，这样就能够更好地在模拟信道中传输，经过载波调制后的信号称为带通信号（即仅在一段频率范围内能够通过信道）。基本的带通调制方法有以下几种。

- 调幅（AM）：即载波的振幅随基带数字信号而变化。
- 调频（FM）：即载波的频率随基带数字信号而变化。
- 调相（PM）：即载波的初始相位随基带数字信号而变化。

为了达到更高的信息传输速率，必须采用技术上更为复杂的多元制的振幅相位混合调制方法，例如正交振幅调制。

2.2.5 信道的容量

任何实际的信道都是不理想的，在传输信号时会产生各种失真，但如果在接收端只要能从失真的波形识别出原来的信号，那么这种失真对通信质量就没有影响。码元传输的速率越高，或信号传输的距离越远，或噪声干扰越大，或传输媒体质量越差，在接收端的波形的失真就越严重。

在任何信道中，码元传输的速率是有上限的，传输速率超过此上限，就会出现严重的码间串扰的问题，使接收端对码元的判决（即识别）成为不可能。

噪声存在于所有的电子设备和通信信道中，噪声会使接收端对码元的判断产生错误（1 误判为 0 或 0 误判为 1），但噪声的影响也是相对的，如果信号相对较强，那么噪声的影响就相对较小，因此信噪比就很重要。

信噪比就是信号的平均功率和噪声的平均功率之比，常记为 S/N，并用分贝（dB）作为度量单位。即

$$信噪比\ (dB)=10\log_{10}\ (S/N)\ (dB)$$

例如，当 S/N =10 时，信噪比为 10dB，而当 S/N =1000 时，信噪比为 30dB。

用香农公式表示信道的极限信息传输速率 C，即

$$C=W\log_{10}\ (1+S/N)(\mathrm{bps})$$

式中：W 为信道宽度（以 Hz 为单位）；S 为信道内所传信号的平均功率；N 为信道内部的高斯噪声功率。

香农公式表明，信道的带宽或信道中的噪声比越大，信道的极限传输速率就越高。由此可以推出，只要信息传输速率低于信道的极限信息传输速率，就一定能找到某种办法来实现无差错的传输。

2.2.6　并行传输与串行传输

数据传输一般有两种方式，即并行传输和串行传输。

（1）并行传输。如图 2-8 所示，是指数字信号以成组的方式在多个并行信道上传输，数据由多条数据线同时传送与接收，每个比特使用单独的一条线路。其优点在于传输速率高，收发双方不存在字符同步的问题；而缺点是需要多个并行信道，增加了设备的成本。并行传输主要用于计算机内部或同一系统设备间的通信。

（2）串行传输。如图 2-9 所示，就是在一条信道上对比特流逐位进行传输。由于数据流是串行的，必须解决收发双方如何保持码组或字符同步的问题。

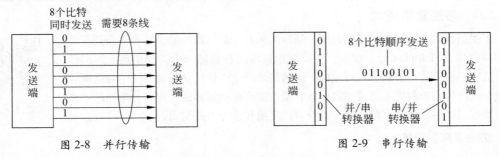

图 2-8　并行传输　　　　　　　　　图 2-9　串行传输

通常情况下，并行通信用于距离较近的情况，而串行通信用于距离较远的情况。

2.2.7　数据传输的同步方式

同步就是要接收方按照发送方发送的每个码元 / 比特起止时刻和速率来接收数据，否则收发之间会产生误差，即使是很小的误差，随着时间的逐步积累，也会造成传输的数据出错，因此，实现收发之间的同步是数据传输中的关键技术之一。通常使用的同步技术有两种，即异步方式和同步方式。

1. 异步方式

在异步传输方式中，每传送 1 个字符（7 或 8 位）都要在每个字符码前加 1 个起始位，以表示字符代码的开始；另外，在字符代码和校验码后面加 1 或 2 个停止位，表示字符结束。接收方根据起始位和停止位来判断一个新字符的开始和结束，从而起到通信双方的同步作用，如图 2-10 所示。

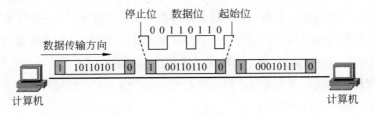

图 2-10　异步通信方式

异步通信方式的实现比较容易，但每传输一个字符都需要多使用 2~3 位，所以适合于低速通信。

2. 同步方式

通常，同步传输方式的信息格式是一组字符或一个二进制位组成的数据块（帧），对这些数据，不需要附加起始位和停止位，而是在发送一组字符或数据块之前先发送一个同步字符 SYN（以 01101000 表示）或一个同步字节（01111110），用于接收方进行同步检测，从而使收发双方进入同步状态。在同步字符或字节之后，可以连续发送任意多个字符或数据块，发送数据完毕后，再使用同步字符或字节来标识整个发送过程的结束，如图 2-11 所示。

图 2-11　同步通信方式

在同步传送时，由于发送方和接收方将整个字符作为一个单位传送，且附加位又非常少，从而提高了数据传输效率，所以这种方法一般用在高速传输数据的系统中，比如计算机之间的数据通信。

2.2.8　多路复用技术

为了提高通信线路传输信息的效率，通常采用在一条物理线路上建立多条通信信道的多路复用（Multiplexing）技术。多路复用技术是指在同一个物理信道上同时传输多路信号，被传输的多路信号可以由不同的信源产生，传输信号时各路信号之间互不影响，从而可充分利用通信线路的传输容量，提高传输媒体的利用率。常用的多路复用技术有三种，即频分多路复用、时分多路复用和波分多路复用。

信道复用技术

1. 频分多路复用技术

频分多路复用技术（Frequency Division Multiplexing, FDM）把信道的频谱分割成若干个互不重叠的子信道，各相邻子信道间要留有一个狭长的带宽（保护带），每个子信道可传输一路信号，每个发送设备产生的信号被调制成相应的子信道的载波频率，调制后的信号再被组合成一个可以通过通信链路的复合信号。采用频分多路复用技术时，各路信号在各个子信道上是以并行的方式传输的，如图 2-12 所示。频分多路复用技术最为简单，用户在分配到一定的频带后，自始至终都占用这个频带。

频分多路复用技术适用于模拟信号，如调制广播电台，有线电视系统、非对称数字用户线路（ADSL）等都采用 FDM 技术。例如可以在一根双绞线（100kHz）上利用多路复用技术同时传输多达 24 路电话信号（一条标准话路的带宽是 4kHz，即通信用的是 3.1kHz 加上两边的保护频带）。

2. 时分多路复用技术

时分多路复用技术（Time Division Multiplexing, TDM）将物理信道按时间分成许多等长的时间片，轮流、交替地分配给多路信源，从而使多路输入信号能共享物理信道。当一条传输信道的最高传输速率超过各路信号传输速率总和时，就可以采用时分多路复用技术。这种多路复用技术的出发点是将一条线路按工作时间划分周期 t，每一周期再划分成若干时间片 t_1, t_2, t_3, $\cdots$, t_n，轮流分配给多个信源来使用公共线路，在每一周期的每一时间片 t_i 内，线路供一对终端使用，在时间片 t_j 内，线路供另一对终端使用。如图 2-13 所示。

TDM 特别适用于数字信号的传输，划分出的每一时隙由复用的一个信号占用，这样就可以在一条物理信道上传输多路数字信号。

3. 波分多路复用技术

波分多路复用技术（Wave-length Division Multiplexing, WDM）的原理与频分多路复用的相似，主要用于光纤通信。由于光信号是用波长而不用频率来表示所使用的光载波,因此就称为波分多路复用。WDM 和 FDM 不同之处在于光波频率很高。它是利用不同波长的光,通过共享光纤远距离传输多路信号。在 WDM 技术中,利用光学系统中的衍射光栅,来实现多路不同频率光波信号的合成与分解。

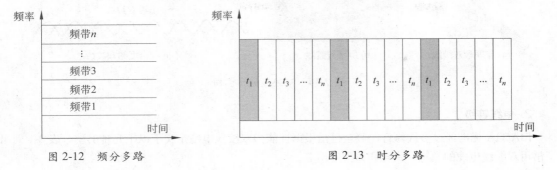

图 2-12　频分多路　　　　　　　　　　　图 2-13　时分多路

波分多路复用最初只能在一根光纤上复用两路光载波信号,而现在可以在一根光纤上复用 80 路或更多路数的光信号,这就是密集波分多路复用 DWDM（即 Dense WDM）。

2.3　传　输　媒　体

传输媒体也称传输媒体或传输媒介,即数据传输系统中在发送器和接收器之间的物理通路。传输媒体可分为两大类,即导引型传输媒体（也称有线传输）和非导引型传输媒体（也称无线传输）。

传输媒体

在导引型传输媒体中,电磁波被导引沿着固定媒体（铜线或光纤）传播;而非导引型传输媒体就是指自由空间,也称为无线传输。

2.3.1　双绞线

1. 双绞线电缆概述

双绞线电缆 (Twisted Pair, TP) 是计算机网络系统工程中最常用的导引型传输媒体。

把两根互相绝缘的铜导线并排放在一起,然后用规则的方法绞合（Twist）起来就构成了双绞线。绞合可减少对相邻导线的电磁干扰。

最早也是最多使用双绞线的地方就是电话系统,在电话系统中使用的双绞线是 1 对两条线。通常将一定数量的双绞线捆成电缆,在其外面包上保护套。

模拟传输和数字传输都可以使用双绞线,其通信距离一般为几到十几公里。当传输距离太长时就要加放大器以便将衰减了的信号放大到合适的数值（对于模拟传输）,或者加上中继器以便将失真了的数字信号进行整形（对于数字传输）。

为了提高双绞线的抗电磁干扰的能力,可以在双绞线的外面再加上一层用金属丝编制的屏蔽层,这就是屏蔽双绞线（Shielded Twisted Pair, STP）,它的价格当然比非屏蔽双绞线（Unshielded Twisted Pair, UTP）贵。图 2-14 所示是双绞线示意图。

在计算机网络中通常用到的双绞线是 4 对结构,为了便于安装与管理,每对双绞线都有颜色标识,4 对 UTP 电缆的颜色分别是蓝色、橙色、绿色和棕色。在每个线对中,其中一根的颜色为线对颜色加一个白色条纹或斑点（纯色）,另一根的颜色是白色底色加线对颜色的条纹或斑点,即电缆中的每一对双绞线电缆都是互补颜色。

(a) 非屏蔽双绞线

(b) 屏蔽双绞线

3 类线双绞线

5e 类线双绞线

(c) 不同绞合度的双绞线

图 2-14　双绞线的示意图

2. 电缆等级

EIA/TIA 标准经过多次修订，截至目前根据性能为双绞线电缆定义了以下几种类型，表 2-1 列出了常用双绞线电缆的类别、带宽和典型应用等。

表 2-1　双绞线电缆的类别、带宽和典型应用

系统产品类别	系统分级	支持最高带宽/Hz	是否屏蔽	典型应用
CAT 3(3 类)	C	16M	屏蔽和非屏蔽	应用于语音、10Mbps 以太网、4Mbps 令牌环。目前市场上只有用于语音主干布线的 3 类大对数电缆
CAT 5(5 类)	D	100M	屏蔽和非屏蔽	应用于语音、100Mbps 以太网。目前市场上只有用于语音主干布线的 5 类大对数电缆
CAT 5e(超 5 类)	D	100M	屏蔽和非屏蔽	应用于语音、100Mbps 以太网、1000Mbps 以太网
CAT 6(六类)	E	250M	屏蔽和非屏蔽	应用于语音、1000Mbps 以太网
CAT 6A(超六类)	EA	500M	屏蔽和非屏蔽	应用于语音、10Gbps 以太网
CAT 7(7 类)	F	600M	屏蔽	应用于语音、10Gbps 以太网
CAT 7A(超 7 类)	FA	1000M	屏蔽	为 4 万兆和 20 万兆准备的电缆
CAT 8.1(兼容 6A)	I	2000M	屏蔽	为 4 万兆和 20 万兆准备的电缆
CAT 8.2(兼容 7)	II	2000M	屏蔽	为 4 万兆和 20 万兆准备的电缆

注：目前市场上使用最广泛包括 5e、6 类和 6A 类电缆。

无论是哪种类别的双绞线，其衰减通常都随频率的升高而增大，而使用更粗的导线可以降低衰减，也就是说导线越粗，通信距离也就越远，但也增加了导线的价格和重量。

3. UTP 连接器

双绞线电缆的连接硬件包括信息模块和 RJ-45 连接器，它们用于端接或直接连接 UTP 电缆，使电缆和连接件组成一个完整的信息传输通道。常用的有 RJ-45 插头（俗称水晶头，如图 2-15 所示是非屏蔽 RJ-45 水晶头）和信息模块（图 2-16 所示是非屏蔽 RJ-45 信息模块）。双绞线电缆的两端安装 RJ-45 插头，以便插在以太网卡、集线器或交换机的 RJ-45 接口上。

图 2-15　非屏蔽 RJ-45 水晶头

图 2-16　非屏蔽 RJ-45 信息模块

4. UTP 电缆类型

目前双绞线的制作主要遵循EIA/TIA标准。分别是EIA/TIA 568A 和 EIA/TIA 568B。在一个网络中，可采用任何一种标准，但所有的设备必须采用同一标准。通常情况下，在网络中采用 EIA/TIA 568B 标准。表 2-2 列出了 UTP 电缆类型。

表 2-2　UTP 电缆类型

电缆类型	标　准	应　用
以太网直通电缆	电缆两端均为 T568B 或 T568A，常用 T568B	将网络主机连接到集线器、交换机、路由器之类的网络设备
以太网交叉电缆	电缆一端为 T568B，另一端为 T568A	连接两台网络主机；连接两台网络中间设备（交换机与交换机、集线器与集线器、路由器与路由器）
全反电缆	思科专有	用于工作站到交换机、路由器控制台端口的连接

> 💡**注意**：随着网络技术的发展，目前一些新的网络设备，可以自动识别连接的网线类型，用户不管采用直通网线或者交叉网线均可以正确连接设备。

（1）T568A 标准。按照 T568A 标准布线水晶头的 8 针与线对的分配如图 2-17（a）所示。线序从左到右依次为 1- 白绿、2- 绿、3- 白橙、4- 蓝、5- 白蓝、6- 橙、7- 白棕、8- 棕。

（2）T568B 标准。按照 T568B 标准布线水晶头的 8 针（也称插针）与线对的分配如图 2-17（b）所示。线序从左到右依次为 1- 白橙、2- 橙、3- 白绿、4- 蓝、5- 白蓝、6- 绿、7- 白棕、8- 棕。

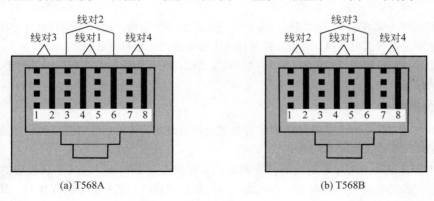

(a) T568A　　　　　　　　(b) T568B

图 2-17　T568A 和 T568B 引脚

2.3.2　同轴电缆

20 世纪 80 年代，DEC、Intel 和 Xerox 公司合作推出了以太网。最初设计以太网时，终端设备共享通信带宽，通过物理媒体连接形成总线型拓扑网络，同轴电缆就是在当时普遍采用的传输媒体，也就是说总线型拓扑结构与同轴电缆主要应用在早期的以太网中。现在以太网通常采用星型拓扑结构与双绞线，而同轴电缆更多地使用于有线电视或视频（监控和安全）等网络应用中。

同轴电缆由两个导体组成，其结构是一个外部圆柱形空心导体围裹着一个内部导体。同轴电缆的组成由里向外依次是导体、绝缘层、屏蔽层和护套，如图 2-18 所示。内部导体可以是单股实心线也可以是绞合线；外部导体可以是单股线也可以是编织线。内部导体的固定用规则间隔的绝缘环或者用固体绝缘材料，外部导体用一个罩或者屏蔽层覆盖。因为同轴电缆只有一个中心导体，所以它通常被认为是非平衡传输媒体。中心导体和屏蔽层之间传输的信号极性相反，中心导体为正，屏蔽层为负。

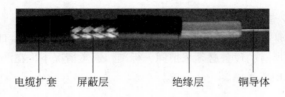

电缆扩套　　　屏蔽层　　　　　绝缘层　　铜导体

图 2-18　同轴电缆

目前进行网络布线时已经不再使用同轴电缆，但同轴电缆曾一度在网络传输媒体中占有很重要的地位。

2.3.3　光缆

在通信领域中，信息网络的传输速率从 1980 年 9 月出台的 10Mbps 以太网提高到现在的 100Gbps，随着传输速率的提高和传输距离的增长，采用铜缆的同轴电缆和双绞线在很多时候不能满足需求，在这种情况下，通常会采用光纤通信技术。

光纤通信就是利用光导纤维（以下简称光纤）传递光脉冲来进行通信，有光脉冲相当于 1，而无光脉冲相当于 0。由于可见光的频率非常高，约为 10^8 MHz 的量级，因此一个光纤通信系统的传输带宽远远大于目前其他各种传输媒体的带宽。

1. 光纤通信的基本原理

光纤是光纤通信的传输媒体，在发送端有光源，可以采用发光二极管或半导体激光器，它们在电脉冲的作用下能产生出光脉冲；而在接收端利用光电二极管做成光检测器，在检测到光脉冲时可还原出电脉冲。

目前在局域网中实现的光纤通信是一种光电混合式的通信结构，通信终端的电信号与光缆中传输的光信号之间要进行光电转换，光电转换通过光电转换器或光纤模块来完成。

由于光信号目前只能单方向传输，所以，目前光纤通信系统通常都是采用 2 芯，一芯用于发送信号，一芯用于接收信号。

2. 光纤的结构

光纤是光缆的纤芯，光纤通常由透明的石英玻璃拉成细丝，光纤由光纤芯、包层和涂覆层三部分构成通信圆柱体组成，如图 2-19 所示。

（1）光纤芯及包层。光纤芯是光的传导部分，直径只有 8~100μm，光纤芯和包层的成分都是玻璃，包层较光纤芯有较低的折射率，当光线从高折射率的媒体向低折射率的媒体时，其折射角将大于入射角，就会出现全反射，即光线碰到包层时就会折射回纤芯，这个过程不断重复，光也沿着光纤传输下去，如图 2-20 所示。

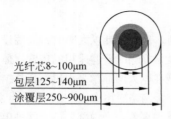

光纤芯8~100μm
包层125~140μm
涂覆层250~900μm

图 2-19　典型的光纤结构图

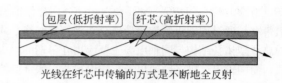

包层(低折射率)　　纤芯(高折射率)

光线在纤芯中传输的方式是不断地全反射

图 2-20　光纤中光线（光脉冲）的传输

（2）涂覆层。涂覆层是光纤的第一层保护，它的目的就是保护光纤的机械强度，是第一缓冲层（Primary Buffer），由一层或几层聚合物构成，厚度约为 250mm，在光纤的制造过程中就已经涂覆到光纤上。光纤涂覆层在光纤受到外界震动时保护光纤的光学性能和物理性能，同时又可以隔离外界水气的侵蚀。

3．光纤的分类

光纤的种类很多，可以光纤的传输总模数、光纤横截面上的折射率分布和工作波长进行分类。

（1）按传输模式分类。按光在光纤中的传输模式可分为多模光纤和单模光纤。

①多模光纤 MMF（Multi Mode Fiber）：采用发光二极管作为光源，允许多束光在光纤中同时传播，多条不同角度入射的光线在一条光纤中传输，这种光纤就称为多模光纤，如图 2-21 所示。光脉冲在多模光纤中传输时会逐渐展宽，造成失真，因此多模光纤只适合于近距离传输。多模光纤的纤芯直径一般在 50～75μm，包层直径为 125～200μm。多模光纤的光源一般采用 LED（发光二极管），工作波长为 850nm 或 1300nm。

②单模光纤 SMF（Single Mode Fiber）：若光纤的纤芯直径减小到只有一个光的波长，则光纤就像一根波导那样，它可使光线一直向前传播，而不会产生多次反射，这样的光纤称为单模光纤，如图 2-22 所示。单模光纤的纤芯约为 4~10mm，包层直径为 125mm，通常用在工作波长为 1310nm 或 1550nm 的激光发射器中。单模光纤传输频带宽、容量大，传输距离长。

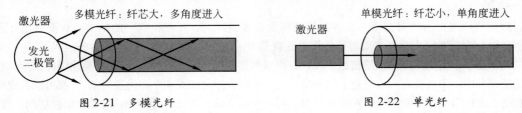

图 2-21　多模光纤　　　　　　　　　　　　　　图 2-22　单光纤

（2）按工作波长分类。按光纤的工作波长分类，有短波长光纤、长波长光纤和超长波长光纤。多模光纤的工作波长为短波长 850nm 和长波长 1300nm，单模光纤的工作波长为长波长 1310nm 和超长波长 1550nm。

4．光缆及其结构

由于光纤比较细，连包层一起的直径也不到 0.2mm，因此必须将光纤做成很结实的光缆。光纤的最外面常有 100mm 的缓冲层或套塑层，套塑后的光纤（即纤芯）还不能在工程中使用，必须把若干根光纤疏松地置于特制的塑料绑带或铝皮内，再被涂覆塑料或用钢带铠装，加上外护套后才成光缆。光缆中有 1 芯光纤、2 芯光纤、4 芯光纤、6 芯光纤甚至更多芯光纤（如 48 芯光纤、1000 芯光纤），一般单芯光缆或双芯光缆用于光纤跳线，多芯光缆用于室内、室外的网络布线。

2.4　数据链路层

数据链路层处于计算机网络结构模型的底层。数据链路层使用的信道主要有点对点信道和广播信道两种。

（1）点对点信道（Point-to-Point Link）。由信道一端的单个发送方和信道另一端的单个接收方组成。点对点信道通常用于长距离链路连接的两台路由器之间，或用户办公室计算机与它们所连接的邻近以太网交换机之间等场合，这种信道一般使用一对一的点对点通信方式。

（2）广播信道（Broadcast Link）。能够让多个发送和接收结点都连接到相同的、单一的、共享的广播信道上，使用一对多的广播通信方式，过程比较复杂，广播信道上连接的主机很多，因此必须使用专用的共享信道协议来协调这些主机的数据发送，在这条信道上，当任何一个结点传输一个帧时，信道广播该帧，每个其他结点都会收到一个副本。

局域网虽然也是一个网络，但在同一个局域网中，分组怎样从一台主机传送到另一台主机，并不经过网络层的路由器转发，因此，局域网仍属于数据链路层的范围。

首先我们来讨论数据链路层的一些基本问题，这些概念对点对点信道和广播信道均适用。

2.4.1　数据链路和帧

1. 链路和数据链路

将运行链路层协议的任何设备称为结点（Node），包括主机、交换机、路由器、和 Wi-Fi 接入点。

链路（Link）就是从一个结点到相邻结点的一段物理线路（有线或无线），而中间没有任何其他的交换结点。在进行数据通信时，两个计算机之间的通信路径往往要经过许多段这样的链路。可见链路只是路径的组成部分。

把实现控制数据传输的通信协议的硬件和软件加到链路上，就构成了数据链路（Data Link）。现在最常用的方法是使用网络适配器（既有硬件也包括软件）来实现这些协议，一般的网络适配器都包括了数据链路层和物理层这两层的功能。

通常也可把链路称为物理链路，把数据链路称为逻辑链路，即在物理链路上加必要的通信协议。

2. 帧

数据链路层把网络层交下来的数据构成帧发送到链路上，或把接收到的帧中的数据取出并上交给网络层。在互联网中，网络层协议数据单元就是 IP 数据报（或简称为数据报、分组或包）。

为了便于了解点对点的数据链路层协议，可以采用如图 2-23（a）所示的三层简化链路模型，在这个三层模型中，不管在哪一段链路上的通信（主机和路由器之间或两个路由器之间），都可以看成是结点和结点的通信（如图中的结点 A 和结点 B），而每个结点只有下三层，即网络层、数据链路层和物理层。

如图 2-23（a）所示，点对点信道的数据链路层在进行通信时的主要步骤如下。

（1）结点 A 的数据链路层把网络层交下来的 IP 数据报添加首部和尾部封装成帧。

（2）结点 A 把封装好的帧发送给结点 B 的数据链路层。

（3）若结点 B 的数据链路层收到的帧无差错，则从收到的帧中提取出 IP 数据报上交给上面的网络层，否则丢弃这个帧。

数据链路层不必考虑物理层如何实现比特传输的细节，即可视为沿着两个数据链路层之间的水平方向把帧直接发送到对方，如图 2-23（b）所示。

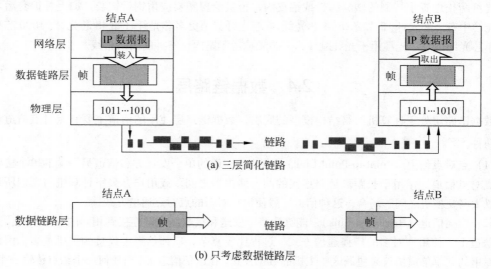

(a) 三层简化链路

(b) 只考虑数据链路层

图 2-23　使用点对点信道的数据链路层

2.4.2　封装成帧

1. 将 IP 数据报封装帧

封装成帧（Framing）就是在一段数据（网络层交下来的 IP 数据报）的前后分别添加首部和尾部，这样就构成了一个帧。接收端在收到物理层上交的比特流后，就能根据首部和尾部的标记，从收到的比特流中识别帧的开始和结束。图 2-24 所示表示用帧首部和帧尾部封装成帧的一般概念。大家知道，所有在互联网上传送的数据都是以分组（IP 数据报）为传送单位的，网络层的 IP 数据报传送到数据链路层就成为帧的数据

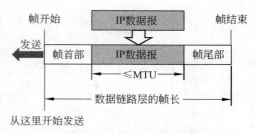

图 2-24　用帧首部和尾部封装成帧

部分，在帧的数据部分的前面和后面分别添加上首部和尾部，构成了一个完整的帧，这样的帧就是数据链路层的数据传送单元。一个帧的帧长等于帧的数据部分加上帧首部和帧尾部的长度，首部和尾部的一个重要作用就是进行帧定界（即确定帧的界限），此外，首部和尾部还包含许多必要的控制信息，在发送帧时，是从帧首部开始发送。

2. MAC 帧的格式

以太网中的所有数据最终都必须封装为以太网帧，然后传输至物理层再转换为二进制比特流进行传输。正常的以太网帧长度在 64~1518 字节，通过目标 MAC 地址标识接收方，通过源 MAC 地址标识发送方。

常用的以太网 MAC 帧格式有两种标准，即 Ethernet Ⅱ 标准（即以太网 V2 标准）和 IEEE 802.3 标准（如在 STP 生成树的场景中）。图 2-25 所示为 Ethernet Ⅱ 标准 MAC 帧格式，图中假定网络层使用的 IP 协议，当然也可以使用其他的协议。

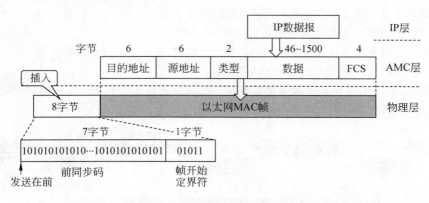

图 2-25　以太网的 MAC 帧格式

Ethernet Ⅱ 标准 MAC 帧格式比较简单，由五个字段组成，表 2-3 列出了 Ethernet Ⅱ 标准 MAC 帧各字段的长度和含义。

表 2-3　Ethernet Ⅱ 以太网帧头

字　　段	长度 / 字节	目　　　　的
目的地址	6	指明此帧的接收者
源地址	6	指明此帧的发送者
类型	2	用来标志上一层使用的是什么协议，以便把收到的 MAC 帧的数据上交给上一层的这个协议。例如，当类型字段的值是 0x0800 时，就表示上层使用的是 IP 数据报，若类型字段的值为 0x8137，则表示该帧是由 Novell IPX 发过来的

字　段	长度 / 字节	目　　　的
数据	46~1500	其长度在 46 到 1500 字节之间（最小长度 64 字节减去 18 字节的首部和尾部就得出数据字段的最小长度 46 字节）。若数据字段的长度小于 46 字节，MAC 子层就会在数据字段的后面加入一个整数字节的填充字段，以保证以太网的 MAC 帧长不小于 64 字节
帧校验序列	4	使用 CRC 校验。对接收网卡提供判断帧是否传输错误的一种方法，如果发现错误，丢弃此帧

如图 2-25 所示，在传输媒体上实际传送的要比 MAC 帧还多 8 字节，这是因为当一个结点刚开始接收 MAC 帧时，由于网络适配器的时钟尚未与到达的比特流达成同步，因此 MAC 帧的最前面的若干位就无法接收，结果使整个的 MAC 成为无用的帧，为了接收端迅速实现位同步，从 MAC 子层向下传到物理层时还要在帧的前面插入 8 字节（由硬件生成），它由两个字段构成，第一个字段是 7 字节的前同步码（1 和 0 交替码），它的作用是使接收端的网络适配器在接收 MAC 帧时能够迅速调整其时钟频率，使它和发送端的时钟同步，也就是"实现位同步"，而第二个字段是帧开始定界符，定义为 10101011，它的前六位的作用和前同步码一样，最后的两个连续的 1 就是告诉接收端网络适配器，MAC 帧的信息马上就要来了，请网络适配器注意接收。MAC 帧的 FCS 字段的检验范围不包括前同步码和帧开始定界符。顺便指出，在使用光同步数字传输网（SONET/SDH）进行同步传输时则不需要用前同步码，因为在同步传输时收发双方的位同步总是一直保持着的。

在以太网上传送数据时是以帧为单位进行传送的，各帧之间还必须有一定的间隙，因此，接收端只要找到帧开始定界符，其后面的连续到达的比特流就都属于同一个 MAC 帧，可见以太网不需要使用帧结束定界符，也不需要使用字节插入来保证透明传输。

3. MAC 地址的功能

MAC 地址提供了通过共享本地媒体传输帧时要用的编制方法，MAC 地址包含在帧头中，它指定了帧在本地网络中的目的结点，帧头还可能包含帧的源地址。

MAC 地址不会表示设备位于哪个网络，相反，MAC 地址对于特定设备是唯一的，若将设备移至另一网络或子网，它仍将使用同一个 MAC 地址。

数据链路层地址的作用是将数据链路帧从一个网络接口传到同一个网络的另一个接口，如图 2-26 所示。

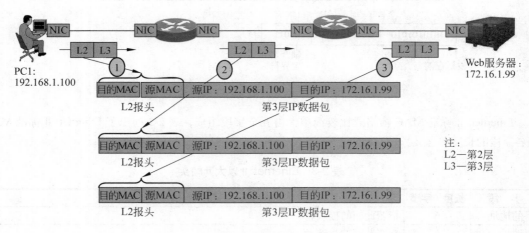

图 2-26　数据链路层地址

在 IP 数据包可以通过有线或无线网络发送之前，必须将其封装成数据链路帧，以便通过物理媒体进行传输。

当 IP 数据包从主机到路由器、从路由器到路由器和最终从路由器到主机传输时，沿途中的每个结点上都会将 IP 数据包封装到新的数据链路帧中，而每个数据链路帧都包含发送帧的 NIC 卡的源 MAC 地址和接收帧的 NIC 卡的目的 MAC 地址。

第 2 层的数据链路协议仅用于在同一网络中的 NIC 之间传输数据包，如果数据必须传递到另一网段上，则需要使用中间设备——路由器或三层交换机，路由器必须根据 MAC 地址接收帧并解封帧，以便检查 IP 地址，路由器使用 IP 地址就能确定目的设备的网络地址以及到达该地址的最佳路径，当知道要将数据包转发到何处时，路由器会为数据报创建一个新帧，并将新帧发送到通往最终目的地的下一网段。

IP 数据包会被封装到包含数据链路信息的数据链路帧中，包括以下内容。

（1）源 MAC 地址。发送数据链路帧的设备 NIC 的物理地址。

（2）目的 MAC 地址。接收数据链路帧的 NIC 的物理地址。该地址通常为下一跳路由器，或最终目的设备。

一般数据链路帧还包含一个帧尾。

4. 帧定界符

当数据是由可打印的 ASCII 码组成的文本文件时，帧定界可以使用特殊的帧定界字符。如图 2-27 所示可说明如何实现帧定界，即将一个控制字符 SOH（Start of Header）放在一帧的最前面，表示帧的首部开始，而另一个控制字符 EOT（End of Transmission）表示帧的结束。

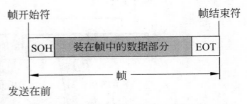

图 2-27　用控制字符进行帧定界

> 💡注意：SOH 和 EOT 都是控制字符的名称，它们的十六进制编码分别是 01（二进制是 00000001）和 04（二进制是 00000100），而不是 S、O、H、E、O、T 六个字符。

当数据在传输中出现差错时，帧定界符的作用更加明显。假定发送端在尚未发送完一个帧时突然出现故障，中断了发送，但随后很快又恢复正常，于是重新从头开始发送刚才未发送完的帧。由于使用了帧定界符，在接收端就知道前面收到的数据是个不完整的帧（只有首部开始符 SOH 而没有传输结束符 EOT），必须丢弃，而后面收到的数据有明确的帧定界符（SOH 和 EOT），因此这是一个完整的帧，应当收下。

2.4.3　透明传输

由于帧的开始和结束的标记是使用专门指明的控制字符，因此，对于所传输的数据中的任何 8 比特的组合一定不允许和用作帧定界的控制字符的比特编码一样，否则就会出现帧定界的错误。

当传送的帧是用文本文件（字符都是从键盘上输入的）组成的帧时，其数据部分显然不会出现像 SOH 和 EOT 这样的帧定界控制字符，这样不管从键盘上输入什么字符都可以放在这样的帧中传输过去，因此这样的传输就是透明传输。

但当数据部分是非 ASCII 码的文本文件时（如二进制代码的计算机程序或图像等），如果数据中的某个字节的二进制代码恰好和 SOH 或 EOT 这种控制字符一样，数据链路层在处理时就会出现错误，以致"找不到帧的边界"，把部分帧收下（误认为是个完整的帧），而把剩下的那部分数据丢弃（这部分找不到帧定界控制字符 SOH），如图 2-28 所示。

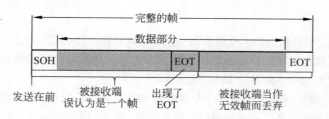

图 2-28　数据部分恰好出现与 EOT 一样的代码

为了解决这个问题，就必须设法使数据中可能出现的控制字符 SOH 和 EOT 在接收端不被解释为控制字符。比如，发送端的数据链路层在数据中出现控制字符 SOH 或 EOT 的前面插入一个转义字符 ESC（其十六进制编码是 1B，二进制是 00011011），而在接收端的数据链路层在把数据送往网络层之前删除这个插入的转义字符，这种方法称为字节填充（Byte Stuffing）或字符填充（Character Stuffing）。如果转义字符也出现在数据当中，那么解决方法仍然是在转义字符的前面插入一个转义字符，因此，当接收端收到连续的两个转义字符时，就删除其中前面的一个。如图 2-29 所示表示用字节填充法解决透明传输的问题。

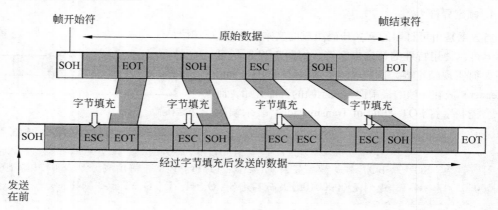

图 2-29　用字节填充法解决透明传输的问题

2.4.4　差错控制

比特在传输过程中可能会产生差错，如 1 可能会变成 0，而 0 也可能变成 1，这就叫作比特差错，比特差错是传输差错的一种。

1. 比特差错

在一段时间内，传输错误的比特占所传输比特总数的比率称为误码率（Bit Error Rate, BER）。例如，误码率为 10^{-10} 时，表示平均每传送 10^{10} 个比特就会出现一个比特的差错。

误码率与信噪比有很大的关系，提高信噪比往往可以使误码率减小。实际的通信链路并非是理想的，误码率不可能下降到零，因此，为了保证数据传输的可靠性，在计算机网络中传输数据时，必须采用各种差错检测措施。目前，在数据链路层广泛使用了循环冗余检验（Cyclic Redundancy Check, CRC）的检测技术，有关 CRC 的原理有兴趣的可查考相关书籍，在这里不再介绍。

在数据链路层若仅仅使用循环冗余检验 CRC 差错检测技术，则只能做到对帧的无差错接收，即"凡是接收端数据链路层接收的帧，我们都能以非常接近于 1 的概率认为这些帧在传输过程中没有产生差错"。

2. 传输差错

如果数据链路层向网络层提供的传输不是可靠的，如数据链路层接收到的帧并没有出现比特差错，但出现了帧丢失、帧重复和帧失序。例如，发送方连续发送 5 个帧，即 [#1]-[#2]-[#3]-[#4]-[#5]。假定接收端收到的每一个帧都没有比特差错，但却出现了下面的三种情况。

帧丢失：收到 [#1]-[#2]-[#3]-[#5]（丢失 [#4]）。

帧重复：收到 [#1]-[#2]-[#3]-[#4] -[#4]-[#5]（收到了两个 [#4]）。

帧失序：收到 [#1] -[#4]-[#2]-[#3] -[#5]（后发送的帧反而先到达了接收端）。

以上三种情况都属于出现传输差错，但都不是这些帧里面有"比特差错"。帧丢失很容易理解，帧重复和帧失序后续在关于运输层的相关内容中会讲到。

在数据链路层使用 CRC 校验，能够实现无比特差错的传输，但这不是可靠传输。为了提高通信效率，在互联网上一般采取如下方法。

（1）对于通信质量良好的有线传输链路，数据链路层协议不使用确认和重传机制，即不要求数据链路层向上提供可靠传输的服务。如果在数据链路层传输数据时出现了差错并且需要改正，则有上层（如传输层的 TCP 协议）协议解决。

（2）对于通信质量不好的无线传输链路，数据链路层协议使用确认和重传机制，数据链路层向上提供可靠传输的服务。

3. 链路接入

媒体访问控制（Medium Access Control, MAC）协议规定了帧在链路上传输的规则，MAC 协议主要用于广播信道协调多个结点的帧传输。

2.5 IP 地址基础知识

人们给 Internet 中每台主机分配了一个专门的地址，称为 IP 地址，IP 地址也可以称为 Internet 地址，用来标识 Internet 上每台计算机一个唯一的逻辑地址。每台联网的计算机都依靠 IP 地址来标识自己，这类似于电话号码，通过电话号码可以找到相应的电话，电话号码没有重复的，IP 地址也是一样的。

2.5.1 IP 地址的结构与表示

IP 地址以 32 位二进制位的形式存储于计算机中，32 位的 IP 地址结构由网络标识和主机标识两部分组成，如图 2-30 所示。其中，网络标识用于标识该主机所在的网络，而主机标识则表示该主机在相应网络中的特定位置。

图 2-30 IP 地址的组成

一个网络号在整个互联网范围内必须是唯一的，主机号（Host-id）用于标识该主机（或路由器），一个主机号在它前面的网络号所指明的网络范围内必须是唯一的，由此可见，一个 IP 地址在整个互联网范围内是唯一的。

这种两级的 IP 地址可以记为：

{< 网络号 >, < 主机号 >}

由于 32 位的 IP 地址不太容易书写和记忆，通常又采用带点十进制标识法（Dotted Decimal

Notation）来表示 IP 地址。在这种格式下，将 32 位的 IP 地址分为 4 个 8 位组（Octet），每个 8 位组以一个十进制数表示，取值范围由 0 到 255，而代表相邻 8 位组的十进制数则以小圆点分割，所以点十进制表示的最低 IP 地址为 0.0.0.0，最高 IP 地址为 255.255.255.255。

2.5.2　网络地址掩码

IP 地址是一组二进制数，那么如何确定哪部分是网络地址，哪部分是主机地址呢？即 IP 地址的网络标识和主机标识是如何划分的？在一个 IP 地址中，通过网络掩码来决定 IP 地址中网络地址和主机地址的，地址规划组织委员会规定，用 1 表示网络部分，用 0 表示主机部分。

网络掩码也同样是一个 32 位二进制数，用于屏蔽 IP 地址的一部分信息，以区别网络地址和主机地址，也就是说通过 IP 地址和网络掩码的计算才能知道计算机在哪个网络中，所以掩码很重要，必须配置正确，否则就会出现错误的网络地址。

A、B、C 三类网络的默认掩码见表 2-4。

表 2-4　A、B、C 三类网络的默认掩码

类　　型	二进制数表示的掩码	子网掩码（十进制）	掩码中数字 1 的个数
A 类	11111111 00000000 00000000 00000000	255.0.0.0	8
B 类	11111111 11111111 00000000 00000000	255.255.0.0	16
C 类	11111111 11111111 11111111 00000000	255.255.255.0	24

2.6　技能训练 1：双绞线线缆及其制作

2.6.1　训练任务

我们在日常组网过程中经常需要用到直通线和交叉线，为此每人按照 EIA/TIA 568B 和 EIA/TIA 568A 标准进行双绞线制作，分别制作：

（1）制作一条双绞线直通线。

（2）制作一条双绞线交叉线。

（3）制作一条双绞线全反线。

2.6.2　材料清单

（1）RJ-45 水晶头若干。

（2）6 类双绞线若干。

（3）RJ-45 压线钳。

（4）测试仪。

2.6.3　制作过程

（1）直通线制作。

在前面已经介绍过，根据双绞线两端采用的标准不同，双绞线跳线有直通线和交叉线两种，他们采用的标准不一样，但制作过程和要求是一样的。

6 类双绞线跳线现场制作需要如下具体步骤。

步骤 1：剥除电缆外护套。

步骤 2：去掉中间的芯（十字骨架），不要把芯直接剪到根部，这样可以使卡槽更容易插到水晶

头的根部。

步骤3：将分线器（Sled）宽度为4mm套入线对，使4个线对各就各位、互不缠绕，并可以有效控制了剥线长度L的值。

步骤4：按照标准排列线对。并将每根线轻轻捋直。

步骤5：将插件（Liner）套入各线序。

步骤6：将裸露出的双绞线用剪刀剪下只剩约14mm的长度。

步骤7：插入RJ-45水晶头，注意一定要插到底，正确的压接位置如图2-31所示。

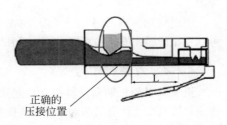

图2-31 双绞线正确的压接位置

步骤8：用RJ-45压线钳进行压接，完成RJ-45水晶头的制作。

步骤9：双绞线线缆测试。制作完成双绞线后，下一步需要检测它的连通性，以确定是否有连接故障。通常使用电缆测试仪进行检测，建议使用专门的测试工具（如Fluke DSP4000等）进行测试，也可以购买廉价的网线测试仪，如常用的上海三北的"能手"网络电缆测试仪。

测试时将双绞线两端的水晶头分别插入主测试仪和远程测试端的RJ-45端口，将开关开至ON（S为慢速挡），主机指示灯从1至8逐个顺序闪亮。

（2）交叉线制作。

交叉线的制作与直通线的制作步骤类似，只是两端线序的排列不一样，同时在测试时，主测试仪和远程测试端的指示灯对应关系为：1对3、2对6、3对1、4对4、5对5、6对2、7对7、8对8。

（3）全反线制作。

全反线的制作与直通线的制作步骤类似，只是两端线序的排列不一样，同时在测试时，主测试仪和远程测试端的指示灯对应关系为：1对8、2对7、3对6、4对5、5对4、6对3、7对2、8对1。

（4）总结报告。

① 写出书面总结报告，包括操作内容、操作过程、操作体会等，记录操作中的疑难点，以及操作中发生失误的处理方法。

② 描述双绞线线序的标准，并填入下表。

线序标准	1	2	3	4	5	6	7	8
T568A								
T568B								

③ 在下表中填入测试直通线时，测试仪的指示灯的工作状态。

指示灯点亮顺序	1	2	3	4	5	6	7	8
右端指示灯	1	2	3	4	5	6	7	8
左端指示灯								

④ 在下表中填入测试交叉线时，测试仪的指示灯的工作状态。

指示灯点亮顺序	1	2	3	4	5	6	7	8
右端指示灯	1	2	3	4	5	6	7	8
左端指示灯	3							

2.7 技能训练2：家庭网络（SOHO）的组建

2.7.1 用户需求与分析

王老师家里原有一台计算机，现在王老师的妻子因工作需要也配备了一台计算机，可是家里只有一台打印机，并且文件分别存放在两台计算机中，需要经常使用优盘进行拷贝。王老师就想能否把这两台计算机互联起来，构建简单的家庭网络环境，通过网络来传输文件，共享打印机等硬件资源。

通过构建家庭网络，一家人可以在任意的一台计算机上工作，而不需要更换计算机，通过网络可以互相传递文件，共享打印机，而且可以通过网络一起上网玩网络游戏。

2.7.2　方案设计

王老师希望把两台计算机互连起来，可以采用两种方法，第一种方法是使用双绞线交叉线缆把两台计算机连接起来，形成最小的网络，即双机互联网络，如图2-32所示；第二种方法是采用计算机串／并口实现双机直接电缆连接。通常我们采用第一种方法实现计算机的互联。

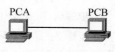

图 2-32　双机互联

为了验证网络连接的连通性，需要为两台计算机分别设置 TCP/IP 协议，IP 地址需要设置在相同的网段，网关默认为对方设备的地址，这样就可以使用 Ping 命令测试网络连通性。

2.7.3　方案实施：利用双绞线实现双机直接连接

1. 工作任务

借助网卡和网线连接两台计算机，不用任何互联设备，实现两台计算机上的文件拷贝。

2. 材料清单

（1）PC 两台，操作系统 Win10。

（2）网卡两块。

（3）双绞线交叉线一条。

3. 实施过程

步骤1：线缆连接。将交叉线两端分别插入两台计算机网卡的 RJ-45 接口。如果观察到网卡的 Link/Act 指示灯亮起，表示连接良好。

步骤2：配置各计算机 IP 地址。设置计算机 PCA 的 IP 地址为 192.168.0.10，子网掩码为 255.255.255.0。计算机 PCB 的 IP 地址为 192.168.0.20，子网掩码为 255.255.255.0。

步骤3：测试。切换到命令行状态，在 PCA 和 PCB 命令行状态下分别运行 ping 127.0.0.1，命令，进行回送测试，然后 Ping "对端 IP 地址"测试网络是否连通。

注意：如果两台 PC 网络配置正确，但 Ping 测试网络不通，请检查两台个人计算机的防火墙是否开启，如果开启，请将其关闭，再用 Ping 命令测试连通性。

步骤4：在 PCA 上运行 wireshark 抓包

在 PCA 命令行状态输入：ping 192.168.0.20。

启动 wireshark 抓包程序，注意过滤 ICMP，分析 MAC 帧结构，如图2-33所示。

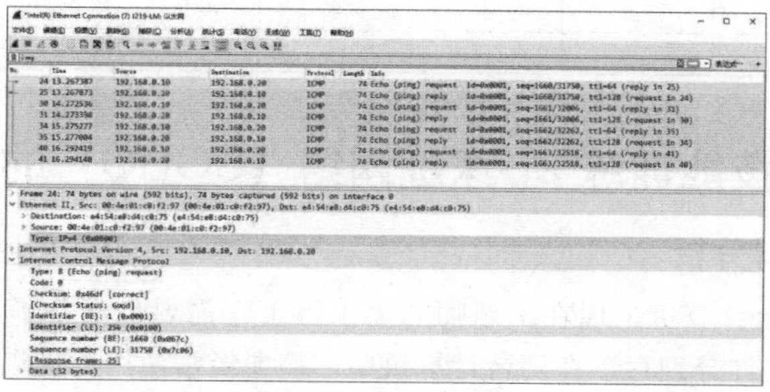

图 2-33　Ping 命令 MAC 帧结构

在图 2-33 中，我们看到了序号为 24、25，30、31，34、35，40、41，其中 24（ICMP 询问报文）、25（ICMP 应答报文）为一组，30、31，34、35，40、41 为另外三组，一共四组对应了 ping 912.168.0.20 命令的 4 个数据报。

（1）ICMP 询问报文

Frame 24: 74 bytes on wire (592 bits), 74 bytes captured (592 bits) on interface 0
Ethernet II, Src: 00:4e:01:c0:f2:97 (00:4e:01:c0:f2:97), Dst: e4:54:e8:d4:c0:75 (e4:54:e8:d4:c0:75)
    Destination: e4:54:e8:d4:c0:75 (e4:54:e8:d4:c0:75)   # 源 MAC 地址
      Address: e4:54:e8:d4:c0:75 (e4:54:e8:d4:c0:75)
        .... ..0. .... = LG bit: Globally unique address (factory default)
        ....0 .... = IG bit: Individual address (unicast)
    Source: 00:4e:01:c0:f2:97 (00:4e:01:c0:f2:97)   # 目的 MAC 地址
      Address: 00:4e:01:c0:f2:97 (00:4e:01:c0:f2:97)
        .... ..0. .... = LG bit: Globally unique address (factory default)
        ....0 .... = IG bit: Individual address (unicast)
    Type: IPv4 (0x0800)   # 类型，0x0800 为 IP 协议
Internet Protocol Version 4, Src: 192.168.0.10, Dst: 192.168.0.20
...

（2）ICMP 应答报文

Frame 25: 74 bytes on wire (592 bits), 74 bytes captured (592 bits) on interface 0
Ethernet II, Src: e4:54:e8:d4:c0:75 (e4:54:e8:d4:c0:75), Dst: 00:4e:01:c0:f2:97 (00:4e:01:c0:f2:97)
    Destination: 00:4e:01:c0:f2:97 (00:4e:01:c0:f2:97)
      Address: 00:4e:01:c0:f2:97 (00:4e:01:c0:f2:97)
        .... ..0. .... = LG bit: Globally unique address (factory default)
        ....0 .... = IG bit: Individual address (unicast)
    Source: e4:54:e8:d4:c0:75 (e4:54:e8:d4:c0:75)
      Address: e4:54:e8:d4:c0:75 (e4:54:e8:d4:c0:75)
        .... ..0. .... = LG bit: Globally unique address (factory default)
        ....0 .... = IG bit: Individual address (unicast)
    Type: IPv4 (0x0800)
Internet Protocol Version 4, Src: 192.168.0.20, Dst: 192.168.0.10
Internet Control Message Protocol
...

习　题

一、填空题

1. 一个数据通信系统可划分为三部分，即源系统、_____ 和 _____ 目的系统。

2. 数据通信中，从通信的双方信息交互的方式来看，可以有 _____、_____、_____ 三种基本方式。

3. 香农公式表明，信道的 _____ 或信道中的 _____ 越大，信道的极限传输速率就越高。

4. 数据传输有两种方式 _____ 和 _____。

5. 实现收发之间的同步技术是数据传输中的关键技术之一，通常使用的同步技术有 _____ 和

_____两种。

6. 为了提高通信线路传输信息的效率，通常采用在一条物理线路上建立多条通信信道的多路复用技术。常用的多路复用技术有_____、_____、_____。

7. 常见的有线传输媒体有_____、_____和_____。

8. 我们常用的 RJ-45 接头又称为_____，它有_____个金属接触片用于与双绞线芯线接触。在制作网线时，要把它的 面朝下，插线开口端向_____，其 1~8 脚的排列顺序是由_____到_____。

9. 6 类或超 6 类非屏蔽双绞线的单段长度最大为_____。细同轴电缆的单段最大长度为_____。

10. 按传输模式分，光纤可分为_____和_____两类，其中，_____在长距离网络中应用比较广泛，而_____则在短距离的企业网中应用更广。

11. 双绞线水晶头的制作标准有_____和_____两种。

12. 在双绞线端接中，T568B 标准的线序为_____。

二、选择题

1. 下面（ ）两项是数据网络物理层的用途和功能。（选择两项）

A. 控制将数据传输到物理媒体上的方式

B. 将数据编码成信号

C. 提供逻辑地址

D. 将位封装成数据单元

E. 控制媒体访问

2. 光缆的包层的用途是（ ）。

A. 将光缆接地   B. 消除噪声

C. 防止光信号损失   D. 防止受 EMI 影响

3. 帧的数据字段包含（ ）内容。

A.CRC   B. 网络层 PDU   C. 第 2 层源地址   D. 帧长

4. 在下列多路复用技术中，（ ）具有动态分配时隙的功能。

A. 同步时分多路复用   B. 异步时分多路复用

C. 频分多路复用   D. 波分多路复用

5. 在同一时刻，通信双方可以同时发送数据的信道通信方式为（ ）。

A. 半双工通信   B. 单工通信   C. 数据报   D. 全双工通信

6. 将双绞线制作成交叉线，该双绞线连接的两个设备可为（ ）。

A. 网卡与网卡

B. 网卡与交换机

C. 网卡与集线器

D. 交换机的以太口与下一级交换机的 Uplink 口

三、简答题

1. 物理层的接口有哪几方面的特性？

2. 数据通信系统的模型包含哪几部分？各部分的作用是什么？

3. 什么是数据？什么是信号？在数据通信系统中有几种信号形式？

4. 比特率、波特率、带宽和数据传输速率有何异同？

5. 什么是逻辑信道？什么是物理信道？

6. 什么是单工、半双工和全双工通信？

7. 什么是串行通信？什么是并行通信？

8. 什么是多路复用技术？有哪几种常用的多路复用技术？

9. 常用的有线传输媒体有哪几种？各有何特点？

10. 数据链路（即逻辑链路）和链路（即物理链路）有何区别？

11. 数据链路层中的链路控制包括哪些功能？

四、实训题

1. 制作网络交叉线和直通线各一条。

2. 写出交叉线和直通线使用测试仪测试时测试仪两端指示灯的亮起顺序。

学习单元3　小型办公室局域网的组建

随着办公自动化的深入，如何组建一个经济、实用的局域网越来越引起人们的关注。通常我们将少于100人的机构称为小型办公室，小型办公室一般以小型企业、中型企业和家庭办公室为主，但并不局限于此。

按网络规模划分，局域网可以分为小型、中型及大型三类，在实际工作中，一般将信息点在100以下的网络称为小型网络，信息点在100~500的网络称为中型网络，信息点在500以上的网络称为大型网络。

为了组建小型办公室局域网的需要，前面我们学习了计算机网络的概念、组成、拓扑结构、传输媒体等，为了小型办公室局域网的组建需要理解掌握以下几方面的内容。

- 局域网的特性、种类和发展。
- 以太网的产生、种类和发展。
- 各种高速局域网的种类及技术特点。
- 网络交换的概念及交换式以太网。
- 虚拟局域网的概念、特点及划分方法。
- 局域网的连接设备及应用。

3.1　局域网概述

局域网（LAN）是在一个较小的范围内，比如一个办公室、一栋楼或一个校园，利用通信线路将众多计算机及其外设连接起来，以达到数据通信和资源共享的目的。

局域网使用的是广播信道，广播信道使用一对多的广播通信方式，因此过程比较复杂。

3.1.1　局域网的特点

局域网是在20世纪70年代末发展起来的，局域网技术在计算机网络中占有非常重要的地位，是当今计算机网络技术应用与发展非常活跃的一个领域，也是目前技术发展最快的领域之一。局域网具有以下特点。

（1）网络所覆盖的地理范围比较小。通常不超过几十公里，甚至只在一个园区、一幢建筑或一个房间内。

（2）数据的传输速率比较高。从最初的1Mbps到后来的10Mbps、100Mbps，近年来已达到1000Mbps、10Gbps。

（3）具有较低的延迟和误码率。其误码率一般为 10^{-8}~10^{-10}。

（4）局域网络的经营权和管理权属于某个单位所有。与广域网通常由服务提供商提供形成鲜明对照。

（5）便于安装、维护和扩充。建网成本低、周期短。

局域网最主要的特点是网络为一个单位所拥有，且地理位置和站点数目均有限。尽管局域网地理覆盖范围小，但这并不意味着它们就是小型的或简单的网络，局域网可以扩展得相当大或者非常复杂。局域网具有以下一些主要优点。

（1）具有广播功能，从一个站点可很方便地访问全网。局域网的主机可共享连接在局域网上的各种硬件和软件资源。

（2）便于系统的扩展和逐渐地演变。各设备的位置可灵活调整和改变。

（3）提高了系统的可靠性、可用性和生存性。

局域网经过 30 多年的发展，尤其是快速以太、吉比特以太网和 10 吉比特以太网相继进入市场后，以太网已经在局域网市场占据了绝对优势，现在以太网几乎成为局域网的同义词。

3.1.2 局域网层次结构

国际上开展局域网标准化研究和制定的机构有美国电气与电子工程师协会 IEEE 802 委员会。IEEE 802 标准遵循 ISO/OSI 参考模型的原则，解决最低两层（即物理层和数据链路层）的功能以及与网络层的接口服务。IEEE 802 LAN 参考模型与 OSI 参考模型的对应关系如图 3-1 所示。

由于局域网是个通信子网，只涉及有关的通信功能，因此，在 IEEE 802 局域网参考模型中主要涉及 OSI 参考模型物理层和数据链路层的功能。

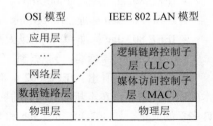

图 3-1 OSI 模型与 IEEE 802 LAN 模型

1. IEEE 802 LAN 物理层

局域网的物理层和 OSI 七层模型的物理层功能相当，主要涉及局域网物理链路上原始比特流的传送，定义局域网物理层的机械、电气、规程和功能特性，如信号的传输与接收、同步序列的产生和删除等，物理连接的建立、维护、拆除等。另外，物理层还规定了局域网所使用的信号、编码、传输媒体、拓扑结构和传输速率等。

- 采用基带信号传输。
- 数据的编码采用曼彻斯特编码。
- 传输媒体可以采用双绞线、同轴电缆、光缆甚至是无线传输媒体。
- 拓扑结构可以是总线形、树形、星形和环形等。
- 传输速率有 10Mbps 以太网、100Mbps 快速以太网、1000Mbps 千兆位以太网和 10Gbps 万兆位以太网。

2. IEEE 802 LAN 数据链路层

局域网的数据链路层分为两个功能子层，即逻辑链路控制子层（LLC）和媒体访问控制子层（MAC）。LLC 和 MAC 共同完成 OSI 数据链路层的功能，即将数据组成帧，进行传输，并对数据帧进行顺序控制、差错控制和流量控制，使不可靠的物理链路变为可靠的链路。此外，局域网可以支持多重访问，即实现数据帧的单播、广播和组播。

3. IEEE 802 标准系列

IEEE 802 为局域网制定了一系列标准，随着局域网技术的发展，新的标准还在增加。目前应用较多和正在发展的标准主要有如下几种，如图 3-2 所示。

图 3-2 IEEE 802 标准内部关系

（1）IEEE 802.1 标准。包含局域网体系结构、网络管理和网络互联等基本功能。

（2）IEEE 802.2 标准。定义逻辑链路控制（LLC）子层的功能。

（3）IEEE 802.3 标准。定义了 CSMA/CD 媒体接入控制方式和相关物理层规范。

• IEEE 802.3u 标准：100Mbps 快速以太网。

• IEEE 802.3z 标准：1000Mbps 以太网（光纤、同轴电缆）。

• IEEE 802.3ab 标准：1000Mbps 以太网（双绞线）。

• IEEE 802.3ae 标准：0Gbps 以太网。

（4）IEEE 802.4 标准：令牌总线（Token-Bus）访问控制方法及物理层技术规范。

从图 3-2 可以看出，IEEE 802 标准实际上是一个由一系列协议组成的标准体系。随着局域网技术的发展，该体系在不断地增加新的标准和协议，如关于 802.3 家族就随着以太网技术的发展出现了许多新的成员，如 802.3u、802.3ab 和 802.3z 等。

3.1.3 网络适配器

网络适配器（Network Adapter）也称网络接口卡（Network Interface Card, NIC），简称网卡。网卡是组建局域网的主要部件。

图 3-3 所示为一个典型的主机体系结构。数据链路层的主体部分是在网络适配器中实现的，位于网络适配器核心的是数据链路层控制器，该控制器是一个实现了许多数据链路层服务（成帧、链路接入、差错控制等）的专用芯片。因此，数据链路层的许多功能是用硬件实现的。计算机的硬件地址（MAC 地址）就在网络适配器的 ROM 中，而计算机的软件地址 IP 则在计算机的存储器中。

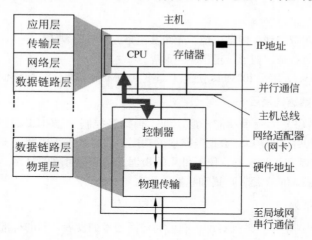

图 3-3 计算机通过网络适配器和局域网进行通信

在发送端，控制器取得了由协议栈较高层生成并存储在主机内存中的数据报，在链路层中封装该数据报（填写该帧的各个字段），然后遵循链路接入协议将该帧传进通信链路中。在接收端，控制器接收了整个帧，抽取出网络层数据报。如果链路层执行差错检测，则需要发送控制器在该帧的首部设置差错检测比特，由接收控制器执行差错检测。

3.2 局域网媒体访问控制方法

局域网许多技术都在数据链路层设计实现，其中一个最主要的问题就是将传输媒体的频带有效地分配给网上各站点用户，这种方法称为媒体访问控制方法。通常，可将信道分配方法划分为两类。

（1）静态分配方法。在上一单元，我们介绍过的时分复用、频分复用、波分复用等方法将单个信道划分后静态地分配给多个用户，这种划分信道的方法不适合于局域网使用。

（2）动态分配方法。就是动态地为每个用户站点分配信道使用权，动态分配方法通常有 3 种，即轮转、预约和争用。

争用方法属于随机接入协议（Random Access Protocol），以太网是一种流行并广泛部署的 CSMA 协议，而轮转和预约的方法则属于控制方法技术，如令牌环。

3.2.1　CSMA/CD 协议

CSMA/CD 协议即具有冲突检测的载波侦听多路访问（Carrier Sense Multiple Access/Collision Detection, CSMA/CD）协议，是最常用的随机接入协议之一，是局域网的典型代表——以太网使用的媒体访问控制方法，它采用的是随机访问和竞争机制（"争用型"），用于总线型拓扑结构网络。

CSMA/CD 协议

（1）载波侦听。也就是检测信道。不管在发送前，还是在发送中，每个结点都必须不停地检测信道。在发送前检测信道，是为了获得发送权，如果检测出已经有其他结点在发送，则自己就暂时不发送数据，必须要等到信道变为空闲时才能发送，在发送中检测信道，是为了及时发现有没有其他结点的发送和本结点发送产生冲突。

（2）多路访问。就是支持三个或者三个以上的结点接入，它允许多个结点在同一信道发送信号。

（3）冲突。是指两个或更多结点同时从一条共享的传输媒体上发送数据，造成不同信号的叠加以致互相破坏而变成无意义的噪声。

（4）冲突域。把在一个共享媒体中所有相互之间可能发生冲突的结点的集合称为一个冲突域。它是连接在同一传输媒体上所有结点的集合，或者说是同一物理网段上所有结点的集合，或以太网上竞争同一带宽的结点集合。当一个冲突域中的结点数目过多时，冲突就会很频繁。

（5）冲突检测。也称"碰撞检测"，也就是"边发送边侦听"，即网络适配器边发送数据边检测信道上的信号电压的变化情况，以便判断自己在发送数据时其他结点是否也在发送数据。当几个结点同时在总线上发送数据时，总线上的信号电压变化幅度将会增大（互相叠加）。当网络适配器检测到的信号电压变化幅度超过一定的门限值时，就认为总线上至少有两个结点同时在发送数据，表明产生了冲突，这时，总线上传输的信号会产生严重的失真，无法从中恢复出有用的信息来，因此，任何一个正在发送数据的结点，一旦发现了总线上出现了冲突，其网络适配器就要立即停止发送，免得继续进行无效的发送，然后等待一段随机时间后再次发送。

既然每一个结点在发送数据之前已经侦听到信道为"空闲"，那么为什么还会出现数据在总线上的冲突呢？这是因为电磁波在总线上总是以有限的速率传播的。如图 3-4 所示，假设局域网两端的结点 A 和 B 相距 1km，用同轴电缆连接。电磁波在 1km 电缆的传播时延约为 5μs，因此，A 向 B 发出的数据，在约 5μs 后才能传送到 B。那么，B 若在 A 发送的数据到达 B 之前发送自己的帧（因为此时 B 的载波侦听检测不到 A 所发送的信息），则必然要在某个时间和 A 发送的帧发生碰撞，碰撞的结果是两个帧都变得无用。在局域网的分析中，常把总线上的单程端到端传播时延记为 τ。发送数据的结点希望尽早知道是否发生了碰撞，那么，A 发送数据后，最迟要经过多长时间才能知道自己发送的数据和其他结点发送的数据有没有发生碰撞？从图 3-4 中可以看出，这个时间最多是两倍的总线端到端的传播时延（2τ），或总线的端到端往返传播时延。由于局域网上任意两个结点之间的传播时延有长有短，因此局域网必须按最坏情况设计，即取总线两端的两个结点之间的传播时延（这两个结点的距离最大）为端到端传播时延。

显然，在使用 CSMA/CD 协议时，一个结点不可能同时进行了发送和接收，但必须边发送边侦听信道，因此，使用 CSMA/CD 协议的以太网不可能进行全双工通信而只能进行半双工通信。

在图 3-4 中，有如下一些重要的时刻。

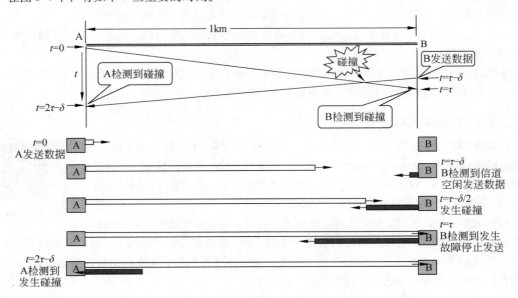

图 3-4 传播时延对载波侦听的影响

① 在 $\tau=0$ 时，A 发送数据，B 检测到信道为空闲。

② 在 $t=\tau-\delta$ 时（这里 $\tau > \delta > 0$），A 发送的数据还没有到达 B 时，由于 B 检测到信道是空闲，因此 B 发送数据。

③ 经过时间 $\delta/2$ 后，即在 $t=\tau-\delta/2$ 时，A 发送的数据和 B 发送的数据发生了碰撞。但这时 A 和 B 都不知道发生了碰撞。

④ 在 $t=\tau$ 时，B 检测到发生了故障，于是停止发送数据。

⑤ 在 $t=2\tau-\delta$ 时，A 也检测到发生了碰撞，因而也停止发送数据。

A 和 B 发送数据均失败，它们都要推迟一段时间再重新发送。

由此可见，每一个结点在自己发送数据之后的一段时间内，存在着遭遇碰撞的可能性，这一小段时间是不确定的，它取决于另一个发送数据的结点到本结点的距离，因此，以太网不能保证某一时间之内一定能够把自己的数据帧成功地发送出去（因为存在产生碰撞的可能），以太网的这一特点称为发送的不确定性。如果希望在以太网上发生碰撞的机会很小，必须使整个以太网的平均通信量远小于以太网的最高数据率。

从图 3-4 可以看出，最先发送数据帧的 A 站，在发送数据帧后至多经过时间 2τ 就可知道所发送数据帧是否遭受了碰撞，这就是 $\delta \to 0$ 的情况。因此以太网的端到端往返时间 2τ 称为争用期（Contention Period），又称为碰撞窗口（Collision Window），这个参数很重要，这是因为一个结点在发送完数据后，只有通过争用期的"考验"，即经过争用期这段时间还没有检测到碰撞，才能肯定这次发送没有发生碰撞，这时，就可以放心把一帧数据顺利发送完毕。

以太网使用截断二进制指数退避算法来确定碰撞后重传的随机时间，这个时间称为推迟（或退避）时间。协议规定了基本退避时间为争用期 2τ，具体的争用期时间是 51.2μs。对于 10Mbps 以太网，在争用期内可发送 512bit，即 64 字节，也可以说争用期是 512 比特时间。1 比特时间就是发送 1bit 所需的时间，所以这种时间单位与数据率密切相关。

以太网还规定了帧间最小间隔为 9.6μs，相当于 96 比特时间，这样做是为了使刚刚收到数据帧的结点的接收缓存来得及清理，做好接收下一帧的准备。

CSMA/CD 协议的工作原理可概括成四句话，即先听后发，边发边听，冲突停止，随机延时后重发。CSMA/CD 协议的要点归纳如下。

（1）准备发送。网络适配器从网络层获得一个分组，加上以太网的首部和尾部，组成以太网帧，放入网络适配器的缓存中。但在发送之前，必须先检测信道。

（2）检测信道。若检测到信道忙，则应不停地检测，一直等待信道转为空闲。若检测到信道空闲，并在 96 比特时间内信道保持空闲（保证了帧间最小间隔），就发送这个帧。

（3）在发送过程中仍不停地检测信道，即网络适配器要边发送边侦听。这里只有两种可能性，一是发送成功。在争用期内一直未检测到碰撞，这个帧肯定能够发送成功，发送完毕后，其他什么也不做，然后回到（1）。二是发送失败。在争用期内检测到碰撞，这时立即停止发送数据，并按规定发送人为干扰信号，网络适配器接着就执行指数退避算法，等待 τ 倍 512 比特时间后，返回到步骤（2），继续检测信道。但若重传达 16 次仍不能成功，则停止重传而向上报错。

以太网每发送完一帧，一定要把已发送的帧暂时保留一下。如果在争用期内检测出发生了碰撞，那么还要在推迟一段时间后再把这个暂时保留的帧重传一次。

总之，CSMA/CD 采用的是一种"有空就发"的竞争型访问策略，因而不可避免会出现信道空闲时多个结点同时争发的现象，无法完全消除冲突，只能是采取一些措施减少冲突，并对产生的冲突进行处理，因此采用这种协议的局域网环境不适合于对实时性要求较强的网络应用。

3.2.2　令牌环（Token Ring）技术

Token Ring 是令牌传送环（Token Passing Ring）的简写，令牌环网最早起源于 IBM 于 1985 年推出的环形基带网络，IEEE 802.5 标准定义了令牌环网的国际规范。

令牌环媒体访问控制方法，是通过在环型网上传输令牌的方式来实现对传输媒体的访问控制的。只有当令牌传送至环中某结点时，它才能利用环路发送或接收信息。

令牌环网利用一种称为"令牌（TOKEN）"的短帧来选择拥有传输媒体的结点，只有拥有令牌的结点才有权发送信息。令牌平时不停地在环路上流动，当一个结点有数据要发送时，必须等到令牌出现在本结点时截获它，即将令牌的独特标志转变为信息帧的标志（或称把闲令牌置为忙令牌），然后将所要发送的信息附在之后发送出去。由于令牌环网采用的是单令牌策略，环路上只能有一个令牌存在，只要有一个结点发送信息，环路上就不会再有空闲的令牌流动，采取这样的策略，可以保证任一时刻环路上只能有一个发送结点，因此不会出现像以太网那样的竞争局面，环网不会因发生冲突而降低效率，所以说令牌环网的一个很大优点就是在重载时可以高效率地工作。

在环上传输的信息逐个结点不断向前传输，一直到达目的结点。目的结点一方面复制这个帧（即收下这个帧），另一方面还要将此信息帧转发给下一个结点（并在其后附上已接收标志）。信息在环路上转了一圈后，最后又必然会回到发送数据的源结点，信息回到源结点后，源结点对返回的数据不再进行转发（这是理所当然的），而是对返回的数据进行检查，查看本次发送是否成功。当所发信息的最后一个比特绕环路一周返回到源结点时，源结点必须生成一个新的令牌，将令牌发送给下一个结点，环路上又有令牌在流动，等待着某个结点去截获它。总之，截获令牌的结点要负责在发送完信息后再将令牌恢复出来，发送信息的结点要负责从环路上收回它所发出的信息。

图 3-5 所示归纳了上述令牌环的工作过程。

（1）令牌在环中流动，C 结点有信息发送，截获了令牌。

（2）C 结点发送数据给 A 结点，A 结点接收并转发数据。

（3）C 结点等待并接收它所发的帧，并将该帧从环上撤离。

（4）C 结点收完所发帧的最后一比特后，重新产生令牌发送到环上。

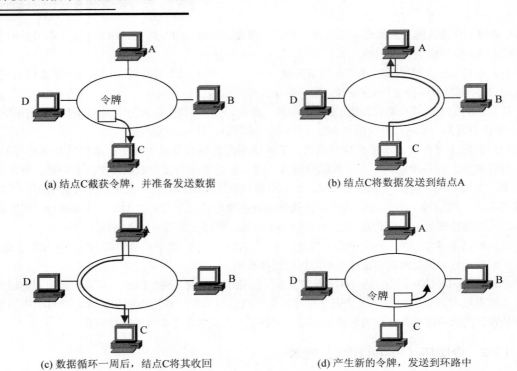

(a) 结点C截获令牌，并准备发送数据　　　　(b) 结点C将数据发送到结点A

(c) 数据循环一周后，结点C将其收回　　　　(d) 产生新的令牌，发送到环路中

图 3-5　令牌环工作过程

3.3　标准以太网技术

3.3.1　标准以太网规范

传统以太网也称标准以太网、十兆位以太网，标准以太网最初使用的是同轴电缆作为传输媒体（此时为总线型拓扑结构），后来为了节省成本，又开发了基于双绞线标准以太网规范（此时使用集线器作为集中连接设备），再后来又为了提高传输距离，又诞生了光纤标准以太网规范。

具体来说，标准以太网规范中主要包括 10Base-5、10Base-2、10Broad-36、10Base-T、10Base-F。10Base-5、10Base-2、10Broad-36 中前面的 10 表示数据传输速率为 10Mbps，Base 表示信号采用基带传输方式，最后面的 5、2、36 则分别表示这几种标准中单段媒体的最大长度为 500m、200m（实际上是 185m）和 3.6km。但 10Base-T/F 例外，其中的 T 表示双绞线（Twisted Pairwire），10Base-F 中的 F 表示传输媒体为光纤（Fiber）。

1. 采用同轴电缆作为传输媒体

以太局域网最初使用的是同轴电缆。为了建立以太网，以太网网卡（NIC）需要连接到一段类型正确的同轴线缆上，称为一个网段。

（1）10Base-5 也称粗缆以太网。使用 50W 粗同轴电缆，数据传输速率为 10Mbps。

（2）10Base-2 也称细缆以太网。使用 50W 细同轴电缆，数据传输速率为 10Mbps。

2. 使用集线器的星形拓扑的以太网

10Base-T 在很多方面与 10Base-5 和 10Base-2 有相似之处，但它是从物理的总线拓扑中分离出来的。IEEE 在 1990 年颁布 10Base-T 标准，使用更便宜和更灵活的 UTP 布线，采用星形拓扑结构，在星形的中心则增加了一种可靠性非常高的设备——集线器（俗称 Hub），如图 3-6 所示。以集线器为中心设备，再用两端是 RJ-45 插头的双绞线电缆一端连接主机，另一端连接到集线器的 RJ-45 端口，10Base-T 使用 UTP 电缆中的两对线，一对用于发送，一对用于接收。主机与集线器之间的双绞线最大距离为 100m，这种性价比很高的 10Base-T 双绞线以太网的出现，是局域网发展史上的一个非常重要的里程碑，它为以太网在局域网中的统治地位奠定了牢固的基础。

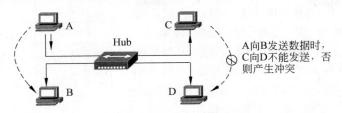

图 3-6　集线器直接连接

10Base-T 支持三类（Cat 3）、五类（Cat 5）、超 5 类（Cat 5e）UTP 布线，使用三类 UTP 有历史原因，在当时构建以太网时，大量的三类缆已经安装，用于支持电话。虽然出于经济因素考虑，很多公司避免再敷设额外的线缆，但 10Base-T 运行在 Cat 5 上肯定更好。

3.3.2　以太网的信道利用率

假定一个 10Mbps 以太网同时有 10 个结点工作，那么每一个结点所能发送数据的平均速率似乎应当是总数据率的 1/10，即 1Mbps，这是在理想状态下，其实不然，因为多个结点在以太网上同时工作就可能产生碰撞，当发生碰撞时，新到资源实际上被浪费了，因此，当扣除碰撞所造成的信道损失后，以太网总的信道利用率并不能达到 100%。

如图 3-7 所示，一个结点在发送帧时出现了碰撞，经过一个争用期 2τ 后（τ 是以太网单程端到端传播时延），可能又出现了碰撞，这样经过若干个争用期后，一个结点发送成功了。假定发送帧需要的时间是 T_0，它等于帧长（bit）除以发送速率（10Mbps）。

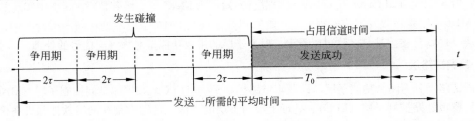

图 3-7　以太网的信道被占用情况

如图 3-7 所示，当一个结点发送完最后一个比特时，这个比特还要在以太网上传播，因此成功发送一个帧需要占用信道的时间是 $T_0+\tau$，比这个帧的发送时间要多一个单程端到端时延 τ，因此，必须在经过时间 $T_0+\tau$ 后以太网的信道才完全进入空闲状态，才能允许其他结点发送数据。

要提高以太网的信道利用率，就必须减小 τ 与 T_0 之比，也就是 τ 的数值要小些，T_0 的数值要大些，也就是说，当数据率一定时，以太网的连线的长度受到限制（否则 τ 的数值会太大），同时以太网的帧不能太短（否则 T_0 值会太小。）

据统计，当以太网的利用率达到 30% 时就已经处于重载的情况，很多的网络容量会被网上发生的碰撞消耗掉了。

3.3.3　标准以太网体系结构

标准以太网接口的物理层和数据链路层结构如图 3-8 所示。

1. 物理层结构

从图 3-8 中可以看出，标准以太网的物理层包含了三个部分，即 MAU、AUI 和 PLS。

（1）MAU（Medium Attachment Unit，媒体连接单元）。是网络接口用来直接与传输媒体（如同轴电缆、双绞线，光纤等）连接的那部分结构，发挥作用的是里面的收发器（Transceiver）芯片。MAU 包括 PMA（Physical Medium Attachment，物理媒体连接）和媒体相关接口（Medium Dependant Interface，MDI）两个子层的功能，在网络接口和传输媒体之间提供机械连接和电气特性接口。

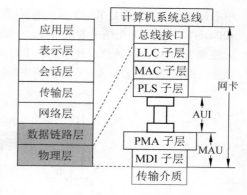

图 3-8　标准以太网体系结构

MDI 子层是标准以太网络接口物理层中的最低层，直接负责处理网络接口与传输媒体的连接，其实就是网络接口连接器，它定义了电缆、连接电缆的连接器，以及电缆两端的终端负载的特性。因为标准以太网可以有多种不同传输媒体类型，所以也就对应有多种 MDI 连接器。如粗同轴电缆的 MDI 称为插入式分接头（其实又称 AUI 接口），细同轴电缆的 MDI 是 BNC 连接器，双绞线以太网的 MDI 称为 RJ-45 连接器，光纤以太网的 MDI 可以是 ST 或者 SC 连接器等。

PMA 子层向 PLS 子层提供服务，负责处理与物理媒体连接方面的相关的功能（在收发器中实现），如串/并行传输的转换、检测冲突、超时控制以及收发比特流等。其中的超时控制是指当检测到某个站点发送的数据超过设定的最长传输时间时，即认为该站点出了故障，接着就会自动禁止该站向总线发送数据。

（2）AUI（Attachment Unit Interface，连接单元接口）。相当于网络接口收发器上的电缆，它定义了将 MAU 与 PLS 子层相连的电缆的机械和电气特性，同时还定义了通过这个电缆所交换的信号的特性。AUI 上的信号有 4 种，即发送和接收的曼彻斯特编码、冲突信号和电源信号。

（3）PLS（Physical Layer Signaling，物理层信号）。为 MAC 子层服务，是在网卡中实现的（PMA 子层和 MDI 子层是在收发器中实现的）。如果 PLS 子层与 PMA 子层不处在同一个设备中，则它通过 AUI 与 MAU 连接。从其名称可以看出，PLS 子层的主要功能是对物理层信号的处理。

2. 数据链路层

数据链路层分为两个功能子层，即逻辑链路控制子层（LLC）和媒体访问控制子层（MAC）。

（1）逻辑链路控制子层（LLC）。处理上层与下层的通信，这通常是在网络软件和设备硬件之间进行的。LLC 子层获得网络协议数据（通常是 IPv4 数据包）并加入控制信息，帮助将数据包传送到目的结点。LLC 在软件中实现，并且其实施不受硬件影响。在计算机中，可将 LLC 视为网卡的驱动程序软件，网卡驱动程序是一个直接与网卡中硬件进行交互，以在 MAC 子层和物理媒体之间传递数据的程序。

（2）MAC 子层。MAC 由硬件（通常是计算机网卡）实施，主要完成数据封装和媒体访问控制功能。数据封装过程包括发送前的帧组装和收到帧的解析，而媒体访问控制则负责将帧放入媒体以及从媒体中移除帧。标准以太网采用一种网络争用方法，采用 CSMA/CD 协议。

3.3.4　Ethernet 帧结构

以太网中的所有数据最终都必须封装为以太网帧，然后被传输至物理层再转换为二进制比特流进行传输。常用的以太网 MAC 帧格式有 Ethernet 2.0 帧结构和 IEEE 802.3 帧结构两种标准。

Ethernet 2.0 帧结构称为 DIX 帧结构，与 IEEE 802.3 帧结构是有差异的，图 3-9 所示给出了 DIX 帧结构和 IEEE 802.3 帧结构的示意图。

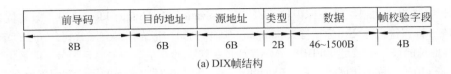

(a) DIX帧结构

(b) IEEE 802.3帧结构

图 3-9　DIX 帧结构和 IEEE 802.3 帧结构

IEEE 802.3 帧格式与 DIX 帧格式有如下区别。

1. 前导码部分

（1）DIX 帧的前 8 字节是前导码，每个字节都是 10101010。接收电路通过提取曼彻斯特编码的自含时钟，实现收发双方的比特同步。

（2）IEEE 802.3 Ethernet 帧规定了 7 字节的前导码，每一字节都是 10101010，共 56 位，之后有一个结构为 10101011 的帧前定界符。将前导码和帧前定界符结合在一起，在 62 位 101010…1010 比特序列后出现 11，在这个 11 比特之后才是 Ethernet 帧的目的地址字段。

2. 目的地址和源地址

目的地址和源地址分别表示帧的接收主机和发送主机的硬件地址，也称为物理地址或 MAC 地址为 6 字节 48 位。源地址是单播地址，而目的地址可以是单播地址、多播地址或广播地址。

3. 类型 / 长度字段

（1）DIX 帧规定了一个 2 字节的类型字段，表示高层网络层使用的协议类型。如为 0x0800，表示网络层使用 IPv4 协议；如为 0x8106，表示网络层使用 ARP 协议；如为 0x86DD，表示网络层使用 IPv6 协议。

（2）IEEE 802.3 标准规定该字段是长度字段，即 MAC 帧的数据部分长度。

4. 数据字段

是网络层发送的数据部分，长度在 46~1500 字节，加上帧头部分的 18 字节，IEEE 802.3 Ethernet 帧的最大长度为 1518 字节，最小长度为 64 字节。

5. 帧检验字段

采用 32 位的 CRC 校验。CRC 校验的范围是目的地址、源地址、长度、数据等字段。

3.3.5　以太网的 MAC 地址

1. MAC 层的 MAC 地址

IEEE 802 标准为局域网（以太网）规定了一种 6 字节（48 位）的全球地址，是指局域网（以太网）上的每一台计算机中固化在网络适配器的 ROM 中的地址，这个地址就是 MAC 地址。

以太网 MAC

如果连接到局域网上的主机或路由器安装有多个网络适配器，那么这样的主机或路由器就有多个"地址"，这种 48 位的"地址"应当是某个接口的标识符。

现在 IEEE 的注册管理机构 RA 是局域网全球地址的法定管理机构，它负责分配 MAC 地址字段中的 6 字节中的前 3 字节（即高位 24 位）。世界上凡要生产局域网网络适配器的厂家都必须向 IEEE

购买由这 3 字节构成的组织唯一标识符 OUI（Organizationally Unique Identifier），即高位 24 位地址块。组织唯一标识符也称公司标识符（Company_id）。例如，华为技术有限公司公司生产的网络适配器的 MAC 地址的前三字节是 30FBB8。MAC 地址字段中的 6 字节中的后 3 字节（即低位 24 位）则是由厂家自行指派，称为扩展标识符（Extended_id），只要保证生产出的网络适配器没有重复地址即可。这样同一个 OUI 可以分配 2 的 24 次方个 MAC 地址，即 16777216 块网卡。这种 6 字节的 MAC 已被固化在网络适配器的 ROM 中。因此 MAC 地址也叫作硬件地址（Hardware Address）或物理地址。可见"MAC 地址"实际上就是网络适配器地址或网络适配器标识符 EUI-48。当把这块网络适配器插（或嵌入）到某台计算机后，网络适配器上的标识符 EUI-48 就成为这台计算机的 MAC 地址了。

> 💡**注意**：24 位的 OUI 不能够单独使用来标志一个公司，因为一个公司可能有几个 OUI，也可能有几个小公司合起来购买一个 OUI。各公司 OUI 查询可访问"http://standards. ieee.org/develop/regauth/oui/oui.txt."。

2. MAC 地址分类

IEEE 规定地址字段的第一个字节的最低位为 I/G（Individual/Group）。当 I/G 位为 0 时，地址字段表示一个单个站地址，而当 I/G 位为 1 时表示组地址，用来进行多播（也有称组播）。

网络适配器从网络上每收到一个 MAC 帧就先用硬件检查 MAC 地址的目的地址。如果是发往本主机的帧则收下，然后再进行其他的处理，否则就将此帧丢弃，不再进行其他的处理，这样做就不会浪费主机的处理器和内存资源。这里"发往本主机的帧"包括以下三种帧。

（1）单播（Unicast）帧。即收到的帧的 MAC 地址与本主机的硬件地址相同。

（2）广播（Broadcast）帧。即发送给本局域网上所有主机的帧（全 1 地址）。

（3）多播（Multicast）帧。即发送给本局域网上一部分主机的帧。

所有的网络适配器都至少应当能够识别前两种帧，及能够识别单播和广播地址。有的网络适配器可用编程方法识别多播地址。当操作系统启动时，网络适配器进行初始化，使网络适配器能够识别某些多播地址。显然，只有目的地址才能使用广播地址和多播地址。

以太网网络适配器可设置为混杂方式（Promiscuous Mode）的工作方式。工作在混杂方式的网络适配器只要"听到"有帧在以太网上传输就都悄悄地接收下来，而不管这些帧是发往哪个主机，因此，以太网上的用户不愿意网络上存在工作在混杂方式的网络适配器。

3.4　扩展的以太网

在许多情况下，以太网的覆盖范围都是有一定的限制的，如粗同轴电缆可达 500m，细同轴电缆可达 185m，双绞线才 100m，而光纤可达 2km。当局域网的覆盖范围超过传输媒体的传输距离限制时，可以通过以太网扩展来达到扩展网络传输的距离的目的。下面我们将从使用物理层和数据链路层的设备来扩展以太网，但这种扩展的以太网在网络层看来仍然是一个网络。

扩展以太网

3.4.1　以太网中继器

在物理层扩展以太网，使用的专用设备为中继器和集线器。为了扩展局域网的长度，人们使用的最早的以太网专用设备称为中继器。

中继器是工作在 OSI 模型中物理层的设备。使用中继器应遵守以下两条原则，一是用中继器连接的以太网不能形成环形网；二是必须遵守 MAC（媒体访问控制）协议的定时特性，即用中继器将电缆连接起来的网段数是有限的。对于以太网，最多只能使用 4 个中继器，意味着只能连接 5 个网段，即遵守以太网的 5-4-3-2-1 规则，其含义为：

（1）从任一个发送端到接收端之间只能有 5 个网段。

（2）从任一个发送端到接收端之间只能经过 4 个中继器。

（3）其中的 3 个网段可增加站点。

（4）另两个网段只能作为中继链路，不能连接站点。

（5）整个网络组成了 1 个冲突域。

因此，10Base-5 的最大网络长度为 2500m，网络最多站点数为 300 个；10Base-2 的最大网络长度为 925m，网络最多站点数为 90 个；10Base-T 的最大网络长度为 500m，网络最多站点数为 1024 个。

3.4.2　以太网集线器

集线器（Hub）在 OSI 模型中处于物理层，其实质是一个多端口中继器，同样必须遵守 MAC（媒体访问控制）协议的定时特性，主要功能是对接收到的信号进行再生放大，以扩大网络的传输距离。集线器的端口主要有 RJ-45 端口、AUI 端口和 BNC 端口。

1. 集线器的工作原理

集线器是一种共享的网络设备，即每个时刻只能有一个端口在发送数据，采用集线器组建的以太网就是共享式以太网。集线器不需任何软件配置，是一种完全即插即用的纯硬件式设备。集线器并不处理或检查通信量，仅通过将一个端口接收的信号重复分发给其他端口来扩展物理媒体。所有连接到集线器的设备共享同一媒体，其结果是它们也共享同一冲突域、广播和带宽。因此集线器和它所连接的设备组成了一个单一的冲突域。如果一个结点发出一个广播信息，集线器会将这个广播传输给所有同它相连的结点，因此它也是一个单一的广播域。当网络中有两个或多个结点同时进行数据传输时，将会产生冲突。如图 3-10 所示，一个单位有 2 个部门，分布在两个不同的楼宇，每个部门用集线器连接了各部门的主机组成自己的以太网。

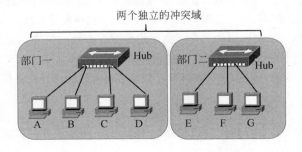

图 3-10　两个独立的冲突域

一台集线器通过双绞线连接主机组成的以太网就是 10Base-T。当集线器的端口不够使用或多个楼宇的 10Base-T 以太网需要连接时，两台集线器之间的连接可以选择双绞线（100m）或通过光纤（需要光纤调制解调器简称光猫，可达 2km）连接起来，既可以扩展以太网覆盖的地理范围也可以增加集线器的端口，连接更多的主机。

部门一的 10Base-T 以太网和部门二的 10Base-T 以太网可以连接起来，部门一和部门二的集线器可以连接起来，两个集线器之间可以用线缆（双绞线、粗 / 细同轴电缆、光纤等）连接，组成一个网络，两个集线器之间还可以再加集线器扩展，但要符合以太网的 5-4-3-2-1 规则。

如图 3-11 所示，在部门一和部门二之间的集线器上加一个主干集线器，这样部门一和部门二的集线器之间的最大距离是 200m，部门一的 A 主机和部门二的主机 A 的最远距离是 400m。

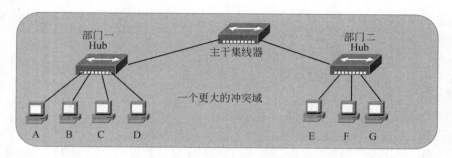

图 3-11　一个扩展的以太网

如图 3-11 所示，在两个部门的以太网互连起来之前，每一部门的 10Base-T 以太网是一个独立的冲突域，即在任一时刻，在每一个冲突域中只能有一个主机在发送数据。每一个部门的最大吞吐量是 10Mbps。当把两个部门的以太网通过集线器互连起来后就把两个冲突域变成一个冲突域，而这时的最大吞吐量仍然是一个部门的吞吐量 10Mbps，也就是说，当某个部门的两个主机在通信时所传送的数据就会通过所有的集线器进行转发，使其他部门的内部主机在这时都不能通信（一发送数据就会碰撞）。如即使部门一的主机 A 向主机 B 发送数据时，部门二的主机 D 向主机 E 也不能发送数据，否则会产生冲突。

当网络中结点过多时，冲突将会频繁发生，利用集线器联网效率很低，这也限制了以太网的可扩展性。下节要介绍的交换机会采用将冲突域分割的方法从一定程度上解决了冲突造成拥塞的问题。

2. 共享式以太网

共享式以太网是基于广播的方式来发送数据的，因为集线器不能识别帧，所以它就不知道一个端口收到的帧应该转发到哪个端口，它只好把帧发送到除源端口以外的所有端口，这样网络上所有的主机都可以收到这些帧，这就造成了只要网络上有一台主机在发送帧，网络上所有其他的主机都只能处于接收状态，无法发送数据。也就是说，在任何时刻，所有的带宽只分配给了正在传送数据的那台主机。举例来说，虽然一台 100Mbps 的集线器连接了 20 台主机，表面上看起来这 20 台主机平均分配 5Mbps 带宽，但是实际上在任何时刻只能有一台主机在发送数据，所以带宽都分配给它了，其他主机只能处于等待状态。之所以说每台主机平均分配有 5Mbps 带宽，是指较长一段时间内的各主机获得的平均带宽，而不是任何时刻主机都有 5Mbps 带宽。

共享式以太网采用 CSMA/CD 媒体访问控制协议来获得信道的访问使用权。

3.4.3　网桥

如想在数据链路层扩展以太网会使用到网桥（Bridge），网桥工作在数据链路层，它根据 MAC 帧的目的地址对收到的帧进行转发和过滤。

最简单的网桥有两个端口，复杂些的网桥可以有更多的端口。两个以太网通过网桥连接起来后，就成为一个覆盖范围更大的以太网，而原来的每个以太网就可以称为一个网段（Segment）。

网桥根据其工作方式可分为透明网桥和源路由网桥。透明网桥（Transparent Bridge）也称生成树网桥，标准是 IEEE 802.1D。"透明"是指以太网上的主机并不知道所发送的帧将经过哪几个网桥，以太网上的主机都看不见以太网上的网桥。而源路由网桥（Source Route Bridge）在发送帧时，会把详细的路由信息放在帧的首部中。目前使用得最多的网桥是透明网桥，本书也主要介绍透明网桥。

透明网桥是一种即插即用设备（Plug-and-Play Device），即只要把网桥接入局域网，不用人工配置转发表网桥就能工作。网桥的三个基本功能是转发、过滤和自学习功能，转发是指将帧送到最终的目的地；过滤是指丢弃目的地与源主机在同一网络上的帧；自学习是指当网桥接收到一帧，而在网桥表中不包含该帧目的地主机的地址时，网桥具有自学习该目的主机地址的能力。下面是网桥的自学习和转发帧的一般步骤。

1. 自学习

网桥刚接入以太网时,其转发表是空的。这时若网桥收到一个帧,网桥就按照自学习(Self-learning)算法处理收到的帧(这样就逐步建立起转发表),并且按照转发表把帧转发出去。网桥只要每收到一个帧,就记下其源地址和接入网桥的端口,作为转发表中的一个项目。而在转发表中并没有"源地址"这一栏,而只有"地址"一栏,在建立转发表时把帧首部中的源地址写在"地址"这一栏的下面。在转发帧时,则是根据收到的帧首部中的目的地址来转发的,这时,就把在"地址"栏下面已经记下的源地址当作目的地址,而把记下的进入端口当作转发端口。

显然,如果网络上的每一个主机都发送过帧,那么每一个主机的地址最终都会记录在两个网桥的转发表中。

实际上,在网桥的转发表中写入的信息除了地址和端口外,还包括帧进入该网桥的时间,其目的是当以太网的拓扑结构发生变化或主机更换网络适配器后,通过网桥的端口管理软件周期性扫描转发表中的项目,把以前登记的都要删除,这样就可以在网桥的转发表中只保留当前网络的最新拓扑状态。

如果接入局域网的某个主机从来都不发送数据,那么在网桥的转发表中就没有这个主机的项目。

2. 转发帧

查找转发表中与收到帧中的目的地址有无相匹配的项目,如没有,则通过所有其他端口(但进入网桥的端口除外)进行转发;如有,则按转发表中给出的端口进行转发。若转发表中给出的端口就是该帧进入网桥的端口,则应丢弃这个(这时不需要经过网桥进行转发)。

透明网桥还使用了生成树(Spanning Tree)算法,即互连在一起的网桥在进行彼此通信后,就能找出原来的网络拓扑的一个子集,而在这个子集里,整个连通的网络中不存在回路,即在任何结点之间只有一条路径。

3.4.4　多端口网桥 - 以太网交换机

1990 年交换式集线器(Switch Hub)问世,可明显提高以太网的性能。交换式集线器常称为以太网交换机(Switch)或第二层交换机,从技术讲,网桥的端口数很少,一般只有 2~4 个,而以太网交换机通常有 4、8、16、24 或 48 个端口,因此,以太网交换机实质上就是一个多端口的网桥,即这种交换机工作在数据链路层,和工作在物理层的中继器、集线器有很大的区别。

以太网交换机功能

- 像集线器一样,交换机提供大量的端口来连接电缆,构成物理星型拓扑结构。
- 像集线器和网桥一样,在进行帧的转发时,交换机都会再生出一个清晰的方波电信号。
- 交换机的每个端口都直接与一个单个主机或另一个集线器相连,并且一般都工作在全双工方式,而普通网桥的端口往往是连接到以太网的一个网段。当主机需要通信时,交换机能同时连通许多对的端口,使每一对相互通信的主机都能像独占传输媒体那样,无碰撞地传输数据。如果一个端口只连接一个结点,那么这个结点就可以独占整个带宽,这类端口通常被称作"专用端口";如果一个端口连接一个与端口带宽相同的以太网,那么这个端口将被以太网中的所有结点所共享,这类端口被称为"共享端口"。
- 以太网和透明网桥一样,也是一种即插即用设备,其内部的帧转发表也是通过自学习算法自动地逐渐建立起来的。
- 交换机的冲突域仅局限于交换机的一个端口上,而且用交换机连接起来的以太网是一个广播域。

局域网交换机是工作在 OSI 模型数据链路层的设备,它从源端口读取帧,根据数据帧的目的 MAC 地址,以极快的速度将帧从合适的端口发送出去。与网桥相似,交换机也具有"自学习"的功能,即当主机第一次发送数据时,交换机通过检查源地址记住具体设备的位置。交换机建立起主机地址表后，就不再需要将数据发往所有端口，这就大幅节省了网络带宽。网桥的数据转发功能是通过软件来实现的，而局域网交换机的数据帧转发功能是通过硬件来实现的。

以太网交换机的数据交换与转发方式可以分为直接交换、存储转发交换和改进的直接交换等 3 类，目前市场上使用最多的是存储转发交换。

1. 交换机数据帧的转发

交换机根据数据帧的 MAC（Media Access Control）地址（即物理地址）进行数据帧的转发操作。交换机转发数据帧时，遵循以下规则。

- 如果数据帧的目的 MAC 地址是广播地址或者组播地址，则向交换机所有端口转发（除数据帧来的端口）。
- 如果数据帧的目的地址是单播地址，但是这个地址并不在交换机的 MAC 地址表中，那么也会向所有的端口转发（除数据帧来的端口）。
- 如果数据帧的目的地址在交换机的 MAC 地址表中，那么就根据 MAC 地址表转发到相应的端口。
- 如果数据帧的目的地址与数据帧的源地址在一个网段上，它就会丢弃这个数据帧，交换也就不会发生。

下面以图 3-12 所示来看看具体的数据帧交换过程。

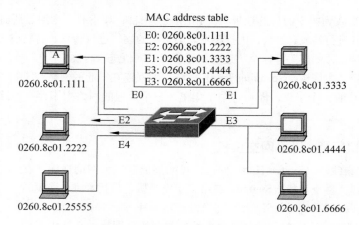

图 3-12　数据帧交换过程

（1）当主机 D 发送广播帧时，交换机从 E3 端口接收到目的地址为 FFFF.FFFF.FFFF 的数据帧，则向 E0、E1、E2 和 E4 端口转发该数据帧。

（2）当主机 D 与主机 E 通信时，交换机从 E3 端口接收到目的地址为 0260.8c01.5555 的数据帧，查找 MAC 地址表后发现 0260.8c01.5555 并不在表中，因此交换机仍然向 E0、E1、E2 和 E4 端口转发该数据帧。

（3）当主机 D 与主机 F 通信时，交换机从 E3 端口接收到目的地址为 0260.8c01.6666 的数据帧，查找 MAC 地址表后发现 0260.8c01.6666 也位于 E3 端口，即与源地址处于同一个网段，所以交换机不会转发该数据帧，而是直接丢弃。

（4）当主机 D 与主机 A 通信时，交换机从 E3 端口接收到目的地址为 0260.8c01.1111 的数据帧，查找 MAC 地址表后发现 0260.8c01.1111 位于 E0 端口，所以交换机将数据帧转发至 E0 端口，这样主机 A 即可收到该数据帧。

（5）如果在主机 D 与主机 A 通信的同时，主机 B 也正在向主机 C 发送数据，交换机同样会把主机 B 发送的数据帧转发到连接主机 C 的 E2 端口。这时 E1 和 E2 之间，以及 E3 和 E0 之间，通过交换机内部的硬件交换电路，建立了两条链路，这两条链路上的数据通信互不影响，因此网络也不会产生冲突。所以，主机 D 和主机 A 之间的通信独享一条链路，主机 C 和主机 B 之间也独享一条链路，而这样的链路仅在通信双方有需求时才会建立，一旦数据传输完毕，相应的链路也随之断开，这就是交换机主要的特点。

从以上的交换操作过程中，可以看到数据帧的转发都是基于交换机内的 MAC 地址表，但是这个 MAC 地址表是如何建立和维护的呢？下面我们就来介绍这个问题。

2. 交换机地址管理机制

交换机的 MAC 地址表中，一条表项主要由一个主机 MAC 地址和该地址所位于的交换机端口号组成。整张地址表的生成采用动态自学习的方法，即当交换机收到一个数据帧以后，将数据帧的源地址和输入端口记录在 MAC 地址表中。在思科的交换机中，MAC 地址表放置在内容可寻址存储器（Content-Addressable Memory，CAM）中，因此也被称为 CAM 表。

当然，在存放 MAC 地址表项之前，交换机首先应该查找 MAC 地址表中是否已经存在该源地址的匹配表项，仅当匹配表项不存在时才能存储该表项。每一条地址表项都有一个时间标记，用来指示该表项存储的时间周期，当地址表项每次被使用或者被查找时，表项的时间标记就会被更新，如果在一定的时间范围内地址表项仍然没有被引用，它就会从地址表中被移走，因此，MAC 地址表中所维护的一直是最有效和最精确的 MAC 地址 / 端口信息。

以图 3-13 所示来说明交换机的地址学习过程。

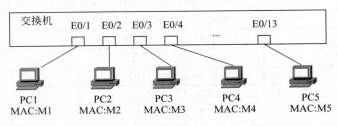

图 3-13　交换机 MAC 的学习

（1）最初交换机 MAC 地址表为空。

（2）如果有数据需要转发，如主机 PC1 发送数据帧给主机 PC3，此时，在 MAC 地址表中没有记录，交换机将向除 E0/1 以外的其他所有端口转发，在转发数据帧之前，它首先检查这个帧的源 MAC 地址（M1），并记录与之对应的端口（E0/1），于是交换机生成（M1，E0/1）这样一条记录，并加入 MAC 地址表内。

交换机是通过识别数据帧的源 MAC 地址学习到 MAC 地址和端口的对应关系的，当得到 MAC 地址与端口的对应关系后，交换机将检查 MAC 地址表中是否已经存在该对应关系，如果不存在，交换机就将该对应关系添加到 MAC 地址表；如果已经存在，交换机将更新该表项。

（3）循环往复，MAC 地址表不断加入新的 MAC 地址与端口对应信息，直到 MAC 地址表记录完成为止。此时，如主机 PC1 再次发送数据帧给主机 PC3 时，由于 MAC 地址表中已经记录了该帧的目的地址的对应交换机端口号，则直接将数据转发到 E0/3 端口，不再向其他端口转发数据帧。

交换机的 MAC 地址表也可以手工静态配置，静态配置的记录不会被老化。由于 MAC 地址表中对于同一个 MAC 地址只能有一个记录，所以如果静态配置某个目的地址和端口号的映射关系以后，交换机就不能再动态学习这个主机的 MAC 地址。

3. 通信过滤

交换机建立起 MAC 地址表后，它就可以对通过的信息进行过滤了。以太网交换机在地址学习的同时还检查每个帧，并基于帧中的目的地址做出是否转发或转发到何处的决定。图 3-14 所示为两个以太网和三台计算机通过以太网交换机相互连接的示意图。通过一段时间的地址学习，交换机形成了表 3-1 所示的 MAC 地址映射表。

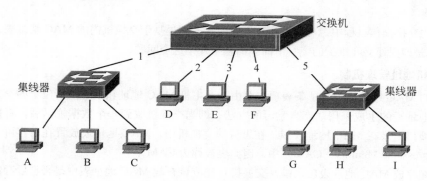

图 3-14　交换机的通信过滤

表 3-1　地址映射表

端　口	MAC 地址	计　　时
1	00:0C:76:C1:D0:06(A)	…
1	00:00:E8:F1:6B:32（B）	…
1	00:00:E8:17:45:C9(C)	…
2	00:E0:4C:52:A3:3E(D)	…
3	00:E0:4C:6C:10:E5(E)	…
4	00:0B:6A:E5:D4:1D(F)	…
5	00:E0:4C:42:53:95(G)	…
5	00:0C:76:41:97:FF(H)	…
5	02:00:4C:4F:4F:50(I)	…

假设主机 A 需要向主机 G 发送数据，因为主机 A 通过集线器连接到交换机的端口 1，所以，交换机从端口 1 读入数据，并通过 MAC 地址表决定将该数据帧转发到哪个端口。如图 3-14 所示，主机 G 通过集线器连接到交换机的端口 5，于是交换机将该数据帧转发到端口 5，不再向端口 1、端口 2、端口 3 和端口 4 转发。

假设主机 A 需要向主机 B 发送数据帧，交换机同样在端口 1 接收该数据，通过搜索地址映射表，交换机发现主机 B 与端口 1 相连，与源主机处于同一端口，这时交换机不再转发，只是简单地将数据丢弃，数据帧被限制在本地流动，这也是交换机和集线器截然不同的地方。

3.5　高速以太网技术

3.5.1　高速局域网技术

局域网规模的不断增大与网络通信量的进一步增加，以 10Mbps 的以太网为代表的局域网的带宽与性能已不能适应要求，这样就促使人们研究高速局域网技术，进而能够提高局域网的带宽与性能。

1. 高速局域网的解决方法

为了克服网络规模与网络性能之间的矛盾，人们提出了以下几种解决方法。

（1）将局域网传输速率从 10Mbps 提高到 100Mbps、1000Mbps 甚至 10Gbps，这就导致了高速局域网的研究和产品的开发。在这个方案中，无论传输速率提高到多高，它的媒体访问控制方法仍采用 CSMA/CD 方法。

（2）将共享媒体方式改为交换方式，这就推动了交换式局域网技术的发展。交换式局域网的核心设备是交换机，交换机可以在多个端口之间建立多个并发连接。

（3）将一个大型局域网划分成多个用路由器互联的子网，这就推动了局域网互联技术的发展。网桥与路由器可以隔离子网之间的流量，使每个子网作为一个独立的小型局域网存在。通过减少每个子网内部结点数的方法，使每个子网的网络性能得到改善，而每个子网的媒体访问控制方法仍采用 CSMA/CD 方法。

在以上三种方法中，第一种方法大家都容易理解，提高以太网的 10Mbps 的共享信道，显然可以提高网络的性能，10Mbps 以太网提高传输速率到 100Mbps 就是快速以太网，提高到 1000Mbps 就是千兆位以太网，提高到 10Gbps 就是万兆位以太网；第二种方法就是用交换机替换集线器作为中心设备，大家知道集线器所有的结点共享信道的带宽，在一个冲突域只能有一对主机在通信，而交换机的每一个端口都独享端口的传输带宽，显著提高了网络的传输性能，每一个端口是一个冲突域，也就是在一个交换机组成的网络中，允许多个主机直接的并发传输；第三种方法是采用第三层设备——路由器将网络划分子网的方法，在下一单元将加以介绍。

2. 局域网的分类方法

目前，局域网可以分为共享媒体式局域网和交换式局域网两类，如图 3-15 所示。

（1）共享媒体局域网可以分为以太网（Ethernet）、令牌总线（Token Bus）、令牌环（Token Ring）与 FDDI 以及在此基础发展起来的快速以太网（Fast Ethernet）、千兆位以太网（Gigabit Ethernet）、万兆位以太网（10Gigabit Ethernet）与 FDDI Ⅱ 等。

（2）交换式局域网可以分为交换式以太网（Switched Ethernet）与 ATM 局域网以及在此基础上发展起来的虚拟局域网。

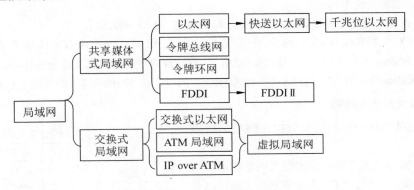

图 3-15　局域网类型与相互关系示意图

目前，在局域网中以太网占据了绝对的主流地位，基本上除了以太网很难看到其他的局域网了，为此，我们也依着以太网、快速以太网、千兆位以太网和万兆位以太网的顺序来介绍。

3. 交换式以太网

用交换机替换集线器作为中心设备，交换机的每一个端口都独享端口的传输带宽，这显著提高了网络的传输性能，每一个端口是一个冲突域，也就是在一个交换机组成的网络中，允许多个主机直接的并发传输。

交换机对数据的转发是以网络结点计算机的 MAC 地址为基础的。在 3.4.2 小节我们已经介绍过，在交换机内部建立一个"端口—MAC 地址"映射表，交换机根据"端口—AMC 地址"映射表来转发数据帧到相应的端口。这种交换机能够识别并分析局域网数据链路层 MAC 子层的 MAC 地址，所以它是工作在第二层上的设备，这种交换机也被称为第二层交换机。

交换式以太网具有以下一些特点。

（1）交换式以太网保留了现有以太网的基础设施，而不必把现有的设备淘汰掉。例如，使用交换机替换掉原有网络中的共享式集线器，而其他网络硬件（如线缆、网卡）可以继续使用，替换下来的集线器也可以连接新的结点连接到交换机继续使用。

（2）以太网交换技术是一种基于以太网的技术，用户较熟悉，易学易用。

（3）使用以太网交换机可以支持虚拟局域网应用，网络的管理更加灵活（在下一单元将介绍虚拟局域网技术）。

（4）交换式以太网可以使用各种传输媒体，支持 5 类 /5e 类 /6 类 /6e 类 /7 类 UTP、光缆，尤其是当使用光缆时，可以使交换式以太网作为网络的主干。

3.5.2　快速以太网

1. 快速以太网概述

100Mbps 的快速以太网（Fast Ethernet）技术是由 10Mbps 标准以太网发展而来的，主要解决网络带宽在局域网应用中的瓶颈问题。其协议标准为 1995 年颁布的 IEEE 802.3u（100Base），可支持100Mbps 的数据传输速率，与 10Base-T 相比，有很多相同的地方，主要包括：

- 支持 CSMA/CD 和半双工。
- 支持自动协商。
- 用相同的五类／超五类线缆。
- 有相同的线缆长度的限制（100m）。
- 有相同的帧格式。
- RJ-45 连接器的线序相同。
- 在相同条件下可以关闭 CSMA/CD，用全双工取代（IEEE 802.3X）。

100Base-TX 与 10Base-T 的不同之处主要与物理层相关。100Base-TX 传输数据的速度为100Mbps，比 10Base-T 快 10 倍，它是同步传输，这意味着即使空闲时也发送一些比特，在没有数据帧发送时，100Base-TX 的 NIC 持续发送一些空闲帧，所以，在 100Base-TX 的线缆上总有电信号。

2. 快速以太网体系结构

快速以太网接口的物理层和数据链路层结构如图 3-16 所示。

快速以太网与前面介绍的标准以太网在物理层结构上存在比较大的区别，如图 3-16 所示。下面仍以由低到高的顺序介绍这些逻辑组成部分。

（1）媒体相关接口（Medium Dependant Interface，MDI）。和标准以太网功能一样，规定 PMD 子层和传输媒体之间的连接器类型，例如 100Base-TX 的 RJ-45连接器，100Base-FX 的 SC、ST 连接器等。

（2）物理媒体相关（Physical Media Dependent，PMD）子层。是快速以太网物理层结构中新增加的一层，位于收发器上。它与物理媒体直接相连，是信号收发器和信号检测模块，主要提供信号的收发、检测和编／解

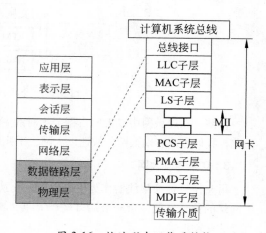

图 3-16　快速以太网体系结构

码等功能。当发送信号时，要将来自 PMA 子层的信号经过适当的编码转换成适合特定传输媒体的信号，并提供发送信号驱动；当接收信号时，PMD 子层经过相应的解码处理后发送给 PMA 子层。

（3）物理媒体连接（Physical Medium Attachment，PMA）子层。完成链路监测、载波检测、NRZI（非归零翻转）编/解码、发送时钟合成和接收时钟恢复的功能。

（4）物理编码子层（Physical Coding Sublayer，PCS）。主要功能是4B/5B编/解码（而不是标准以太网中的曼彻斯特编码，当然在100Base-T4规范中使用的是8B/6T编/解码方式）、碰撞检测和并串转换。

（5）MII（Medium Independent Interface，媒体无关接口）。逻辑上与10Mbps以太网的AUI接口对应，可以使MAC子层与传输媒体无关。MII在发送和接收数据时，由原来标准以太网AUI的一位位的串行传输改变为半字节（4位）的并行传输，这样发送和接收时钟频率只需整个数据传输速率的1/4，即25MHz，更容易实现，也更稳定。

（6）协调子层（Reconciliation Sublayer, RS）。替换原来标准以太网PLS子层。PLS子层的功能是对物理层信号进行编/解码和载波检测，而快速以太网的RS是将MAC子层的业务定义映射成MII接口的信号。

快速以太网的数据链路层与标准以太网的数据链路层功能一样。

3. 快速以太网规范

1995年6月，正式发布快速以太网标准IEEE 802.3u。IEEE 802.3u定义了一整套快速以太网规范和媒体标准，包括100Base-TX、100Base-T4和100Base-FX，其中100Base-TX和100Base-FX统称为100Base-X。

（1）100Base-TX。100Base-TX快速以太网规范采用两对芯线的双绞线电缆（可以是5类或超5类级别或更高屏蔽或非屏蔽双绞线），其中一对用于发送数据，另一对用于接收数据。该标准直接用于取代标准以太网中的10Base-T和10Base-2规范。

100Base-TX规范中的MDI连接器有两种，对于非屏蔽双绞线（UTP），MDI子层连接器是8个引脚的RJ-45连接器；对屏蔽双绞线（STP），MDI子层连接器必须是IBM的STP连接器。

如果使用的是非屏蔽双绞线，100Base-TX规范中只使用了四对芯线中的两对，另外两对芯线没有使用。根据EIA/TIA 568B布线标准，直通双绞网线（两端同时用EIA/TIA 568A或者EIA/TIA 568B标准，用于不同设备的连接，如PC到集线器、交换机的连接，交换机到路由器的连接等）。

100Base-TX标准也支持特征阻抗为150Ω的5类屏蔽双绞线。屏蔽双绞线电缆使用D型连接器。

当要使用交叉电缆时（如同类设备普通端口上的级联），按照表3-2的跳线规则进行交叉网线（一端用EIA/TIA 568A标准，另一端用EIA/TIA 568B标准，用于同种设备的连接，如PC到PC的连接，交换机普通端口间的级连，PC到路由器的连接，路由器与路由器间的连接等）制作。但是目前的以太网端口基本上都支持电缆跳线自动翻转功能，任何情况下都既可以使用直通网线，又可以使用交叉网线，所以目前一般只做直通网线即可。

表3-2　100Base-TX 交叉网线引脚分配对比表

引脚号	UTP 电缆芯线颜色		UTP 电缆芯线颜色	
	一端颜色	另一端颜色	一端颜色	另一端颜色
1	橙白色	绿白色	橙色	红色
2	橙色	绿色	—	—
3	绿白色	橙白色	—	—
4	—	—	—	—
5	—	—	红色	橙色
6	绿色	橙色	黑色	绿色
7	—	—	—	—

续表

引脚号	UTP 电缆芯线颜色		UTP 电缆芯线颜色	
	一端颜色	另一端颜色	一端颜色	另一端颜色
8	—	—	—	—
9	N/A	N/A	绿色	黑色
10	N/A	N/A	公共地	公共地

（2）100Base-T4。100Base-T4 是 100Base-T 标准中唯一全新的物理层标准。100Base-T4 链路与媒体相关的接口是基于 3、4、5 类非屏蔽双绞线，100Base-T4 标准使用四对线，使用和 100Base-T 一样的 RJ-45 接头，四对中的三对用于一起发送数据，同时第四对用于冲突检测，每对线都是极化的，每对的一条线传送正（＋）信号而另一条线传送负（－）信号。

（3）100Base-FX。100Base-FX 标准指定了两条光纤，一条用于发送数据，另一条用于接收数据。现在新型的光纤连接方式是仅需一条光纤，可同时用于发送和接收数据，它采用的是波分复用方式。它采用与 100Base-TX 相同的数据链路层和物理层标准协议，当工作站的光纤网卡以全双工运行时能超过 2km。

100Base-FX 的硬件系统包括单模或多模光纤及其媒体连接部件、集线器、交换机、网卡等部件。

- 单模光纤：这种光纤的纤径为 9/125μm，采用基于激光的收发器将波长为 1300nm 的光信号发送到光纤上。单模光纤在全双工的情况下，最大传输距离可达 10km。
- 多模光纤：这种光纤的纤径为 62.5/125μm，采用基于 LED 的收发器将波长为 820nm 的光信号发送到光纤上。当连在两个设置为全双工模式的交换机端口之间或结点与交换机的端口之间时，支持的最大距离为 2km。当结点与结点之间不经交换机而直接连接，且工作在半双工方式时，两结点之间的最大传输距离仅为 412m。

4. 在不同类型的以太网上发送帧

在前面已经介绍，存在着许多以太网标准，它们的带宽（速度）、使用的媒体及性能等各不相同，但所有以太网均使用相同的帧，这一特点使局域网中可能出现以下情况。

一个以太网帧可以由一种类型的以太网设备发送，然后毫无问题地沿不同类型的以太网链路传送——因为他们使用相同的帧。

由于所有类型的以太网都使用相同的帧，就使公司可以慢慢地迁移到新的以太网，而在迁移过程中允许一些计算机还处在旧的网络中。图 3-17 所示显示了一个园区网，使用了不同类型的以太网。

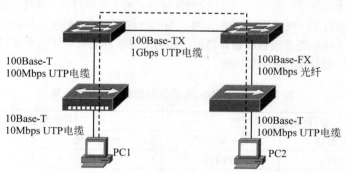

图 3-17　具有不同类型以太网的园区网

PC1 和 PC2 可以交换数据，此时，帧有时沿铜缆传输，有时沿光纤传输，帧传输的速度有时是 10Mbps，有时是 100Mbps。只要局域网与以太网相连，由于所有的网络都使用相同的帧，帧就可以在任何类型的以太网中传送。

5. 双工模式和速度的自动协商

以太网支持多种速度及两种双工模式，由于存在着多种选择，IEEE 制定了以太网卡和交换接口自动协商速度和双工模式的标准，这一过程称为自动协商。

以太网卡和交换机交换各自能力的信息以实现自动协商。现在很多 PC 有称为 10/100 的网卡，既可以支持 10Mbps 的速度也可以支持 100Mbps，另一些 NIC 可能只支持 1Gbps 或其他速度，因此，线缆末端的设备——通常是 NIC 或交换机接口需要通过称为能力交换的以太网自动协商过程来相互告知各自的能力。

IEEE 802.3X 定义的自动协商，使用快速链路脉冲（Fast Link Pulse, FLP）来交换各自的能力信息。FLP 包含以太网卡或接口的能力描述的比特信息，当两台设备交换这些信息时，就可确定两台设备都可支持的功能。如你所想，会选择所支持的最快速度，并且全双工要优先于半双工。以下列出了自动协商的选择次序，从高到低其性能逐次递减。

- 100Mbit/s，full duplex。
- 100Mbit/s，half duplex。
- 10Mbit/s，full duplex。
- 10Mbit/s，half duplex。

速度和双工模式可以手工配置也可自动协商，如果链路的一端关闭了自动协商，并手工配置速度和双工模式，而另一端实行自动协商，就有可能两台设备使用了不同的速度和双工设置，如果速度不一致，则链路根本无法工作，而如果双工模式不匹配，链路可以工作但会产生很多冲突。

如果将网卡关闭自动协商功能，并设置为全双工，交换机不再使用半双工，通常链路可以工作，但性能非常差。

自动协商可以工作于铜媒体上，但用光缆的以太网接口不支持，速度和双工模式的配置通常用在交换机的干路中。

3.5.3　吉比特以太网技术

千兆位以太网是 IEEE 802.3 标准的扩展，在保持与以太网和快速以太网设备兼容的同时，提供 1000Mbps 的数据带宽。1998 年 6 月，IEEE 802.3 委员会推出了千兆位以太网标准——IEEE 802.3z，1999 年 6 月，发布千兆位以太网 IEEE 802.3ab 标准，其数据传输率均达到了 1000Mbps 即 1Gbps，也称吉比特以太网。

1. 千兆位以太网的体系结构

千兆以太网体系结构与快速以太网体系结构的区别并不是很大，在物理层上的主要区别表现为 RS 子层和 PCS 子层之间的接口发生了改变，由快速以太网中的媒体无关接口（MII）扩展为千兆媒体无关接口（Gigabit Media Independent Interface, GMII）。

GMII 的发送和接收数据宽度由原来的 MII 的半字节（4 位）扩展到 1 字节（8 位），这样每根芯线使用 125MHz 的时钟频率，并且在上升沿和下降沿同时传输数据，可以实现 1000Mbps 的传输速率。

另外，千兆以太网物理层的 PCS 子层与快速以太网中的 PCS 子层有所区别，而且 1000Base-X 子系列三个规范物理层与 1000Base-T 规范物理层中的 PCS 子层也不一样，前者采用的是 8B/10B 编码方式，而后者采用的是 PAM-5 编码方式，快速以太网 100Base-TX 规范则采用的是 4B/5B 编码方式。

其他各子层的功能参见前面介绍的快速以太网标准中的物理层结构。

2. 千兆位以太网的 MAC 帧

千兆位以太网基本保留了原有以太网的帧结构，所以向下和以太网与快速以太网完全兼容，从而原有的 10Mbps 以太网或快速以太网可以方便地升级到千兆以太网。千兆位以太网对传输媒体的访问，可以采用半双工或全双工两种方式进行通信，这两种方式下的千兆位以太网的 MAC 帧会有所区别。

（1）半双工方式下的千兆位以太网的MAC帧。半双工千兆位以太网工作在半双工方式下，还是遵循以太网的CSMA/CD媒体访问控制协议，但千兆位以太网和快速以太网相比，速度提高了10倍，如果其MAC帧的长度还是和原来一样，保持最小帧长度为64字节，那么网络冲突域直径将会降到20m，这会给实际应用带来了麻烦。为了使千兆位以太网在保持吉比特速率的条件下仍能维持200多米的网络直接，采用了以下两种技术。

① 载体扩展。前面已经介绍了合法的MAC帧长度为64~1518字节，它影响着冲突域直径。如果将帧长度加大，传输一帧所需的时间也相应增加，这样就会在不改变205m冲突域的前提下将网络速率提高到千兆位。MAC的载体扩展是将MAC帧长度扩展到512字节（4096位），如图3-18所示。当MAC帧长度小于512字节时，在MAC帧的FCS后面发送扩展位（0~448字节），大于512字节的包则不做扩充。例如帧长度为120字节时，发送扩展位392位，但原来的帧格式不改变。

激光器	SDF	目的地址DA	源地址SA	长度/类型	数据	FCS	扩展位
7字节	1字节	6字节	6字节	2字节	46~1500字节	4字节	0~448字节

图3-18　半双工千兆位以太网的MAC帧的载体扩展

对于一个只有64字节的帧而言，虽然速率提高了10倍，但因为发送扩展位而使时间增加了8倍，因此对于一个64字节的帧来说，其有效吞吐率只有25%，但在实际应用中，很少有短帧构成的情况。

② 数据包突发技术。为了进一步提高网络性能和带宽利用率，在CSMA/CD算法中加入数据包突发技术。数据包突发技术允许发送端每次发送多个帧，如果帧的长度太短，只需要在第一帧添加载体扩展信号即可，如果第一帧发送成功，后续帧可连续发送，而不需要添加载体扩展信号。数据包突发技术允许服务器、交换机和其他网络设备发送较短的帧，充分利用了网络带宽。

（2）全双工方式下千兆位以太网的MAC帧。全双工方式下，不管是交换机之间还是交换机与计算机之间，它们都是点到点连接。由于两个结点之间可以同时进行千兆位以太网MAC帧的发送和接收，因此，全双工方式不存在冲突问题，其最小MAC帧长度仍可以是64字节，不需要采用全双工方式下的载体扩展和数据包突发技术。

在千兆以太网的MAC子层，除了支持以往的CSMA/CD协议外，还引入了全双工流量控制协议，其中，CSMA/CD协议用于共享信道的争用问题，即支持以集线器作为星形拓扑中心的共享以太网组网；而全双工流量控制协议适用于交换机到交换机或交换机到结点之间的点对点连接，两结点间可以同时进行发送与接收，即支持以交换机作为星形拓扑中心的交换以太网组网。

3. 千兆位以太网规范

千兆位以太网标准实际上包括IEEE 802.3z和IEEE 802.3ab两大部分。IEEE 802.3z千兆以太网标准包括1000Base-SX、1000Base-LX和1000Base-CX。IEEE 802.3ab千兆以太网标准定义了双绞线标准，即1000Base-T。

（1）1000Base-SX标准。1000Base-SX标准是一种在收发器上使用短波激光（激光波长为770~860nm，一般为850nm）作为信号源的媒体技术。不支持单模光纤，仅支持62.5μm和50μm两种多模光纤，对于62.5μm多模光纤，全双工模式下最大传输距离为275m；对于50μm多模光纤，全双工模式下最大传输距离为550m。

（2）1000Base-LX标准。1000Base-LX是一种在收发器上使用长波激光（波长为1270~1355nm，一般为1310nm）作为信号源的媒体技术。支持多模光纤（62.5μm和50μm）和单模（9μm）光纤，对于多模光纤，在全双工模式下，最长的传输距离为550m；而对于单模光纤，在全双工模式下，最长的传输距离可达3km，工作波长为1300nm或1550nm。

（3）1000Base-T标准。这是一种可以采用5类、超5类、6类或者7类双绞线的全部四对芯线作为传输媒体的千兆以太网规范，对应标准为 IEEE 802.3ab，它的最大传输距离为 100m。在全部的四对双绞芯线中，每对都可以同时进行全双工数据收发，所以即使是相同设备间的连接，也无须制作交叉线，两端都用相同的布线标准即可。这是目前在企业局域网中最常用的一种千兆以太网标准。1000Base-T 能与 10Base-T、100Base-T 完全兼容，它们都使用 5 类 UTP 媒体，从中心设备到结点的最大距离也是 100m，这使千兆以太网应用于桌面系统成为现实。图 3-19 所示为 1000Base-T 规范中各双绞芯线的作用。

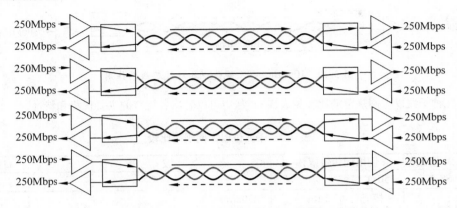

图 3-19　1000Base-T 规范中各双绞芯线的作用

　　（4）1000Base-CX 标准。1000Base-CX 的媒体是一种短距离屏蔽铜缆，最长距离达 25m，这种屏蔽电缆是一种特殊规格高质量的 TW 型带屏蔽的铜缆，连接这种电缆的端口上配置 9 针的 D 型连接器。1000Base-CX 的短距离铜缆适用于交换机间的短距离连接，特别适用于千兆主干交换机与主服务器的短距离连接。

　　除了以上四种以标准形式发布的 IEEE 千兆以太网规范外，在工业应用中，还有些并没有正式以标准形式对外发布，但却实实在在有广泛应用的千兆以太网规范，如 1000Base-LH、1000Base-ZX、1000Base-LX10、1000Base-BX10、1000Base-TX 这五种规范。

　　（1）1000Base-LH 标准。非标准的千兆以太网规范，采用的是波长为 1300nm 或者 1310nm 的单模或者多模长波光纤。它类似于 1000Base-LX 规范，但单模优质光纤的最长有效传输距离可达10km，并且可以与 1000Base-LX 网络保持兼容。

　　（2）1000Base-ZX 标准。非标准的千兆以太网规范，采用的是波长为 1550nm 的单模超长波光纤，最长有效传输距离可达 70km。

　　（3）1000Base-LX10 标准。非标准的千兆以太网规范，采用的是波长为 1310nm 的单模长波光纤，最长有效传输距离可达 10km。

　　（4）1000Base-BX10 标准。非标准的千兆以太网规范，其两根光纤所采用的传输媒体类型是不同的，下行方向（从网络中心到网络边缘）采用的是波长为 1490nm 的单模超长波光纤，而上行方向则是采用 1310nm 的单模长波光纤，最长有效距离为 10km。

　　（5）1000Base-TX 标准。由 EIA/TIA 于 1995 年发布，标准号为 EIA/TIA 854。尽管 1000Base-TX 也是基于四对双绞线，但却采用与快速以太网中 100Base-TX 标准类似的传输机制，采用两对线发送，两对线接收。由于每对线缆本身不同时进行双向的传输，线缆之间的串扰就大幅降低，同时其编码方式也是 8B/10B。这种技术对网络的接口要求比较低，不需要非常复杂的电路设计，降低了网络接口的成本，但由于使用线缆的效率降低了（两对线收，两对线发），要达到 1000Mbps 的传输速率，要求带宽需超过 100MHz，也就是说在 5 类和超 5 类的系统中不能支持该类型的网络，一定需要 6 类或者 7 类双绞线系统的支持。图 3-20 所示为 1000Base-TX 规范中各双绞芯线的作用。

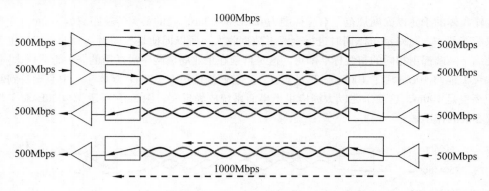

图3-20　1000Base-TX规范中各双绞芯线的作用

以上九种千兆以太网规范的比较见表3-3，从中可以看出各规范的主要优势和特性。

表3-3　千兆位以太网规范比较

千兆位以太网规范	使用的传输媒体	波　　长	有效距离
1000Base-CX	150Ω 双绞线		25m
1000Base-SX	多模光纤 62.5μm	850nm	275m
	多模光纤 50μm	850	550m
1000Base-LX	单模光纤	1310nm	5km
	多模光纤 62.5μm 和 50μm	1310nm	550m
1000Base-LH	单模光纤	1300/1310nm	10km
1000Base-ZX	单模光纤	1550nm	70km
1000Base-LX10	单模光纤	1310nm	10km
1000Base-BX10	单模光纤	下行方向（从网络中心到网络边缘）波长 1490nm，上行方向波长 1310nm	10km
1000Base-T	用 5 类、超 5 类、6 类 或者 7 类双绞线	全部 4 对（每对都可以同时进行全双工数据收发）	100m
1000Base-TX	6 类、7 类双绞线	两对线发送，两对线接收	100m

3.5.4　万兆位以太网技术

万兆以太网不仅再度扩展了以太网的带宽和传输距离，更重要的是以太网从局域网领域向城域网领域开始渗透，正如 1000Base-X 和 1000Base-T（千兆以太网）都属于以太网一样，从速度和连接距离上来说，万兆以太网是以太网技术自然发展中的一个阶段。

1. 万兆以太网的技术特点

万兆以太网相对于千兆以太网拥有着绝对的优势和突出的特点。

- 在物理层面上。万兆以太网是一种采用全双工与光纤的技术，其物理层（PHY）和 OSI 模型的第一层（物理层）一致，它负责建立传输媒体（光纤或铜线）和 MAC 层的连接，MAC 层相当于 OSI 模型的第二层（数据链路层）。
- 万兆以太网技术基本承袭了以太网、快速以太网及千兆以太网技术，因此在用户普及率、使用方便性、网络互操作性及简易性上皆占有极大的引进优势。在升级到万兆以太网解决方案时，用户不必担心已有的程序或服务是否会受到影响，升级的风险非常低，同时在未来升级到 40Gbps 甚至 100Gbps 都将有很明显的优势。

- 万兆标准意味着以太网将具有更高的带宽（10Gbps）和更远的传输距离（最长传输距离可达40km）。
- 在企业网中采用万兆以太网可以更好地连接企业网骨干路由器，这样大幅简化了网络拓扑结构，提高了网络性能。
- 万兆以太网技术提供了更多的更新功能，大幅提升了服务质量（Quality of Service, QoS），因此，能更好地满足网络安全、服务质量、链路保护等多方面的需求。
- 随着网络应用的深入，WAN/MAN 与 LAN 融和已经成为大势所趋，各自的应用领域也将获得新的突破，而万兆以太网技术让工业界找到了一条能够同时提高以太网的速度、可操作距离和连通性的途径，万兆以太网技术的应用必将为三网发展与融合提供新的动力。

2. 万兆以太网标准和规范

万兆以太网标准和规范比较繁多，在标准方面，有 2002 年的 IEEE 802.3ae，2004 年的 IEEE 802.3ak，2006 年的 IEEE 802.3an 和 IEEE 802.3aq，以及 2007 年的 IEEE 802.3ap。

2002 年在 IEEE 802.3ae 标准中发布的基于光纤的规范包括 10GBase-SR（Short Range，短距离）、10GBase-LR（Long Range，长距离）、10GBase-ER（Extended Range，超长距离）、10GBase-LX4、10GBase-SW、10GBase-LW、10GBase-EW；2004 年在 IEEE 802.3ak 标准中发布的基于双绞线的 10GBase-CX4；2006 年在 IEEE 802.3an 标准发布的基于双绞铜线的 10GBase-T；2006 年在 IEEE 802.3aq 标准中发布的基于光纤的 10GBase-LRM（Long Reach Multimode，长距离延伸多点模式）；2007 年在 IEEE 802.3ap 标准中发布的基于铜线的 10GBase-KR 和 10GBase-KX4。除此之外，还有一些不是由 IEEE 发布的万兆以太网规范，如 Cisco 的 10GBase-ZR（Ze best Range，最长距离）和 10GBase-ZW。

以上这 10 多种万兆以太网规范可以分为三类：一是基于光纤的局域万兆以太网规范；二是基于双绞线（或铜线）的局域万兆以太网规范；三是基于光纤的广域万兆以太网规范。

（1）基于光纤的局域万兆以太网规范。用于局域网的光纤万兆以太网规范有 10GBase-SR、10GBase-LR、10GBase-LRM、10GBase-ER、10GBase-ZR 和 10GBase-LX4。

（2）基于双绞线（或铜线）的局域网万兆以太网规范。基于双绞线（6 类以上）的万兆以太网规范，它们包括 10GBase-CX4、10GBase-KX4、10GBase-KR、10GBase-T。

（3）基于光纤的广域网万兆以太网规范。10G 以太网一个最大改变就是它不仅可以在局域网中使用，还可应用于广域网中，其对应的规范包括 10GBase-SW、10GBase-LW、10GBase-EW 和 10GBase-ZW（此为 Cisco 私有标准）。这四个 10G 广域以太网规范专为工作在 OC-192/STM-64 SDH/SONET 环境下而设置，使用 SDH（Synchronous Digital Hierarchy，同步数字体系）/SONET（Synchronous Optical Networking，同步光纤网络）帧，运行速率为 9.953Gbps。

表 3-4 综合了以上介绍的所有 10G 以太网规范，在实际的网络系统设计中，就可以针对具体的结点环境和网络需求来对应选择了。

表 3-4 万兆位以太网规范

万兆位以太网规范	使用的传输媒体	波长/nm	有效距离	应用领域
10GBase-SR	多模光纤，50μm 的 OM3 光纤	850	300m	局域网
10GBase-LR	单模光纤	1310	10km	
10GBase-LRM	62.5μm 多模光纤，OM3 光纤		260m	
10GBase-ER	单模光纤	1550	40km	
10GBase-ZR	单模光纤	1550	80km	
10GBase-LX4	多模光纤	1300	300m	

续表

万兆位以太网规范	使用的传输媒体	波长/nm	有效距离	应用领域
10GBase-LX4	单模光纤	1300	10km	局域网
10GBase-CX4	屏蔽双绞线（CX4 铜缆）		15m	
10GBase-T	6 类双绞线		55m	
	6a 类双绞线		100m	
10GBase-KX4	铜线（并行接口）		1m	背板以太网
10GBase-KR	铜线（串行接口）		1m	
10GBase-SW	多模光纤，50μm 的 OM3 光纤	850	300m	SDH/SONET 广域网
10GBase-LW	单模光纤	1310	10km	
10GBase-EW	单模光纤	1550	40km	
10GBase-ZW	单模光纤	1550	80km	

在物理拓扑上，万兆以太网既支持星型连接或扩展星形连接，也支持点到点连接及星形连接与点到点连接的组合。

IEEE 802.3ae 继承了 IEEE 802.3 以太网的帧格式和最大/最小帧长度，支持多层星形连接、点到点连接及其组合，充分兼容已有应用，不影响上层应用，进而降低了升级风险。

与传统的以太网不同，IEEE 802.3ae 仅仅支持全双工方式，而不支持单工和半双工方式，不采用 CSMA/CD 机制，采用全双工流量控制协议，而不再采用共享带宽方式。另外，802.3ae 不支持自协商，可简化故障定位，并提供广域网物理层接口。

3.5.5　40G/100G 以太网

以太网的技术发展很快，在 10GE 之后又制定了 40GE/100GE（即 40 吉比特以太网和 100 吉比特以太网），40G/100G 以太网标准在 2010 年制定完成，包含若干种不同的媒体类型。当前使用附加标准 IEEE 802.3ba。

- 40GBase-KR4：背板方案，最少距离 1m。
- 40GBase-CR4 / 100GBase-CR10：短距离铜缆方案，最大长度大约 7m。
- 40GBase-SR4 / 100GBase-SR10：用于短距离多模光纤，长度至少在 100m 以上。
- 40GBase-LR4 / 100GBase-LR10：使用单模光纤，距离超过 10km。
- 100GBase-ER4：使用单模光纤，距离超过 40km。

现在以太网的工作范围已经从局域网（校园网、园区网、企业网）扩大到城域网和广域网，从而实现了端到端的以太网传输。

（1）以太网是一种经过实践证明的成熟技术，无论是因特网服务提供者 ISP 还是端用户都很愿意使用以太网。

（2）以太网的互操作性好，不同厂商生产的以太网都能可靠地进行互操作。

（3）在广域网中使用以太网时，其价格大约只有同步光纤网 SONET 的 20% 和 ATM 的 10%。

（4）以太网还能够适应多种传输媒体，如铜缆、双绞线和光纤，这就使具有不同传输媒体的用户在进行通信时不必重新布线。

（5）端到端的以太网连接使帧的格式全都是以太网的格式，而不需要再进行帧的格式转换，这就简化了操作和管理。但是以太网和帧中继或 ATM 网络需要有相应的接口才能进行互连。

3.6　虚拟局域网技术

以太网交换机的一个重要特性是能建立虚拟局域网（VLAN）。VLAN 是一个能够跨越多重物理区域的逻辑的广播域。能按照分工的不同或者部门的不同组织 VLAN，而无须考虑使用者的实际位置。不同 VLAN 之间的流量是被隔离的。交换机和网桥只在同一个 VLAN 内转发单播、多播和广播流量。除非网络上的路由器配置了 VLAN 间路由，

虚拟局域网

否则一个 VLAN 上的设备只能与同一个 VLAN 上的其他设备通信。

通过设计和配置正确的 VLAN，它能够提供分段、灵活性和安全性，是网络工程师有力的工具。当需要添加、移动或对一个网络进行改造时，VLAN 使此类工作变得很简单，此外，VLAN 还可以提高网络安全性而且帮助控制三层广播。

3.6.1　虚拟局域网的概念

连接到第 2 层交换机的主机和服务器处于同一个网段中，这会带来两个严重的问题。

- 交换机会向所有端口泛洪广播，占用过多带宽，而随着连接到交换机的设备不断增多，生成的广播流量也随之上升，浪费的带宽也更多。
- 连接到交换机的每台设备都能够与该交换机上的所有其他设备相互转发和接收帧。

设计网络时，最好的办法是将广播流量限制在仅需要该广播的网络区域中，而且出于业务考虑，有些主机需要配置为能相互访问，有些则不能这样配置。在交换网络中，人们通过创建虚拟局域网 (VLAN) 来按照需要将广播限制在特定区域并将主机分组。

虚拟局域网（Virtual LAN, VLAN）是一种逻辑广播域，可以跨越多个物理 LAN 网段。VLAN 是以局域网交换机为基础，通过交换机软件实现根据功能、部门、应用等因素将设备或用户组成虚拟工作组或逻辑网段的技术，其最大的特点是在组成逻辑网时无须考虑用户或设备在网络中的物理位置。虚拟局域网可以在一个交换机或者跨交换机实现。同组内全部的工作站和服务器在同一 VLAN 实现共享，而不管物理连接和位置在哪里。

1996 年 3 月，IEEE 802 委员会发布了 IEEE 802.1Q VLAN 标准，目前，该标准得到全世界重要网络厂商的支持。在 IEEE 802.1Q 标准中对虚拟局域网是这样定义的，即虚拟局域网是由一些局域网网段构成的与物理位置无关的逻辑组，而这些网段具有某些共同的需求。每一个虚拟局域网的帧都有一个明确的标识符，指明发送这个帧的工作站是属于那一个 VLAN。利用以太网交换机可以很方便地实现虚拟局域网，应该明确的是虚拟局域网其实只是局域网给用户提供的一种服务，而并不是一种新型局域网。

图 3-21 给出了一个关于 VLAN 划分的示例。该网络采用的是使用了四个交换机的网络拓扑结构，有 9 个工作站分配在三个楼层中，构成了三个局域网，即：LAN 1：（A1，B1，C1），LAN 2：（A2，B2，C2），LAN 3：（A3，B3，C3）。

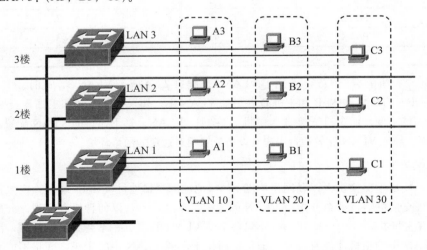

图 3-21　虚拟局域网 VLAN 的示例

但这 9 个用户划分为三个工作组，也就是说划分为三个虚拟局域网 VLAN，即 VLAN 10：（A1，A2，A3），VLAN 20：（B1，B2，B3），VLAN 30：（C1，C2，C3）。

在虚拟局域网上的每一个站都可以听到同一虚拟局域网上的其他成员所发出的广播。如工作站B1、B2、B3同属于虚拟局域网VLAN 20，当B1向工作组内成员发送数据时，B2和B3将会收到广播的信息（尽管它们没有连在同一交换机上），但A1和C1都不会收到B1发出的广播信息（尽管它们连在同一个交换机上）。

3.6.2 VLAN 的组网方法

在进行VLAN的划分时可以根据功能、部门或应用而无须考虑用户的物理位置，以太网交换机的每个端口都可以分配给一个VLAN，分配在同一个VLAN的端口共享广播域（一个站点发送希望所有站点接收的广播信息，同一VLAN中的所有站点都可以听到），分配在不同VLAN的端口则不共享广播。虚拟局域网既可以在单台交换机中实现，也可以跨越多个交换机。

从实现的方式上看，所有VLAN均是通过交换机软件实现的，而从实现的机制或策略分，VLAN可分为静态VLAN和动态VLAN两种。

1. 静态VLAN

在静态VLAN中，由网络管理员根据交换机端口进行静态的VALN分配，当在交换机上将其某一个端口分配给一个VLAN时，其将一直保持不变直到网络管理员改变这种配置，所以又被称为基于端口的VLAN，即根据以太网交换机的端口来划分广播域。也就是说，交换机某些端口连接的主机在一个广播域内，而另一些端口连接的主机在另一广播域，VLAN和端口连接的主机无关，如图3-22所示，VLAN映射简化表见表3-5。

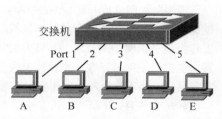

图 3-22 基于端口的 VLAN 划分

表 3-5 VLAN 映射简化表

端口	VLAN ID
Port 1	VLAN 2
Port 2	VLAN 3
Port 3	VLAN 2
Port 4	VLAN 3
Port 5	VLAN 2

假定指定交换机的端口1、3、5属于VLAN 2，端口2、4属于VLAN 3，此时，主机A、主机C、主机E在同一VLAN，主机B和主机D在另一VLAN下。如果将主机A和主机B交换连接端口，则VLAN表仍然不变，而主机A变成与主机D在同一VLAN。基于端口的VLAN配置简单，网络的可监控性强。静态VLAN比较适合用户或设备位置相对稳定的网络环境。

2. 动态VLAN

动态VLAN是指交换机上以联网用户的MAC地址、逻辑地址（如IP地址）或数据包协议等信息为基础将交换机端口动态分配给VLAN的方式。总之，不管以何种机制实现，分配在同一个VLAN的所有主机共享一个广播域，而分配在不同VLAN的主机将不会共享广播域，因此，只有位于同一VLAN中的主机才能直接相互通信，而位于不同VLAN中的主机之间是不能直接相互通信的。

（1）基于MAC地址的VLAN。这种方式的VLAN，要求交换机对结点的MAC地址和交换机端口进行跟踪，在新结点入网时，根据需要将其划归至某一个VLAN，无论该结点在网络中怎样移动，由于其 MAC 地址保持不变，因此用户不需对网络地址重新配置。然而所有的用户必须明确地分配给一个 VLAN，在这种初始化工作完成后，对用户的自动跟踪才成为可能。在一个大型网络中，要求网络管理人员将每个用户划分到某一个 VLAN，工作是十分烦琐的。

（2）基于路由的 VLAN。利用网络层的业务属性来自动生成 VLAN，把使用不同的路由协议的结点分在相对应的 VLAN 中。IP 子网 1 为第 1 个 VLAN，IP 子网 2 为第 2 个 VLAN，IP 子网 3 为第 3 个 VLAN，以此类推。通过检查所有的广播和多点广播帧，交换机能自动生成 VLAN。

（3）用 IP 广播组定义虚拟局域网。IP 广播组中的所有结点属于同一个虚拟局域网，但它们只是特定时间段内特定 IP 广播组的成员。IP 广播组虚拟局域网的动态特性提供了很高的灵活性，可以根据服务灵活的组建，而且它可以跨越路由器形成与广域网的互联。

3.7　企业园区网层次化设计

园区网是一个由众多 LAN 组成的网络，这些 LAN 位于一幢或多幢建筑物内，它们彼此相连且位于同一个地方。在构建满足中小型企业园区网需求的 LAN 时，如果采用分层设计模型，更容易管理和扩展，排除故障也更迅速。

在园区网中使用最多的设备就是交换机。

3.7.1　三层交换技术

在 3.4.4 小节介绍的交换机都属于第二层交换机，它主要依靠 MAC 地址来传送帧信息，将每个信息数据帧从正确的端口转发出去。但是当有一个广播数据报进入某个端口后，交换机同样会将它转发到所有端口，类似于集线器。另外，第二层交换机对组建一个大规模的局域网来说并不完善，还需要使用路由器来完成相应的路由选择功能。实际上，交换和路由选择是互补性的技术，路由器处理时延大、速度慢，用交换机又不能进行路由选择和有效地控制广播，因此，在交换机不断发展的过程中，就有了将第二层交换和第三层路由相结合的设备，即第三层交换机，也称作"路由交换机"。

1. 三层交换技术原理

三层交换技术是在 OSI 模型中的第三层实现了数据报的高速转发，实际上就是二层交换技术与三层转发技术的结合。三层交换技术的原理如图 3-23 所示。

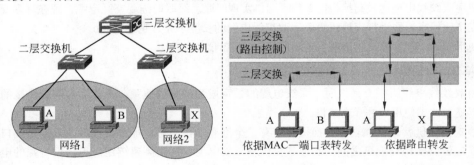

图 3-23　三层交换技术实现原理

如图 3-23 所示，假设有两个使用 IP 协议的网络 1 和网络 2（可以是虚拟局域网），其中计算机 A、B 在网络 1，计算机 X 在网络 2 中。当计算机 A 要发送数据给计算机 X 时，A 把自己的 IP 地址与 X 的 IP 地址比较，判断 X 是否与自己在同一个网络中，由于不在一个网络，A 要向"默认网关"发出 ARP 数据报，而"默认网关"的 IP 地址其实是三层交换机的三层交换模块。当 A 对"默认网关"

的 IP 地址广播一个 ARP 请求时，如果三层交换模块在以前的通信过程中已经知道 X 的 MAC 地址，则向 A 回复 X 的 MAC 地址，否则三层交换模块根据路由信息向 X 广播一个 ARP 请求，X 得到此 ARP 请求后向三层交换模块回复其 MAC 地址，三层交换模块保存此地址并回复给 A，同时将 X 结点的 MAC 地址发送到二层交换处理，信息得以高速转发。当 A 和 B 通信时，A 与 B 处于同一个网络中，则按照 MAC—端口表进行转发。对于 A 与 X 的通信来说，由于仅仅在路由过程中才需要第三层处理，绝大多数数据都通过二层交换转发，因此三层交换机的速度很快，接近二层交换机的速度，同时比相关路由器的价格低很多。

2. 多层交换

在多层交换技术中，除了第三层交换，还有第四层交换。第四层交换是一种功能，在传输数据时，除了可以识别并分析第二层的 MAC 地址和第三层的 IP 地之外，还可以判断出该数据的应用服务类型，也就是说，依据第四层的应用端口号（如 TCP/UDP 端口号）对数据报进行查询，获取相应的信息。TCP/UDP 端口号可以告诉交换机所传输数据流的应用服务的类型，例如 WWW 应用、FTP 应用等，然后交换机可以将数据报分类映射到不同的应用主机上，保证了服务质量。实际上第四层交换应用很少。

3. 三层交换的应用

三层交换的应用目前非常普遍，其主要用途是代替传统路由器作为网络的核心。在园区网中，一般会将第三层交换机用在网络的核心层和汇聚层，用第三层交换机的端口连接不同的子网或虚拟局域网。

第三层交换机为网络提供 QoS 服务的内容包括优先级管理、带宽管理和虚拟局域网等。

3.7.2　交换机的种类

交换机有独立式、堆叠式和模块化交换机等几类。

1. 独立式交换机

独立式交换机是最简单的一种交换机，带有多个（8 口、12 口、16 口、24 口或 48 口）RJ-45 端口或多个 SFP 插槽。独立式交换机价格相对低廉，适用于小型独立的工作小组、部门或办公室，一般用来连接接入的计算机。

在使用独立式交换机时，当计算机的数量超过一个独立交换机的端口数时，通常采用多台交换机进行级联的方法扩充端口数量。级联的方法有两类。

- 使用双绞线电缆通过交换机的 RJ-45 端口实现级联。级联时需要交叉电缆，现在许多交换机以支持使用直通线进行交换机级联，双绞线电缆的长度不允许超过 100m。
- 使用光纤实现计算机的级联。这时应注意光缆两端的极性。

2. 堆叠式交换机

采用双绞线电缆级联交换机时，双绞电缆的带宽成为网络的瓶颈，为此，当需要连接的结点比较多时，就要考虑使用堆叠式交换机。

堆叠式交换机就是在独立式交换机上带有一个堆叠端口，每台堆叠交换机通过堆叠端口，并使用一条高速链路实现交换机之间的高速数据传输，实际上，这条高速链路是用一根特殊的电缆将两台交换机的内部总线相连接，因此，这种连接在速度上要远远超过交换机用双绞线级联。图 3-24 所示为新华三的交换机两种堆叠方式。

> 💡注意：不同厂家的堆叠交换机不能混用，即基本上是同一厂家的产品才能进行堆叠。

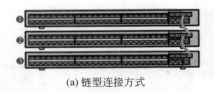 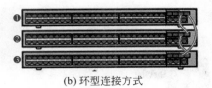

(a) 链型连接方式　　　　　　　　　　(b) 环型连接方式

图 3-24　堆叠交换机堆叠方式

3. 模块化交换机

模块化交换机又称机架式交换机，配有一个机架或
卡箱，带有多个插槽，每个插槽可插入一块通信卡（模
块），每个通信卡的作用就相当于一台独立型交换机。
当通信卡插入机架内的卡槽中时，它们就被连接到机架
的背板总线上，这样，两个通信卡上的端口之间就可以
通过背板的高速总线进行通信。图 3-25 所示为一款华为
S9303 交换机。

图 3-25　华为 S9303 交换机

3.7.3　交换机端口

交换机的端口主要有以下几种。

1. RJ-45 端口

RJ-45 端口俗称电端口。根据交换机系列的不同，通常有 10/100Base-TX 以太网端口、
10/100/1000Base-T 自适应以太网端口、1000Base-T 等。

2. Combo 端口

Combo 端口又叫光电复用接口，所谓 Combo 端口，是指设备面板上的两个以太网端口（通
常，一个是光口，一个是电口），而在设备内部只有一个转发端口。
Combo 电口与其对应的光口在逻辑上是光电复用的，用户可根据实际
组网情况选择其中的一个使用，但两者不能同时工作，当激活其中的
一个端口时，另一个端口就自动处于禁用状态，如图 3-26 所示。

为了方便管理，Combo 端口分为单 Combo 端口和双 Combo 端口
两种类型。

图 3-26　Combo 端口

（1）单 Combo 端口。设备面板上的两个以太网端口只对应一个
端口视图，用户在同一个端口视图完成对两个端口的状态切换操作。
单 Combo 端口可以是二层以太网端口，也可以是三层以太网端口。

（2）双 Combo 端口。设备面板上的两个以太网端口对应两个
interface 视图，用户在光口或电口自己的端口视图上完成对两个端口
的状态切换操作。双 Combo 端口只能是二层以太网端口。

3. SFP 插槽及模块

SFP (Small Form-factor Pluggable) 可以简单地理解为 GBIC 的升级版本。SFP 模块体积比 GBIC
模块减少一半，可以在相同面板上配置多出一倍以上的端口数量。

在 SFP 插槽中可以插入各种模块。对于不同系列的交换机，SFP 插槽不同可插入的模块也不同。
SFP 插槽主要有 100Base-X SFP 百兆以太网端口、1000Base-X SFP 千兆以太网端口等几种。

SFP 模块的类型与 GBIC 非常相似，也可分别应用于双绞线（见图 3-27）、光纤（见图 3-28），
从而使网络连接变得更加灵活，以适应更为复杂的网络环境。

图 3-27　RJ-45 SFP 模块

图 3-28　LC 光纤 SFP 模块

4. SFP+ 插槽及模块

SFP+ 光模块具有比 X2 和 XFP 封装更紧凑的外形尺寸（与 SFP 外观尺寸相同），可以和同类型的 XFP、X2、XENPAK 直接连接，成本比 XFP、X2、XENPAK 产品低。SFP+ 遵从的协议为 IEEE 802.3ae、SFF-8431、SFF-8432，SFP+ 是更主流的设计。

SFP+ 插槽包含 1G/10G SFP+ 端口、10GBase-X SFP+ 万兆光口等几种。

5. Console 端口

网管交换机上都有一个 Console 端口，它是专门用于对交换机进行配置和管理的端口，如图 3-26 所示。早期的交换机有采用串口作为控制台端口，目前已基本不用。

3.7.4　分层网络结构

对于分层网络结构需要将网络分成互相分离的层，每层提供特定的功能，这些功能界定了该层在整个网络中扮演的角色。通过对网路的各种功能进行分离，可以实现模块化的网络设计，这样有利于提高网络的可扩展性和性能。分层设计模型根据用户需求可分为二层或三层。

1. 典型的三层网络结构

典型的三层网络结构由接入层、分布层和核心层构成，如图 3-29 所示。客户 PC 以百兆或千兆连接接入层交换机，多个接入层交换机以千兆接入分布层，核心层交换机以万兆或千兆互联各个分布层交换机，提供二层或三层交换以及二／三／四层服务的功能。该方案结构清晰，各层次功能划分得当，适用于非常大的网络规模，例如多栋办公楼组成的园区网。

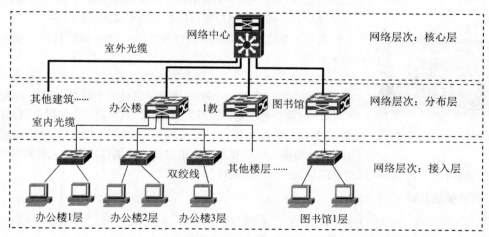

图 3-29　分层网络结构模型

（1）接入层。接入层负责连接终端设备（例如 PC、打印机和 IP 电话）以提供对网络中其他部分的访问，接入层中可能包含交换机、集线器和无线接入点，接入层的主要目的是提供一种将设备连接到网络并控制允许网络上的哪些设备进行通信的方法。

接入层交换机一般含有两类端口，一类端口数目较多，用来连接接入接入层的设备，另一类端口则数目较少，用来向上连接到分布层交换机，速率较高。如常用的新华三 S3600-SI 系列以太网交换机，包含型号见表 3-6。

表 3-6　新华三 S3600-SI 系列以太网交换机规格

项　目	S3600-28P-SI/EI S3600-28P-PWR-EI	S3600-28TP-SI	S3600-52P-SI/EI S3600-52P-PWR-EI
固定端口	24 个 10/100Base-TX 以太网端口，4 个 1000Base-X SFP 千兆以太网端口	24 个 10/100Base-TX 以太网端口，2 个 1000Base-X SFP 千兆以太网端口，2 个 10/100/1000Base-T 以太网端口	48 个 10/100Base-TX 以太网端口，4 个 1000Base-X SFP 千兆以太网端口
管理端口	1 个 Console 口		

其中 24 个 10/100Base-TX 以太网端口 /48 个 10/100Base-TX 以太网端口用来连接接入接入层的设备如计算机、打印机、服务器、平板电脑、工控机、IP 电话等，它们使用 UTP 电缆连接到接入层交换机的 RJ-45 端口，距离不超过 100m。如果设备数大于交换机端口，可以采用级联或堆叠方式来解决。在保密性要求高或干扰强的情况下也可以采用光纤连接，这时接入层交换机需要采用光纤交换机。如 S3600-28F-EI 交换机就包含 24 个 100Base-X SFP 百兆以太网端口，可选 SFP 模块详见交换机说明书，SFP 模块提供的用户接口连接器类型为 LC。

1000Base-X SFP 千兆以太网端口或 10/100/1000Base-T 以太网端口用来向上连接到分布层交换机。1000Base-X SFP 千兆以太网端口可选 SFP 模块详见交换机说明书，而 10/100/1000Base-T 以太网端口采用 UTP 电缆向上连接到分布层交换机。

（2）分布层。分布层首先汇聚接入层交换机发送的数据，再将其传输到核心层，最后发送到最终目的地。分布层使用策略控制网络的通信流并通过在接入层定义的虚拟 LAN（VLAN）之间执行路由（routing）功能来划定广播域。利用 VLAN，可将交换机上的流量分流到不同的网段，置于互相独立的子网（subnetwork）内，例如，在大学中，可以根据教职员、学生和访客分离流量。为确保可靠性，分布层交换机通常是高性能、高可用性和具有高级冗余功能的设备。

分布层交换机向下与接入层交换机相连，向上与核心层交换机相连。如常用的新华三 H3C S5000E-X 系列万兆上行交换机包含 24 口、48 口 10/100/1000TX 以太网端口和 4 个 SFP+ 端口。使用 UTP 电缆接入分布层交换机和接入层交换机的 10/100/1000TX 以太网端口，使用光纤接入分布层交换机和接入层交换机的 SFP+ 端口。SFP+ 端口的万兆光模块选择详见交换机说明书。

分布层交换机与接入层交换机也可以选择光纤连接，如 S5560S-28F-EI 交换机配有 24 个 100/1000Base-X SFP 口（含 8 个 GE Combo 口）和 4 个万兆 SFP+ 口，就可以实现光纤万兆到核心，光纤千兆到接入，SFP、SFP+ 接口模块选择详见交换机说明书。

（3）核心层。分层设计的核心层是网际网络的高速主干。核心层是分布层设备之间互联的关键，因此核心层保持高可用性和高冗余性非常重要。核心层也可连接到 Internet 资源。核心层汇聚所有分布层设备发送的流量，因此它必须能够快速转发大量的数据。

核心层交换机一般选择模块化多业务路由交换机。如新华三 S10500 系列、S7500E 系列高端多业务路由交换机和 S7600 系列运营级高端路由交换机等。

2. 二层网络结构

二层网络结构由核心层、接入层构成，如图 3-30 所示。客户 PC 以百兆或千兆连接接入层交换机，核心层交换机

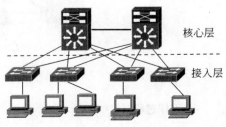

图 3-30　二层网络结构模型

则以千兆互联各个接入层交换机，同时提供二层或三层交换以及二/三/四层服务的功能。而服务器以千兆接入核心层或接入层交换机。该方案非常易于实现，但其规模往往局限于核心交换机的千兆端口密度，而且网络规模的扩展可能会对现有网络拓扑带来较大影响，所以该方案比较适合于中小型网络，如一栋大楼内的网络建设。

3.8　技能训练 1：小型交换式网络组建

3.8.1　用户需求与分析

小王所在的单位是一个只有 150 人的小型公司，目前集中在一栋三层楼办公，最早有计算机 15 台，为了实现资源共享和文件的传递，公司通过交换机把这些计算机连接起来，组成一个小型局域网。

3.8.2　方案设计

可以采用交换机把这 15 台计算机通过双绞线连接起来，采用星型拓扑结构，组成交换式以太网。为实现资源共享和文件的传递，公司计划把这些计算机连接起来，组成一个小型局域网。

3.8.3　方案实施：小型交换式网络组建

1. 工作任务

用三台计算机（系统为 Windows 7/8/10）模拟组成单位内部局域网，中央结点采用集线器（Hub）为核心组建共享式局域网，并需要实现文件和打印机共享，要求只有系统管理员能够读/写访问，其余操作人员只能进行读取访问。

（1）建立共享文件夹。

（2）访问共享资源。

（3）配置网络打印机。

2. 材料清单

（1）PC 3 台（操作系统 Windows 7/8/10）。

（2）集线器 1 台。

（3）双绞线直通线 3 条。

（4）打印机 1 台。

3. 实训拓扑

为了完成本实训项目任务，搭建如图 3-31 所示的网络环境。

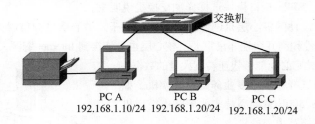

图 3-31　网络拓扑图

4. 工作过程

步骤 1：实训分组安排。

为了保证1个教学班的实训，可以分组，见表3-7。每组按照表中所列设置计算机名、工作组名、IP地址以及共享文件夹和用户。

表 3-7 计算机名、工作组名、IP地址以及用户名和共享文件夹

组 别		计算机名	工作组名	IP 地址	用户名	共享文件夹
1组	计算机 1	1 组 pca	网络 1901 班 1 组	192.168.0.10/24	user11	share11
	计算机 2	1 组 pcb	网络 1901 班 1 组	192.168.0.20/24	user12	share12
	计算机 3	1 组 pcc	网络 1901 班 1 组	192.168.0.30/24	user13	share13
2组	计算机 1	2 组 pca	网络 1901 班 2 组	192.168.1.10/24	user21	share21
	计算机 2	2 组 pcb	网络 1901 班 2 组	192.168.1.20/24	user22	share22
	计算机 3	2 组 pcc	网络 1901 班 2 组	192.168.1.30/24	user23	share23
⋮	⋮	⋮	⋮	⋮	⋮	⋮
8组	计算机 1	8 组 pca	网络 1901 班 8 组	192.168.7.10/24	user81	share81
	计算机 2	8 组 pcb	网络 1901 班 8 组	192.168.7.20/24	user82	share82
	计算机 3	8 组 pcc	网络 1901 班 8 组	192.168.7.30/24	user83	share83

步骤 2：TCP/IP 配置。

（1）配置 PCA 的 IP 地址为 192.168.0.10，子网掩码为 255.255.255.0；配置 PCB 的 IP 地址为 192.168.0.20，子网掩码为 255.255.255.0；配置 PCC 的 IP 地址为 192.168.0.30，子网掩码为 255.255.255.0。

（2）在 PCA、PCB 和 PCC 上运行 Ping 命令，检查网络的连通性。

步骤 3：设置计算机名和工作组名。

工作组模式是以工作组为基本管理单位，网络中每台主机自主加入工作组，成为工作组的成员，工作组成员平等，自主管理。

打开"系统属性"对话框，单击"更改"按钮，打开"计算机名 / 域更改"对话框，设置计算机名为"1组 PCA"，设置工作组名为"网络 1901 班 1 组"。其他依次设置。单击"确定"按钮后，系统会提示重启计算机，重启后，修改后的"计算机名"和"工作组名"就生效了。

步骤 4：安装共享服务。

（1）打开"以太网属性"对话框，发现在"此连接使用下列项目"选项中已安装"Microsoft 网络客户端"和"Microsoft 网络的文件和打印机共享"前有对勾，则说明共享服务安装正确。否则选中"Microsoft 网络客户端"和"Microsoft 网络的文件和打印机共享"前的复选框。如没有这两项则需要安装，单击"安装"按钮。

（2）在"单击要安装的网络功能类型"选项栏中选中"客户端"选项，然后单击"添加"按钮，从"选择网络客户端"栏中选中"网络客户端"选项，单击"确定"按钮。选中"服务"选项，单击"添加"按钮，打开"选择网络服务"对话框，选中"Microsoft 网络的文件和打印机共享"，单击"确定"按钮返回。

步骤 5：设置有权限共享的用户。

打开"计算机管理"窗口，依次展开"本地用户和组"→"用户"折叠项，右击"用户"一项，在弹出的快捷菜单中选择"新用户"命令，打开"新用户"对话框，如图 3-32 所示。依次输入用户名、密码等信息，单击"创建"按钮，创建新用户 user11。

步骤 6：设置共享文件夹。

（1）右击某一需要共享的文件夹，在弹出的快捷菜单中选

图 3-32 "新用户"对话框

择"授予访问权限"选项中"特定用户…"命令，打开"网络访问"对话框，如图 3-33 所示。也可以在"授予访问权限"选项中选择用户 user11。

图 3-33　"网络访问"对话框

（2）在"网络访问"对话框中，单击下拉按钮，选择能够访问共享文件夹 share 的用户 user11。单击"添加"按钮，同时选择共享文件夹的权限为读取、读取 / 写入、删除。

（3）单击"共享"按钮，完成文件夹共享的设置。

步骤 7：设置打印机共享。

（1）安装本地打印机。选择"开始→设置"命令，打开"windows 设置"窗口，双击"设备"选项，打开"设置"窗口，单击左侧"打印机和扫描仪"选项，在右侧单击"添加打印机或扫描仪"按钮，系统会自动搜索"打印机或扫描仪"，如果 Win10 系统带有连接到要安装打印机的驱动程序，该打印机会自动添加到"打印机和扫描仪"列表中，否则需要安装随机的打印机驱动程序。

（2）单击要共享的打印机名称按钮，弹出"打开队列""管理"和"删除设备"三个选项。单击"管理"按钮，再选择"打印机属性"命令，打开"打印机属性"对话框，单击选中"共享"选项卡，选中"共享这台打印机"单选按钮，在"共享名"文本框中输入共享名，如 HPM425，如图 3-34 所示。

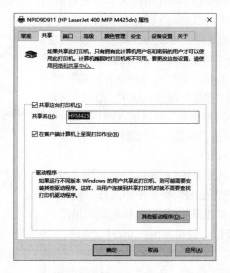

图 3-34　"共享"选项卡

（3）单击"确定"按钮，返回上一级窗口，单击选中"设为默认值"选项，设置默认打印机。

步骤8：使用共享文件夹。

（1）在其他计算机中，如1组PCB计算机，在资源管理器或IE浏览器的"地址"栏中输入共享文件所在的计算机名或IP地址，如输入"1组PCA"或"\\192.168.0.10"，输入用户名及密码，即可访问共享资源。

（2）右击共享文件夹share图标按钮，在弹出的快捷菜单中选择"映射网络驱动器"命令，打开"映射网络驱动器"对话框，如图3-35所示。

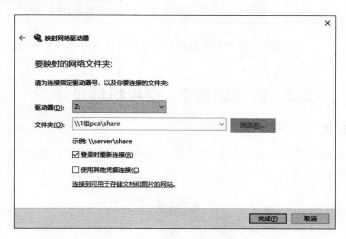

图3-35　"映射网络驱动器"对话框

步骤9：使用共享打印机。

（1）在其他计算机中，如1组PCB计算机，打开"打印机和扫描仪"设置窗口，单击"我需要的打印机不在列表中"按钮，打开"添加打印机"对话框，如图3-36所示。

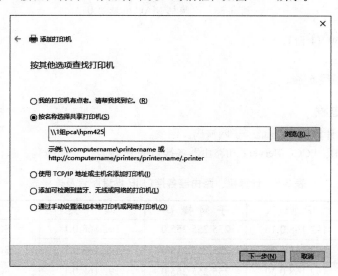

图3-36　"添加打印机"对话框

（2）单击选中"按名称选择共享打印机"选项，输入"\\1组pca\hpm425"也可输入\\192.168.0.10\hpm425，单击"下一步"按钮，打开如图3-37所示的"添加打印机"对话框，再单击"下一步"按钮，最后单击"完成"按钮，完成网络共享打印机的安装。

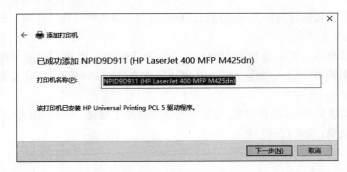

图 3-37 "添加打印机"对话框中显示打印机名称

3.9 技能训练 2：交换机地址学习

3.9.1 模拟环境

为了掌握交换机地址学习的原理，在实训室或 Packet Trace 中搭建如图 3-38 所示的网络环境。在这里用到了以下设备。

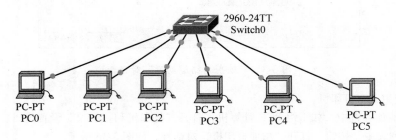

图 3-38 交换机 MAC 地址学习

（1）交换机 2960（1 台）。

（2）PC（6 台）。

（3）双绞线直通线 6 条。

3.9.2 实施过程

步骤 1：规划各计算机 IP 地址、子网掩码、网关。

配置 PCA、PCB、PCC、Server1 和路由器各接口的 IP 地址、子网掩码、默认网关等见表 3-8。

表 3-8 计算机、路由器各接口 IP 地址配置及连接表

计算机	IP 地址	子 网 掩 码	网 关	连 接 端 口
PC0	192.168.0.10	255.255.255.0	192.168.0.1	S0-FastEthernet0/1
PC1	192.168.0.20	255.255.255.0	192.168.0.1	S0-FastEthernet0/2
PC3	192.168.0.30	255.255.255.0	192.168.0.1	S0-FastEthernet0/3
PC4	192.168.0.40	255.255.255.0	192.168.0.1	S0-FastEthernet0/4
PC5	192.168.0.50	255.255.255.0	192.168.0.1	S0-FastEthernet0/5
PC6	192.168.0.60	255.255.255.0	192.168.0.1	S0-FastEthernet0/6

在这里交换机做傻瓜交换机不对其进行 VLAN 等配置。

步骤2：实训环境准备。

（1）硬件连接。在交换机和计算机断电的状态下，按照表3-10和图3-38所示连接硬件。

（2）分别打开设备，给各设备供电。

步骤3：清除各设备配置。

步骤4：按照表3-8所列参数设置各计算机IP地址、子网掩码、默认网关等。

步骤5：测试网络连通性。

使用Ping命令分别测试PC0、PC1、PC2、PC3、PC4、PC5之间的连通性。

步骤6：查看交换机上的MAC地址表。

Switch#show mac-addr

Mac Address Table

\--

Vlan Mac Address Type Ports

\---- ----------- -------- -----

1 0001.4349.0095 DYNAMIC Fa0/3

1 000b.be39.09d3 DYNAMIC Fa0/6

1 000d.bd33.bbc7 DYNAMIC Fa0/1

1 0060.2f16.0158 DYNAMIC Fa0/5

1 0060.2f66.c14b DYNAMIC Fa0/4

1 00d0.ff01.d0e2 DYNAMIC Fa0/2

Switch#

Address Type 为 DYNAMIC（动态）。

步骤7：清除交换机上的MAC地址表。

Switch# clear mac-address-table

Switch#show mac-addr

Mac Address Table

\--

Vlan Mac Address Type Ports

\---- ----------- -------- -----

Switch#

步骤8：各计算机互访后查看MAC地址表。

（1）在PC0运行上Ping 192.168.0.20命令，然后在交换机上查看MAC地址表。

Switch#show mac-address-table

Mac Address Table

\--

Vlan Mac Address Type Ports

\---- ----------- -------- -----

1 000d.bd33.bbc7 DYNAMIC Fa0/1

1 00d0.ff01.d0e2 DYNAMIC Fa0/2

Switch#

（2）在 PC0 上运行 Ping 192.168.0.30 命令，然后在交换机上查看 MAC 地址表。

Switch#show mac-address-table
Mac Address Table

Vlan Mac Address Type Ports
---- ----------- -------- -----

1 0001.4349.0095 DYNAMIC Fa0/3
1 000d.bd33.bbc7 DYNAMIC Fa0/1
1 00d0.ff01.d0e2 DYNAMIC Fa0/2

（3）在 PC4 上运行 Ping 192.168.1.60 命令，然后在交换机上查看 MAC 地址表。

Switch#show mac-address-table
Mac Address Table

Vlan Mac Address Type Ports
---- ----------- -------- -----

1 0001.4349.0095 DYNAMIC Fa0/3
1 000b.be39.09d3 DYNAMIC Fa0/6
1 000d.bd33.bbc7 DYNAMIC Fa0/1
1 0060.2f16.0158 DYNAMIC Fa0/5
1 00d0.ff01.d0e2 DYNAMIC Fa0/2

步骤 9：设置交换机 MAC 地址表老化时间。

在 Packet Trace 中不支持。

步骤 10：在前面的基础上级联一台交换机并增加两台计算机，如图 3-39 所示。

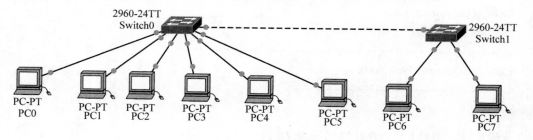

图 3-39　级联交换机地址学习

增加两台计算机的参数设置，见表 3-9。

表 3-9　增加的两台计算机的参数配置

计算机	IP 地址	子网掩码	网　关	连接端口
PC7	192.168.0.100	255.255.255.0	192.168.0.1	S1-FastEthernet0/1
PC8	192.168.0.110	255.255.255.0	192.168.0.1	S1-FastEthernet0/2

使用交叉线将两台交换机的 GigabitEthernet0/1 连接起来。

在 PC0 上分别运行 Ping 192.168.0.110、Ping 192.168.0.120 命令，然后在交换机上查看 MAC 地址表。

在 Switch0 上查看 MAC 地址表。

```
Switch#show mac-address-table
Mac Address Table
-------------------------------------------
Vlan Mac Address Type Ports
---- ----------- -------- -----
1 0001.4349.0095 DYNAMIC Fa0/3
1 000b.bed1.9119 DYNAMIC Gig0/1
1 000d.bd33.bbc7 DYNAMIC Fa0/1
1 0060.2f66.c14b DYNAMIC Fa0/4
1 00d0.d3b5.4eb2 DYNAMIC Gig0/1
1 00d0.ff01.d0e2 DYNAMIC Fa0/2
Switch#
```

在 Switch1 上查看 MAC 地址表。

```
Switch#show mac-address-table
Mac Address Table
-------------------------------------------
Vlan Mac Address Type Ports
---- ----------- -------- -----
1 000d.bd24.546e DYNAMIC Fa0/1
1 000d.bd33.bbc7 DYNAMIC Gig0/1
1 00d0.d3b5.4eb2 DYNAMIC Fa0/2
Switch#
```

习　　题

一、填空题

1. IEEE 802 制定了_____、_____和令牌总线等一系列局域网标准，被称为 802.x 标准，它们都涵盖了物理层和数据链路层。

2. 局域网的体系结构涉及 OSI 模型的_____和_____等两层。

3. IEEE 802 标准把局域网的数据链路层分为_____、_____两个子层。

4. 以太网地址由 IEEE 负责分配，由两部分组成：地址的前 3 字节代表_____；后 3 字节由_____分配。

5. 以太网使用_____媒体访问控制方法。

6. 非屏蔽双绞线由_____对导线组成，10Base-T 用其中的_____对进行数据传输，100Base-TX 用其中的_____段进行传输。

7. 在令牌环中，为了解决竞争问题，使用了一个称为_____的特殊标记，只有拥有的结点才有权利发送数据。令牌环网的拓扑结构是_____。

8. 交换机收到广播帧后，将源信息输入到其_____中，再将帧_____到所有端口，但_____这个帧的端口除外。

9. MAC 地址表有时被称为_____表，因为它被存储在_____存储器中。

二、选择题

1. MAC 地址通常存储在计算机的（ ）。

　　A. 网卡上　　　　　　B. ROM 中　　　　　　C. 高速缓冲区中　　　D. 硬盘上

2. 在以太网中，冲突（ ）。

　　A. 是由于媒体访问控制方法的错误使用造成的

　　B. 是由于网络管理员的失误造成的

　　C. 是一种正常现象

　　D. 是一种不正常现象

3. 下面关于以太网的描述正确的是（ ）。

　　A. 数据是以广播方式发送的

　　B. 所有结点可以同时发送和接收数据

　　C. 两个结点相互通信时，第 3 个结点不检测总线上的信号

　　D. 网络中由一个控制中心用于控制所有结点的发送和接收

4. 采用 CSMD/CD 以太网的主要特点是（ ）。

　　A. 媒体利用率低，但可以有效避免冲突

　　B. 媒体利用率高，但无法避免冲突

　　C. 媒体利用率低，但无法避免冲突

　　D. 媒体利用率高，但可以有效避免冲突

5. 以太网 100Base-TX 标准规定的传输媒体是（ ）。

　　A. 3 类 UTP　　　　　B. 5 类 UTP　　　　　C. 单模光纤　　　　　D. 多模光纤

6. 在以太网中，集线器的级联（ ）。

　　A. 必须使用直通 UTP 电缆　　　　　　　　B. 必须使用交叉 UTP 电缆

　　C. 必须使用同一种速率的集线器　　　　　　D. 可以使用不同速率的集线器

7. 局域网中使用的传输媒体有双绞线、同轴电缆和光纤等，10Base-T 采用 3 类 UTP，规定从收发器到集线器的距离不超过（ ）米。

　　A. 100　　　　　　　B. 185　　　　　　　C. 500　　　　　　　D. 1000

8. 以太网交换机的 100Mbps 全双工端口的带宽是（ ）Mbps。

　　A. 100　　　　　　　　　　　　　　　　　B. 200

　　C. 10/100　　　　　　　　　　　　　　　　D. 20

9. 对于采用集线器连接的以太网，其网络逻辑拓扑结构为（ ）。

　　A. 总线型结构　　　　B. 星形结构　　　　　C. 环形结构　　　　　D. 以上都不是

三、简答题

1. 局域网有哪些特点？

2. CSMA/CD 协议的含义是什么？简要描述该协议的工作过程。

3. 试说明 IEEE 802 参考模型与 OSI 参考模型的对应关系。

4. 局域网参考模型的数据链路层分为哪几层？各层的功能是什么？

5. IEEE 802.3 帧结构有哪几部分组成？

6. 以太网交换机有何特点？比较交换机和集线器的区别？

7. 什么是冲突域？什么是广播域？

8. 简述交换机 MAC 地址表的学习过程。

9. 以太网的物理层有几种标准？

10. 快速以太网有哪几种物理层标准？各有什么特点？

11. 千兆位以太网在 IEEE 802.3z 标准中定义了哪几种标准？

12. 10MBase-T、100MBase-T、1000MBase-T 有何异同？

13. 万兆位以太网支持哪几种标准？支持哪几种传输媒体？

14. 什么是端口自动协商？

15. 什么是虚拟局域网？虚拟局域网如何组网？

16. 当将 10Mbps 以太网升级到 100Mbps、1Gbps 和 10Gbps 时，都需要解决哪些技术问题？为什么以太网能够在发展的过程中淘汰掉自己的竞争对手，并使自己的应用范围从局域网一直延伸到城域网和广域网？

17. 什么叫作比特时间？100 比特时间是多少微秒？

四、复习题

1. 如图 3-40 所示，有哪几个冲突域？如图 3-41 所示，有哪几个冲突域？

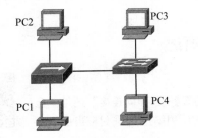

图 3-40 交换机和集线器的冲突域

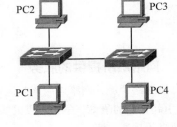

图 3-41 两交换机的冲突域

2. 如图 3-42 所示，某学院的以太网交换机有三个接口分别和学院三个系的以太网相连，另外两个接口分别和 Web 服务器和 FTP 服务器相连，其中 S1、S2 和 S3 都是 100Mbps 以太网交换机。假定所有链路的速率都是 100Mbps，并且图中的 9 台主机中的任何一个都可以和任何一个服务器或主机通信。试计算网络中的 9 台主机和两台服务器产生的总吞吐量的最大值。为什么？

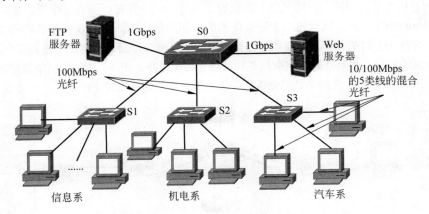

图 3-42 由 4 台交换机连接起来的网络

3. 假定如图 3-42 所示的所有链路的速率为 100Mbps，假定 3 台连接各系部的交换机用 100Mbps 集线器来代替，试计算网络中的 9 台主机和两台服务器产生的总的吞吐量的最大值。为什么？

4. 假定如图 3-42 所示的所有链路的速率为 100Mbps，假定所有的交换机用 100Mbps 集线器来代替，试计算网络中的 9 台主机和两台服务器产生的总的吞吐量的最大值。为什么？

学习单元 4   网络的互联

在上一学习单元我们学习了局域网技术在物理层和数据链路层的实现，以及以太网技术和三层交换技术。随着公司业务的扩大，在各地都筹建了分公司，如何把各地分公司的网络互连起来呢？这就需要用到网络层的知识，为此我们需要了解以下几方面知识。

- 数据通信中网络层的用途。
- IP 协议及 IP 数据报报头字段的作用。
- 能够理解 IP 路由的路由过程。
- 能够了解 ICMP、ARP 协议。
- 能够理解路由选择协议的工作原理。
- 了解路由器的结构及数据转发过程。
- IP 组播概念。

4.1   网络层概述

4.1.1   网络层所提供的服务

网络层功能

在计算机网络领域，网络层应该向运输层提供怎样的服务（"面向连接"还是"无连接"）曾引起长期的争论。争论焦点的实质即在计算机通信中，可靠交付应当由谁来负责？是网络还是端系统？

1. 虚电路服务

一种观点是应当借助于电信网的成功经验，让网络负责可靠交付。传统电信网的主要业务是提供电话服务，采用电路交换方式，用"面向连接"的通信方式，即"建立连接→通话→释放连接"，从而电信网能够为用户提供可靠传输的服务。因此，他们认为，计算机网络也应模仿打电话所使用的面向连接的通信方式，当两台计算机进行通信时，也应当建立连接，但在分组交换中是建立一条虚电路 VC（Virtual Circuit），以预留双方通信所需的一切网络资源。然后双方就沿着已建立的虚电路发送分组，这样的分组的首部不需要填写完整的目的主机地址，而只需要填写这条虚电路的编号，因而减少了分组的开销，最后在通信结束后要释放建立的虚电路。图 4-1 所示为网络提供虚电路服务的示意图，主机 A 和主机 B 之间交换的分组都必须在事先建立的虚电路上传送。

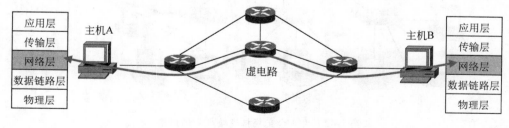

图 4-1   虚电路服务

2. 数据报服务

但互联网所使用的端系统是智能计算机，具有很强的差错处理能力，这一点和传统的电话机有本质的差别，为此互联网在设计上就采用了和电信网完全不同的思路。

互联网采用的设计思路是网络层向上只提供简单灵活的、无连接的、尽最大努力交付的数据报服务。

> 💡**注意**：数据报（datagram）也就是 IP 数据报，即我们经常提到的分组，是同一个意思。

网络在发送分组时不需要先建立连接，每一个分组独立发送，与其前后的分组无关（不进行编号），而且网络层不提供服务质量的承诺，也就是说，所传送的分组可能出错、丢失、重复和失序，也不保证分组交付的时限。由于传输网络不提供端到端的可靠传输服务，这就使网络中的路由器比较简单，如果主机中的进程之间的通信需要是可靠的，那么就由网络的主机中的运输层负责（包括差错控制、流量控制等）。采用这种设计思路的优点是网络造价大幅降低，运行方式灵活，能够适应多种应用。互联网能够发展到今天的规模，充分证明当初采用这种设计思路的正确性。

图 4-2 所示给出了网络提供数据报服务的示意图，其中主机 A 向主机 B 发送的分组各自独立地选择路由，并且在传送的过程中还可能丢失。

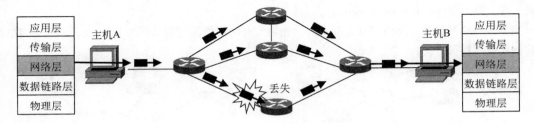

图 4-2　数据报服务

OSI 体系的支持者曾极力主张在网络层使用可靠传输的虚电路服务，也曾推出过网络层虚电路服务的著名标准——X.25 建议书，不过现在 X.25 标准早已不再使用了。

在 TCP/IP 体系的网络层提供的是数据报服务，我们在下面的讨论都会围绕网络层如何传送 IP 数据报这个主题。

4.1.2　虚拟互联网络

互联网是网络的网络。全世界各国甚至一个国家的不同单位会组建采用不同网络技术、不同协议的网络，现在要把全世界范围内数以百万、千万计的网络都互联起来，而并且能够互相通信，可能会遇到许多需要解决的问题，包括但不限于以下问题。

- 不同的寻址方案：IPv4 和 IPv6。
- 不同的最大分组长度。
- 不同的网络接入机制。
- 不同的超时控制。
- 不同的差错恢复方法。
- 不同的状态报告方法。
- 不同的路由选择技术。
- 不同的用户接入控制。
- 不同的服务：面向连接服务和无连接服务。
- 不同的管理与控制方式。

将网络互相连接起来要使用一些中间设备，在学习单元 3 我们已经介绍了物理层和数据链路层使用的中间设备。而网络层使用的中继设备就是路由器，也是本单元介绍的重点内容。

在网络层以上使用的中间设备叫作网关（Gateway），如用网关连接两个不兼容的系统时需要在高层进行协议的转换。

当使用物理层或数据链路层的设备时，仅仅是把一个网络扩大了，属于同一个广播域，它们仍然属于同一个网络。网关目前基本没有使用到，因此，现在所说的网络互联一般就是指用路由器进行网络互连和路由选择，路由器其实就是一台专用计算机，用来在互联网上进行路由选择，由于种种原因，在许多有关介绍 TCP/IP 的文献中曾把网络层使用的路由器称为网关。

如图 4-3 所示，有许多计算机网络通过一些路由器进行互连，而这些互连的计算机网络都使用相同的网际协议 IP（Internet Protocol），因此可以把实现互连以后的计算机网络看成如图 4-4 所示的一个虚拟互联网络（Internet），所谓虚拟互联网络也就是逻辑互联网络，它的意思就是互联起来的各种物理网络的异构性本来是客观存在的，但是我们利用 IP 协议就可以使这些性能各异的网络在网络层上看起来好像是一个网络，这种使用 IP 协议的虚拟互联网络可简称为 IP 网。使用 IP 网的好处是当 IP 网上的主机进行通信时，就好像在一个单个网络上通信一样，互联的各网络具体异构细节（如具体的编制方案、路由选择协议等）对用户来说是透明的。如果这种覆盖全球的 IP 网的上层使用 TCP 协议，那么就是现在的互联网（Internet）。

当很多异构网络通过路由器互连起来时，如果所有的网络都使用相同的 IP 协议，那么在网络层讨论问题就显得很方便。

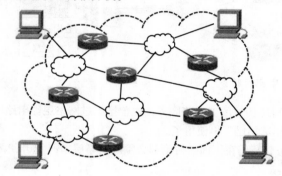

图 4-3　互连网（网络的网络）

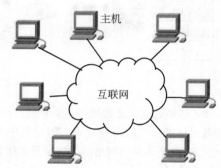

图 4-4　虚拟互联网络

如图 4-5 所示，源主机 A 要把一个 IP 数据报发送给目的主机 B，主机 A 首先查找自己的路由表，看目的主机是否就在本网络上，如是，则不需要经过任何路由器而是直接交付，任务就完成了；如不是，则必须把 IP 数据报发送到某个路由器（R1），R1 在查找了自己的路由表（即转发表）后，知道应当把数据报转发给 R2 进行间接交付，这样一直转发下去，最后由路由器 R5 知道自己是和主机 B 连接在一个网络上，不需要再使用任何别的路由去转发了，于是就把数据报直接交付目的主机 B。

源主机、目的主机以及各路由器的协议栈如图 4-5 所示，主机的协议栈共五层，但路由器的协议栈只有下三层。R1 和 R2、R2 和 R3，R3 和 R4 之间的三个网络可以是任意类型的网络，R4 到 R5 使用了卫星链路，R5 所连接的是无线局域网，因此可以看出，互联网可以由多种异构网络互联而成。

如图 4-5 所示，IP 数据报在网络层中传送的路径是：

$$A \rightarrow R1 \rightarrow R2 \rightarrow R3 \rightarrow R4 \rightarrow R5 \rightarrow B$$

为了实现上述的从源主机 A 到目的主机 B 的 IP 数据报的发送，在网络层做了以下 4 个方面的工作。

（1）终端设备编址。必须为终端设备配置唯一的 IP 地址，以便在网络上进行识别。

（2）封装。网络层将来自运输层的协议数据单元（PDU）封装到数据包中。封装过程会添加 IP 报头信息，如源主机和目的主机的 IP 地址。

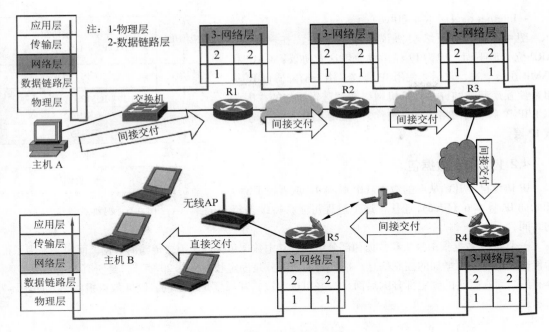

图 4-5　分组在互联网中的传送

（3）路由。网络层提供服务，将数据包转发至另一网络上的目的主机，要传送到其他网络，数据包必须经过路由器的处理。路由器的作用是为数据包选择最佳路径，并将其转发至目的主机，该过程称为路由。数据报可能需要经过很多中间设备才能到达目的主机，而数据包在到达目的主机的过程中经过的每个路由器均称为一跳。

（4）解封。当数据包到达目的主机的网络层时，主机会检查数据包的 IP 报头，如果在报头中的目的主机与其自身的 IP 地址匹配，IP 报头将会从数据包中被删除，然后网络层解封数据包后，后继的第 4 层 PDU 会向上被传递到运输层的相应服务。

运输层负责管理每台主机上的运行进程之间的数据传输，而网络层协议则指定从一台主机向另一台主机传送数据时使用的数据包结构和处理过程。网络层工作时无须考虑每个数据包中所携带的数据，这就使其能够为多台主机之间的多种类型的通信传送数据包。

4.2　网络层协议

网际协议 IP 是 TCP/IP 体系中两个最主要的协议之一，也是最重要的互联网标准协议之一。网络层主要包括如下协议。

（1）网络协议（IP）。定义了路由、逻辑 IP 寻址、IP 包头和数据包的格式以及接口。

（2）地址解析协议（ARP）。定义了一台 IP 地址主机动态地获取另一台主机的 IP 地址和 MAC 地址映射关系的过程。

（3）逆向地址解析协议（Reverse Address Resolution Protocol, RARP）。现在很少使用了，它提供一种 IP 地址分配的基本方法。

（4）网际控制报文协议（ICMP）。定义了用于管理和控制 IP 的消息报文。例如，Ping 命令使用的就是 ICMP 消息。

在以上所有协议中，IP 协议定义了 TCP/IP 网络互联层最重要的部分。目前 IP 协议有两个版本。

• Internet 协议版本 4（IPv4）。

- Internet 协议版本 6（IPv6）。

图 4-6 画出了网络层协议之间的关系，在网络层，ARP 位于最下面，因为 IP 经常要使用这个协议；ICMP 和 IGMP 在最上边，它们要使用 IP 协议。由于网际协议 IP 是用来使互连起来的许多计算机网络能够进行通信的，因此 TCP/IP 体系中的网络层常常被称为网际层（Internet Layer）或 IP 层。

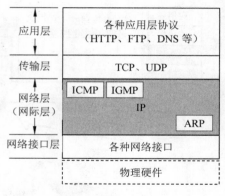

图 4-6　网络层协议

4.2.1　IPv4 数据包

IP 协议已经开始从旧的版本（IP 版本 4，或者说 IPv4）开始向 IP 版本 6（IPv6）迁移，这个过程可能会持续多年的时间。

一个 IPv4 数据报由报头和数据两部分组成，其中数据包括高层需要传输的数据，而报头是为了正确传输高层数据而增加的控制信息。报头的前一部分是固定长度，共 20 字节，是所有 IP 数据报必须具有的，而在报头的固定部分的后面是一些可选字段，其长度是可变的。IPv4 数据报的格式如图 4-7 所示。

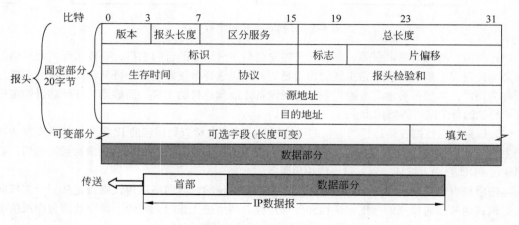

图 4-7　IPv4 数据报格式

其中主要字段的含义如下。

（1）版本。占 4bit，指 IP 协议的版本。不同 IP 协议版本规定的数据报格式不同，但通信双方使用的 IP 协议的版本必须一致。目前广泛使用的 IP 协议版本为 4.0（即 IPv4）。

（2）报头长度。占 4bit，数据报报头的长度。因为一个 IPv4 数据报可包含一些可变长度的字段，故需要用这 4 比特来确定 IP 数据报中数据实际开始的地方。当报头中无可变选项时，报头的基本长度为 5，即报头长度为 20 字节，报头长度 4bit 为 0101，当报头长度 4bit 为 1111 时，即报头的长度为 15×4=60（字节），报头的长度为 4 字节的整数倍，如果不是，需在填充域加 0 凑齐。

（3）区分服务。占 8bit，旧标准称为服务类型，一直没有使用，1998 年 IETF 把这个字段改名为区分服务。只有在使用区分服务时，这个字段才起作用，但一般情况下，都不使用这个字段。

（4）总长度。占 16bit，数据报的总长度，包括头部和数据，以字节为单位。数据报的最大长度为 $2^{16}-1$ 字节即 65535 字节（即 64KB）。然而，实际上传送这样长的数据报的情况在现实中是极少的。

每一种数据链路层协议都规定了一个数据帧中的数据字段的最大长度，这称为最大传送单元（Maximum Transfer Unit, MTU）。当一个 IP 数据报封装成链路层的帧时，此数据报的总长度（报头＋数据）一定不能超过数据链路层所规定的 MTU 值。例如，最常用的以太网 MTU 值是 1500 字节，若传送的数据报长度超过数据链路层的 MTU 值，就必须把过长的数据报进行分片处理。

在进行分片时，数据报报头中的"总长度"字段是指分片后的每一分片的报头长度与该分片的数据长度的总和。

（5）标识。占 16bit，标识数据报。当数据报长度超出网络最大传输单元（MTU）时，必须要进行分片，并且需要为分段（Fragment）提供标识。所有属于同一数据报的分段被赋予相同的标识值。

（6）标志。占 3bit，指出该数据报是否可分段。目前只有前两个比特有意义。

• 标志字段中的最低位记为 MF。MF=1 即表示后面"还有分片"的数据报；MF=0 表这已是若干数据报分片中的最后一个。

• 标志字段中间的一位记为 DF。只有当 DF=0 时才允许分片。

（7）片偏移。占 13bit，若有分片时，用以指出该分片在数据报中的相对位置，也就是说，相对于用户数据字段的起点，该片从何处开始。片偏移以 8 字节为偏移单位，即每个分片的长度一定是 8 字节（64Bit）的整数倍。

💡**注意**：标识、标志、片偏移与 IP 分片有关。但在 IPv6 中不允许在路由器上对分组进行分片。

（8）生存时间（Time to Live，TTL）。占 8bit，表明这是数据报在网络中的寿命，由发出数据报的源点设置这个字段，其目的是防止无法交付的数据报无限制地在互联网中兜圈子，白白浪费网络资源。

（9）协议。占 8bit，指出此数据报携带的数据使用何种协议，以便使目的主机的 IP 层知道应将数据部分上交给哪个协议进行处理。常用的一些协议和相应的协议字段值见表 4-1。

表 4-1　常用的一些协议和相应的协议字段值

协议名	ICMP	IGMP	IP	TCP	EGP	IGP	UDP	IPv6	ESP	OSPF
协议字段值	1	2	4	6	8	9	17	41	50	89

（10）报头校验和。占 16bit，此字段只检验数据报的报头，不包括数据部分。采用累加求补再取其结果补码的校验方法，若正确到达时，校验和应为零。

（11）源地址和目的地址。占 32bit，32 位的源地址与目标地址分别表示该 IP 数据报发送者和接收者的地址。在整个数据报传送过程中，无论经过什么路由，无论如何分片，此两字段一直保持不变。

（12）可选字段。支持各种选项，提供扩展余地。根据选项的不同，该字段是可变长的，从 1 字节到 40 字节不等，取决于所选择的项目，用来支持排错、测量以及安全等措施。作为选项，用户可以使用也可以不使用它们，但作为 IP 协议的组成部分，所有实现 IP 协议的设备都必须能处理 IP 选项，另外，在使用选项的过程中，如果造成 IP 数据报的报头不是 32 的整数倍，这时需要使用填充域凑齐。

💡**注意**：报头长度字段、可选字段、填充字段配合使用，互相关联。

4.2.2　分类的 IP 地址

在 TCP/IP 体系中，IP 地址是一个最基本的概念，一定要把它弄清楚。在 2.5.1 小
节已经介绍了 IP 地址的组成和表示。

IP 地址的分类

分类的 IP 地址就是将 IP 地址划分为若干个固定类，每个 32 位的 IP 地址的最
高位或起始几位标识地址的类别，通常 IP 地址被分为 A、B、C、D 和 E 五类，如
图 4-8 所示。

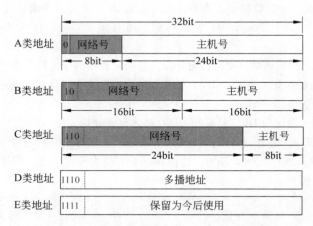

图 4-8　IP 地址分类

（1）A 类地址（前一位是 0）。A 类地址用来支持超大型网络。A 类 IP 地址仅使用第一个 8 位组
标识地址的网络部分，其余的 3 个 8 位组用来标识地址的主机部分。用二进制数表示时，A 类地址
的第 1 位（最左边）总是 0，因此，第 1 个 8 位组的最小值为 00000000（十进制数为 0），最大值为
01111111（十进制数为 127），但是 0 和 127 两个数保留使用，不能用做网络地址，网络号全 0 的 IP
地址作为保留地址，意思是"本网络"，网络号 127 保留作为本地软件环回测试（Loopback Test）本
主机的进程之间的通信之用。

（2）B 类地址（前两位是 10）。B 类地址用来支持中大型网络。B 类 IP 地址使用 4 个 8 位组的
前 2 个 8 位组标识地址的网络部分，其余的 2 个 8 位组用来标识地址的主机部分。用二进制数表示
时，B 类地址的前 2 位（最左边）总是 10，因此，第 1 个 8 位组的最小值为 10000000（十进制数为
128），最大值为 10111111（十进制数为 191），但在 B 类地址中，128.0.0.0 是不指派的，可以指派的
B 类最小网络地址是 128.1.0.0。

（3）C 类地址（前三位是 110）。C 类地址用来支持小型网络。C 类 IP 地址使用 4 个 8 位组的
前 3 个 8 位组标识地址的网络部分，其余的 1 个 8 位组用来标识地址的主机部分。用二进制数表示
时，C 类地址的前 3 位（最左边）总是 110，因此，第 1 个 8 位组的最小值为 11000000（十进制数为
192），最大值为 11011111（十进制数为 223），但在 C 类地址中，192.0.0.0 是不指派的，可以指派的
C 类最小网络地址是 192.0.1.0。

（4）D 类地址（前四位是 1110）。用于多播（一对多通信）。D 类 IP 地址的第 1 个 8 位组的范围
是从 11100000 到 11101111，即从 224 到 239。

（5）E 类地址（前四位是 1111）。Internet 工程任务组保留 E 类地址作为研究使用。E 类 IP 地址
的第 1 个 8 位组的范围是从 11110000 到 11110111，即 240 到 247。

由于近年来已经广泛使用无分类 IP 地址进行路由选择，A 类、B 类和 C 类地址的区分已成为历史，
为了便于大家理解 IP 地址，我们从分类的 IP 地址讲起。

4.2.3　地址解析协议 ARP

1. IP 地址与 Mac 地址

MAC 地址即物理地址，是数据链路层和物理层使用的地址，而 IP 地址是网络层和以上各层使用的地址，是一种逻辑地址（称 IP 地址为逻辑地址是因为 IP 地址是用软件实现的），如图 4-9 所示。

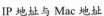
IP 地址与 Mac 地址

ARP 协议

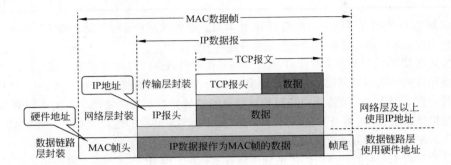

图 4-9　IP 地址与硬件地址

在发送数据时，数据被从高层传递到低层，然后才到通信链路上传输。使用 IP 地址的 IP 数据报一旦交给了数据链路层，就被封装成 MAC 帧了，MAC 帧在传送时使用的源地址和目的地址都是硬件地址，这两个硬件地址都写在 MAC 帧的首部（即帧头）中。

连接在通信链路上的设备（主机或路由器）在收到 MAC 帧时，根据 MAC 帧首部的硬件地址决定收下或丢弃。只有在剥去 MAC 帧的首部和尾部后把 MAC 层的数据上交给网络层后，网络层才能在 IP 数据报的首部中找到源 IP 地址和目的 IP 地址，也就是说，IP 地址放在 IP 数据报的首部中，硬件地址放在 MAC 帧的首部。在网络层以上使用的是 IP 地址，而数据链路层及以上使用的是硬件地址。如图 4-9 所示，当 IP 数据报放入数据链路层的 MAC 帧中以后，整个 IP 数据报就成为 MAC 帧的数据，因而在数据链路层看不见数据报的 IP 地址。

如图 4-10 所示，三个局域网用两个路由器 R1 和 R2 互连起来，现在主机 A 和主机 B 之间要进行通信，假定主机 A 的 IP 地址和硬件地址是 IP_1 和 M_1，主机 B 的 IP 地址和硬件地址是 IP_2 和 M_2，通信的路径是 A → R1 → R2 → B。路由器 R1 和 R2 因同时连接到两个局域网上，因此各有两个 IP 地址和硬件地址，即 R1{(IP_3, M_3)、(IP_4, M_4)} 和 R2{(IP_5, M_5)、(IP_6, M_6)}。表 4-2 列出了该网络不同层次、不同区间的源地址和目的地址。

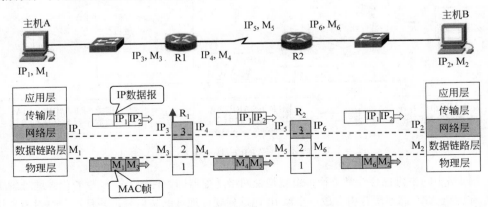

图 4-10　不同层次、不同区间 IP 地址和硬件地址

表 4-2 不同层次、不同区间的源地址和目的地址

层　　次	在网络层写入 IP 数据报首部的地址		在数据链路层写入 MAC 帧首部的地址	
	源地址	目的地址	源地址	目的地址
从 A 到 R1	IP_1	IP_2	M_1	M_3
从 R1 到 R2	IP_1	IP_2	M_4	M_5
从 R2 到 B	IP_1	IP_2	M_6	M_2

（1）在 IP 层抽象的互联网上只能看到 IP 数据报。虽然数据报要经过路由器 R1 和 R2 的两次转发，但在它的首部中的源地址和目的地址始终分别是 IP_1 和 IP_2。

（2）虽然在 IP 数据报的首部有源 IP 地址，但路由器只根据目的 IP 地址的网络号进行路由选择。

（3）在局域网的数据链路层，只能看见 MAC 帧。IP 数据报被封装在 MAC 帧中，MAC 帧在不同网络上传送时，其 MAC 帧首部中的源地址和目的地址要不断发生变化，如图 4-10 所示。表 4-2 也列出了数据链路层 MAC 帧首部在数据报传送过程中源地址和目的地址的变化，但 MAC 帧的首部的这种变化，在上面的 IP 层上是看不见的。

（4）尽管互连在一起的网络的硬件地址体系各不相同，但 IP 层抽象的互联网却屏蔽了下层这些很复杂的细节，因此只要我们在网络层上讨论问题，就能够使用统一的、抽象的 IP 地址研究主机或路由器之间的通信。

如图 4-10 所示，主机及路由器怎样知道应当在 MAC 帧的首部填入什么样的硬件地址？路由器中的路由表是怎样得出的？在下面我们会逐个讲解。

2. 地址解析协议格式

如源主机和目的主机进行通信，必须知道目的主机的 MAC 地址，才能完成以太网帧的封装。ARP（Address Resolution Protocol）协议的作用就是主机在发送报文前将目标主机的 IP 地址解析为对应的 MAC 地址，但 IP 地址和硬件地址之间由于格式不同而不存在简单的映射关系（如 IP 地址为 32 位，而局域网的 MAC 地址是 48 位）。ARP 协议虽然划归网络层，但也有的教科书把 ARP 划归数据链路层。

源主机在发送数据前，首先通过比较判断源、目的主机是否在同一网段，如果源、目的主机网络号相同，那么他们之间的转发就是直接转发，ARP 协议将直接解析目的主机 IP 地址对应的 MAC 地址；如果源、目的主机网络号不同，那么他们之间的转发就是间接转发，ARP 协议将解析源主机网关 IP 对应的 MAC 地址，如图 4-11 所示。

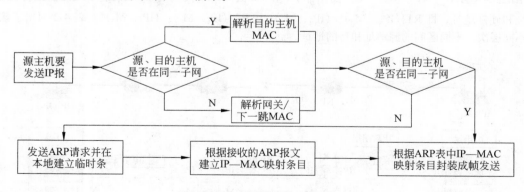

图 4-11 ARP 的转发流程

一个网络中的主机也会经常更换，也就是说网络适配器即硬件地址会经常变化，地址解析协议（ARP）在主机 ARP 高速缓存中存放一个从 IP 地址到硬件地址的映射表，并且这个映射表会经常动态更新，源主机将查看 ARP 缓存，是否存在要解析的 IP 地址和 MAC 地址的映射表，如果存在，将

直接使用该表项对 IP 报文进行封装并发送以太网帧；如果没有，将发送 ARP 请求，进行 IP 地址到 MAC 地址的解析过程。

ARP 协议报文包括 Request 和 Reply 两种报文，这两种报文通过报文头部的操作码字段进行区分，ARP 报文格式如图 4-12 所示。

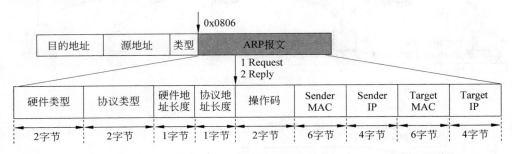

图 4-12　ARP 报文的封装

（1）硬件类型。用来定义运行 ARP 协议的网络的类型，每一个局域网会基于其类型指派一个整数。例如，以太网硬件类型为 0x0001，ARP 协议适用于任何网络类型。

（2）协议类型。用来定义协议的类型。例如，对于 IPv4 协议来讲，这个字段的值通常是 0x0800。

（3）硬件地址长度。定义了以字节为单位的物理地址的长度，对于 IPv4 协议这个值通常是 6。

（4）协议地址长度。定义了以字节为单位的逻辑地址的长度，对于 IPv4 协议这个值通常是 4。

（5）操作码。定义了 ARP 报文的类型，例如，ARP Request 报文的类型为 1，ARP Reply 报文的类型通常为 2。

（6）源硬件地址。发送方请求报文主机的硬件地址（MAC 地址），也是响应报文的目的硬件地址，对于以太网来说长度通常为 6 字节。

（7）源 IP 地址。发送方请求报文主机的 IP 地址，也是响应报文的目的硬件地址，对于 IPv4 来说长度通常为 4 字节。

（8）目的硬件地址。在请求报文中为空，也是响应报文的源硬件地址（MAC 地址），对于以太网来说长度通常为 6 字节。

（9）目的 IP 地址。在请求报文中需要进行转换的 IP 地址，也是响应报文的目的 IP 地址，对于 IPv4 来说长度通常为 4 字节。

> 💡**注意**：ARP 报文被直接封装在 MAC 帧中，在 MAC 帧中类型的标识为 0x0806。

3. 局域网内 ARP 解析

一台主机能够解析另一台主机地址的条件是这两台主机都处于同一个局域网络中。假设以太网上有五台计算机，分别是主机 A、B、C、D 和 E，如图 4-13 所示。现在主机 B 的应用程序要和主机 A 的应用程序交换数据，在主机 B 发送数据前，必须首先得到主机 A 的 IP 地址和 MAC 地址的映射关系。一个完整的 ARP 的工作过程如下。

（1）发送数据包。主机 B 以主机 A 的 IP 地址为目标 IP 地址，以自己的 IP 地址为源 IP 地址封装了一个 IP 数据报；在数据包发送以前，主机 A 通过将子网掩码和源 IP 地址及目标 IP 地址进行求"与"操作判断源和目标在同一网络中；于是主机 A 转向查找本地的 ARP 缓存，以确定在缓存中是否有关于主机 B 的 IP 地址与 MAC 地址的映射信息；若在缓存中存在主机 B 的 IP 地址和 MAC 地址的映射关系，则完成 ARP 地址解析，此后主机 A 的网卡立即以主机 B 的 MAC 地址为目标 MAC 地址，以自己的 MAC 地址为源 MAC 地址进行帧的封装并启动帧的发送；主机 B 收到该帧后，确认是给自

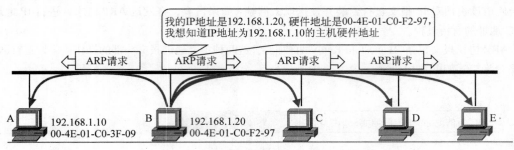

(a) 主机B发送ARP请求分组

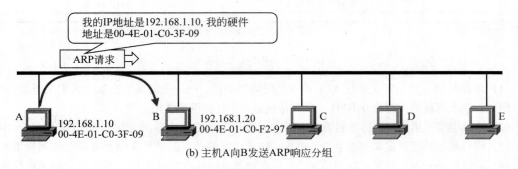

(b) 主机A向B发送ARP响应分组

图 4-13　ARP 的工作原理

己的帧，进行帧的拆封并取出其中的 IP 分组交给网络层去处理。若在缓存中不存在关于主机 B 的 IP 地址和 MAC 地址的映射信息，则转至下一步。

（2）主机 A 以广播帧形式向同一网络中的所有结点发送一个 ARP 请求报文（ARP Request），请求报的主要内容是"我的 IP 地址是 192.168.1.20，硬件地址是 00-4E-01-C0-F2-97，我想知道 IP 地址为 192.168.1.10 的主机的硬件地址"，如图 4-13（a）所示。在该广播帧中 48 位的目标 MAC 地址以全 1 即"FF-FF-FF-FF-FF-FF"表示，源 MAC 地址为主机 A 的地址。

（3）网络中的所有主机都会收到该 ARP 请求帧，并且所有收到该广播帧的主机都会检查一下自己的 IP 地址，但只有主机 A 识别出自己的 IP 地址并回答自己的物理地址，并返回一个响应报文。响应报文的主要内容是"我的 IP 地址是 192.168.1.10，我的硬件地址是 00-4E-01-C0-3F-09"，如图 4-13（b）所示。由于其余的所有主机的 IP 地址都与 ARP 请求帧中要查询的 IP 地址不一致，因此都不理睬这个 ARP 请求帧。ARP 请求帧是广播发送的，但 ARP 响应帧是普通的单播，即从一个源地址发送到一个目的地址。

（4）主机 B 收到主机 A 的响应分组后，就在其 ARP 高速缓冲写入主机 B 的 IP 地址和硬件地址的映射，从而完成主机 A 的地址解析，然后启动相应帧的封装和发送过程，完成与主机 B 的通信。

在整个 ARP 工作期间，不但主机 B 得到了主机 A 的 IP 地址和 MAC 地址的映射关系，而且主机 A、C、D 和 E 也得到了主机 B 的 IP 地址和 MAC 地址的映射关系。如果主机 A 的应用程序需要立即返回数据给主机 B 的应用程序，那么，主机 A 就不必再次执行上面的 ARP 请求过程了。

ARP 对保存在高速缓存中的每一个映射地址项目都设置了生存时间，凡超过生存时间的项目就从高速缓存中删除掉。

4．局域网间 ARP 解析

ARP 是解决同一局域网上的主机或路由器的 IP 地址和硬件地址的映射问题。如果所要找的主机和源主机不在同一局域网上，例如，如图 4-10 所示，主机 A 就无法解析另一局域网上主机 B 的硬件地址（实际上主机 A 也不需要知道远程主机 B 的硬件地址）。主机 A 发送给主机 B 的 IP 数据报首先需要通过与主机 A 连接在同一局域网上的路由器 R1 来转发，因此，主机 A 这时需要把路由器 R1 的 IP 地址 IP_3 解析为硬件地址 M_3，以便能够把 IP 数据报传送到路由器 R1。以后，路由器 R1 从转发表找出了下一跳路由器 R2，同时使用 ARP 解析出 R2 的硬件地址 M_5，于是，IP 数据报按照硬件地址 M_5 转发到路由器 R2，路由器 R2 在转发这个 IP 数据报时用类似方法解析出目的主机 B 的硬件地址 M_2，IP 数据报最终交付主机 B。

从 IP 地址到硬件地址的解析是自动进行的，主机的用户对这种地址解析过程是不知道的。只要主机或路由器要和本网络上的另一个已知 IP 地址的主机或路由器进行通信，ARP 协议就会自动地把这个 IP 地址解析为数据链路层所需要的硬件地址。

4.3　网际控制报文协议

为了更有效地转发 IP 数据报和提高交付成功的机会，在网际层使用了网际控制报文协议（Internet Control Message Protocol，ICMP），ICMP 允许主机或路由器报告差错情况和提供有关异常情况的报告。

ICMP 协议

4.3.1　ICMP 报文格式及种类

ICMP 是互联网的标准协议，ICMP 报文都被封装于 IP 数据报分组中，作为其中的数据部分，是网际层的协议。ICMP 报文作为 IP 层数据报的数据，加上数据报的首部，组成 IP 数据报发送出去。ICMP 报文格式如图 4-14 所示。

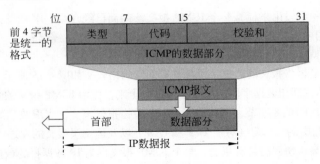

图 4-14　ICMP 报文的格式

ICMP 报文前 4 字节都是相同的，其他字节则互不相同。前 4 字节共 3 个字段，包括类型（8 位）、代码（8 位）和检验和（16 位）。

- 类型：8bit，ICMP 标准在不断更新，许多 ICMP 报文已不再使用，目前常用的 ICMP 报文有两种类型，即 ICMP 差错报告报文和 ICMP 询问报文。
- 代码：8 比特，为了进一步区分某种类型中的几种不同情况。表4-3 给出了几种常见的 ICMP 报文。

表 4-3　ICMP 报文类型

报文类型	类型	类 型 含 义	代码	代 码 含 义
差错报告报文	3	终点不可达。当路由器或主机不能交付数据报时就向源点发送终点不可达报文。	0	目的网络不可到达
			1	目的主机不可到达
			2	目的协议不可到达
			3	目的端口不可到达

报文类型	类型	类型含义	代码	代码含义
差错报告报文	3		4	数据报需要分段但设置了 DF 位（不允许分段）
			5	源路由失败
	5	改变路由。路由器把改变路由报文发送给主机，让主机知道下次应将数据报发送给另外的路由器。	0	重定向网络的数据报
			1	重定向主机的数据报
			2	重定向网络和服务类型的数据报
			3	重定向网络和主机类型的数据报
	11	时间超时。当路由器收到生存时间为零的数据报时，除丢弃该数据报外，还要向源点发送时间超时报文。	0	传输期间 TTL 超时
			1	数据段组装期间 TTL 超时
	12	参数问题。当路由器或目的主机收到的数据包的首部中有的字段的值不正确时，就丢弃该数据报，并向源点发送参数问题报文。	0	指针指向错误
			1	缺少必需的选项
询问报文	0	回送响应消息	0	
	8	回送消息	0	
	13	时间戳消息	0	
	14	时间戳响应消息	0	

- 校验和：校验和字段用来检验整个 ICMP 报文。前面已经介绍，IP 数据报首部的检验和并不检查 IP 数据报的内容，不能保证经过传输的 ICMP 报文不产生差错。
- ICMP 的数据部分：其长度取决于 ICMP 的类型。

所有的 ICMP 差错报告报文的数据字段都具有同样的格式，如图 4-15 所示。把收到的需要进行差错报告的 IP 数据报的首部和数据字段的前 8 字节提取出来，作为 ICMP 报文的数据字段，再加上相应的 ICMP 差错报告报文的前 8 字节，就构成了 ICMP 差错报告报文。提取收到的数据报的数据字段前 8 字节是为了得到运输层的端口号（对于 TCP 和 UDP）以及运输层报文的发送序号（对于 TCP 协议），这些信息对源点通知高层协议时是有用的，整个 ICMP 报文作为 IP 数据报的数据字段发送给源点。

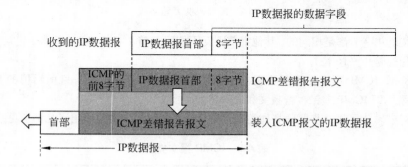

图 4-15　ICMP 差错报告报文的数据字段的格式

常用的 ICMP 询问报文有两种。

（1）回送请求和回答。ICMP 回送请求报文用来测试目的站是否可达以及了解其有关状态，是由主机或路由器向一个特定的目的主机发出的询问。收到此报文的主机必须给源主机或路由器发送 ICMP 回送回答报文。

（2）时间戳请求和回答。用于时钟同步和时间测量，是请每台主机或路由器回答当前的日期和时间。

4.3.2　ICMP 应用

ICMP 最重要的两个应用是分组网间探测 Ping 和 Ttraceroute。

1. 分组网间探测 Ping

分组网间探测 Ping（Packet Internet Groper）用来测试两台主机之间的连通性，Ping 使用了 ICMP 回送请求与回送回答报文，Ping 是应用层直接使用网络层 ICMP 的一个例子，它没有通过运输层的 TCP 或 UDP。

Ping 程序通过模拟源、目的主机之间的 IP 报文，测试主机之间的 IP 可达性。同时 ICMP 报文能够收集并显示从发送请求到收到应答的时间（称为延迟），来衡量网络的性能。Ping 程序的工作过程如下。

（1）源主机发出 ICMP Echo-request 报文，并且封装为 IP 包，其中包含有源和目的主机的 IP 地址。中间网络设备负责转发该 IP 包，但是不对 IP 包中的内容进行修改，始终把测试报文当作正常的用户数据报文进行处理。

（2）目的主机收到 IP 报文之后，通过解封装操作识别出这时发送给自己的 ICMP 回应请求报文，根据协议规定响应报文同样封装为 IP 包向源主机进行发送。

2. Traceroute

Traceroute 是 UNIX 操作系统中的名字，用来跟踪一个分组从源点到终点的路径。在 Windows 操作系统中是 tracert。

Traceroute 从源主机向目的主机发送一连串的 IP 数据报，数据报中封装的是无法交付的 UDP 用户数据报。第一个数据报 P1 的生存时间 TTL 设置为 1，当 P1 到达路径上的第一个路由器 R1 时，路由器 R1 先收下它，接着把 TTL 的值减 1，由于 TTL 等于零了，R1 就把 P1 丢弃了，并向源主机发送一个 ICMP 时间超时差错报告报文。

源主机接着发送第二个数据报 P2，并把 TTL 设置为 2；P2 先到达路由器 R1，R1 收下后把 TTL 减 1 再转发给路由器 R2；R2 收到后把 TTL 减 1，这时 TTL 为零，R2 就丢弃 P2，并向源主机发送一个 ICMP 时间超时差错报告报文。这样一直持续下去，当最后一个数据报刚刚达到目的主机时，数据报的 TTL 是 1，主机不转发数据报，也不把 TTL 值减 1。但因 IP 数据报中封装的是无法交付的 UDP 用户数据报，因此，目的主机要向源主机发送 ICMP 终点不可达差错报告报文。

这样，源主机达到了自己的目的，因为这些路由器和最后目的主机发来的 ICMP 报文正好给出了源主机想知道的路由信息——到达目的主机所经过的路由器的 IP 地址，以及到达其中的每一个路由器的往返时间。

4.4　互联网的路由选择协议

路由器路由表中的路由是怎样得出的，下面我们来进行讨论。

4.4.1　基本概念

1. 静态路由和动态路由选择

倘若从路由算法能否随网络的通信量或拓扑自适应地进行调整变化而划分，则只有两大类。

（1）静态路由选择策略。也叫作非适应性路由选择，其特点是简单和开销较小，但不能及时适应网络状态的变化。对于简单的小网络，完全可以采用静态路由选择，用人工配置每一条路由。

（2）动态路由选择策略。也叫作自适应路由选择策略，其特点是能较好地适应网络状态的变化，但实现起来较为复杂，开销也较大，因此动态路由选择适用于较复杂的大网络。

2. 路由器学习 IP 路由

对于一个普通的 IP 路由而言，大部分的 IP 路由都是通过路由协议来学习到的，通常由以下三种方式。

（1）学习直连路由

与路由器的接口直接相连的子网称为直连子网，路由器会自动地将直连子网的路由加入它们的 IP 路由表中，假设路由器的配置是正确的，而且接口也是正常工作的。

图 4-16 所示为一个互联网的例子，图中标出了 R1 和 R2 的 IP 路由表（仅包含直连 IP 路由）。

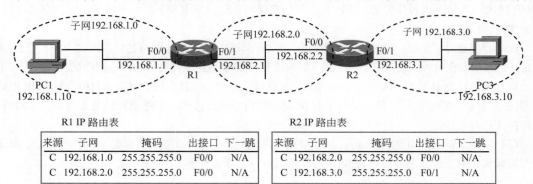

图 4-16 R1 和 R2 上的直连路由

路由表由以下域组成。

① 来源（Source）：说明路由器是如何学习到该路由的，也就是路由信息的来源。C 是"直连"的简写。

② 子网／掩码（Subnet/Mask）：这两个域一起定义了一组 IP 地址，要么是一个 IP 网络，要么是一个 IP 子网。

③ 出接口（Out int）："输出接口"的缩写，这个域告诉路由器想要向路由表条目中列出的子网发送数据包时，应该从哪个接口向外转发。

④ 下一跳（Next-hop）：下一跳路由器的简称，对于直连子网来说，这个域没有意义。对于那些要将包转发到另一台路由器的路由器来说，这个域列出了要转发的路由器的 IP 地址。

（2）静态路由

所谓静态路由，是指网络管理员根据其所掌握的网络连通信息以手工配置方式来添加路由到路由器的 IP 路由表中，这种方式要求网络管理员对网络的拓扑结构和网络状态有着非常清晰的了解，而且当网络连通状态发生变化时，静态路由的更新也要通过手工方式完成。

例如，如图 4-16 所示，路由器 R1 需要添加一条能够到达最右边的子网 192.168.3.0 的路由，我们就能够使用命令行 ip route 192.168.3.0 255.255.255.0 192.168.2.2 来对 R1 进行配置，那么在 R1 的路由表中就会加入以下条目。

S 192.168.3.0 255.255.255.0 f0/1 192.168.2.2

S 是指这条路由的来源是通过静态配置命令获取的。

（3）通过路由协议学习路由（动态路由）

当网络规模增大或网络中的变化因素增加时，依靠手工方式生成和维护一个路由表会变得不可想象，同时静态路由也很难及时适应网络状态的变化，此时希望有一种能自动适应网络状态变化而对路由表信息进行动态更新和维护的路由生成方式，这就是动态路由。

3. 动态路由

图 4-17 所示的网络根据它是静态配置还是动态配置适应拓扑结构的变化的结果是不同的。

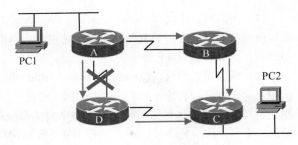

图 4-17　动态路由拓扑

静态路由允许路由器恰当地将数据包从一个网络传送到另一个网络。路由器 A 总是把目标为路由器 C 的数据发送到路由器 D，路由器引用路由选择表并根据表中的静态信息把数据包转发到路由器 D，路由器 D 用同样的方法将数据包转发到路由器 C，路由器 C 把数据包转发到目的主机。

如果路由器 A 和路由器 D 之间的路径断开了，路由器 A 将不能通过静态路由把数据包转发给路由器 D，在通过人工重新配置路由器 A 把数据包转发到路由器 B 之前，要与目的网络进行通信是不可能的。动态路由提供了更多的灵活性，根据路由器 A 生成的路由选择表，数据包可以经过有限的路由通过路由器 D 到达目的地。当路由器 A 意识到同向路由器 D 的链路断开时，它就会调整路由选择表，那么通过路由器 B 的路径成为优先路径，路由器 A 可以通过这条链路继续发送数据包。而当路由器 A 和路由器 D 之间的链路恢复工作时，路由器 A 会再次改变路由选择表，指示通过路由器 D 和 C 的逆时针方向的路径是到达目的网络的优先选择。

路由协议由一组处理进程、算法和消息组成，用于交换路由信息，并将其选择的最佳路径添加到路由表中。路由协议的用途如下。

（1）发现远程网络。

（2）维护最新路由信息。

（3）选择通往目的网络的最佳路径。

所有路由协议都有着相同的用途——获取远程网络的信息，并在网络拓扑结构发生变化时快速作出调整。动态路由协议的运行过程由路由协议类型及协议本身所决定，一般来说，动态路由协议的运行过程如下。

（1）路由器通过其接口发送和接收路由消息。

（2）路由器与使用同一路由协议的其他路由器共享路由信息。

（3）路由器通过交换路由信息来了解远程网络。

（4）如果路由器检测到网络拓扑结构的变化，路由协议可以将这一变化告知其他路由器。

RIP、IGRP、EIGRP 和 OSPF 等协议都能够实现动态路由，如果没有这些动态路由协议，互联网是难以实现的。

4. 分层次的路由选择协议

互联网发展到目前，规模非常巨大，如果让所有的路由器知道所有的网络怎样到达，则这种路由表将会非常庞大，处理起来也太花时间，而所有这些路由器之间交换路由信息所需的带宽也会使互联网的通信链路饱和。另外，许多单位不愿意外界了解自己单位网络的布局细节和本部门所采用的路由选择协议但同时还希望连接到互联网上。

基于以上原因，互联网采用的路由选择协议主要是自适应的（即动态的）、分布式路由选择协议。

为此，可以把整个互联网划分为许多较小的自治系统（Autonomous System, AS）。自治系统 AS 是在单一机构管理下的一组路由器，而这些路由器使用一种自治系统内部的路由选择协议和共同的度量，一个 AS 对其他 AS 表现出的是一个单一的和一致的路由选择策略，另外，自治系统由一个 16 位长度的自治系统号进行标识，其由 NIC 指定并具有唯一性。

在目前的互联网中，一个大的 ISP 就是一个自治系统，这样，在互联网领域就把路由选择协议划分为两大类。

（1）内部网关协议（Interior Gateway Protocols, IGP）。即在一个自治系统内部使用的路由选择协议，而这与在互联网中的其他自治系统选用什么路由选择协议无关。目前，这类路由选择协议使用得最多，如 RIP 和 OSPF 协议。

（2）外部网关协议（External Gateway Protocols, EGP）。若源主机和目的主机处在不同的自治系统中（这两个自治系统使用不同的内部网关协议），当数据报传到一个自治系统的边界时，就需要使用一种协议将路由选择信息传递到另一个自治系统中，这样的协议就是外部网关协议 EGP。目前，使用最多的外部网关协议是 BGP 的版本 4（即 BGP4）。

自治系统之间的路由选择也叫作域间路由选择（Interdomain Routing），而在自治系统内部的路由选择叫作域内路由选择（Intradomain Routing）。

> 💡**注意**：①互联网的早期 RFC 文档中未使用"路由器"而是使用"网关"这个名词，因此内部网关协议和外部网关协议也称内部路由器协议和外部路由器协议。②现在用边界网关协议（Border Gateway Protocol, BGP）取代旧的外部网关协议 EGP。

对于大的自治系统，还可将所有的网络再进行一次划分。例如，可以构筑一个链路速率较高的主干网和许多速率较低的区域网，每个区域网通过路由器连接到主干网，当在一个区域内找不到目的站时，就通过路由器经过主干网到达另一个区域网，或者通过外部路由器到别的自治系统中去查找。

5. 路由协议的分类

（1）按学习路由和维护路由表的方法分类，包括距离矢量路由协议，链路状态路由协议以及混合型路由协议等。距离矢量（distance-vector）路由协议确定网络中任一条链路的方向（矢量）和距离，属于距离矢量路由协议的有 RIPv1、RIPv2、IGRP 等路由协议；链路状态（link-state）路由协议重建整个互联网的精确拓扑结构（或者至少是路由器所在部分的拓扑结构），属于链路状态路由协议的有 OSPF、IS-IS 等路由协议；混合型（hybrid）路由协议结合了距离矢量路由协议和链路状态路由协议的特点，属于混合型路由协议的有 EIGRP 路由协议，它是 Cisco 公司自己开发的路由协议。

（2）按是否能够学习到子网分类，包括有类的和无类的路由协议，有类（Classful）的路由协议不支持可变长度的子网掩码，不能从邻居那里学到子网，所有关于子网的路由在被学到时都会自动变成子网的主类网（按照标准的 IP 地址分类），有类的路由协议包括 RIPv1、IGRP 等；无类（Classless）的路由协议支持可变长度的子网掩码，能够从邻居那里学到子网，所有关于子网的路由在被学到时都不用被变成子网的主类网，而以子网的形式直接进入路由表，无类的路由协议包括 RIPv2、EIGRP、OSPF 和 BGP 等。

6. 网络路径的度量

在网络里面，为了保证网络的畅通，通常会连接很多的冗余链路，这样当一条链路出现故障时，还可以有其他路径把数据包传递到目的地。当一个路由选择算法更新路由表时，它的主要目标是确定路由表要包含最佳的路由信息，但每个路由选择算法都认为自己的方式是最好的，这就用到了度量值。

所谓度量值（度量值 value），就是路由器根据自己的路由算法计算出来的一条路径的优先级，当有多条路径可到达同一个目的地时，度量值最小的路径是最佳的路径，应该进入路由表。路由器中包括如下最常用的度量值。

- 带宽（bandwidth）：链路的数据承载能力。
- 延迟（delay）：把数据包从源端送到目的端所需的时间。
- 负载（load）：在网络资源（如路由器或链路）上的活动数量。
- 可靠性（reliability）：通常指的是每条网络链路上的差错率。
- 跳数（hop count）：数据包到达目的端所必须通过的路由器个数。

- 滴答数（ticks）：用 IBM PC 的时钟标记（大约 55ms 或 1/8s）计数的数据链路延迟。
- 开销(cost)：一个任意的值,通常基于带宽、花费的钱数或其他一些由网络管理员指定的度量方法。各路由协议定义的度量如下。
- RIP：跳数。选择跳数最少的路由作为最佳路由。
- IGRP 和 EIGRP：带宽、延迟、可靠性和负载。通过这些参数计算综合度量值，选择综合度量值最小的路由作为最佳路由。默认情况下，仅使用带宽和延迟。
- IS-IS 和 OSPF：开销。选择开销最低的路由作为最佳路由。

4.4.2　网络层转发分组的流程

如图 4-18 所示,有四个网络通过三个路由器连接在一起,在每一个网络上都可能有成千上万台主机。

图 4-18　路由器的路由表

网络层转发分组的流程

如果路由器指出到每一台主机应怎样转发，则所得出的路由表就会过于庞大（如果每一个网络有 1 万台主机，四个网络就有 4 万台主机，因而每一个路由表就有 4 万个项目，即 4 万行，而每一行对应一台主机），但若路由表指出到某个网络应如何转发，则每个路由器中的路由表就只包含 4 行，而每行对应一个网络。

以路由器 R2 的路由表为例，由于 R2 同时连接在网络 2 和网络 3 上，因此，只要目的主机在网络 2 或网络 3 上，都可通过接口 0 或 1 由路由器 R2 直接交付（由 ARP 解析 IP 地址到硬件地址），若目的主机在网络 1 中，则下一跳路由器应为路由器 R1，其 IP 地址为 20.0.0.1，路由器 R2 和 R1 由于同时连接在网络 2 上，因此，从路由器 R2 把分组转发到路由器 R1 是很容易的。同理，若目的主机在网络 4 中，则下一跳路由器应为路由器 R3，其 IP 地址为 30.0.0.2。

总之，在路由表中，对每一条路由最主要的是两个信息，即：

（目的网络地址，下一跳地址）

也就是说我们根据目的网络地址来确定下一跳的路由器（路由表并没有给分组指明某个网络的完整路径，如先经过哪个路由器，然后再经过哪个路由器等），在到达下一跳路由器后，再继续查找其路由表，知道再下一步应当到达哪一个路由器，这样一步一步地查找下去，IP 数据报最终一定可以找到目的主机所在目的网络上的路由器，并且只有到达最后一个路由器时，才会试图向目的主机进行直接交付。

路由器还可采用默认路由（Default Route）以减小路由表所占用的空间和搜索路由表所用的时间，实际上，默认路由在主机发送 IP 数据包时往往更能显示它的好处。前面我们讲过，主机在发送每一个 IP 数据报时都要查找自己的路由表，如果一台主机连接在一个小网络上，而这个网络只用一个路由器和互联网连接，那么在这种情况下使用默认路由是非常合适的。在如图 4-18 所示的网络中，网络1（4）只连接了一个路由器，连接在网络1（4）的任何一台主机中的路由表只需要2个项目即可，第一个项目就是到本网络主机的路由，其目的网络就是本网络，不需要路由转发，直接交付，而第二个项目就是默认路由，只要目的网络是其他网络就一律选择默认路由，把数据报先间接交付路由器R1（R3），再让R1（R3）再转发给网络中的下一个路由器，如此一直转发到目的网络上的路由器，最后进行直接交付。

但大家应注意，在IP数据报的首部中没有地方可以用来指明"下一跳路由器的IP地址"，在IP数据报的首部写上的是源IP地址和目的IP地址，而没有中间经过的路由器的IP地址，既然IP数据报中没有下一跳路由器的IP地址，那么待转发的数据报又怎样能够找到下一跳路由器呢？

当路由器收到一个待转发的数据报，在从路由表得出下一跳路由器的IP地址后，不是把这个地址填入IP数据报，而是送交数据链路层的网络接口软件，网络接口软件负责把下一跳路由器的IP地址转换成硬件地址（必须使用ARP），并将硬件地址放在链路层的MAC帧的首部，然后根据这个硬件地址找到下一跳路由器。由此可见，当发送一连串的数据报时，上述的这种查找路由表、用ARP得到硬件地址、把硬件地址写入MAC帧的首部等过程，将不断地重复进行，形成一定的开销。

网络层分组转发的过程如下。

（1）从数据包的首部提取目的主机的IP地址D，得出目的网络地址N。

（2）若目的网络地址N就是与此路由器相连的某个网络地址，则进行直接交付，不需要再经过其他的路由器，直接把数据报交付目的主机（这里包括把目的主机地址D转换为具体的硬件地址，把数据报封装为MAC帧，再发送此帧）；否则就是间接交付，执行第（3）步。

（3）若路由表中有目的主机为D的特定主机路由，则把数据报传送给路由表中所指明的下一跳路由器，否则，执行（4）。

（4）若路由表中有到达网络N的路由，则把数据报传送给路由表中所指明的下一跳路由器，否则，执行（5）。

（5）若路由表中有一个默认路由，则把数据报传送给路由表中所指明的默认路由器，否则，执行（6）。

（6）报告转发分组出错。

4.4.3　动态路由协议

1. 路由信息协议

路由信息协议（Routing Information Protocol, RIP）是应用较早、使用较普遍的内部网关协议，适用于由同一个网络管理员管理的网络内的路由选择，是一种分布式的基于距离向量（Distance-vector）的路由选择协议，是互联网的标准协议，其最大特点就是简单。

路由选择协议

RIP协议要求网络中的每一个路由器都要维护从它自己到其他每一个目的网络的距离记录。RIP协议将"距离"定义为从一路由器到直接连接的网络定义为1，而从一路由器到非直接连接的网络定义为所经过的路由器数加1，"加1"是因为到达目的网络后就进行直接交付，而到直接连接的网络已经定义为1。

RIP协议的"距离"也称"跳数"（Hop Count），因为每经过一个路由器，跳数就加1。RIP认为好的路由就是它通过的路由器的数目少，即"距离短"，RIP允许一条路径最多只能包含15个路由器，因此，"距离"等于16时即相当于不可达，由此可见，RIP只适用于小型互联网。

RIP不能在两个网络之间同时使用多条路由，RIP只选择一条最少路由器的路由（即最短路由），哪怕还存在另一条高速但路由器较多的路由。

RIP协议的特点如下。

（1）仅和相邻路由器交换信息。如果两个路由器之间的通信不需要经过另一个路由器，那么这两个路由器就是相邻的。RIP 协议规定不相邻的路由器不交换信息。

（2）路由器交换的信息是当前本路由器所知道的全部信息，即自己现在的路由器。也就是说，交换的信息是："我到本自治系统中所有网络的（最短）距离，以及到每个网络应经过的下一跳路由器。"

（3）按固定的时间间隔交换路由信息。规定时间，如 30s，然后路由器根据收到的路由信息更新路由表。当网络拓扑发生变化时，路由器也会及时向相邻路由器通告拓扑变化后的路由信息。

路由器在刚开始工作时，它的路由表是空的，然后路由器就得出到直接相连的几个网络的距离（距离为1），接着，每一个路由器也只和数目非常有限的相邻路由器交换并更新路由信息，但经过若干次的更新后，所有的路由器最终都会知道到达本自治系统中任何一个网络的最短路径和下一跳路由器的地址。

路由表中最主要的信息就是到某个网络的最短距离，以及应经过的下一跳地址。路由表更新的原则是找出到每个目的网络的最短距离。这种更新算法又称距离向量算法。

2. 开放最短路径优先 OSPF

开放最短路径优先 OSPF（Open Shortest Path First）是为克服 RIP 协议的缺点而开发出来的，OSPF 的原理很简单，但实现起来却较复杂。

OSPF 最主要的特征是使用分布式的链路状态协议（Link State Protocol），而不是像 RIP 那样的距离向量协议。OSPF 的特点如下。

（1）向本自治系统中所有路由器发送信息。OSPF 协议使用洪泛法（Flooding），路由器通过所有输出端口向所有相邻的路由器发送信息，而每一个相邻路由器又再将此信息发往其所有的相邻路由器（但不再发送给刚刚发来信息的那个路由器），这样，最终整个区域中所有的路由器都得到了这个信息的一个副本。

（2）发送的信息就是与本路由器相邻的所有路由器的链路状态，但这只是路由器所知道的部分信息，所谓"链路状态"，就是说明本路由器都和哪些路由器相邻，以及该链路的"度量"（如费用、距离、时延、带宽等，又称"代价"）。

（3）只有当链路状态发生变化时，路由器才向所有路由器用洪泛法发送此信息。

由于各路由器之间频繁地交换链路状态信息，因此所有的路由器最终都能建立一个链路状态数据库（Link-state Database），这个数据库实际上就是全网的拓扑结构图，这个拓扑结构图在全网范围内是一致的（链路状态数据库的同步），因此，每一个路由器都知道全网有多少个路由器，以及哪些路由器是相连的，其代价是多少等，每一个路由器会使用链路状态数据库中的数据，构造出自己的路由表。

OSPF 的链路状态数据库能较快地进行更新，从而使各个路由器能及时更新其路由表。OSPF 将自治系统再划分为若干个更小的范围，称为区域（Area），OSPF 使用层次结构的区域划分。另外，OSPF 不用 UDP 而是直接用 IP 数据报传送。

4.5　网络层设备——路由器

路由器工作在 OSI 模型的网络层，路由器连接具有相同网络通信结构的网络，也许这些网络更低层的结构并不相同。

4.5.1　路由器的结构

路由器是一种具有多个输入端口和多个输出端口的专用计算机，其任务是转发分组。从路由器的某个输入端口收到的分组，按照分组要去的目的地（即目的网络），把该分组从路由器的某个合适的输出端口转发给下一跳路由器，下一跳路由器也按照这种方法处理分组，直到该分组到达终点为止，路由器的转发分组正是网络层的主要工作。整个路由器结构划分为两大部分，即路由选择部分和分组转发部分，图 4-19 所示为一个典型的路由器结构。

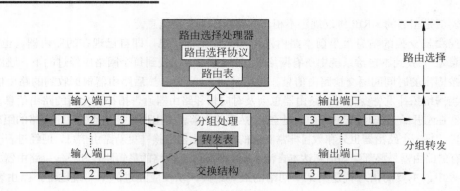

图 4-19 典型的路由器结构

（1）路由选择部分也称控制部分，其核心构件是路由选择处理器。路由选择处理器的任务是根据所选定的路由选择协议构造出路由表，同时经常或定期地和相邻路由器交换路由信息而不断地更新和维护路由表。

（2）分组转发部分由三部分组成，即交换结构、一组输入端口和一组输出端口。

💡**注意**：这里的端口是硬件接口。

交换结构（Switching Fabric）又称交换组织，它的作用是根据转发表（Forwarding Table）对分组进行处理，将某个输入端口进入的分组从一个合适的输出端口转发出去。交换结构本身就是一种网络，但这种网络完全包含在路由器中，因此交换结构可看成是"在路由器中的网络"。

💡**注意**：此处的"转发"和"路由选择"不同，在互联网中，转发就是路由器根据转发表把收到的 IP 数据报从路由器合适的端口转发出去，"转发"仅仅涉及一个路由器，但"路由选择"则涉及很多路由器，路由表则是许多路由器协同工作的结果。路由表一般仅仅包含从目的网络到下一跳（用 IP 地址表示）的映射，而转发表是从路由表得出的。另外，转发表必须包含完成转发功能所必需的信息，这就是说，在转发表的每一行必须包含从要到达的目的网络到输出端口和某些 MAC 地址信息（如下一跳的以太网地址）的映射。

如图 4-19 所示，路由器的输入和输出端口里面都各有三个方框，用方框中的 1、2 和 3 分别代表物理层、数据链路层和网络层的处理模块，其中物理层进行比特的接收；数据链路层则按照链路层协议接收传送分组的帧；在把帧的首部和尾部剥去后，分组就被送入网络层的处理模块。若接收到的分组是路由器之间交换路由信息的分组（如 RIP 或 OSPF 分组等），则把这种分组送交路由器的路由选择部分中的路由选择处理器；若接收到的是数据分组，则按照分组首部中的目的地址查找转发表，根据得出的结果，分组就经过交换结构到达合适的输出端口，一个路由器的输入端口和输出端口就位于路由器的线路接口卡上。

为了使交换功能分散化，往往把复制的转发表放在每一个输入端口中，路由选择处理器则负责对各转发表的副本进行更新。分散化交换可以避免在路由器中的某一点上出现瓶颈。

当一个分组正在查找转发表时，如后面又紧跟着从这个输入端口收到另一个分组，这个后到的分组就必须在队列中排队等待，因而产生了一定的时延。图 4-20 给出了在输入端口的队列中排队的分组。

输出端口从交换结构接收分组，然后把它们发送到路由器外面的线路上。在网络层的处理模块中设有一个缓冲区，实际上它就是一个队列，当交换结构传送过来的分组的速率超过输出链路的发送速率时，来不及发送的分组就必须暂时存放在这个队列中。数据链路层处理模块把分组加上数据链路层的首部和尾部，交给物理层后发送到外部线路，如图 4-21 所示。

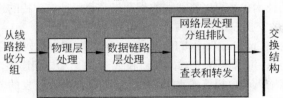

图 4-20　输入端口对线路上收到的分组的处理

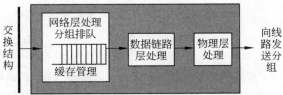

图 4-21　输出端口把交换结构传送过来的分组发送到线路上

由此我们可以看出，分组在路由器的输入端口和输出端口都可能会在队列中排队等候处理。若分组处理的速率赶不上分组进入队列的速率，则队列的存储空间最终必定减少到零，这就使后面再进入队列的分组由于没有存储空间而只能被丢弃。

4.5.2　交换结构

交换结构是路由器的关键构件，正是这个交换结构把分组从输入端口转移到某个合适的输出端口。实现这样的交换有多种方法，如图 4-22 所示，这三种方法都是将输入端口 I_1 收到的分组转发到输出端口 O_2。

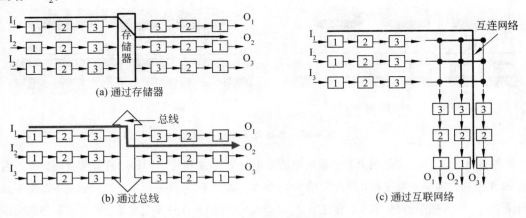

图 4-22　三种常用的交换方法

（1）通过存储器。当路由器的某个输入端口收到一个分组时，就用中断方式通知路由选择处理机，然后分组就从输入端口复制到存储器中，路由器处理机从分组首部提取目的地址，查找路由表，再将分组复制到合适的输出端口的缓存中。若存储器的带宽（读或写）为每秒 M 个分组，那么路由器的交换速率（即分组从输入端口传送到输出端口的速率）一定小于 $M/2$。

（2）通过总线。数据报从输入端口通过共享的总线直接传送到合适的输出端口，而不需要路由选择处理机的干预。因为每一个要转发的分组都要通过这一条总线，因此路由器的转发带宽就受到总线速率的限制。现代的技术已经可以将总线的带宽提高到每秒吉比特的速率，因此许多的路由器产品都采用这种通过总线的交换方式。

（3）通过纵横交换结构（Crossbar Switch Fabric）。这种交换结构常被称为互联网络（Interconnection Network），它有 2N 条总线，可以使 N 个输入端口和 N 个输出端口相连接，当输入端口收到一个分组时，就将它发送到与该输入端口相连的水平总线上，若通向所要转发的输出端口的垂直总线是空闲的，则在这个结点将垂直总线与水平总线接通，然后将该分组转发到这个输出端口（谁空闲谁转发）；但若该垂直总线已被占用（有另一个分组正在转发到同一个输出端口），则后到达的分组就被阻塞，必须在输入端口排队。

4.6 IP 多 播

4.6.1 基本概念

现在 IP 多播（Multicast，以前曾译为组播）已成为互联网的一个热门话题，这是由于有许多的应用需要有一个源点将信息发送到许多个终点，即一对多的通信。例如，实时信息的交付（如新闻、股市行情等）、软件更新、交互式会议等。随着互联网的用户数目的急剧增加，以及多媒体通信的开展，有更多的业务需要多播来支持。

IP 多播

与单播相比，在一对多的通信中，多播可大大节约网络资源，如图 4-23 所示。

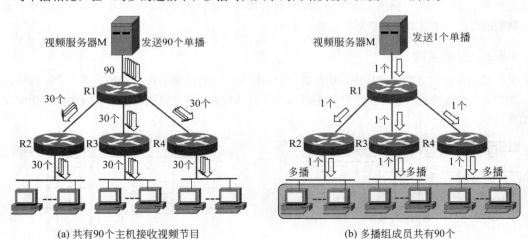

(a) 共有90个主机接收视频节目　　　　　(b) 多播组成员共有90个

图 4-23　单播与多播的比较

如图 4-23（a）所示，是视频服务器用单播方式向 90 台主机传送同样的视频节目，为此，需要发送 90 个单播，即同一个视频分组要发送 90 个副本。如图 4-23（b）所示，是视频服务器用多播方式向属于同一个多播组的 90 个成员传送节目，这时，视频服务器只需把视频分组当作多播数据报来发送，并且只需发送一次，路由器 R1 在转发分组时，需要把收到的分组复制成 3 个副本，分别是R2、R3 和 R4 各转发一个副本，当分组到达目的局域网时，由于局域网具有硬件多播功能，因此不需要复制分组，在局域网上的多播组成员都能收到这个视频分组。

当多播组的主机数量很大时，采用多播方式就可明显地减轻网络中各种资源的消耗。在互联网范围的多播要靠路由器来实现，这些路由器必须增加一些能够识别多播数据报的软件，能够运行多播协议的路由器称为多播路由器（Multicast Router），多播路由器当然也可以转发普通的单播 IP 数据报。

4.6.2 组播 IP 和组播 MAC 地址

IP 多播可以分为两种，一种是只在本局域网上进行硬件多播，简称组播 MAC 地址；另一种是在互联网的范围内进行多播，简称组播 IP。第一种比较简单，但是现在大部分主机都是通过局域网接入到互联网的。在互联网上进行多播的最后阶段，还是要把多播数据报在局域网上用硬件多播交付多播组的所有成员，如图 4-23（b）所示。

1. 组播 IP

在互联网上进行多播就叫作 IP 多播。IP 多播所传送的分组需要使用多播 IP 地址，多播地址就是 D 类 IP 地址，32 位 IP 地址的前四位是 1110，即从 224.0.0.0 到 239.255.255.255，用每一个 D 类地址标志一个多播组，这样，D 类地址共可标志 2^{28} 个多播组，也就是说，在同一时间可以允许有超过 2.6 亿的多播组在互联网上运行，见表 4-4。

表 4-4　D 类组播地址

组播地址	D 类地址	说　　明	备　　注
保留的组播地址	224.0.0.0	基地址（保留）	INAN 指派的永久组地址，不能随意被使用
	224.0.0.1	在本子网上的所有参加多播的主机和路由器	
	224.0.0.2	在本子网上的所有参加多播的路由器	
	224.0.0.4	DVMP 路由器	
	224.0.0.5-224.0.0.255		
公网上的组播地址	224.0.1.0-238.255.255.255	全球范围都可使用的多播地址	
私网上的组播地址	239.0.0.0-239.255.255.255	限制在一个组织的范围	

组播数据报的目的地址不能为某个具体的主机 IP 地址，而是多播组的标识符，然后将加入这个多播组的主机 IP 地址与多播组的标识符关联起来。

多播数据报和一般的 IP 数据报的区别就是它使用 D 类 IP 地址作为目的地址，并且协议首部中的协议字段值是 2，表明使用网际组管理协议 IGMP。多播数据报属于"尽最大努力交付"数据报，不保证一定能够交付多播组内的所有成员。

多播地址只能用于目的地址，不能用于源地址。另外，对多播数据报不产生 ICMP 差错报告报文，因此，使用 Ping 命令多播地址，将永远不会收到响应。

2. 组播 MAC 地址

互联网 IANA 拥有的以太网地址块的高 24 位为 00-00-5E，因此，TCP/IP 协议使用的以太网地址块的范围是从 00-00-5E-00-00-00 到 00-00-5E-FF-FF-FF。同时以太网硬件地址字段的第 1 字节的最低位为 1 时即为多播地址，这种多播地址数占 IANA 分配到的地址数的一半，因此，IANA 拥有的以太网多播地址的范围是从 00-00-5E-00-00-00 到 00-00-5E-7F-FF-FF。也就是说，在每一个地址中，只有 23 位可用作多播。D 类地址可供分配的有 28 位，可见在这 28 位中的前 5 位不能用来构成以太网硬件地址，如图 4-24 所示。

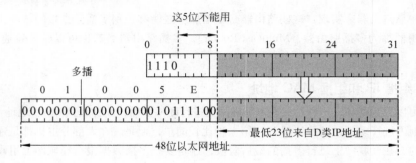

图 4-24　D 类 IP 地址与以太网多播地址的映射关系

例如 IP 多播地址 224.128.64.32（即 E0-80-40-20）和另一个多播地址 224.0.64.32（即 E0-00-40-20）转换成以太网的硬件多播地址都是 01-00-5E-00-40-20。由于多播 IP 地址与以太网硬件地址的映射关系不是唯一的，因此，收到多播数据报的主机，还要在 IP 层利用软件进行过滤，把不是本主机要接收的数据报丢弃。

4.6.3　互联网组管理协议

1. 互联网组管理协议 IGMP

互联网组管理协议（Internet Group Management Protocol, IGMP）是 TCP/IP 协议族中负责 IPv4 组播成员管理的协议，用来在 IP 主机和与其直接相邻的组播路由器之间建立、维护组播组成员关系。目前 IGMP 协议是 2002 年 10 月公布的 IGMPv3。

正如 ICMP 一样，IGMP 也被当作 IP 层的一部分，IGMP 报文通过 IP 数据报进行传输，如图 4-25 所示。

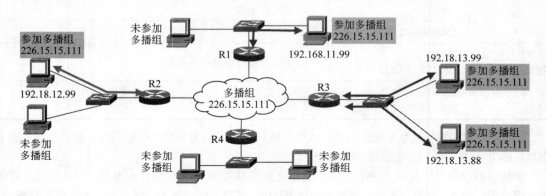

图 4-25　IGMP 使多播路由器知道多播组成员信息

如图 4-25 所示，标有 IP 地址的四台主机都参加了一个多播组，其组地址是 226.15.15.111，利用 IGMP 协议，这个多播组的成员分别连接到 R1、R2 和 R3，而与 R4 连接的局域网现在没有这个多播组的成员，因此，多播数据报应当传送到路由器 R1、R2 和 R3，而不应当传送到路由器 R4。

IGMP 的工作可分为以下两个阶段。

（1）当某台主机加入新的多播组时，该主机应向多播组的多播地址发送一个 IGMP 报文，声明自己要成为该组的成员。本地的多播路由器收到 IGMP 报文后，还要利用多播路由选择协议把这种组成员关系转发给互联网上的其他多播路由器。

（2）组成员关系是动态的，本地多播路由器要周期性地探询本地局域网上的主机，以便知道这些主机是否继续是组的成员，只要有一台主机对某个组响应，那么多播路由器就认为这个组是活跃的；但如果一个组在经过几次的探询后仍然没有一台主机响应，多播路由器就认为本网络上的主机已经都离开了这个组，因此也就不再把这个组的成员关系转发给其他的多播路由器。

IGMP 协议是让连接在本地局域网上的多播路由器知道本局域网上是否有主机参加或退出了某个多播组。但 IGMP 并非在互联网范围内对所有多播组成员进行管理的协议，IGMP 不知道 IP 多播组包含的成员数，也不知道这些成员都分布在哪些网络上。显然，仅有 IGMP 协议是不能完成多播任务的，连接在局域网上的多播路由器还必须和互联网上的其他多播路由器协同工作，以便把多播数据报用最小代价传送给所有的组成员，这就需要多播路由选择协议。

2. 多播路由选择协议

多播路由选择协议要比单播路由选择协议复杂得多。在多播过程中一个多播组中的成员是动态变化的，多播路由选择实际上就是要找出以源主机为根结点的多播转发树，在多播转发树上，每一个多播路由器向树的叶结点方向转发收到的多播数据报，但在多播转发树上的路由器不会收到重复的多播数据报（即多播数据报不应在互联网中兜圈子）。对不同的多播组对应于不同的多播转发树，而同一个多播组，对不同的源点也会有不同的多播转发树。

多播路由选择协议有以下特点。

（1）多播转发必须动态地适应多播组成员的变化（这时网络拓扑并未发生变化）。例如，在收听网上某个广播节目时，随时会有主机加入或离开这个多播组。请注意，单播路由选择通常是在网络拓扑发生变化时才需要更新路由。

（2）多播路由器在转发多播数据报时，不能仅仅根据多播数据报中的目的地址，而是还要考虑这个多播数据报从什么地方来和要到什么地方去。

（3）多播数据报可以由没有加入多播组的主机发出，也可以通过没有组成员接入的网络。

目前，在 TCP/IP 中 IP 多播协议已成为建议标准，但多播路由选择协议则尚未标准化，也没有在整个互联网范围内使用的多播路由选择协议。建议使用的多播路由选择协议有距离向量多播路由选择协议（Distance Vector Multicast Routing Protocol, DVMRP）、基于核心的转发树（Core Based Tree, CBT）、开放最短通路优先的多播扩展（Multicast Extensions to OSPF, MOSPF）、协议无关多播 - 稀疏方式（Protocol Independent Multicast-Sparse Mode, PIM-SM）、协议无关多播 - 密集方式（Protocol Independent Multicast-Dense Mode, PIM-DM）等。

4.7　技能训练 1：网络层常用命令

Windows 平台下常用网络命令有 ipconfig、ping、arp、tracert、pathping、router 等，他们都是在 DOS 命令提示符下运行。DOS 命令提示符状态，通常有以下两种进入方式。

（1）选择"开始"→"Windows 系统"→"命令提示符"命令即可，若要使用管理员权限打开的话则在"命令提示符"上右击并在弹出的快捷菜单上选择"更多"→"以管理员身份运行"命令即可。

（2）单击任务栏中的"搜索"按钮，在弹出的搜索框中输入 cmd 或者 DOS 命令都是可以的，选择"命令提示符"，同时可以选择"以管理员身份运行"。

4.7.1　Ipconfig 命令使用

Ipconfig 命令用于显示本机 TCP/IP 协议配置值，查看本机 IP 地址、子网掩码和默认网关信息。对于通过 DHCP 服务器自动获取 IP 地址的客户端来说本命令较为实用。由于篇幅所限，命令格式及命令显示未全部列出，以省略号……表示。

1. ipconfig 命令格式

ipconfig 命令格式（可输入 ipconfig/？命令）如下。

C:\Users\xxx>ipconfig/?

用法：

ipconfig [/allcompartments] [/? | /all |

/renew [adapter] | /release [adapter] |

/renew6 [adapter] | /release6 [adapter] |

/flushdns | /displaydns | /registerdns |

/showclassid adapter |

/setclassid adapter [classid] |

/showclassid6 adapter |

/setclassid6 adapter [classid]]

其中：adapter 为连接名称 (允许使用通配符 * 和 ?)。

选项说明如下。

- /?：显示此帮助消息
- all：显示完整配置信息。
- release：释放指定适配器的 IPv4 地址。
- ……
- showclassid6：显示适配器允许的所有 IPv6 DHCP 类 ID。
- setclassid6：修改 IPv6 DHCP 类 ID。

默认情况下，仅显示绑定到 TCP/IP 的每个适配器的 IP 地址、子网掩码和默认网关。

对于 Release 和 Renew，如果未指定适配器名称，则会释放或更新所有绑定到 TCP/IP 的适配器的 IP 地址租用。

对于 Setclassid 和 Setclassid6，如果未指定 ClassId，则会删除 ClassId。

2. 常用选项示例

（1）ipconfig。显示信息。

C:\Users\xxx>ipconfig

Windows IP 配置：

以太网适配器 以太网：
　　连接特定的 DNS 后缀 . . . . :
　　本地链接 IPv6 地址 . . . . : fe80::fc4b:ed55:657c:dbfd％12
　　IPv4 地址 . . . . : 192.168.0.105
　　子网掩码 . . . . : 255.255.255.0
　　默认网关 . . . . : 192.168.0.1
C:\Users\xxx>

（2）ipconfig /all。显示详细信息。

C:\Users\xxx>ipconfig/all

Windows IP 配置：

　　主机名 . . . . : 1 组 PCA
……

以太网适配器 以太网：

　　连接特定的 DNS 后缀 . . . . ：

　　描述 . . . . : Intel(R) Ethernet Connection (7) I219-LM

　　物理地址 . . . . : 00-4E-01-C0-F2-97

　　......

　　DNS 服务器 . . . . : 10.8.10.244

　　TCPIP 上的 NetBIOS . . . . ：已启用

C:\Users\xxx>

（3）ipconfig /displaydns。显示 DNS 解析程序缓存的内容。

ipconfig /flushdns：清除 DNS 解析程序缓存。

C:\Users\xxx>ipconfig /displaydns

Windows IP 配置：

　　ping.pinyin.sogou.com

　　--

　　记录名称 . . . . : ping.pinyin.sogou.com

　　记录类型 . . . . : 1

　　生存时间 . . . . : 16

　　数据长度 . . . . : 4

　　部分 . . . . :答案

　　A（主机）记录 . . . . : 123.126.51.104

......

想了解其他参数请参阅相关资料。

4.7.2　Ping 命令使用

通过 Ping 命令可以检测网络（局域网内和互联网上）中计算机之间的连通性。

在进行网络调试的过程中，Ping 是最常用的一个命令，无论 UNIX、Linux、Windows 还是路由器的 IOS 中都集成了 Ping 命令。根据操作系统的不同，Ping 命令在运行时默认发送四五个小的单播包，要求在 2s 内收到应答，并不能完全真实模拟应用程序的数据报在网络中传输的情况，可以通过在命令后面附加参数进一步测试网络的性能。其中，最常见的是使用参数 -t 进行不间断测试，直到按 Ctrl+C 组合键停止为止。Ping 命令需要在安装 TCP/IP 协议之后才能使用。

1. Ping 命令格式

在命令提示符下输入 ping/? 可显示 ARP 的帮助信息。

C:\Users\xxx>ping/?

用法：
ping [-t] [-a] [-n count] [-l size] [-f] [-i TTL] [-v TOS]
　　　　[-r count] [-s count] [[-j host-list] | [-k host-list]]
　　　　[-w timeout] [-R] [-S srcaddr] [-c compartment] [-p]
　　　　[-4] [-6] target_name

选项说明如下。

- -t：Ping 指定的主机，直到停止。若要查看统计信息并继续操作，请键入 Ctrl+Break；若要停止，请键入 Ctrl+C。
- -a：将地址解析为主机名。
- -6：强制使用 IPv6。

在 Windows 客户端中除了上述收到目的主机的响应之外，还会有如下提示信息。

（1）Request Timed Out。请求超时，目的主机不存在，无法响应。

（2）Destination HostUNreachable。请求超时，中间网络设备没有到达目的主机的路由信息。

（3）Unknown Host。未知主机，主机名称解析异常。

2. 常用参数举例

（1）测试 TCP/IP 是否安装正确。这时用命令 Ping 访问地址 127.0.0.1，如果成功，表示 TCP／IP 安装正确，也可检验网卡是否有故障。其中 127.0.0.1 是环回地址，它永远环回到本机（访问 127.0.0.1 即访问本机）。

C: >ping 127.0.0.1

正在 Ping 127.0.0.1 具有 32 字节的数据：

来自 127.0.0.1 的回复：字节 =32 时间 <1ms TTL=128

来自 127.0.0.1 的回复：字节 =32 时间 <1ms TTL=128

来自 127.0.0.1 的回复：字节 =32 时间 <1ms TTL=128

来自 127.0.0.1 的回复：字节 =32 时间 <1ms TTL=128

127.0.0.1 的 Ping 统计信息：

数据包：已发送 = 4，已接收 = 4，丢失 = 0 (0% 丢失)，

往返行程的估计时间（以毫秒为单位）：

最短 = 0ms，最长 = 0ms，平均 = 0ms

C:\Users\xxx>

（2）测试 IP 地址是否配置正确。这时使用命令 Ping 访问本机 IP 地址，以确认 IP 地址配置是否正确。

C:\Users\xxx>ping 192.168.0.105

正在 Ping 192.168.0.105 具有 32 字节的数据：

来自 192.168.0.105 的回复：字节 =32 时间 <1ms TTL=128

……

192.168.0.105 的 Ping 统计信息：

数据包：已发送 = 4，已接收 = 4，丢失 = 0 (0% 丢失)，

往返行程的估计时间（以毫秒为单位）：

最短 = 0ms，最长 = 0ms，平均 = 0ms

C:\Users\xxx>

（3）测试到 www.baidu.com 的连通性。

C:\Users\xxx>ping www.baidu.com.cn

正在 Ping www.a.shifen.com [61.135.169.125] 具有 32 字节的数据：

来自 61.135.169.125 的回复：字节 =32 时间 =14ms TTL=50

……

61.135.169.125 的 Ping 统计信息：

数据包：已发送 = 4，已接收 = 4，丢失 = 0 (0% 丢失)，

往返行程的估计时间 (以毫秒为单位)：

最短 = 13ms，最长 = 14ms，平均 = 13ms

C:\Users\xxx>

（4）连续发送 Ping 测试报文。在网络调试过程中，有时需要连续发送 Ping 命令探测报文。例如，在路由器调试的过程中，可以让测试主机连续发送 Ping 命令探测报文，一旦配置正确，测试主机可以立即报告目的地可达信息。

连续发送 Ping 命令测试报文可以使用 -t 选项。可以按 Ctrl + Break 组合键显示发送和接收回应请求 / 应答 ICMP 报文的统计信息，也可以按 Ctrl + C 组合键结束 Ping 命令运行。

C:\Users\xxx >ping –t 192.168.0.102

Pinging 192.168.0.20 with 32 bytes of data:

Request timed out.

Reply from 192.168.0.20: bytes=32 time<1ms TTL=128

Reply from 192.168.0.20: bytes=32 time=1ms TTL=128

Reply from 192.168.0.20: bytes=32 time<1ms TTL=128

Ping statistics for 192.168.0.20:

Packets: Sent = 7, Received = 3, Lost = 4 (58% loss),

Approximate round trip times in milli–seconds:

Minimum = 0ms, Maximum = 1ms, Average = 0ms

Control–C

^C

C:\Users\xxx >

（5）自选数据长度的 Ping 测试报文。在默认情况下，Ping 命令使用的测试报数据长度为 32B，使用 "-l Size" 选项可以指定测试报数据长度。

C:\Users\xxx>ping 192.168.0.102 –l 1560

正在 Ping 192.168.0.102 具有 1560 字节的数据：

来自 192.168.0.102 的回复：字节 =1560 时间 =2ms TTL=255

……

192.168.0.102 的 Ping 统计信息：

数据包：已发送 = 4，已接收 = 4，丢失 = 0 (0% 丢失)，

往返行程的估计时间 (以毫秒为单位)：

最短 = 0ms，最长 = 2ms，平均 = 0ms

C:\Users\xxx>ping www.baidu.com.cn –l 1560

正在 Ping www.a.shifen.com [61.135.169.125] 具有 1560 字节的数据：

请求超时。

……

请求超时。

61.135.169.125 的 Ping 统计信息：

数据包：已发送 = 4，已接收 = 0，丢失 = 4 (100% 丢失)，

C:\Users\xxx>

C:\Users\xxx>ping 192.168.0.102 –l 65500

正在 Ping 192.168.0.102 具有 65500 字节的数据：

请求超时。

……

192.168.0.102 的 Ping 统计信息：

      数据包：已发送 = 4，已接收 = 0，丢失 = 4 (100% 丢失)，

C:\Users\xxx>

4.7.3　Tracert 命令使用

Tracert（跟踪路由）是路由跟踪实用程序，用于获得 IP 数据报访问目标时从本地计算机到目的主机的路径信息。在 MS Windows 操作系统中该命令为 tracert，发送 ICMP echo-request，目的主机回应 ICMP echo-reply；而在 UNIX/Linux 中则为 traceroute。当发送 UDP 报文时，目标主机会回应端口不可达。Tracert 通过发送数据报到目的设备并得到应答，通过应答报文得到路径和时延信息。

源主机首先发三个包，TTL=1，对于一条路径上的每个设备 tracert 要测 3 次，输出结果中包括每次测试的时间（ms）和设备的名称或 IP 地址。

Tracert 命令用 IP 生存时间 (TTL) 字段和 ICMP 差错报文来确定从一个主机到网络上其他主机的路由。

Tracert 通过向目的地发送具有不同 IP 生存时间 (TTL) 值的 Internet 控制消息协议（ICMP）回送请求报文，以确定到目的地的路由。要求路径上的每个路由器在转发数据包之前至少将数据包上的 TTL 递减 1，而当数据包上的 TTL 减为 0 时，路由器应该将"ICMP 已超时"的消息发回源系统。

Tracert 先发送 TTL 为 1 的回应数据包，并在随后的每次发送过程将 TTL 递增 1，直到目标响应或 TTL 达到最大值，从而确定路由，通过检查中间路由器发回的"ICMP 已超时"的消息确定路由。但某些路由器不经询问直接丢弃 TTL 过期的数据包，这在 Tracert 实用程序中看不到。

Tracert 命令按顺序打印出返回"ICMP 已超时"消息的路径中的近端路由器接口列表。如果使用 -d 选项，则 Tracert 实用程序不在每个 IP 地址上查询 DNS。

1. tracert 命令格式

在命令提示符下输入"tracert/?"可显示 ARP 的帮助信息。

C:\Users\xxx>tracert/?

用法：

tracert [–d] [–h maximum_hops] [–j host–list] [–w timeout]
      [–R] [–S srcaddr] [–4] [–6] target_name

选项说明如下。

- -d：不将地址解析成主机名。
- -h maximum_hops：搜索目标的最大跃点数。
- -j host-list：与主机列表一起的松散源路由 (仅适用于 IPv4)。
- -w timeout：等待每个回复的超时时间 (以毫秒为单位)。
- -R：跟踪往返行程路径 (仅适用于 IPv6)。
- -S srcaddr：要使用的源地址 (仅适用于 IPv6)。
- -4：强制使用 IPv4。
- -6：强制使用 IPv6。

2. 常用参数举例

（1）要跟踪名为 www.163.com 的主机的路径。

C:\Users\xxx>tracert www.163.com

通过最多 30 个跃点跟踪

到 z163ipv6.v.bsgslb.cn [220.194.102.82] 的路由：

　　1　　<1 毫秒　　<1 毫秒　　<1 毫秒 bogon [192.168.0.1]

　　2　　　*　　　　*　　　　*　　　请求超时。

　　3　　4 ms　　9 ms　　5 ms　　bogon [10.10.2.254]

　　4　　　*　　　　*　　　　*　　　请求超时。

　　……

13　19 ms　17 ms　17 ms　dns246.online.tj.cn [220.194.85.246]

14　　*　　　　*　　　　*　　　请求超时。

15　12 ms　12 ms　12 ms　dns82.online.tj.cn [220.194.102.82]

跟踪完成。

C:\Users\xxx>

（2）要跟踪名为 www.163.com 的主机的路径并防止将每个 IP 地址解析为它的名称。

C:\Users\xxx>tracert –d www.163.com

通过最多 30 个跃点跟踪

到 z163ipv6.v.bsgslb.cn [220.194.102.82] 的路由：

　　1　　<1 毫秒　　<1 毫秒　　<1 毫秒 192.168.0.1

　　2　　　*　　　　*　　　　*　　　请求超时。

　　……

15　12 ms　12 ms　12 ms　220.194.102.82

跟踪完成。

C:\Users\xxx>

试比较两者的区别。

4.7.4　Pathping 命令使用

Pathping 命令是一个路由跟踪工具，提供有关在源和目标之间的中间结点处网络滞后和网络丢失的信息，它将 Ping 和 Tracert 命令的功能结合起来，并能显示 Ping 和 Tracert 命令提供的其他信息。

Pathping 命令先执行与 Tracert 命令相同的功能（通过路由跟踪），然后在一段时间内定期将 Ping 命令发送到源和目标结点的各个路由器，并根据每个路由器的返回数值生成统计结果。由于 Pathping 命令能显示在任何特定路由器或链接处数据包丢失情况，因此可以很容易地确定可能导致网络问题的路由器或子网。

1. Pathping 命令格式

在命令提示符下输入 pathping/? 可显示 Pathping 命令助信息。

C:\Users\xxx>pathping/?

用法：

pathping [–g host–list] [–h maximum_hops] [–i address] [–n]

[–p period] [–q num_queries] [–w timeout]
                    [–4] [–6] target_name

选项说明如下。

- -g host-list：与主机列表一起的松散源路由。
- -6：强制使用 IPv6。

2. Pathping 命令使用

要跟踪名为 www.163.com 的主机的路径，输入命令 pathping www.163.com。

C:\Users\xxx>pathping www.163.com
通过最多 30 个跃点跟踪
到 z163ipv6.v.bsgslb.cn [220.194.102.82] 的路由：
    0 1 组 PCA [192.168.0.105]
    1 bogon [192.168.0.1]
    2   *   *   *
正在计算统计信息，已耗时 25 秒……
                    指向此处的源 此结点 / 链接
跃点 RTT   已丢失 / 已发送 = Pct 已丢失 / 已发送 = Pct 地址
0   1 组 PCA [192.168.0.105]
                        0/ 100 = 0% |
1   0ms   0/ 100 = 0%   0/ 100 = 0%   bogon [192.168.0.1]
跟踪完成。
C:\Users\xxx>

4.7.5 Route 命令使用

Route 命令用来对网络路由表进行相关操作，一般情况下，大多数计算机都是在只连接一台路由器的网段上，该路由器的 IP 地址作为该网段上所有计算机的默认网关，但当网络上有两个或多个路由器时，就不一定只使用默认网关。例如，某些远程 IP 地址指定一个路由器来转发，而其他的远程 IP 则通过另一个路由器来转发。这时就需要相应的路由信息，路由信息存储在路由表中，每个主机和每个路由器都配有自己的路由表。多数路由器使用动态路由协议来交换和更新路由器之间的路由表，但有时根据需要可通过人工方式添加路由表项到路由表中。Router 就是用来显示、人工添加和修改路由表项。

1. Route 命令格式

在命令提示符下输入"route/?"可获得有关 Route 命令的帮助信息。

C:\Users\xxx>route/?

操作网络路由表。

ROUTE [–f] [–p] [–4|–6] command [destination]
                    [MASK netmask][gateway] [METRIC metric][IF interface]

选项说明如下。

- -f：清除所有网关项的路由表。如果与某个命令结合使用，在运行该命令前，应清除路由表。

- METRIC：指定跃点数，例如目标的成本。

用于目标的所有符号名都可以在网络数据库文件 NETWORKS 中进行查找。用于网关的符号名称都可以在主机名称数据库文件 HOSTS 中进行查找。

如果命令为 PRINT 或 DELETE。目标或网关可以为通配符（通配符指定为星号"*"），否则可能会忽略网关参数。

如果 Dest 包含一个 * 或 ?，则会将其视为 Shell 模式，并且只打印匹配目标路由。"*"匹配任意字符串，而"?"匹配任意一个字符。示例：157.*.1、157.*、127.*、*224*。

只有在 PRINT 命令中才允许模式匹配。

2. Route 命令的使用

route print 命令用于查看当前路由表中的相关情况。

```
C:\Users\xxx>route print
===========================================================================
接口列表
12...00 4e 01 c0 f2 97 ......Intel(R) Ethernet Connection (7) I219-LM
32...02 00 4c 4f 4f 50 ......Npcap Loopback Adapter
 1...........................Software Loopback Interface 1
===========================================================================

IPv4 路由表
===========================================================================
活动路由：
网络目标          网络掩码          网关        接口        跃点数
        0.0.0.0          0.0.0.0    192.168.0.1      192.168.0.105   25
      127.0.0.0        255.0.0.0       在链路上       127.0.0.1   331
      127.0.0.1  255.255.255.255       在链路上          127.0.0.1   331
127.255.255.255  255.255.255.255       在链路上          127.0.0.1   331
......
255.255.255.255  255.255.255.255       在链路上    192.168.0.105   281
255.255.255.255  255.255.255.255       在链路上    169.254.15.239   281
===========================================================================
......
C:\Users\xxx>
```

4.8　技能训练 2：分析 ARP、IP 和 ICMP 报文

4.8.1　ARP 命令使用

在命令提示符下输入 arp/? 可获得 ARP 的帮助信息。

```
C:\Users\xxx>arp/?
```

显示和修改地址解析协议 (ARP) 使用的"IP 到物理"地址转换表。

ARP –s inet_addr eth_addr [if_addr]

ARP –d inet_addr [if_addr]

ARP –a [inet_addr] [–N if_addr] [–v]

选项说明如下。

- -a：通过询问当前协议数据，显示当前 ARP 项。如果指定 inet_addr，则只显示指定计算机的 IP 地址和物理地址。如果不止一个网络接口使用 ARP，则显示每个 ARP 表的项。
- if_addr：如果存在，此项指定地址转换表应修改的接口的 Internet 地址。如果不存在，则使用第一个适用的接口。

4.8.2 模拟实验

1. 搭建模拟环境

为了测试 ARP、IP、ICMP 协议，了解 ARP 的工作原理，以及 ARP 报文、IP 包和 ICMP 报文的结构，在 Packet Trace 中搭建如图 4-26 所示的网络环境。在这里用到了以下设备。

（1）路由器 1941（两台）。

（2）交换机 2960-24TT（两台）。

（3）PC（3 台）。

（4）服务器 1 台。

（5）双绞线直通线 6 条，交叉线 1 条。

2. 实施过程

步骤 1：规划各计算机、路由器各接口 IP 地址、子网掩码、网关。

（1）配置 PCA、PCB、PCC、Server1 和路由器各接口的 IP 地址、子网掩码、默认网关等，见表 4-5。

表 4-5　计算机、路由器各接口 IP 地址连接及配置表

计算机 / 路由器	IP 地 址	子网掩码	网　关	连 接 端 口
PCA	192.168.0.10	255.255.255.0	192.168.0.1	S1-FastEthernet0/1
PCB	192.168.0.20	255.255.255.0	192.168.0.1	S1-FastEthernet0/2
PCC	192.168.0.30	255.255.255.0	192.168.0.1	S1-FastEthernet0/3
Server1	172.16.1.100	255.255.255.0	172.16.1.1	S2-FastEthernet0/1
R0-GigabitEthernet0/0	192.168.0.1	255.255.255.0		S1-GigabitEthernet0/1
R0-GigabitEthernet0/1	192.168.2.1	255.255.255.0		R1-GigabitEthernet0/0
R1-GigabitEthernet0/0	192.168.2.2	255.255.255.0		R0-GigabitEthernet0/1
R1-GigabitEthernet0/1	172.16.1.1	255.255.255.0		S2-GigabitEthernet0/1

（2）配置路由器的静态路由或默认路由。

R0(config)#ip route 172.16.1.0 255.255.255.0 192.168.2.2

R1(config)#ip route 192.168.0.0 255.255.255.0 192.168.2.1

步骤 2：实训环境准备。

（1）硬件连接。在交换机、路由器和计算机断电的状态下，如图 4-26 所示连接硬件。

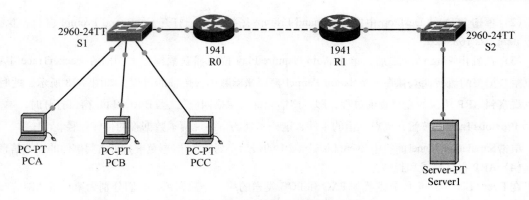

图4-26 用于测试网络协议的网络拓扑结构

（2）分别打开设备，给各设备供电。

步骤3：清除各设备配置。

步骤4：设置各计算机、路由器各接口的IP地址、子网掩码、默认网关等参数，见表4-6，配置两台路由器的静态路由。

步骤5：测试网络连通性，检查ARP缓存。

（1）使用Ping命令分别测试PCA、PCB、PCC、Server1之间的连通性。

C:\>ping 192.168.0.10

...

C:\>ping 192.168.0.20

...

C:\>ping 192.168.0.30

...

C:\>ping 172.16.1.100

...

（2）使用命令ARP -a可以获得高速Cache中的ARP表。ARP表在没有进行手工配置之前通常为动态ARP表项，表项的变动较大。ARP -a命令输出的结果也不大相同，如果高速Cache中的ARP表为空，则输出的结果为NO ARP Entries Found；如果ARP表中存在IP地址和MAC的映射关系，则显示该映射关系。

C:\>arp –a

Internet Address Physical Address Type

192.168.0.1 00e0.f75e.a701 dynamic

192.168.0.20 0001.4333.1da9 dynamic

192.168.0.30 0003.e430.20ec dynamic

C:\>arp –d   #–d 删除所有主机

C:\>arp –a

No ARP Entries Found

步骤6：使用Ping命令，检查ARP报文。

（1）配置PacketTrace捕获数据报，进入模拟模式，单击Event List按钮，弹出Simulation Pannel窗口。单击Edit Filter按钮，弹出事件列表过滤器对话框，选中ARP和ICMP两项，如图4-27所示。

（2）单击 PCA 的 Desktop 中的 Command Prompt 图标按钮，打开 Command Prompt 窗口，执行命令 ping 192.168.0.20。

（3）在发出 Ping 命令之后，单击 Auto Capture/Play 按钮捕获数据报。同时在 PacketTrace 主窗口观察数据报的流转，并且在 Simulation Pannel 窗口显示数据报传输的过程，如图 4-28 所示。此时，可以观察到 ARP 协议的完整查询过程，即"广播查询—单播回应"。当 Buffer Full 窗口打开时，单击 View Previous Events 按钮，查看以前的事件，这一系列的事件说明了数据报的传输路径。

单击 Simulation Pannel 面板中 Event Lists 区域中的最后一列的按钮（彩色框），可访问事件的详细信息。

（4）ARP 报文格式和封装方式。

在 Event List 列表框中分别找到 PAC 和 PCB 发送的第一个数据包，它们分别为第一条 ARP 查询包和第一条 ARP 回应包。再单击 Info 列中的彩色正方形按钮，打开 PDU Information 窗口，单击选中 Outbound PDU Details 选项卡以查看 ARP 报文的内容和封装方式。ARP 查询包的数据帧是采用广播地址（FF-FF-FF-FF-FF-FF）。如图 4-29 所示。

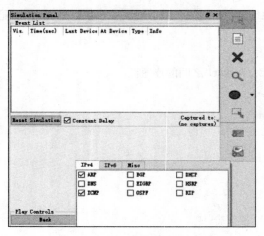

图 4-27 事件过滤器

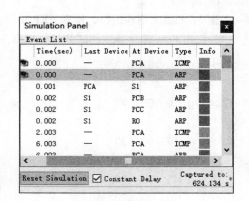

图 4-28 ARP 查询过程

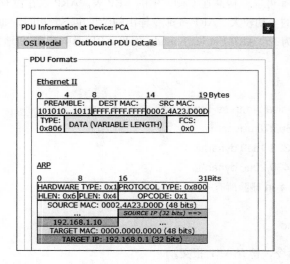

图 4-29 ARP 查询报文

步骤7：Ping 命令，在发出 Ping 命令之后，单击 Auto Capture/Play 按钮捕获数据报。同时在

PacketTrace 主窗口观察数据报的流转，并且在 Simulation Pannel 窗口显示数据报的过程。图 4-30 所示为 Ping 192.168.0.20 ICMP 过程。

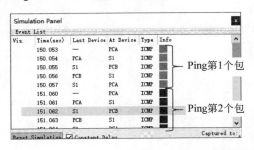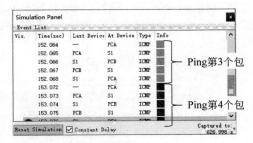

图 4-30　Ping 192.168.0.20 ICMP 过程

4.8.3　使用 wireshark 分析 ARP、IP 和 ICMP 报文

1. 准备实验环境

为了测试 ARP 命令，了解 ARP 协议的工作原理，在实训室中搭建如图 4-31 所示的网络环境。在这里用到了以下设备。

(1) 交换机（1 台）。

(2) PC（3 台）。

(3) 双绞线直通线 3 条。

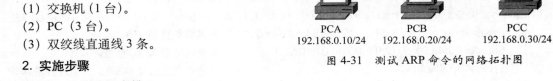

图 4-31　测试 ARP 命令的网络拓扑图

2. 实施步骤

步骤 1：实训分组安排。

为了保证 1 个教学班的实训，可以进行分组，见表 4-6。对每组设置计算机名、工作组名、IP 地址以及共享文件夹和用户。

表 4-6　设置计算机名、工作组名、IP 地址以及共享文件夹和用户

组　别		计算机名	工作组名	IP 地址	用户名	共享文件夹
1 组	计算机 1	1 组 pca	网络 1901 班 1 组	192.168.0.10/24	user11	share11
	计算机 2	1 组 pcb	网络 1901 班 1 组	192.168.0.20/24	user12	share12
	计算机 3	1 组 pcc	网络 1901 班 1 组	192.168.0.30/24	user13	share13
2 组	计算机 1	2 组 pca	网络 1901 班 2 组	192.168.1.10/24	user21	share21
	计算机 2	2 组 pcb	网络 1901 班 2 组	192.168.1.20/24	user22	share22
	计算机 3	2 组 pcc	网络 1901 班 2 组	192.168.1.30/24	user23	share23
⋮	⋮	⋮	⋮	⋮	⋮	⋮
8 组	计算机 1	8 组 pca	网络 1901 班 8 组	192.168.7.10/24	user81	share81
	计算机 2	8 组 pcb	网络 1901 班 8 组	192.168.7.20/24	user82	share82
	计算机 3	8 组 pcc	网络 1901 班 8 组	192.168.7.30/24	user83	share83

步骤 2：TCP/IP 配置。

(1) 配置 PCA 的 IP 地址为 192.168.0.10，子网掩码为 255.255.255.0；配置 PCB 的 IP 地址为 192.168.0.20，子网掩码为 255.255.255.0；配置 PCC 的 IP 地址为 192.168.0.30，子网掩码为 255.255.255.0。

(2) 在 PCA、PCB 和 PCC 主机上运行 Ping 命令，检查相互之间网络的连通性。

步骤 3：分析 ARP 协议及 ARP 报文。

（1）在 PCA 主机上清除 ARP 缓存。

在 PCA 的命令提示符下执行：arp -d。

在 PCA 的命令提示符下执行：ping 192.168.0.20。

（2）启动 wireshark 抓包，在 PCA 上启动 wireshark，观察抓包结果，注意过滤 ARP，分析 ARP 请求和应答包。

（3）ARP 请求报文，如图 4-32 所示。

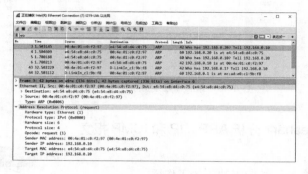

图 4-32　ARP 请求

Frame 9: 42 bytes on wire (336 bits), 42 bytes captured (336 bits) on interface 0

Ethernet II, Src: 00:4e:01:c0:f2:97 (00:4e:01:c0:f2:97), Dst: e4:54:e8:d4:c0:75 (e4:54:e8:d4:c0:75)

 Destination: e4:54:e8:d4:c0:75 (e4:54:e8:d4:c0:75)　　　# 该帧的目的 MAC 地址

 Source: 00:4e:01:c0:f2:97 (00:4e:01:c0:f2:97)　　　# 该帧的源 MAC 地址

 Type: ARP (0x0806)　　　# 协议类型为 0x0806，表明封装是 ARP

Address Resolution Protocol (request)　　　#ARP 请求

 Hardware type: Ethernet (1)　　　# 硬件地址（二层地址）类型为 ethernet

 Protocol type: IPv4 (0x0800　　　# 协议地址（三层地址）类型为 IPv4

 Hardware size: 6　　　# 硬件地址长度 6 字节

 Protocol size: 4　　　# 协议地址长度 4 字节

 Opcode: request (1)　　　# 操作码为 1，表示是 ARP 请求

 Sender MAC address: 00:4e:01:c0:f2:97 (00:4e:01:c0:f2:97)　　# 源主机 MAC 地址

 Sender IP address: 192.168.0.10　　　# 源主机 IP 地址

 Target MAC address: e4:54:e8:d4:c0:75 (e4:54:e8:d4:c0:75)　　# 目的主机 MAC 地址

 Target IP address: 192.168.0.20　　　# 目的主机 IP 地址

（4）ARP 应答报文如图 4-33 所示。

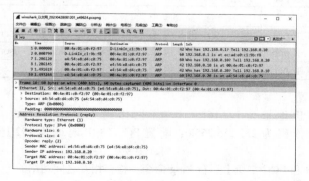

图 4-33　ARP 应答

Frame 10: 60 bytes on wire (480 bits), 60 bytes captured (480 bits) on interface 0

Ethernet II, Src: e4:54:e8:d4:c0:75 (e4:54:e8:d4:c0:75), Dst: 00:4e:01:c0:f2:97 (00:4e:01:c0:f2:97)

Destination: 00:4e:01:c0:f2:97 (00:4e:01:c0:f2:97)	# 目的 MAC 地址为 ARP 请求方的 MAC 地址
Source: e4:54:e8:d4:c0:75 (e4:54:e8:d4:c0:75)	# 该帧的源 MAC 地址
Type: ARP (0x0806)	# 协议类型为 0x0806，表明封装是 ARP
Padding: 000000000000000000000000000000000000	# MAC 填充
Address Resolution Protocol (reply)	# ARP 应答
Hardware type: Ethernet (1)	# 硬件地址（二层地址）类型为 ethernet
Protocol type: IPv4 (0x0800)	# 协议地址（三层地址）类型为 IPv4
Hardware size: 6	# 硬件地址长度 6 字节
Protocol size: 4	# 协议地址长度 4 字节
Opcode: reply (2)	# 操作码为 2，表示是 ARP 请求
Sender MAC address: e4:54:e8:d4:c0:75 (e4:54:e8:d4:c0:75)	# 源主机 MAC 地址
Sender IP address: 192.168.0.20	# 源主机 IP 地址
Target MAC address: 00:4e:01:c0:f2:97 (00:4e:01:c0:f2:97)	# 目的主机 MAC 地址
Target IP address: 192.168.0.10	# 目的主机 IP 地址

在以太网链路上封装的数据包称作以太网帧，以太网帧起始部分由前导码和帧开始符组成，后面紧跟着一个以太网报头，包含目的 MAC 地址和源 MAC 地址，数据部分是该帧负载的包含其他协议报头的数据报（例如 ARP、IP 协议等，由类型来指明），最后由位冗余校验码结尾，它用于检验数据传输是否出现损坏。

ARP 请求封装的 MAC 帧如图 4-32 所示，ARP 应答封装的 MAC 帧如图 4-33 所示，MAC 帧填充了 18 字节。由于封装了 ARP 报文的 MAC 帧，其数据只有 28 字节（ARP 报文只有 28 字节），而以太网最小帧数据部分需要 46 字节，因此，MAC 帧中数据部分必须填充 18 字节，padding 部分为填充部分，共 18 字节。

步骤 4：分析 IP 及 ICMP 报文。

（1）在 PCA 主机上命令提示符下执行 ping 192.168.0.20 命令。

（2）启动 wireshark 抓包，在 PCA 上启动 wireshark，观察抓包结果，注意过滤 icmp，分析 ICMP 询问和应答报文。

（3）IP 和 ICMP 询问报文如图 4-34 所示。

（4）IP 和 ICMP 应答报文如图 4-35 所示。

步骤 5：IP 分片。

利用 Windows 的 Ping 命令携带 6550 字节数据访问目的主机，显然产生的 IP 分组大于数据链路层（以太网）最大数据 1500 字节的要求，通过这种方式抓取 IP 分片并分析。

ICMP 携带 6550 字节数据，最终封装在 IP 中传输，因此原始 IP 的大小为 ICMP 首部 +6550+IP 首部，即 8+6550+20=6578（字节）。

由于原始 IP 携带数据为 6558 字节（除去 IP 首部 20 字节），因此原始 IP 中携带的数据（6558）在以太网传输时需分片为5片,前四片每片携带1480字节（IP分片首部20字节）,最后1片携带638字节。

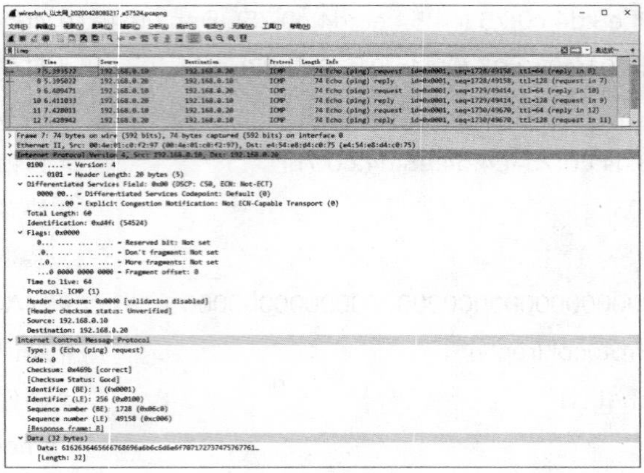

图 4-34　IP 和 ICMP 询问报文

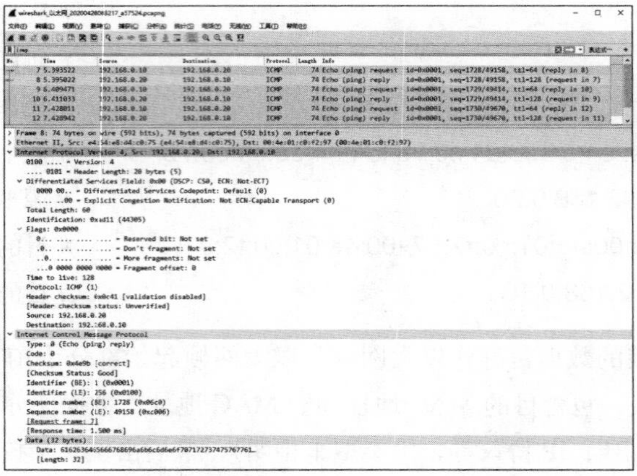

图 4-35　IP 和 ICMP 应答报文

Ping 命令一共发送 4 个 ICMP 询问报文,每个询问报文封装成 IP 分组后,该 IP 分组会产生 5 个分片,我们只分析其中一个 IP 分组产生的分片。

（1）序号为 1 的 IP 分片,如图 4-36 所示。

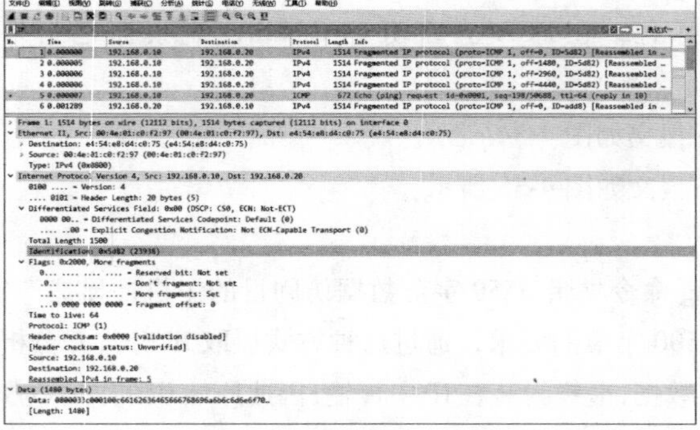

图 4-36　序号为 1 的分片

我们可以看到，发送方一共产生了 5 个分片，在序号 1~4 的 IP 分片中，Protocol 标明的是 IPv4，最后一个 IP 分片中，标明的是 ICMP。

（2）序号为 2 的 IP 分片。

前面序号 1 的 IP 分片，已经传输了编号范围是 0~1479 字节的数据，序号 2 的分片中数据的起始编号为 1480，其片偏移为 1480/8=185，如图 4-37 所示。

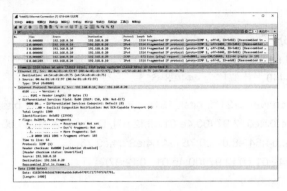

图 4-37　序号 2 的分片

（3）序号为 3 的 IP 分片。

前面序号为 1 和 2 的 2 个 IP 分片一共传输了编号范围是 0~2959 字节的数据，序号为 3 的 IP 分片中起始数据编号为 2960，片偏移为 2960/8=370。

Frame 3: 1514 bytes on wire (12112 bits), 1514 bytes captured (12112 bits) on interface 0

Ethernet II, Src: 00:4e:01:c0:f2:97 (00:4e:01:c0:f2:97), Dst: e4:54:e8:d4:c0:75 (e4:54:e8:d4:c0:75)

　　Destination: e4:54:e8:d4:c0:75 (e4:54:e8:d4:c0:75)

　　Source: 00:4e:01:c0:f2:97 (00:4e:01:c0:f2:97)

　　Type: IPv4 (0x0800)

Internet Protocol Version 4, Src: 192.168.0.10, Dst: 192.168.0.20

　　0100 .... = Version: 4

　　.... 0101 = Header Length: 20 bytes (5)

　　Differentiated Services Field: 0x00 (DSCP: CS0, ECN: Not–ECT)

　　　　0000 00.. = Differentiated Services Codepoint: Default (0)

　　　　.... ..00 = Explicit Congestion Notification: Not ECN–Capable Transport (0)

　　Total Length: 1500

　　Identification: 0x5d82 (23938)　　　　　　# 原始 IP 标识

　　Flags: 0x2172, More fragments

　　　　0... .... = Reserved bit: Not set

　　　　.0.. .... = Don't fragment: Not set

　　　　..1. .... = More fragments: Set　　# 后面还有分片

　　　　...0 0001 0111 0010 = Fragment offset: 370　　# 片偏移 370

　　Time to live: 64

　　Protocol: ICMP (1)

　　Header checksum: 0x0000 [validation disabled]

　　[Header checksum status: Unverified]

```
        Source: 192.168.0.10
        Destination: 192.168.0.20
        Reassembled IPv4 in frame: 5
    Data (1480 bytes)
        Data: 696a6b6c6d6e6f707172737475767776162636465666676869···
        [Length: 1480]
```

（4）序号为 4 的 IP 分片。

前面序号为 1、2、3 的 3 个 IP 分片一共传输了编号范围是 0 ~ 4439 字节的数据，序号为 4 的 IP 分片中起始数据编号为 4440，片偏移为 4440/8=555。

```
    Frame4: 1514 bytes on wire (12112 bits), 1514 bytes captured (12112 bits) on interface 0
    Ethernet II, Src: 00:4e:01:c0:f2:97 (00:4e:01:c0:f2:97), Dst: e4:54:e8:d4:c0:75 (e4:54:e8:d4:c0:75)
            Destination: e4:54:e8:d4:c0:75 (e4:54:e8:d4:c0:75)
            Source: 00:4e:01:c0:f2:97 (00:4e:01:c0:f2:97)
            Type: IPv4 (0x0800)
    Internet Protocol Version 4, Src: 192.168.0.10, Dst: 192.168.0.20
            0100 .... = Version: 4
            .... 0101 = Header Length: 20 bytes (5)
        Differentiated Services Field: 0x00 (DSCP: CS0, ECN: Not-ECT)
            0000 00.. = Differentiated Services Codepoint: Default (0)
            .... ..00 = Explicit Congestion Notification: Not ECN-Capable Transport (0)
        Total Length: 1500
        Identification: 0x5d82 (23938)                        # 原始 IP 标识
        Flags: 0x222b, More fragments
            0... .... .... .... = Reserved bit: Not set
            .0.. .... .... .... = Don't fragment: Not set
            ..1. .... .... .... = More fragments: Set          # 后面还有分片
            ...0 0010 0010 1011 = Fragment offset: 555          # 片偏移 555
        Time to live: 64
        Protocol: ICMP (1)
        Header checksum: 0x0000 [validation disabled]
        [Header checksum status: Unverified]
        Source: 192.168.0.10
        Destination: 192.168.0.20
        Reassembled IPv4 in frame: 5
    Data (1480 bytes)
        Data: 7172737475767776162636465666768696a6b6c6d6e6f7071···
        [Length: 1480]
```

（5）序号 5 的 IP 分片。

前面序号为 1~4 的 4 个 IP 分片一共传输了编号范围是 0~5919 字节的数据，序号为 5 的 IP 分片中起始数据编号为 5920，片偏移为 5920/8=7490。本片需携带 638 字节的数据。

Frame 5: 672 bytes on wire (5376 bits), 672 bytes captured (5376 bits) on interface 0

Ethernet II, Src: 00:4e:01:c0:f2:97 (00:4e:01:c0:f2:97), Dst: e4:54:e8:d4:c0:75 (e4:54:e8:d4:c0:75)

　　　Destination: e4:54:e8:d4:c0:75 (e4:54:e8:d4:c0:75)

　　　Source: 00:4e:01:c0:f2:97 (00:4e:01:c0:f2:97)

　　　Type: IPv4 (0x0800)

Internet Protocol Version 4, Src: 192.168.0.10, Dst: 192.168.0.20

　　　0100 .... = Version: 4

　　　.... 0101 = Header Length: 20 bytes (5)

　　　Differentiated Services Field: 0x00 (DSCP: CS0, ECN: Not–ECT)

　　　0000 00.. = Differentiated Services Codepoint: Default (0)

　　　.... ..00 = Explicit Congestion Notification: Not ECN–Capable Transport (0)

　　　Total Length: 658　　　# 总长度：20+8+630，承载的数据为 638 字节

　　　Identification: 0x5d82 (23938)　　　# 原始 IP 标识

Flags: 0x02e4

　　　0... .... = Reserved bit: Not set

　　　.0.. .... = Don't fragment: Not set

　　　..0. .... = More fragments: Not set　　# 后面没有分片，最后一片

　　　...0 0010 1110 0100 = Fragment offset: 740　　# 片偏移 740

　　　Time to live: 64

　　　Protocol: ICMP (1)

　　　Header checksum: 0x0000 [validation disabled]

　　　[Header checksum status: Unverified]

　　　Source: 192.168.0.10

　　　Destination: 192.168.0.20

　　　[5 IPv4 Fragments (6558 bytes): #1(1480), #2(1480), #3(1480), #4(1480), #5(638)]

　　　#5 个分片情况

Internet Control Message Protocol

　　　Type: 8 (Echo (ping) request)

　　　Code: 0

　　　Checksum: 0x03f2 [correct]

　　　[Checksum Status: Good]

　　　Identifier (BE): 1 (0x0001)

　　　Identifier (LE): 256 (0x0100)

　　　Sequence number (BE): 16 (0x0010)

　　　Sequence number (LE): 4096 (0x1000)

　　　[Response frame: 10]

　　　Data (6550 bytes)　　# 数据共 6550 字节

　　　Data: 6162636465666768696a6b6c6d6e6f707172737475767761...

　　　[Length: 6550]

💡注意：以上 5 片 IP 中的源 IP 地址与目的 IP 地址没有变化。

表 4-7 总结了分片情况。

表 4-7　IP 分片

IP	总长度（20 字节为首部）	标　识	MF 标志	片偏移
原始 IP	6558+20	23938	0	0
分片 1	1480+20	23938	1	0
分片 2	1480+20	23938	1	185
分片 3	1480+20	23938	1	370
分片 4	1480+20	23938	1	555
分片 5	638+20	23938	0	740

习　　题

一、填空题

1. 为高速缓存区中的一个 ARP 表项分配定时器的主要目的是_____。

2. 以太网利用_____协议获得目的主机 IP 地址与 MAC 地址的映射关系。

3. IP 数据报选项由_____、_____和_____ 3 部分组成。

4. 源路由分为_____、_____两类。

5. ICMP 报文有_____和_____两种。ICMPv6 报文可分为_____和_____两类。

6. ICMP 询问报文有_____、_____、_____和_____ 4 种。

二、选择题

1. 网络层依靠（　　）把数据从源转发到目的地。

　　A. 使用 IP 路由表　　　　　　　　　B. 使用 ARP 响应

　　C. 使用名字服务器　　　　　　　　　D. 使用网桥

2. （　　）功能让路由器对到达目的地的可用路由进行评估，然后找出转发数据包的首选路径。

　　A. 数据连接　　　　B. 路经决定　　　C. SDLC 接口协议　　　　D. 帧中继

3. IPv4 地址中包含了（　　）位。

　　A. 16　　　　　　　B. 32　　　　　　C. 64　　　　　　　　D. 128

4. 如果子网掩码是 255.255.0.0，那么下列（　　）地址为子网 112.11.0.0 内的广播地址。

　　A. 112.11.0.0　　　　　　　　　　　B. 112.11.255.255

　　C. 112.255.255.255　　　　　　　　　D. 112.1.1.1

5. 对 IP 数据包分片的重组通常发生在（　　）设备上。

　　A. 源主机　　　　　　　　　　　　　B. 目的主机

　　C. IP 数据报经过的路由器　　　　　　D. 源主机或路由器

6. 在通常情况下，下列（　　）说法是错误的。

　　A. 高速缓存区中的 ARP 表是由人工建立的

　　B. 高速缓存区中的 ARP 表是由主机自动建立的

　　C. 高速缓存区中的 ARP 表是动态的

　　D. 高速缓存区中的 ARP 表保存了主机 IP 地址与物理地址的映射关系

7. 以下 Windows 命令中，可以用于验证端系统地址的是（　　）。

　　A. Ping：　　　　　B. Arp -a　　　　C. Tracert　　　　　D. Telnet

8. 下列（   ）情况需要启动 ARP 请求。

　　A. 主机需要接收信息，但 ARP 表中没有源 IP 地址与 MAC 地址的映射关系

　　B. 主机需要接收信息，但 ARP 表中已经具有了源 IP 地址与 MAC 地址的映射关系

　　C. 主机需要发送信息，但 ARP 表中没有目的 IP 地址与 MAC 地址的映射关系

　　D. 主机需要发送信息，但 ARP 表中已经具有了目的 IP 地址与 MAC 地址的映射关系

9~13. ICMP 协议属于 TCP/IP 网络中的 (9) 协议，ICMP 报文封装在 (10) 协议数据单元中传送，在网络中起着差错和拥塞控制的作用。ICMP 有 13 种报文，常用的 Ping 命令使用了 (11) 报文，以探测目标主机是否可以到达。如果在 IP 数据包传送过程中，发现生命周期（TTL）字段为零，则路由器发出 (12) 报文。如果网络中出现拥塞，则路由器产生一个 (13) 报文。

9. A. 数据链路层　　　　B. 网络层　　　　　C. 运输层　　　　　D. 会话层

10. A. IP　　　　　　　B. TCP　　　　　　C. UDP　　　　　　D. PPP

11. A. 地址掩码请求／响应　　　　　　B. 回送请求应答

　　　C. 信息请求／响应　　　　　　　D. 时间戳请求／响应

12. A. 超时　　　　　　B. 路由重定向　　　C. 源端抑制　　　　D. 目标不可达

13. A. 超时　　　　　　B. 路由重定向　　　C. 源端抑制　　　　D. 目标不可达

三、简答题

1. IP 数据报选项有哪几部分组成？

2. ICMP 协议报文有哪几种类型？

3. 简述子网内 ARP 解析过程。

4. 简述子网间 ARP 解析过程。

5. RARP 协议主要用在什么地方？

四、实训题

1. 利用 Ping 命令对使用的局域网进行测试，并给出该局域网 MTU 的估算值。（提示：回应请求与应答 ICMP 报文包含一个 8B 的头部。）

2. 利用 Tracert 命令列出从你所在的局域网到 www.edu.cn 所经过的网关地址。

学习单元5 IP 编 址

编址是网络层协议的重要功能。要让同一网络或不同网络中的主机之间实现数据通信，必须给它们分配合适的地址。Internet 协议第 4 版（IPv4）和 Internet 协议第 6 版（IPv6）均可为传输数据的数据报提供分层编址。

设计、实施和管理有效的 IP 编址规划能确保网络高效率地运行。通过本单元的学习，大家应该掌握以下问题。

- IPv4 地址的结构是什么？
- 单播、广播以及多播 IPv4 地址的特点和用途是什么？
- 公用地址空间、私有地址空间以及保留地址空间的用途是什么？
- 开发 IPv6 编址的原因是什么？
- IPv6 地址如何表示？
- IPv6 地址有哪些类型？
- 使用多播地址的目的及其用途是什么？

5.1 IPv4 地址

在 4.2.3 节我们已经介绍了 IP 地址的结构、分类等基础知识，在这里我们主要讨论子网掩码、特殊地址等内容。

5.1.1 子网掩码

IP 地址是一组二进制数，那么如何确定哪部分是网络地址，哪部分是主机地址呢？即 IP 地址的网络标识和主机标识是如何划分的。

图 5-1 所示为 "Internet 协议版本 4（TCP/IPv4）属性" 对话框，可知在为主机分配 IPv4 地址时，必须配置 3 个点分十进制 IPv4 地址。

- IP 地址：主机唯一的 IPv4 地址。
- 子网掩码：用于标识 IPv4 地址的网络部分 / 主机部分。
- 默认网关：确定到达远程网络所需的本地网关。

在一个 IP 地址中，计算机是通过网络掩码来决定 IP 地址中网络地址和主机地址。子网掩码也同样是一个 32 位二进制数，用于屏蔽 IP 地址的一部分信息，以区别网络地址和主机地址，也就是说通过 IP 地址和子网掩码的计算才能知道计算机在哪个网络中，所以子网掩码很重要，必须配置正确，否则就会出现错误的网络地址。

为了确定 IPv4 地址的网络部分和主机部分，要将子网掩码与 IPv4 地址从左到右逐位比较，子网掩码中的 1 表示网络部分，0 表示主机部分，子网掩码

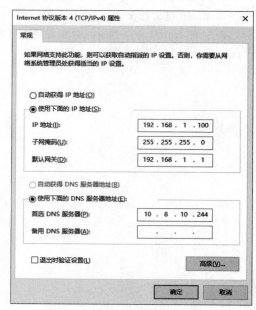

图 5-1 主机的 IPv4 地址配置

实际上不包括 IPv4 地址的网络部分或主机部分，它仅通知计算机如何在给定的 IPv4 地址中查找这些部分。

1. AND 运算

用于确定网络部分和主机部分的实际计算流程叫作 AND 运算。

逻辑 AND 运算比较两个位，所得结果：

1 and 1 =1；1 and 0 =0；0 and 1 =0；0 and 0 =0。

要确定 IPv4 主机的网络地址，要用子网掩码对 IPv4 地址进行逐位 AND 运算。地址和子网掩码之间的 AND 运算得到的结果就是网络地址。如图 5-2 所示，IPv4 地址 192.168.1.100 为子网掩码为 255.255.255.0，进行 AND 运算得出其网络部分为 192.168.1.0。

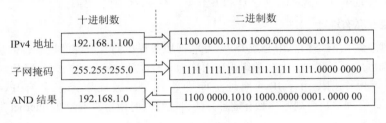

图 5-2　AND 逻辑与运算

2. 前缀长度

使用点分十进制子网掩码地址表示网络地址和主机地址变得很麻烦，这时可以选择确定子网掩码的速记法，即前缀长度。

前缀长度就是子网掩码中设置为 1 的位数。使用"斜线记法"写入，即"/"紧跟设置为 1 的位数，借此计算子网掩码中的位数，并在前面加斜线表示。

第 1 列中列出了主机地址经常使用的各种子网掩码，第 2 列显式转换的 32 位二进制地址，最后一列显示最终的前缀长度，见表 5-1。

表 5-1　子网掩码及前缀长度

子 网 掩 码	二进制数表示的掩码	前 缀 长 度
255.0.0.0	11111111 00000000 00000000 00000000	/8
255.255.0.0	11111111 11111111 00000000 00000000	/16
255.255.255.0	11111111 11111111 11111111 00000000	/24

5.1.2　网络、主机和广播地址

每一个网络地址确定主机地址和广播地址，如图 5-3 所示。

（1）网络地址。地址和子网掩码指定一个网络，该网络中的所有主机共享同一个网络地址，用于表示网络本身，具有正常的网络号部分，主机号部分为全 0 的 IP 地址代表一个特定的网络，即作为网络标识之用，如 102.0.0.0、138.1.0.0 和 198.10.1.0。

（2）主机地址。为主机和设备分配的唯一 IP 地址，主机部分始终包含 0 和 1 的组合，不会全部为 0 或全部为 1。

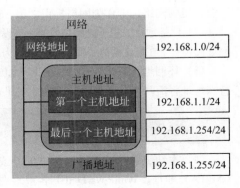

图 5-3　网络中的地址类型

133

（3）第一个主机地址。该网络中第一个可用的主机 IP 地址，主机部分始终全部为 0，并以 1 结尾。

（4）最后一个主机地址。该网络中最后一个可用的主机 IP 地址，主机部分始终全部为 1，并以 0 结尾。

（5）广播地址。与网络中的所有主机通信的特殊地址。例如，当主机向网络 IPv4 广播地址发送一个数据报时，网络中的所有其他主机都会收到该数据报。广播地址使用该网络范围内的最大地址，主机部分全部为 1。

5.1.3　IPv4 地址类型

1．传统有类编址

1981 年，在 RFC790 中将互联网 IPv4 地址定义了分类的 IP 地址，就是将 IP 地址划分为若干个固定类，通常 IP 地址被分为 A、B、C、D 和 E 五类，在 4.2.3 节已介绍过。

2．公用地址和私有地址

公用 IPv4 地址是由网络信息中心或 ISP（互联网服务提供商）分配的地址，但是，并非所有可用的 IPv4 地址都可用于互联网，大多数组织使用称为私有地址的地址块向内分配 IPv4 地址。

20 世纪 90 年代中期，由于 IPv4 地址空间即将耗尽，因此引入了私有 IPv4 地址（Private Address）。Internet 管理委员会规定，私有地址只能自己组网时使用，不能在 Internet 上使用，Internet 没有这些地址的路由。

REC1918 留出 3 块 IP 地址空间（1 个 A 类地址段，16 个 B 类地址段，256 个 C 类地址段）作为私有的内部使用的地址。

A 类：10.0.0.0/8 或 10.0.0.0 ～ 10.255.255.255。

B 类：172.15.0.0/12 或 172.15.0.0 ～ 172.31.255.255。

C 类：192.168.0.0/16 或 192.168.0.0 ～ 192.168.255.255。

大多数组织将私有 IPv4 地址用于其内部主机，但是这些私有地址在互联网上不可路由，必须转换为公有 IPv4 地址。网络地址转换 NAT（Network Address Translation）用于私有 IPv4 地址和公有 IPv4 地址间的转换，这通常是在将内部网络连接到 ISP 网络的路由器上完成。

目前，家庭路由器可提供同样的功能。例如，大多数家庭路由器是从私有 IPv4 地址 192.168.1.0/24 将 IPv4 地址分配给其无线或有线主机，同时为连接互联网服务提供商（ISP）网络的家庭路由器接口分配了在互联网上使用的公有 IPv4 地址。

3．特殊用户 IPv4 地址

一些地址，比如网络地址和广播地址不能分配给主机，还有些特殊地址可以分配给主机，但这些主机在网络内的交互方式却受到限制。

（1）网络地址。用于表示网络本身，具有正常的网络号部分，主机号部分为全 0 的 IP 地址代表一个特定的网络，即作为网络标识之用，如 102.0.0.0、138.1.0.0 和 198.10.1.0。

（2）广播地址。用于向网络中的所有设备广播分组。具有正常的网络号部分，主机号部分为全 1 的 IP 地址代表一个在指定网络中的广播，被称为广播地址，如 102.255.255.255、138.1.255.255 和 198.10.1.255。

（3）环回地址（127.0.0.0/8 或 127.0.0.0~127.255.255.254）。最常见的是 127.0.0.1，主机使用这些特殊地址将流量指向其自身。例如，主机可以使用这个特殊地址测试 TCP/IP 配置是否正确。

> 💡注意：127.0.0.1 环回地址对 ping 命令的应答。

（4）本地链路地址（169.254.0.0/16 或 169.254.0.0~169.254.255.254）。通常称为自动私有 IP 编址（APIPA）地址。Windows DHCP 客户端在无可用 DHCP 服务器时，使用它们进行自我配置。在对等连接中非常有用。

（5）TEST-NET（192.0.2.0/24 或 192.0.2.0~192.0.2.254）。这些地址留作教学使用，用于文档和网络示例。

5.1.4　IPv4 单播、广播和组播

在 IPv4 数据网络中，通信可以以单播、广播或组播的形式发生。

1. 为主机分配地址

设备的 IP 地址可以静态分配也可以动态分配。

（1）在网络中，一些设备需要固定的 IP 地址，例如，打印机、服务器和要求固定 IP 地址的网络设备。通常为这些设备分配静态 IP 地址。

（2）在大部分数据网络中，数量最多的主机包括 PC、平板电脑、智能手机、打印机和 IP 电话。通常情况下，用户群体和其设备频繁变动，为每台设备静态分配 IPv4 地址并不现实，因此，要使用动态主机配置协议（DHCP）为这些设备动态地分配 IPv4 地址。

2. IPv4 通信

与网络成功连接的主机可通过以下 3 种方式的任意一种与其他设备通信。

（1）单播。从一台主机向另一台主机发送数据报的过程。在客户端 / 服务器和对等网络中，主机与主机之间的常规通信都使用单播通信，单播数据报使用目的设备的地址作为目的地址并且可以通过网际网络路由。

在 IPv4 网络中，用于终端设备的单播地址称为主机地址。单播通信使用分配给两台终端设备的地址作为源 IPv4 地址和目的 IPv4 地址，在封装过程中，源地址将其 IPv4 地址作为源地址，目的主机的 IPv4 地址作为目的地址，无论目标指定的数据报是单播、广播或组播，任何数据报的源地址总是源主机的单播地址。

IPv4 单播主机地址的地址范围是 0.0.0.0~223.255.255.255，不过，此范围内的很多地址被留作特殊用途，这些特殊用途的地址将在后续部分讨论。

（2）广播。指从一台主机向该网络中的所有主机发送数据报的过程。

发送广播时，数据报以主机部分全部为 1 的地址作为目的 IPv4 地址，这表示本地网络（广播域）中的所有主机都将接收和查看该数据报。DHCP 等许多协议都使用广播。当主机收到发送到网络广播地址的数据报时，主机处理该数据报的方式与处理发送到单播地址的数据报的方式相同。

可以对广播进行定向或限制，定向广播是指将数据报发送给特定网络中的所有主机，广播传输数据报时，数据报使用网络上的资源，这使得网络上的所有接收主机都处理该数据报，因此，广播通信应加以限制，以免对网络或设备的性能造成负面影响。因为路由器可以分隔广播域，所以，可以通过细分网络消除过多的广播通信来提高网络性能。

（3）组播。从一台主机向选定的一组主机（可能在不同网络中）发送数据报的过程。主机通过组播传输可以向所属组播组中的选定主机组发送一个数据报，从而减少了流量。

IPv4 将 224.0.0.0~239.255.255.255 的地址保留为组播范围，IPv4 组播地址 224.0.0.0~224.0.0.255 是专为本地网络的组播保留的，这些地址将用于本地网络中的组播组，连接到本地网络的路由器识别出这些数据报的目的地址为本地网络组播组，从而不再将它们发送到别处，保留的本地网络组播地址通常用在以组播传输来交换路由信息的路由协议中。例如，224.0.0.9 是路由信息协议（RIP）第 2 版用于与其他 RIPv2 路由器通信的组播地址。

接收特定组播数据的主机称为组播客户端，组播客户端使用客户端程序请求的服务来加入组播组。

每个组播组由一个 IPv4 组播目的地址代表，当 IPv4 主机加入组播组后，该主机既要处理目的地址为此组播地址的数据报，也要处理发往其唯一单播地址的数据报。

在这 3 种类型中，源主机的 IPv4 地址都会作为源地址放入数据报报头中。

5.2 下一代的网际协议 IPv6

IP 是互联网的核心协议，现在使用的 IP（IPv4）是在 20 世纪 70 年代末期设计的。互联网经过几十年的迅速发展，到 2011 年，IPv4 的地址基本上已经耗尽，ISP 已经不能再申请到新的 IP 地址块了。

IPv6 是互联网协议第 4 版（IPv4）的更新版，最初它在 IETF 的 IPng 选取过程中胜出时称为互联网下一代网际协议（IPng），IPv6 是被正式广泛使用的第 2 版互联网协议。

认识 IPv6 协议

5.2.1 IPv6 的特点

IPv6 采用 128 位地址长度，几乎可以不受限制地提供地址。按保守方法估算 IPv6 实际可分配的地址，整个地球的每平方米面积上仍可分配 1000 多个地址。在 IPv6 的设计过程中除解决了地址短缺问题以外，还考虑了在 IPv4 中解决不好的其他问题，主要有端到端 IP 连接、服务质量（QoS）、安全性、多播、移动性、即插即用等。

IPv6 与 IPv4 相比，有以下特点和优点。

（1）更大的地址空间。IPv6 把 IP 地址长度从 32 位增大到 128 位，即有 $2^{128}-1$ 个地址，地址空间增大了 2^{96} 倍，几乎不会被耗尽，可以满足未来网络的任何应用，如物联网。

（2）层次化的路由设计。IPv6 采用了层次化的设计方法，前 3 位固定，第 4~16 位顶级聚合。理论上，互联网骨干设备上的 IPv6 路由表只有 2^{13}=8192 条路由信息。

（3）效率高、扩展灵活。相对于 IPv4 报头大小的可变（可为 20~60B），IPv6 报头采用了定长设计，大小固定为 40 字节。相对于 IPv4 报头中数量多达 12 个的选项，IPv6 把报头分为基本报头和扩展报头，基本报头中只包含选路所需要的 8 个基本选项，其他功能都设计为扩展报头，这样有利于提高路由器的转发效率，也可以根据新的需求设计出新的扩展报头，以使其具有良好的扩展性。

（4）支持即插即用。即支持自动配置（Auto-configuration）功能，设备连接到网络中时，可以通过自动配置的方式获取网络前缀和参数，并自动接合设备自身的链路地址生成 IP 地址，简化了网络管理。

（5）更好的安全性保障。IPv6 通过扩展报头的形式支持 IPSec 协议，无须借助其他安全加密设备，因此，可以直接为上层数据提供加密和身份认证，保障数据传输的安全性。

（6）引入了流标签的概念。使用 IPv6 新增的 Flow Label 字段，加上相同的源 IP 地址和目的 IP 地址，可以标记数据报属于某个相同的流量，业务可以根据不同的数据流进行更细致的分类，实现优先级控制。

5.2.2 IPv6 数据报格式

IPv6 把报文的报头分为基本报文头和扩展报文头两部分，基本报文头中只包含基本的必要属性，如源 IP 地址、目的 IP 地址等。扩展功能用扩展报文头添加在基本报文头的后面。有效载荷也称净载荷，有效载荷允许有零个或多个扩展报文头（Extension Header），再后面是数据部分，如图 5-4 所示。但是，所有的扩展报文头都不属于 IPv6 数据报的首部。

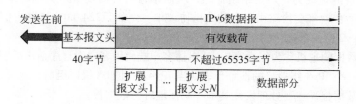

图 5-4 具有多个可选扩展首部的 IPv6 数据报的一般形式

1. IPv6 数据报的基本报文头

每一个 IPv6 数据报都必须包含报头，其长度固定为 40 字节，图 5-5 所示为 IPv6 数据报基本报头的格式。

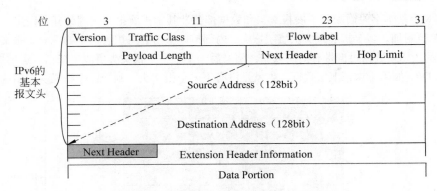

图 5-5　IPv6 报文头格式

（1）版本（Version）。占 4bit，指 IP 的版本。IPv6 协议中规定该字段值为 6。

（2）通信流类别（Traffic Class）。占 8 位，表示 IPv6 数据报的类型或优先级。

（3）流标号 (Flow Label)。占 20 位，该字段可用于给属于特殊流的分组加上标签，这些特殊流是发送方要求进行特殊处理的流。如一种非默认服务质量或需要实时服务的流。例如，音频／视频传输就可能被当作一个流。另外，对于传统的应用（如电子邮件、文件传输等）就不可能被当作一个流，由高优先级用户承载的流量也有可能被当作一个流。该字段用于标识一条数据报的流，能够对一条流中的某些数据报给出优先权，或者它能够用来对来自某些应用的数据报给出更高的优先级。

（4）有效载荷长度 (Payload Length)。占 16 位，它指明 IPv6 数据报除基本首部以外的字节数（所有扩展报头都算在有效载荷之内），这个字段的最大值是 64KB（65535B）。

（5）下一个报文头（Next Header）。占 8 位，指明基本报头后面的扩展报头或者上层协议中的协议类型。如果只有基本报头而无扩展报头，那么该字段的值指示的是数据部分所采用的协议类型，这一点类似于 IPv4 的协议字段一样，且与 IPv4 的协议字段使用相同的协议值。表 5-2 列出了常用的 Next Header 值及对应的扩展报头或高层协议类型。

表 5-2　常用的 Next Header 值及对应的扩展报头或高层协议类型

Next Header 值	对应的扩展报头或高层协议类型	Next Header 值	对应的扩展报头或高层协议类型
0	逐条选项扩展报头	50	ESP 扩展报头
6	TCP	51	AH 扩展报头
17	UDP	58	ICMP v6
43	路由选择扩展报头	60	目的选项扩展报头
44	分段扩展报头	89	OSPFv3

（6）跳数限制（Hop Limit）。占 8 位，其功能类似于 IPv4 中的 TTL 字段。它定义了 IP 数据报所能经过的最大跳数，用来防止数据报在网络中无限期地存在。源点在每个数据报发出时即设定某个跳数限制（最大为 255 跳），当每个路由器在转发数据报时，要先将跳数限制字段中的值减 1，当该字段的值为 0 时，就要将此数据报丢弃。

（7）源地址 (Source Address)。占 128 位，是数据报的发送方的 IPv6 地址，必须是单播地址。

（8）目的地址（Destination Address）。占 128 位，是数据报的接收方的 IPv6 地址，可以是单播地址或组播地址。

2. IPv6 数据报的扩展报头

紧跟着 8 个基本字段后面是扩展报文头和数据部分，其中扩展报文头部分并不固定，如果存在，以 64 位为单位附加。多个扩展报文头层层嵌套，内部扩展头由外层扩展头中的下一个报文字段指示，如图 5-6 所示。如果数据报携带有上层数据，则最后一个下一个报文头字段用来指示运输层协议，比如 TCP 或 UDP；如果不携带上层数据，也就是没有下一个报文头，则下一个报文头的值为 59。

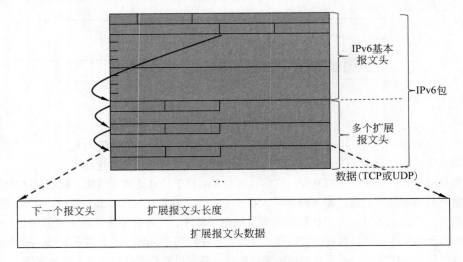

图 5-6　IPv6 扩展报文头格式

目前，RFC 2460 定义了 6 个扩展报文头。

（1）逐跳选项扩展报文头（Hop-by-Hop Option Header）。该字段主要用于为在传送路径上的每次跳转指定发送参数，传送路径上的每台中间结点都要读取并处理该字段。

（2）路由扩展报文头（Routing）。提供了到达目的地所必须经过的中间路由器。

（3）分段扩展报文头（Fragmentation）。IPv6 对分段的处理类似于 IPv4，该字段包括数据报标识符、段号以及是否终止标识符。

（4）认证扩展报文头（Authentication）。该字段保证了目的端对源端的身份验证。

（5）封装安全净载扩展报文头（Security Encrypted Payload）。该字段对负载进行加密，以防止数据在传输过程中发生信息泄露。

（6）目的选项扩展报文头。含目的站点处理的可选信息。每一个扩展首部都由若干个字段组成，它们的长度也各不相同，但所有扩展首部的第一个字段都是 8 位的"下一个首部"字段。此字段的值指出了在该扩展首部后面的字段是什么。当使用多个扩展首部时，应按以上的先后顺序出现。高层首部总是放在最后面。

5.2.3　IPv6 地址表达方式

和 IPv4 相比，IPv6 的地址长度为 128 位，也就是说可以有 2^{128} 的 IP 地址，IPv6 允许每平方米拥有 7×10^{23} 个 IP 地址，可以说在可以想象的将来，IPv6 的地址空间是不可能用完的。

巨大的地址范围还必须要求维护互联网的人易于阅读和操纵这些地址。IPv4 所用的点分十进制记法现在也不够方便了，大家想想，即使采用点分十进制，IPv6 也需要 16 组十进制数来表示。

根据在 RFC 2373 中的定义，IPv6 地址有 3 种表达方式，即首选方式、压缩表示和内嵌 IPv4 的 IPv6 地址。

1. 首选方式

IPv6 的地址在表示和书写时，用冒号将 128 位分隔成 8 个 16 位的段，每段被转换成一个 4 位十六进制数，并用冒号隔开，这种表示方法叫冒号十六进制记法（Colon Hexadecimal Notation, Colon hex）。IPv6 地址不区分大小写，即可用大写或小写。下面是一个二进制的 128 位 IPv6 地址。

00100000000001010000011000010000000000000000000000000000000010000000000000000000
0000000000000000000000000000000100010111111111

将其划分为每 16 位一段。

0010000000000101 0000011000010000 0000000000000000 0000000000000001

0000000000000000 0000000000000000 0000000000000000 0110011111111111

将每段转换为十六进制数，并用冒号隔开。

2005:0610:0000:0001:0000:0000:0000:67ff

首选格式表示使用所有 32 个十六进制数书写 IPv6 地址，每 4 个十六进制数为一组，中间用"："隔开。

2. 压缩（Zero Compression）方式

（1）忽略前导 0。忽略 16 位部分或十六进制数中的所有前导 0（零）。如 00AB 可表示为 AB；09B0 可表示为 9B0；0D00 可表示为 D00。

此规则仅适用于前导 0，不适用于后缀 0，否则会造成地址不明确。如十六进制数 CBD 可能是 0CBD，也可能是 CBD0。

（2）忽略全 0 数据段。使用双冒号（::）替换任何一个或多个由全 0 组成的 16 位数据段（十六进制数）组成的连续字符串。

双冒号（::）只能在一个地址中出现一次，可用于压缩一个地址中的前导、末尾或相邻的 16 位零。例如：

2005:0610:0000:0001:0000:0000:0000:67ff 可以表示为 2005:610:0:1::67ff

压缩 IPv6 地址示例见表 5-3。

表 5-3　压缩 IPv6 地址示例

首　选	忽略前导 0	忽略全 0 数据段
2001:0DB8:0000:1111:0000:0000:0000:0100	2001:DB8:0:1111:0:0:0:100	2001:db8:0:1::100
2001:0db8:0000:a300:abcd:0000:0000:1234	2001:db8:0:a300:abcd:0:0:1234	2001:db8:0:a300:abcd::1234
Dd80:0000:0000:0000:0123:4567:89ab:cdef	Db80:0:0:0:123:4567:89ab:cdef	Db80::123:4567:89ab:cdef
0000:0000:0000:0000:0000:0000:0000:0001	0:0:0:0:0:0:0:1	::1

3. 内嵌 IPv4 地址的 IPv6 地址

当在处理拥有 IPv4 和 IPv6 结点的混合环境时，可以使用 IPv6 地址的另一种形式，即 x:x:x:x:x:x:d.d.d.d，其中，x 是 IPv6 地址的 96 位高位顺序字节的十六进制值，d 是 32 位低位顺序字节的十进制值。通常，"映射 IPv4 的 IPv6 地址"以及"兼容 IPv4 的 IPv6 地址"可以采用这种表示法表示。这其实是过渡机制中使用的一种特殊表示方法。

例如：0:0:0:0:0:0:192.167.2.3 或者：: 192.167.2.3

0:0:0:0:0:0:34ff:192.167.2.3 以及 ::34ff: 192.167.2.3

5.2.4　IPv6 地址结构

IPv6 地址结构为子网前缀＋接口 ID，其中，子网前缀相当于 IPv4 中的网络部分，接口 ID 相当于 IPv4 的主机号，如图 5-7 所示。

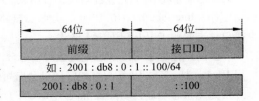

图 5-7　IPv6 地址结构

IPv6 地址前缀或网络部分可以由点分十进制子网掩码或前缀长度（斜线记法）标识。

前缀长度范围为 0~128。局域网和大多数其他网络类型的 IPv6 前缀长度为 64，这意味着地址前缀或网络部分的长度为 64 位，为该地址的接口 ID（主机部分）另外保留 64 位。

在 IPv6 地址中，地址前缀用于表示 IPv6 地址中有多少位表示子网，定义了地址的目的地。

5.2.5 IPv6 单播地址

IPv6 地址类型由地址中的高比特确定，这些比特称为格式前缀，IPv6 的地址类型有多播地址、组播地址和任播地址。

IPv6 单播地址用于唯一标识支持 IPv6 的设备上的接口，发送到单播地址的数据报由分配有该地址的接口接收。单播地址分为全球单播地址、本地链路地址、唯一本地地址、环回地址、未指定地址和嵌入式 IPv4 地址等。

1. 全球单播地址

IPv6 全球单播地址（GUA）具有全局唯一性，可在 IPv6 互联网上实现路由，这些地址相当于公有 IPv4 地址，也称可聚合全球单点传送地址。可聚合全球单点传送地址依靠分层体系使路由表变得容易管理，地址格式如图 5-8 所示。

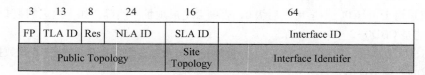

图 5-8　IPv6 全局单播地址

总的来看，可聚合全球单点传送地址的结构可分为公共拓扑部分、站点拓扑部分和接口标志号部分三部分。

（1）FP。格式前缀，可聚合全球单点传送地址的 FP=001。互联网名称与数字地址分配机构（ICANN），即 IANA 的运营商，将 IPv6 地址分配给 5 家区域互联网注册（Regional Internet Registry, RIR）管理机构。目前分配的仅是前 3 位为 001 或 "2000::/3" 的全局地址，即 GUA 的地址的第一个十六进制数以 2 或 3 开头。

> 💡 注意："2001:0db8::/32" 已经留作备档之用，包括示例用途。

（2）TLA ID。顶级聚合标志符（Top-Level Aggregation IDentifer），IPv6 的管理机构根据 TLA 分配不同的地址给某些骨干网的 ISP，最大可以得到 8192 个顶级路由。

（3）Res。保留，8bit，为未来网络的扩展使用，当前值为 0。

（4）NLA ID。下一级聚合标志（Next-Level Aggregation IDentifer），骨干网 ISP 根据 NLA 为各个中小 ISP 分配不同的地址段，中小 ISP 也可以针对 NLA 进一步分割为不同的地址段，并分配给不同的用户。

（5）SLA ID。站点层次聚合标志（Site-Level Aggregation IDentifer），公司 / 组织内部根据 SLA ID 把同一大块地址分成不同的网段，分配给各站点使用，一般用作公司内部网络规划，最大可以有 65535 个子网。

（6）Interface ID。在 IPv6 层上标志链路上的接口，类似 IPv4 地址中的主机部分，不过 IPv6 的接口标志起源于 IEEE EUI-64 格式。

全局单播地址可以静态配置也可动态分配。在主机上配置 IPv6 地址与配置 IPv4 地址相似，与使用 IPv4 一样，多数 IPv6 网络的管理员会启用 IPv6 地址的动态分配，IPv6 使用两种地址自动配置协议，分别为无状态地址自动配置协议（SLAAC）和 IPv6 动态主机配置协议（DHCPv6）。

2. 本地链路单播地址

本地链路地址用于与同一链路中的其他设备通信。在 IPv6 中，链路是指子网，本地链路地址仅限于单个链路，它们的唯一性仅在该链路上得到保证，因为它们在该链路之外不具有可路由性，也就是说，路由器不会转发具有本地链路源地址和目的地址的数据报。

IPv6 本地链路地址允许设备与同一链路上支持 IPv6 的其他设备通信，并且只能在该链路（子网）上通信，传输具有源或目的本地链路地址的数据报。

全局单播地址不是必需项，但是每个支持 IPv6 的网络接口均需要有本地链路地址。

IPv6 本地链路地址属于"FE80::/10"范围。"/10"表示前 10 位是 1111 1110 10XX XXXX。第一个十六进制数的范围是 1111 1110 1000 0000（FE80）~1111 1110 1011 1111（FEBF）。

3. 唯一本地地址

唯一本地地址是 IPv6 网络中可以自己随意使用的私有网络地址，使用特定的前缀 FD00/8 标识，这些地址在全局 IPv6 上不可路由，不应转换为全局 IPv6 地址。唯一本地地址的范围是"FC00::/7"~"FDFF::/7"。唯一本地地址可用于从来不需要访问其他网络或具有其他网络访问权的设备。

5.2.6　IPv6 组播地址

在 IPv6 地址中没有广播的概念，广播地址被组播地址替代，组播地址也称多点传送地址。

组播地址标识了一组接口，目的 IP 地址是组播地址的数据报会被属于该组的所有接口接收。在 IPv4 中组播地址的最高四位设为 1110。在 IPv6 网络中，组播地址也有特定的前缀来标识，IPv6 组播地址的前缀为"FF00::/8"，如图 5-9 所示。

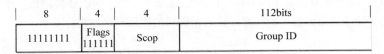

8	4	4	112bits
11111111	Flags 111111	Scop	Group ID

图 5-9　组播地址结构

其中：

（1）组播地址的 FP=FF。

（2）标志（Flags）。4 位，前 3 比特保留，值为 0，第 4 比特（RFC 2373 把该比特命名为 T 比特）如果是 0，代表被 IANA 永久分配的组播地址；如果是 1，代表非永久性组播地址。RFC 3306 在 T 比特前又增加了 P 比特的定义，如果 P 为 0 代表一个普通组播，如果为 1，代表是一个包含数据源所在网络的单播前缀的组播，此时，T 比特也必为 1。

（3）作用域（Scope）。4 位，标识组播范围。表 5-4 列出了在 RFC 2373 中定义的 Scope 字段值。

表 5-4　IPv6 多播地址 Scope 分配情况

值	作　用　域	值	作　用　域
0001	本接口范围	1000	本机构（组织）范围
0010	本链路范围	1110	全球范围
0101	本站点范围		
0000/1111	保留	其余	未分配

（4）组 ID（Group ID）。112 位，定义不同的组播组。下面是一些预先定义的知名组播地址。

- FF01::1：代表本接口范围内的所有 IPv6 结点。
- FF01::2：代表本接口范围内的所有 IPv6 路由器。
- FF02::1：代表本链路范围内的所有 IPv6 结点。

- FF02::2：代表本链路范围内的所有 IPv6 路由器。
- FF05::1：代表本站点范围内的所有 IPv6 路由器。

5.2.7 任播（Anycast）地址

任播地址是 IPv6 特有的地址类型，它用来标识一组网络接口（通常属于不同的结点），也称任意点传送地址。路由器会将目的地址是任播地址的数据包发送给距离本地路由器最近的一个网络接口，接收方只需要是一组接口中的一个即可，如移动用户上网就需要因地理位置的不同，而接入离用户距离最近的一个接收站，这样才可以使移动用户在地理位置上不受太多的限制。

IPv6 任播地址被分配给多于一个接口（通常属于不同的结点）的地址，任播地址从单播地址空间中进行分配，使用单播地址的任何格式。因而，从语法上，任播地址与单播地址没有区别，当一个单播地址被分配给多于一个的接口时，就将其转化为任播地址，指派了该地址的结点必须明确地配置任播地址。

一个预定义的任播地址是子网路由器任播地址，地址格式如图 5-10 所示。

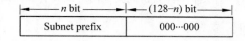

图 5-10　任播地址结构

子网前缀是标志特定链路的前缀，与在该链路上的接口地址相比，它们的前缀是相同的，只是任播地址的接口 ID 为 0，目的是子网路由器任播地址的数据报只被发送到该子网上的其中一台路由器（最近的那台）。要求所有在该子网有接口的路由器都支持该子网的任播地址。子网路由器任播地址被那些结点需要同一组路由器中的任意一台通信即可的应用程序使用。

5.3　IPv4 向 IPv6 过渡

在 IPv6 成为主流协议之前，首先对于使用 IPv6 协议栈的网络希望能与当前仍被 IPv4 支撑着的 Internet 进行正常通信，因此，必须开发出 IPv4/IPv6 互通技术以保证 IPv4 能够平稳过渡到 IPv6。此外，互通技术应该对信息传递做到高速无缝。

目前解决过渡问题的基本技术有三种，即双协议栈、隧道技术和 NAT-PT。

5.3.1 双协议栈

双协议栈（Dual Stack）采用该技术的结点上同时运行 IPv4 和 IPv6 两套协议栈。这是使 IPv6 结点保持与纯 IPv4 结点兼容最直接的方式，针对的对象是通信端结点（包括主机、路由器）。这种方式对 IPv4 和 IPv6 提供了完全的兼容，但是对于解决 IP 地址耗尽的问题却没有任何帮助，而且由于需要双路由基础设施，这种方式反而增加了网络的复杂度。

1. 双协议栈的工作方式

双协议栈是指在单个结点同时支持 IPv4 和 IPv6 两种协议栈。由于 IPv6 和 IPv4 是功能相近的网络层协议，两者都基于相同的物理平台，而且加载于其上的传输层协议 TCP 和 UDP 也基本没有区别，因此，支持双协议栈的结点既能与支持 IPv4 协议的结点通信，又能与支持 IPv6 协议的结点通信。可以相信，网络中主要服务商在网络全部升级到 IPv6 协议之前必将支持双协议栈的运行，如图 5-11 所示。

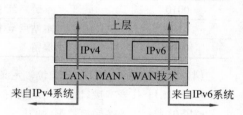

图 5-11　IPv4 和 IPv6 双协议栈

（1）接收数据包。双栈结点与其他类型的多栈结点的工作方式相同，当链路层接收到数据段时，拆开并检查包头，如果 IPv4/IPv6 头中的第一个字段，即 IP 包的版本号是 4，该数据包就由 IPv4 栈来处理；如果版本号是 6，则由 IPv6 栈处理；如果建立了自动隧道机制，则采用相应的技术将数据包重新整合为 IPv6 数据包，由 IPv6 栈来处理。

（2）发送数据包。由于双栈主机同时支持 IPv4 和 IPv6 两种协议，所以当其在网络中通信的时候需要根据情况确定使用其中的一种协议栈进行通信，这就需要制定双协议栈的工作方式。在网络通信过程中，目的地址是作为路由选择的主要参数，因而根据应用程序所使用的目的地址的协议类型对双协议栈的工作方式做出如下约定。

① 若应用程序使用的目的地址为 IPv4 地址，则使用 IPv4 协议。

假设结点 A 与结点 B 通信，A 为双栈结点，结点 B 支持 IPv4 协议（目的地址为 IPv4 地址），则双栈结点 A 使用 IPv4 协议与结点 B 通信。

完备性证明：结点 A 有两种选择，使用 IPv4 协议或者 IPv6 协议与主机 B 通信。根据给定条件，结点 A、B 均支持 IPv4 协议，所以选择 IPv4 协议可以保证通信正常进行，故约定是充分的。如果使用 IPv6 协议进行通信，因为不能确定 B 是否为双栈结点（给定条件仅是目的地址为 IPv4 地址），所以当结点 B 不支持 IPv6 协议时不能保证通信正常进行，故约定是必要的。至此可以认为约定 ① 是完备的。

② 若目的地址为 IPv6 地址，且为本地在线网络，则使用 IPv6 协议。

③ 若应用程序使用的目的地址为 IPv4 兼容的 IPv6 地址，并且非本地在线网络，则使用 IPv4 协议，此时的 IPv6 将封装在 IPv4 中。

IPv4 兼容的 IPv6 地址，是 IPv6 协议规范中提供的特殊地址。这类地址高阶 96 位均为 0，低价 32 位包含 IPv4 地址。IPv4 兼容地址被结点用于通过 IPv4 路由器以隧道方式传送 IPv6 包，这些结点既理解 IPv4 又理解 IPv6。能够自动将 IPv6 包以隧道方式在 IPv4 网络中传送的 IPv4/IPv6 双栈结点将使用这些地址。根据 IPv6 协议地址规范以及 ③ 假定的条件，可以确定目的结点 B 同样是一个双栈结点，而结合 IPv4/IPv6 过渡时期网络的基本状况，结点 A 与结点 B 的通信将跨越 IPv4 网络，所以使用 IPv4 协议是可行的。当然，也可以使用 IPv6 协议进行通信，但在过渡初期，③ 的约定将优于使用 IPv6 协议通信。

④ 若应用程序使用的目的地址是非 IPv4 兼容的 IPv6 地址，非本地在线网络，则使用 IPv6 协议。

类似约定 ②，使用 IPv6 协议能够保证通信正常进行，而如果是跨越纯 IPv4 网络的通信，将采用隧道等机制实现通信；而如果通过本地网络，则无须隧道机制即可完成通信。

⑤ 若应用程序使用域名作为目标地址，则先从域名服务器得到相应的 IPv4/IPv6 地址，然后根据地址情况进行相应的处理。

以上 ① 至 ⑤ 是双协议栈的工作方式，随着 IPv6 网络规模的不断扩大，这些工作方式必将做相应的修改和补充，这将取决于过渡的进程与 IPv6 网络的不断演进过程。

2. 基于双协议栈的应用服务

基于双协议栈的域名服务域名系统（DNS）的主要功能是通过域名和 IP 地址之间的相互对应关系，来精确定位网络资源，即根据域名查询 IP 地址，反之亦然。DNS 是 Internet 的基础架构，众多的网络服务都是建立在 DNS 体系基础之上的，因此，DNS 的重要性不言而喻。

IPv4 地址正向解析的资源记录是 A 记录。IPv6 地址解析目前有两种资源记录，即 AAAA 和 A6 记录。A6 记录支持一些 AAAA 所不具备的新特性，如地址聚合，地址更改（Renumber）等。

在 DNS 服务器中同时存在 A 记录和 AAAA（或 A6）记录。由于结点既可以处理 IPv4 协议，也可以处理 IPv6 协议，因此无须 DNS ALG 等转换设备。无论 DNS 服务器回答 A 记录还是 AAAA 记录，都可以进行通信。

5.3.2　隧道技术

隧道技术提供了一种以现有 IPv4 路由体系来传递 IPv6 数据的方法，它将 IPv6 数据报作为无结构意义的数据，封装在 IPv4 数据报中，被 IPv4 网络传输，如此穿越 IPv4 网络进行通信，并且在隧道的两端可以分别对数据报文进行封装和解封装。隧道是一个虚拟的点对点的连接。隧道技术在定义上就是指包括数据封装、传输和解封装在内的全过程。

隧道技术是 IPv6 向 IPv4 过渡的一个重要手段，IPv6 over IPv4 隧道技术基本原理如图 5-12 所示。

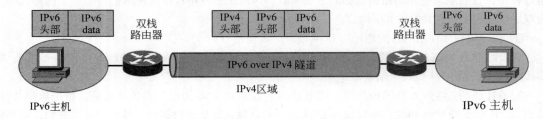

图 5-12　IPv6 over IPv4 隧道技术

隧道技术的实现需要有一个起点和一个终点，IPv6 over IPv4 隧道的起点的 IPv4 地址必须为手工配置，而终点的确定有手工配置和自动获取两种方式。根据隧道终点的 IPv4 地址的获取方式不同可以将 IPv6 over IPv4 隧道分为手动隧道和自动隧道。

1. 手动隧道

即边界设备不能自动获得隧道终点的 IPv4 地址，需要手工配置隧道终点的 IPv4 地址，报文才能被正确发送至隧道终点，通常用于路由器到路由器之间的隧道，常用的手动隧道技术有 IPv6 over IPv4 手动隧道和 IPv6 over IPv4 GRE 隧道。

2. 自动隧道

即边界设备可以自动获得隧道终点的 IPv4 地址，所以不需要手工配置终点的 IPv4 地址，一般的做法是隧道的两个接口的 IPv6 地址采用内嵌 IPv4 地址的特殊 IPv6 地址形式，这样路由设备可以从 IPv6 报文中的目的 IPv6 地址中提取出 IPv4 地址，自动隧道可用于主机到主机，或者主机到路由器之间，常用的自动隧道技术有 IPv4 兼容 IPv6 自动隧道、6to4 隧道和 ISATAP 隧道。

通过隧道技术，依靠现有 IPv4 设施，只要求隧道两端设备支持双栈，即可实现多个孤立 IPv6 网络的互通，但是隧道实施配置比较复杂，也不支持 IPv4 主机和 IPv6 主机直接通信。但 IPv6 隧道作为一种应用特性，必将在网络改造中发挥重要作用。

5.3.3　NAT-PT

IPv6 要访问 IPv4，必须要知道 IPv4 映射所形成的 IPv6 地址是多少，根据 NAT-PT 规定使用前缀为 96 的 IPv6 地址池来表示 IPv4，这样每个 IPv4 就"存在"于 IPv6 中了。

IPv4 要访问 IPv6，必须要知道 IPv6 映射所形成的 IPv4 地址是多少，根据 NAT-PT 规定可以使用任意未占用的 IPv4 地址池来表示 IPv6，这样每个 IPv6 也就"存在"于 IPv4 中了。

5.3.4　IPv6 校园网过渡方案介绍

在过渡过程中，IPv6 网段作为孤岛接入 IPv4 网络，为实现 IPv6 网段之间以及 IPv4、IPv6 网段之间的互通，必须综合各种过渡技术，优化网络结构，在保证网络安全可靠运行以及逐步过渡、节约投资的前提下，设计过渡方案。根据以上基本原则以及网络运行状况，对于校园网络的初期过渡方案规划如下。

（1）跨 IPv4 网络的 IPv6 间通信采用隧道技术实现。

（2）基于 IPv4 的服务器逐步升级为双协议栈结点服务器。

（3）IPv4/IPv6 客户端互通则可以采用 NAT-PT 技术实现。

（4）本地 IPv6 网段出口路由器接入上级 IPv6 网络。

在开展 IPv6 应用的初期，应该尽量保证原有网络系统安全、稳定地运行，所以对于新增的 IPv6 网段，应该以独立链路接入上级 IPv6 网络，选择双协议栈路由器作为 IPv6 网段的接入结点，以保证新建 IPv6 网段能同时使用本地网络服务。

5.4　技能训练：使用 IPv6 组网

5.4.1　训练目标

通过本技能训练的完成，学生可以掌握以下技能。

（1）掌握 IPv6 地址的表示方法。

（2）掌握主机静态配置 IPv6 地址的方法。

（3）掌握路由器等设备配置 IPv6 地址的方法。

5.4.2　训练任务

为了实现本技能训练项目，在实训室或 Packet Trace 中搭建如图 5-13 所示的网络环境，并完成以下配置任务。

（1）在 PC、服务器等设备中配置 IPv6 地址。

（2）配置路由器各接口 IPv6 地址。

（3）配置路由器启用 IPv6 转发功能。

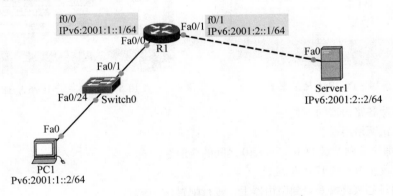

图 5-13　IPv6 网络拓扑结构

5.4.3　设备清单

为了构建如图 5-13 所示的网络实训环境，需要以下网络设备。

（1）1 台计算机（已经安装了以太网卡及其驱动程序）。

（2）1 台服务器（已经安装了以太网卡及其驱动程序）。

（3）1 台交换机。

（4）1 台路由器。

（5）2 条直通线。

（6）1 条交叉线。

5.4.4　实施过程

步骤1：规划设计。

配置PC、服务器及路由器接口的IPv6地址，见表5-5。

表 5-5　IPv6 地址规划表

设　　备		IPv6 地址	前 缀 长 度	网　　关
PC		2001:1::2	64	2001:1::1
服务器		2001:2::2	64	2001:2::1
路由器	F0/0	2001:1::1	64	
	F0/1	2001:2::1	64	

步骤2：实训环境准备。

（1）在路由器、交换机和计算机断电的状态下连接硬件，如图5-13所示。

（2）给各个设备供电。

步骤3：设置各PC、服务器的IPv6地址，见表5-5，如图5-14和图5-15所示。

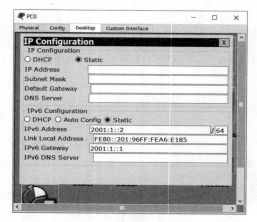

图 5-14　PC IPv6 地址配置

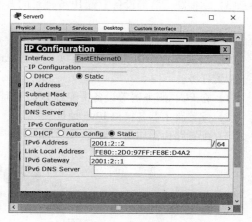

图 5-15　服务器 IPv6 地址配置

步骤4：清除各路由器的配置。

步骤5：测试网络连通性。

使用 Ping 命令分别测试 PC0、Server0 之间的连通性。

步骤6：配置路由器的IPv6地址。

在 PC 上通过超级终端登录到路由器上，进行配置。

（1）配置路由器主机名。

```
Router>enable
Router#config terminal
Router(config)#hostname Ripv6
Ripv6(config)#exit
```

（2）启动路由器转发单播 IPv6 分组的功能。

```
Ripv6(config)#ipv6 unicast-routing
```

（3）进入路由器接口，启动 IPv6 功能，并配置 IPv6 地址。

Ripv6(config)#interface *fastEthernet 0/0*

Ripv6(config-if)#no shutdown

Ripv6(config-if)#

%LINK-5-CHANGED: Interface FastEthernet0/0, changed state to up

%LINEPROTO-5-UPDOWN: Line protocol on Interface FastEthernet0/0, changed state to up

Ripv6(config-if)#ipv6 enable

Ripv6(config-if)#ipv6 address *2001:1::1/64*

Ripv6(config-if)#exit

Ripv6(config)#interface *fastEthernet 0/1*

Ripv6(config-if)#no shutdown

Ripv6(config-if)#

%LINK-5-CHANGED: Interface FastEthernet0/0, changed state to up

%LINEPROTO-5-UPDOWN: Line protocol on Interface FastEthernet0/0, changed state to up

Ripv6(config-if)#ipv6 enable

Ripv6(config-if)#ipv6 *address 2001:2::1/64*

Ripv6(config-if)#exit

Ripv6(config)#exit

Ripv6#

步骤7：测试网络连通性。

使用 Ping 命令分别测试 PC0、Server0 之间的连通性。

PC>ping 2001:2::2

Pinging 2001:2::2 with 32 bytes of data:

Reply from 2001:2::2: bytes=32 time=0ms TTL=127

Reply from 2001:2::2: bytes=32 time=0ms TTL=127

Reply from 2001:2::2: bytes=32 time=0ms TTL=127

Reply from 2001:2::2: bytes=32 time=0ms TTL=127

Ping statistics for 2001:2::2:

Packets: Sent = 4, Received = 4, Lost = 0 (0% loss),

Approximate round trip times in milli-seconds:

Minimum = 0ms, Maximum = 0ms, Average = 0ms

PC>

习　题

一、填空题

1. IPv6 的地址在表示和书写时，用冒号将 128 位分割成 8 个 16 位的段，每段被转换成一个 4 位十六进制数，并用冒号隔开，这种表示方法叫_____。

2. IPv6 单播地址用于唯一标识支持 IPv6 的设备上的接口，分为：_____、_____、_____、环回地址、未指定地址和嵌入式 IPv4 地址等。

3. 在 IPv6 地址中没有广播的概念，广播地址被组播地址替代。组播地址也称_____。

4. 任播地址是 IPv6 特有的地址类型，它用来标识一组网络接口（通常属于不同的结点），也称_____。

5. 目前解决 IPv4 向 IPv6 过渡问题的基本技术有三种，即_____、_____和 NAT-PT。

二、选择题

1. IPv6 中 IP 地址的长度为（   ）位。

    A. 16   B. 32   C. 64   D. 128

2. IPv6 基本报文头的长度是固定的，包括（   ）字节。

    A. 20   B. 40   C. 60   D. 80

3. 下列 IPv6 地址中，错误的是（   ）。

    A. ::FFFF   B. ::1   C. ::1:FFFF   D. ::1::FFFF

4. IPv6 地址是如何表示的？（   ）

    A. 4 个用句点分隔的字节   B. 连续的 64 个二进制位

    C. 用冒号分隔的 8 个十六位组   D. 八进制数

5. 下列 IPv6 地址中，IPv6 链路本地地址是（   ）。

    A. FC80::FFFF   B. FE80::FFFF   C. FE88::FFFF   D. FE80::1234

三、简答题

1. IPv6 和 IPv4 相比有哪些优点？

2. 开发 IPv6 的主要原因是什么？

学习单元 6　对 IP 网络划分子网

当局域网规模达到一定程度时，网络安全问题也会越来越突出，病毒等会利用计算机在一个广播域情况而进行破坏，在这种情况下，需要进行子网划分，将不同的部门划分在不同的子网内，从而来解决网络广播风暴。

作为网络工程师，需要了解本工作任务所涉及的以下几方面知识。

- 如何划分子网以实现更好的通信？
- 如何计算 /24、/16、/8 前缀的 IPv4 子网？
- 给定网络和子网掩码，如何计算可用主机地址的数量？
- 如何计算特定主机数量所需的子网掩码？
- 变长子网掩码（VLSM）的优点是什么？
- 如何设计和实施分层寻址方案？
- 企业网络中如何实现 IPv6 地址分配？

6.1　IPv4 地址

单元五我们介绍过，IPv4 地址为分层地址，由网络部分和主机部分两部分组成，其中网络部分的网络号（net-id）标志主机（或路由器）所连接的网络，一个网络号在整个互联网范围内必须是唯一的；主机部分的主机号（host-id）标志该主机（或路由器），一台主机号在它前面的网络号所指明的网络范围内必须是唯一的。由此可见，一个 IP 地在整个互联网范围内是唯一的。

对于同一网络中的所有设备，地址的网络部分中的位必须相同，地址的主机部分中的位必须唯一，这便于识别网络中的特定主机。

这种两级编址可以提供基础网络分组，便于将数据报路由到目的网络。路由器根据 IP 地址的网络部分转发数据报，一旦确定了网络位置，则地址的主机部分就可以标识目的设备。

但是随着网络规模的不断扩大，许多机构将数百甚至数千台主机添加到其网络中，两层分级结构就显得不足。再将网络细分，在网络分层结构中添加一个级别，实际上是创建 3 个级别，即网络、子网和主机，分层结构中，子网的引入在 IP 网络中创建了额外的子分组，数据传输更快并且通过帮助最小化"本地"流量来增加过滤。

6.1.1　网络分段

子网划分允许网络分段，从而将较大的网络划分为多个较小的网络。

1. 广播域

在以太网 LAN 中，设备使用广播定位。

（1）其他设备。设备使用地址解析协议 ARP 将 2 层广播发送到本地网络上的已知 IPv4 地址，以发现相关 MAC 地址。

（2）服务。主机通常需要动态主机配置协议 DHCP 来获取 IPv4 地址配置，会通过发送本地网络上的广播来定位 DHCP 服务器。

交换机会将广播传播到所有接口，接收它的接口除外。路由器不传播广播，路由器在收到广播时，它不会将其转发到其他接口，因此每个路由器接口都连接了一个广播域，而广播只能在特定广播域内传播。

2. 大型广播域存在的问题

大型广播域是连接很多主机的网络。大型广播域的一个问题是这些主机会生成太多广播，这会对网络造成不良影响。假如一个以太网LAN连接了几百台主机，产生的广播流量可能会导致以下问题。

（1）网络运行缓慢。原因是广播导致的流量太大。

（2）设备运行缓慢。原因是设备必须接收和处理每个广播数据报。

解决方案就是使用称为子网划分的方法缩减网络的规模已创建更小的广播域，而这些小型网络空间通常称为子网。

3. 子网划分的原因

子网划分可以降低整体网络流量并改善网络性能，便于让管理员实施安全策略，例如哪些子网允许或不允许进行通信。

网络管理员可以依据以下因素将设备和服务划分为子网。

- 定位。例如大楼中的各楼层。
- 组织单位。如一所学校可以依据教师、学管、后勤、学生等。
- 设备类型。例如服务器、主机、打印机等。
- 任何对网络有意义的其他划分。

6.1.2 子网划分

子网划分是计算机网络技术课程中最重要的主题之一，而且有可能是最难的。

1. 子网划分概念

通过前面的介绍我们已经知道，一个A类网络里面有超过16000000个可用的主机IP地址，你能够想象出一个含有16000000个主机的局域网吗？在实际的网络里，一个局域网含有上百台计算机是很正常的，而含有几千台设备的就已经不多见了，因此，浪费的IP地址是非常多的。

子网划分　　　使用子网划分分组转发

子网划分过程允许网络设计人员将一个IP网络进一步划分成许多小的部分，这些部分称为子网。也可以认为子网就是被细分的网络，而且子网可以像IP网络一样工作。

当网络中的主机总数未超出所给定的某类网络可容纳的最大主机数，但内部又要划分成若干个分段（segment）来进行管理时，就可以采用子网划分的方法。

在划分子网时应遵循以下的基本规则。

（1）同一个局域网上的IP主机，尤其在同一广播域内应该使用同一IP子网内的IP地址。

（2）通过点到点的租用线路直连的两个路由器接口地址应该在相同的IP子网内。

（3）被至少一台路由器分隔开的不同局域网的主机，应该使用不同IP子网内的IP地址。

（4）互联网内的IP地址应该是唯一的。

在划分之前，应了解以下术语。

- 子网：一组连续的IP地址的集合，地址中的网络和子网部分的值都相同。
- 子网号：用于表示特定子网的一组点分十进制数，也称子网ID或是子网地址。
- 子网掩码：用来识别IP地址结构的一组点分的十进数。掩码的表示方法是IP地址中的网络和子网部分用1表示，地址中的主机部分用0表示。

2. 子网IP地址格式

为了创建子网，网络管理员需要从原有IP地址的主机位中借出连续的高若干位作为子网络ID，如图 6-1 所示，也就是说，经过划分后的子网因为其主机数量减少，已经不需要原来那么多位作为主机 ID 了，从而可以将这些多余的主机位用作子网 ID。可见 IP 为子网划分所定义的 IP 地址结构包含 3 部分。

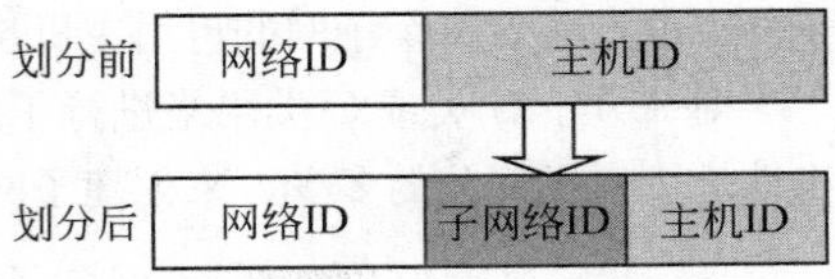

图 6-1　关于子网划分的示意图

- 网络部分。
- 子网部分。
- 主机部分。

3. 子网掩码

前面讲过，网络标识对于网络通信非常重要。但引入子网划分技术后，带来的一个重要问题就是主机或路由设备如何区分一个给定的 IP 地址是否已被进行了子网划分，从而能正确地从中分离出有效的网络标识（包括子网络号的信息）。通常，将未引进子网划分前的 A、B、C 类地址称为有类别 (Classful) 的 IP 地址，对于有类别的 IP 地址，显然可以通过 IP 地址中的标识位直接判定其所属的网络类别并进一步确定其网络标识，但引入子网划分技术后，这个方法显然是行不通了。例如，一个 IP 地址为 102.2.3.3，已经不能简单地将其视为是一个 A 类地址而认为其网络标识为 102.0.0.0，因为若是进行了 8 位的子网划分，则其就相当于是一个 B 类地址且网络标识成为 102.2.0.0；如果是进行了 16 位的子网划分，则又相当于是一个 C 类地址并且网络标识成为 102.2.3.0；若是其他位数的子网划分，则甚至不能将其归入任何一个传统的 IP 地址类中，即可能既不是 A 类地址，也不是 B 类或 C 类地址。换言之，引入子网划分技术后，IP 地址类的概念已不复存在。对于一个给定的 IP 地址，其中用来表示网络标识和主机号的位数可以是变化的，取决于子网划分的情况。将引入子网技术后的 IP 地址称为无类别的 (Classless)IP 地址，并因此引入子网掩码的概念来描述 IP 地址中关于网络标识和主机号位数的组成情况。

子网掩码 (Subnetmask) 通常与 IP 地址配对出现，其功能是告知主机或路由设备，即 IP 地址的哪一部分代表网络号部分，哪一部分代表主机号部分。子网掩码使用与 IP 地址相同的编址格式，即 32 位长度的二进制比特位，也可分为 4 个 8 位组并采用点分十进制来表示。但在子网掩码中，与 IP 地址中的网络位部分对应的位取值为 1，而与 IP 地址主机部分对应的位取值为 0，这样通过将子网掩码与相应的 IP 地址进行求"与"操作，就可决定给定的 IP 地址所属的网络号（包括子网络信息）。例如，102.2.3.3/255.0.0.0 表示该地址中的前 8 位为网络标识部分，后 24 位表示主机部分，从而网络号为 102.0.0.0；而 102.2.3.3/255.255.0.0 则表示该地址中的前 16 位为网络标识部分，后 8 位表示主机部分。显然，对于传统的 A、B 和 C 类网络，其对应的子网掩码应分别为 255.0.0.0、255.255.0.0 和 255.255.255.0。

4. 划分子网的依据

在进行任何子网划分之前，了解网络需求并制定计划非常重要。

(1) 按照主机要求划分子网。

规划子网时需要考虑每个网络需要的主机地址数和所需的各个子网数量等两个因素。

子网数量和主机数量成反比，借用越多的位来创建子网意味着可用的主机位越少。而如果需要更多主机地址，就需要更多主机位，那么子网数就会更少。

最大子网中所需的主机地址数量将决定主机部分必须保留多少位 h，可用地址的数量是 2^h-2。

(2) 按照网络要求划分子网。

有时在网络规划时会要求一定数量的子网，但对每个子网中的主机地址数量不够重视。如机构选择根据其内部部门设置来分割网络流量，这时就需要为每一个部门分配一个子网。

借用位时所创建的子网数可以使用公式 2^s（s 是借用的位数）来计算，借用越多的位来创建更多子网，就意味着每个子网的可用主机越少。

对A类、B类或C类网络进行子网划分的过程并不会改变原地址中网络部分的多少，但它会减少地址中主机部分的多少，来创建子网部分，如图6-2所示。

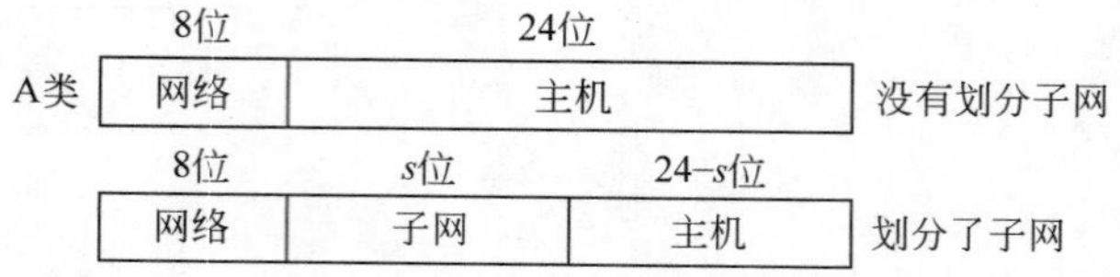

图 6-2　进行子网划分的 IP 网络地址结构

为了创建子网，在此过程中缩短了主机域，通常称为借位，被借出的位用于组成地址结构中的子网部分，为 s 比特长。

在本书中，用变量 s 表示子网位数，用 h 表示主机位数。

5. 无类子网划分

（1）A类地址子网划分。假设某机构选择了私有地址 10.0.0.0/8 作为其内部网络，该网络地址可以用于广播域中连接 16777214 台主机，很显然，会因广播域太大而带来很大的麻烦。

企业可以进一步在二进制8位数边界 /16 对 10.0.0.0/8 地址进行子网划分，见表6-1。这能让企业定义多达 256 个子网（例如，10.0.0.0/16~10.255.0.0/16），每个子网可以连接 65535 台主机。注意，这时候 10.0.0.0 的前两个二进制8位数标识地址的网络部分，而后两个二进制8位数用于标识主机 IP 地址。

表 6-1　对网络 10.×.0.0/16 划分子网

子网地址（可能有 256 个子网）	主机范围（每个子网可能有 65535 台主机）	广　　播
10.0.0.0/16	10.0.0.1~10.0.255.254	10.0.255.255
10.1.0.0/16	10.1.0.1~10.1.255.254	10.1.255.255
10.2.0.0/16	10.2.0.1~10.2.255.254	10.2.255.255
10.3.0.0/16	10.3.0.1~10.3.255.254	10.3.255.255
…	…	…
10.11.0.0/16	10.11.0.1~10.11.255.254	10.11.255.255
…	…	…
10.21.0.0/16	10.21.0.1~10.21.255.254	10.21.255.255
…	…	…
10.255.0.0/16	10.255.0.1~10.255.255.254	10.255.255.255

另外，机构也可以选择在 /24 二进制8位数边界处划分子网，见表6-2。这将让机构能定义 65536 个子网，每个子网能连接 254 台主机。/24 边界在子网划分中使用非常广泛，因为它在这个二进制8位数边界处可以容纳足够多的主机，并且子网划分也很方便。

表 6-2　对网络 10.×.0.0/24 划分子网

子网地址（可能有 65535 个子网）	主机范围（每个子网可能有 254 台主机）	广　　播
10.0.0.0/24	10.0.0.1~10.0.0.254	10.0.0.255
10.0.1.0/24	10.0.1.1~10.0.1.254	10.0.1.255
…	…	…

续表

子网地址（可能有 65535 个子网）	主机范围（每个子网可能有 254 台主机）	广 播
10.0.255.0/24	10.0.255.1~10.0.255.254	10.0.255.255
10.1.0.0/24	10.1.0.1~10.1.0.254	10.1.0.255
10.1.1.0/24	10.1.1.1~10.1.1.254	10.1.1.255
…	…	…
10.1.255.0/24	10.1.255.1~10.1.255.254	10.1.255.255
…	…	…
10.11.0.0/24	10.11.0.1~10.11.0.254	10.11.0.255
…	…	…
10.100.0.0/24	10.100.0.1~10.100.0.254	10.100.0.255
…	…	…
10.255.255.0/24	10.255.255.1~10.255.255.254	10.255.255.255

前面示例都从常见的 /8、/16 和 /24 网络前缀借用了主机位，然而，子网可以从任何主机位借用位来创建其他掩码。

例如，/24 网络地址通常通过从第 4 个二进制 8 位数借用位来使用更长的前缀进行子网划分，这可让管理员在将网络地址分配到更少数量的终端设备时具有更好的灵活性。对 /24 网络划分子网见表 6-3。

表 6-3 对 /24 网络划分子网

前缀长度	子网掩码	网络地址 (n= 网络 ,h= 主机)	子网数量	主机数量
/25	255.255.255.128	nnnnnnnn.nnnnnnnn.nnnnnnnn.shhhhhhh 11111111.11111111.11111111.10000000	2	126
/26	255.255.255.192	nnnnnnnn.nnnnnnnn.nnnnnnnn.sshhhhhh 11111111.11111111.11111111.11000000	4	62
/27	255.255.255.224	nnnnnnnn.nnnnnnnn.nnnnnnnn.ssshhhhh 11111111.11111111.11111111.11100000	8	30
/28	255.255.255.240	nnnnnnnn.nnnnnnnn.nnnnnnnn.sssshhhh 11111111.11111111.11111111.11110000	16	14
/29	255.255.255.248	nnnnnnnn.nnnnnnnn.nnnnnnnn.ssssshhh 11111111.11111111.11111111.11111000	32	6
/30	255.255.255.252	nnnnnnnn.nnnnnnnn.nnnnnnnn.sssssshh 11111111.11111111.11111111.111111100	64	2

（2）B 类网络子网划分。对于一个 B 类地址，其 16 位用于网络 ID，另 16 位用于主机 ID，可分配 65536（2^{16}）个主机地址，但实际可分配主机的地址为 65534 个。

现在假设将这个 B 类网络划分子网，如果从默认的 16 位主机字段中借用 2 位，主机字段的长度将缩短到 14 位，即可创建 4 个子网，每个子网可实际分配的主机地址是 16382 个；而如果从默认的 16 位主机字段中借用 3 位，主机字段的长度将缩短到 13 位，即可创建 8 个子网，每个子网可实际分配的主机地址为 8190 个。图 6-3 说明了在 B 类网络中通过借用主机位创建的子网数以及每个子网的主机数。

（3）C 类网络子网划分。对于一个 C 类地址，最后一个字段 8 位都用于表示主机 ID，可表示 256 台主机地址，但实际可分配主机的地址为 254 个。

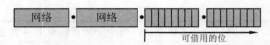

借用的位数 (s)	子网数 (2^s)	余下的主机ID位数 ($8-s=h$)	每个子网的主机数 (2^h-2)
1	2	15	32766
2	4	14	16382
3	8	13	8190
4	16	12	4094
5	32	11	2046
6	64	10	1022
7	128	9	510
⋮	⋮	⋮	⋮

图 6-3　借用 B 类网络地址空间中的位 e

现在假设对这个 C 类网络划分子网，如果从默认的 8 位主机字段中借用 2 位，主机字段的长度将缩短到 6 位，即可创建 4 个子网，每个子网可实际分配的主机地址为 62 个；而如果从默认的 8 位主机字段中借用 3 位，主机字段的长度将缩短到 5 位，即可创建 8 个子网，每个子网可实际分配的主机地址为 30 个。图 6-4 说明了在 C 类网络中通过借用主机位创建的子网数以及每个子网的主机数。

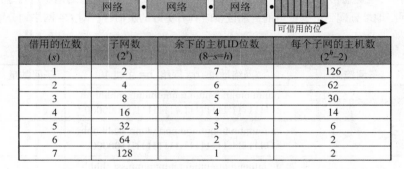

借用的位数 (s)	子网数 (2^s)	余下的主机ID位数 ($8-s=h$)	每个子网的主机数 (2^h-2)
1	2	7	126
2	4	6	62
3	8	5	30
4	16	4	14
5	32	3	6
6	64	2	2
7	128	1	2

图 6-4　借用 C 类网络地址空间中的位

6.1.3　无类子网划分

为了决定在一个 A、B 或 C 类网络中使用什么子网掩码，网络工程师必须先提出一个子网划分计划，通常称为子网划分配置。子网划分配置定义了那个待划分网络的 IP 地址结构、子网掩码、可能的子网号以及每个子网内可分配给主机的 IP 地址范围。为了能够完成这些细节，工程师应先从回答以下问题开始。

无类子网划分

- 对于指定网络需要多少个子网？
- 最大的子网里要容纳多少台主机？
- 子网掩码中要使用多少子网比特位才能够满足那么多子网？
- 子网掩码中要使用多少主机位才能够满足每个子网内那么多台主机？
- 什么子网掩码能够满足需要的子网或主机位数？

1. 决定子网和主机数量

由于主机被一个或多个路由器分割在不同的子网里，所以网络工程师需要决定在这个特定互联网络中划分多少个子网，计划好的网络拓扑结构在某种程度上决定了需要的子网数量。但是对于许多相对简单的互联网络来说，通过网络拓扑图就可以决定子网数量了。

要决定最大的子网中要容纳多少台主机，需要知道连接在每一个局域网上的所有设备的具体信息，以及对于未来趋势的一定预测能力。一般情况下，通过局域网交换机和线缆的配置情况来了解连接到该局域网的设备数量，然后再增加一定的百分比留作扩展使用。

2. 决定掩码中的子网和主机位数

找出掩码中的子网和主机位数。

在一个子网划分的地址结构中，为了找到所需的子网位数和主机位数，通常采用以下步骤。

步骤1：根据 $2^s - 2 \geqslant$ 所需的子网数量找到 s。

步骤2：根据 $2^h - 2 \geqslant$ 所需的主机数量找到 h。

表6-4列出了所需的子网数和主机数量，以及所需的子网和主机位数。

表6-4　子网和主机位数

问题	所需子网数量	所需主机数量	掩码中子网部分的最少位数	掩码中主机部分的最少位数
1	200	200	8	8
2	5	17	3	5
3	12	2500	4	12
4	100	120	7	7

3. 决定子网掩码：用二进制的方法

在子网掩码中，使用二进制位全1来表示地址结构中组合起来的网络和子网部分，使用二进制位全0来表示地址结构中的主机部分。

(1) 利用子网部分的最小值来找出子网掩码。

为了构造一个子网掩码，可以写下一个32位的二进制数，其中网络和子网位全为1，主机位全为0，其过程如下。

步骤1：根据划分网络是A类、B类或C类，写下8、16或24个1，这些位表示网络位。

步骤2：从左到右，再写下 s 个1，s 是指子网部分的位数。

步骤3：剩下的位数都写下0，这些位表示的是主机位。

步骤4：将32位的二进制数，按照8位一组转化为十进制。

假设B类网络136.16.0.0按照表6-4中的问题1方案进行子网划分，其中子网位和主机位都是8位，下面是根据步骤1到步骤3得到的子网掩码比特序列。

11111111 11111111　11111111　00000000

步骤1　　　　　　步骤2　　　步骤3

为了形成掩码，这些数字要转换为十进制数，8位一组，转换后为255.255.255.0。

假设再按照表6-4中的问题4方案进行子网划分，其中子网位和主机位都是7位，下面是根据步骤1到步骤3得到的子网掩码比特序列。

11111111 11111111　11111110　00000000

步骤1　　　　　　步骤2　　　步骤3

为了形成掩码，这些数字要转化为十进制，8位一组，其中第3组由7位子网部分和1位主机部分组成，作为一个整体进行转换，即对11111110进行转换，转换后为255.255.254.0。

（2）根据需求找出所有可能的子网掩码。

在表6-4的问题4中，需要7个子网位和7个主机位，那么将有3种有效的子网掩码，如图6-5所示。

子网掩码必须是以连续的1开始的一组数，一旦有了一位0（从左到右），那么后面的位数必须都是0。

因此，为了找出可能的子网掩码，从左到右为网络部分和子网部分写下全1，然后从最右边开始，向左为所需的主机位数写下全0，只要满足需求条件，剩下的中间位数既可以写0，又可以写1。

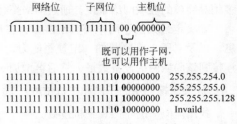

图6-5 子网掩码的选择

表6-5总结了表6-4中的4个问题，为了便于说明问题给定了一个特定的IP网络，列出了子网掩码结果。

表6-5 子网掩码值

问题号	网 络	子网部分位数	主机部分位数	子 网 掩 码
1	130.10.0.0	8	8	255.255.255.0
2	211.168.10.0	3	5	255.255.255.224
3	138.12.0.0	4	12	255.255.240.0
4	136.16.0.0	7	7	255.255.254.0、255.255.255.0 或 255.255.255.128

4. 决定子网掩码：简捷方法

步骤1：写下A、B或C类网络的默认掩码（对应255.0.0.0、255.255.0.0 或 255.255.255.0）。

步骤2：识别出默认掩码中相关的掩码字节，也就是从左至右的第1个0字节，即A类的第2个字节、B类的第3个字节、C类的第4个字节。

步骤3：使用子网掩码简表，见表6-6，用表中正确的值替换相关的0字节。

表6-6 子网掩码简表

2 的幂值	128	64	32	16	8	4	2	1
掩码值	128	192	224	240	248	252	254	255
子网位数	1	2	3	4	5	6	7	8

根据表6-6，步骤3的实现过程如下。

（1）找到最后一行中的子网位数。

（2）利用掩码值一行中的数值，也就是子网位数上面的值，作为子网掩码相关字节的替换值。

见表6-5中的问题3，待划分网络138.12.0.0，其中子网位数为4，因此，前两步要求写下B类网络的默认掩码255.255.255.0。

子网位数为4，因此根据表6-6，掩码的相关字节就是240，所以其子网掩码为255.255.240.0。

5. 决定子网号以及每个子网内可分配的IP地址

网络工程师通过查看网络拓扑图就可以决定所需的子网数量，并且通过其他方法来决定最大的子网内所容纳的主机数量。然后，工程师挑选IP网络号来进行子网划分。最终，工程师决定固定长度子网掩码来满足子网数量和子网内主机数量的需求。

现在，网络工程师需要根据子网划分计划来决定实际可用的子网号，一旦子网号确定了，工程师就可以列出每个子网内的IP地址，并将它们分配给子网内的主机来使用，分配IP地址可以采用静态或动态两种方法。

下面的术语是必须首先要了解的。

- 子网号：从数字上来讲，是一个子网内最小的号码，它是用来表示一个特定IP子网的一组点分十进制数。
- 子网广播地址：从数字上来讲，是一个子网内最大的值。发送到这个地址的数据包，都会被路由转发到目的子网，在转发的同时，数据包被封装在一个2层广播帧中，这样子网内的所有主机都能够接收到这个帧。
- 可供分配的IP地址：一个可以分配到接口上的IP地址。此时子网内的保留地址排除在外，例如IP子网号和子网广播地址。
- 网络广播地址：在任何一个IP网络中，最大的那个IP地址。
- 子网0（0号子网）：从数字上讲，是每一个子网划分规划中最小的子网号，它的特点是在子网号的子网部分全为0。一般为保留子网，不使用。
- 广播子网：从数字上来讲，是每一个子网划分规划中最大的子网号，它的特点是在子网号的子网部分全为1。一般为保留子网，不使用。

（1）找出子网号：二进制方法

采用二进制的方法找出子网号的关键在于：

- 每个子网号的网络部分与待划分IP网络号的网络部分相同。
- 每个子网号主机部分全为0。
- 子网号的子网部分都不相同，用来区别各个子网。

在进行子网划分时，0号子网的十进制表示法和有类IP网络号是相同的，并且根据分类IP规则，0号子网保留不做使用。

采用二进制的方法找出子网号的过程步骤如下。

步骤1：计算2^s，s是子网部分的位数。

步骤2：写下来分类IP网络号的二进制表示方法。

步骤3：注意分类IP网络号和0号子网是同一个号码，不使用。

步骤4：从上到下画两条竖线，将32位的网络部分和主机部分分开。

步骤5：向下重复网络部分和主机部分的比特位，直到总共有2^s行为止，所有这些行中，除了第一行（0号子网），子网部分都没有数值。

步骤6：从第2行开始，子网域的部分每一行都在前一行的基础上加1，这保证了连续的子网域内所有的值都不相同，一直写到列表的最后，这时子网域的每一位都应该是1。

步骤7：最后一行，也就是子网域全为1的那一行就是广播子网，保留不使用。

步骤8：将32位的二进制数每8位一组转换为十进制数，得到子网号。

如图6-6所示，使用的表6-5中的问题2，在本例中使用C类地址211.168.10.0，掩码为255.255.255.224，子网部分3位。在图中给出了利用二进制方法找出全部子网的前5个步骤。第一行的二进制码和网络号相同，同时也是0号子网。竖线将子网号的网络、子网和主机部分分开（网部分占3位，主机部分占5位，一起构成了第4字节）。最后，网络部分和主机部分一直复制下来，充满了8个可能子网。

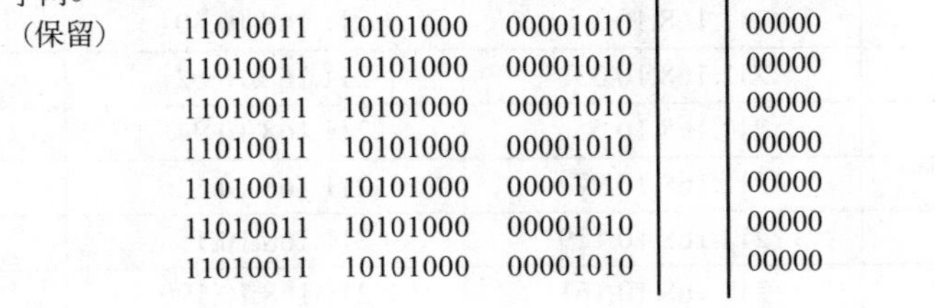

图6-6 找子网的前5个步骤

第 1 次使用步骤 6 的时候，在 000 上面加 1，就是 001，接下来重复这一过程，在 001 上加 1，就是 010。如图 6-7 所示完成了剩余的全部步骤，形成了完整子网号。

```
      3 子网部分                               子网   主机部分：
      2³=8              网络部分：24            部分：  5 位
子网0 ──▶ 11010011  10101000  00001010 │000│ 00000   211.168.10.0
(保留)    11010011  10101000  00001010 │001│ 00000   211.168.10.32
          11010011  10101000  00001010 │010│ 00000   211.168.10.64
          11010011  10101000  00001010 │011│ 00000   211.168.10.96
          11010011  10101000  00001010 │100│ 00000   211.168.10.128
          11010011  10101000  00001010 │101│ 00000   211.168.10.160
          11010011  10101000  00001010 │110│ 00000   211.168.10.196
广播子网 ─▶ 11010011  10101000  00001010 │111│ 00000   211.168.10.224
(保留)
```

图 6-7　找子网的所有步骤

（2）找出子网广播地址：二进制方法

如果已经建立好了如图 6-7 所示的信息，利用二进制方法找出每个子网内的广播地址就很简单了。

步骤 1：在每个二进制表示的子网号中，将所有的主机位都换成 1。

步骤 2：将这些号码转换为十进制，8 位一组（即便一个字节中包含子网和主机部分）。

如图 6-8 所示找出每个子网的广播地址。使用的是表 6-5 中的问题 2，在本例中使用 C 类地址 211.168.10.0，掩码为 255.255.255.224，子网部分 3 位。

```
11010011  10101000  00001010 │000│11111   211.168.10.31
11010011  10101000  00001010 │001│11111   211.168.10.63
11010011  10101000  00001010 │010│11111   211.168.10.95
11010011  10101000  00001010 │011│11111   211.168.10.127
11010011  10101000  00001010 │100│11111   211.168.10.159
11010011  10101000  00001010 │101│11111   211.168.10.195
11010011  10101000  00001010 │110│11111   211.168.10.223
11010011  10101000  00001010 │111│11111   211.168.10.255
```

图 6-8　找出每个子网中的广播地址

（3）找出可用 IP 地址的范围

通过前面的步骤已经确定了子网号和相应的广播地址，要找出可供分配的地址范围就很简单了。

步骤 1：为了找出子网内可供分配的最小 IP 地址，只需要将子网号的第 4 字节加 1。

步骤 2：为了找出子网内可供分配的最大 IP 地址，只需要把子网广播地址的第 4 字节减 1。

表 6-7 列出了 C 类地址为 211.168.10.0，掩码为 255.255.255.224 的每个子网可供分配的 IP 地址。

表 6-7　可供分配的 IP 地址

子网掩码	最小 IP 地址	最大 IP 地址	广播地址
211.168.10.0 *	211.168.10.1	211.168.10.30	211.168.10.31
211.168.10.32	211.168.10.33	211.168.10.62	211.168.10.63
211.168.10.64	211.168.10.65	211.168.10.94	211.168.10.95
211.168.10.96	211.168.10.97	211.168.10.126	211.168.10.127
211.168.10.128	211.168.10.129	211.168.10.158	211.168.10.159
211.168.10.160	211.168.10.161	211.168.10.190	211.168.10.191

续表

子网掩码	最小 IP 地址	最大 IP 地址	广播地址
211.168.10.192	211.168.10.193	211.168.10.222	211.168.10.223
211.168.10.224 *	211.168.10.225	211.168.10.254	211.168.10.255

注：*这些子网保留不使用。

6. 判断主机位于哪个子网内

使用一个确定网络时，需要指出某台主机位于哪个子网内，也就是它的驻留子网。例如，IP 地址为 211.168.10.35，使用掩码 255.255.255.224 时就是子网 211.168.10.32 的一部分。

用二进制方法找出子网号的过程如下。

步骤 1：将 IP 地址和掩码转化成二进制，先写 IP 地址，然后将子网掩码写在下面。

步骤 2：将两组号码按位进行布尔与运算。

步骤 3：将结果所得的 32 位码转化成十进制，8 位为一组。

例如，已知网络 IP 地址和子网掩码为 IP 地址 192.168.1.73；子网掩码 255.255.255.224。

请确定该主机所在的网络号。

(1) 将 IP 地址 192.168.1.73 和子网掩码 255.255.255.224 分别转换成二进制等价形式为 11010011.01010001.11000000.01001001 和 11111111.11111111.11111111.11100000。

(2) 将两个 23 位二进制数并列在一起，对每一位进行"与"操作即可得到结果，如图 6-9 所示。

192.168.1.73	11000000	10011000	00000001	010	01001
AND					
255.255.255.224	11111111	11111111	11111111	111	00000
	11010011	01010001	11000000	010	00000

网络 ID	192	168	1	64

图 6-9　192.168.1.73/27 的网络 ID 的计算过程

6.1.4　可变长子网掩码

1. 传统的子网划分

使用传统子网划分，为每个子网分配相同数量的地址，如果所有子网对主机数量的要求相同，这些固定大小的地址块效率就会很高。

如图 6-10 所示的拓扑要求 7 个子网，其中 4 个子网分别用于 4 个 LAN，而另外 3 个分别用于路由器之间的 3 个 WAN 接口。

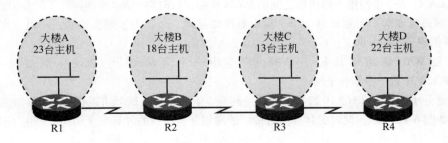

图 6-10　传统的子网划分

对指定地址 192.168.20.0/24 进行传统子网划分，从最后一个二进制 8 位数的主机部分可以借用

3 个位，以满足其 7 个子网的要求。如图 6-11 所示，借用 3 个位可以创建 8 个子网，剩余 5 个主机位，每个子网有 30 个可用主机。

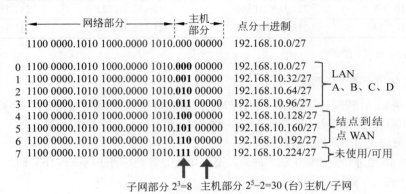

图 6-11　基本子网方案

该方案创建了所需子网，并且满足其最大 LAN 对主机的要求，但也产生了大量未使用地址，造成地址浪费。如这 3 个 WAN 链路的每个子网中仅仅需要两个地址，由于每个子网有 30 个可用地址，这些子网中每个子网就有 28 个未使用地址。

2. 可变长子网掩码

在传统的子网划分中，所有子网都使用相同的子网掩码，即传统子网划分可以创建大小相等的子网，也就意味着每个子网可用主机地址的数量是相同的。

通过可变长子网掩码（Variable Length Subnet Mask，VLSM）网络空间则能够分为大小不等的部分。当使用 VLSM 时，子网掩码将根据特定子网所借用的位数而变化，从而成为 VLSM 的"变量"部分。

VLSM 子网划分与传统子网划分类似，通过借用位来创建子网，而且用于计算每个子网主机数量和所创建子网数量的公式仍然适用。

子网划分不再是可以一次完成的活动，在使用 VLSM 时，首先对网络划分子网，然后对子网再进行子网划分，该过程可以重复，以创建不同大小的子网。

> 💡**注意**：当使用 VLSM 时，请始终从满足最大子网的主机要求开始，继续子网划分直至满足最小子网的主机要求。

在如图 6-11 所示子网划分中，为满足如图 6-10 所示的网络分配 IP 地址，可将网络 192.168.10.0/27 通过子网划分进一步分为 8 个规模相等的子网，会分配 8 个子网中的 7 个，其中 4 个子网用于 LAN，3 个子网用于路由器之间的 WAN 连接。这时用于 WAN 连接的子网会浪费地址，因为这些子网只需要两个可用地址，每个路由器接口使用一个，为了避免浪费，可以使用 VLSM 为 WAN 连接创建较小的子网。

为了给 WAN 链路创建较小子网，将其中一个子网细分。例如，对最后一个子网 192.168.10.224/27 进一步划分子网。

因为划分子网的 192.168.10.224/27 地址空间有 5 个主机位，所以可以借用 3 位，在主机部分保留 2 位，如图 6-12 所示。此时的计算与对传统子网划分所进行的计算完全相同，借用了位，并确定子网范围。

这种 VLSM 子网划分方案将每个子网的地址数目减少到适合 WAN 的大小，对 WAN 的子网 7 划分子网，使子网 4、5、6 能够用于未来网络，而且 WAN 中能够有 5 个额外的子网可用。

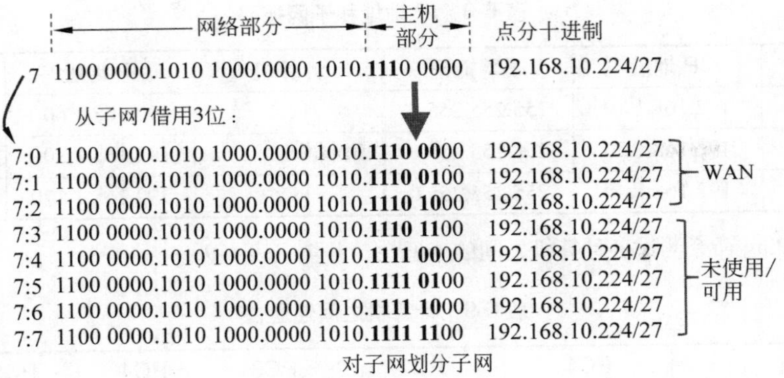

网络部分
主机部分
点分十进制
7 1100 0000.1010 1000.0000 1010.1110 0000 192.168.10.224/27
从子网7借用3位：
7:0 1100 0000.1010 1000.0000 1010.1110 0000 192.168.10.224/27
7:1 1100 0000.1010 1000.0000 1010.1110 0100 192.168.10.224/27
7:2 1100 0000.1010 1000.0000 1010.1110 1000 192.168.10.224/27
WAN
7:3 1100 0000.1010 1000.0000 1010.1110 1100 192.168.10.224/27
7:4 1100 0000.1010 1000.0000 1010.1111 0000 192.168.10.224/27
7:5 1100 0000.1010 1000.0000 1010.1111 0100 192.168.10.224/27
7:6 1100 0000.1010 1000.0000 1010.1111 1000 192.168.10.224/27
7:7 1100 0000.1010 1000.0000 1010.1111 1100 192.168.10.224/27
未使用/可用
对子网划分子网

图 6-12　VLSM 子网划分方案

6.2　技能训练：子网划分

6.2.1　任务目标

通过本工作任务的完成，使学生掌握以下技能。

(1) 理解 IP 地址的概念、分类。

(2) 理解掩码的作用。

(3) 掌握如何进行子网划分。

C 类网络地址划分　A 类网络地址划分

6.2.2　实训任务

下面以 C 类网络 192.168.1.0 为例，分别从主机位借 2 位、3 位、4 位进行子网划分和测试网络的连通性。为了完成本任务，用 6 台计算机和一台交换机组成一个小型交换机来测试子网的连通性。

6.2.3　材料清单

为了搭建如图 6-13 所示的网络环境，需要如下设备清单。

交换机
PC1
PC2
PC3
PC4
PC5
PC6

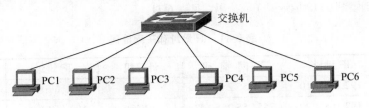

图 6-13　进行子网划分训练的网络拓扑图

(1) 6 台计算机（已经安装了以太网卡及其驱动程序）。

(2) 1 台 8 口交换机。

(3) 6 条直通线。

6.2.4　实施

步骤 1：不划分子网。

(1) 配置各计算机的 IP 地址、子网掩码，见表 6-8。

表 6-8　IP 地址和子网掩码

计算机	IP 地址	子网掩码	计算机	IP 地址	子网掩码
PC1	192.168.1.10	255.255.255.0	PC4	192.168.1.60	255.255.255.0
PC2	192.168.1.20	255.255.255.0	PC5	192.168.1.80	255.255.255.0
PC3	192.168.1.40	255.255.255.0	PC6	192.168.1.120	255.255.255.0

（2）使用 Ping 命令测试各计算机之间的连通性，并填入表 6-9。

表 6-9　计算机之间连通性

计算机	PC1	PC2	PC3	PC4	PC5	PC6
PC1	/					
PC2		/				
PC3			/			
PC4				/		
PC5					/	
PC6						/

步骤 2：借 2 位。

（1）从 C 类网络 192.168.1.0 的主机位借 2 位，分别写出子网号、每个子网的开始地址、结束地址以及子网掩码，见表 6-10。

表 6-10　C 类网络借 2 位子网划分

子　网　号	开　始　地　址	结　束　地　址	广　播　地　址	子　网　掩　码
192.168.1.0	192.168.1.1	192.168.1.62	192.168.1.63	
192.168.1.64	192.168.1.65	192.168.1.126	192.168.1.127	255.255.255.192
192.168.1.128	192.168.1.129	192.168.1.190	192.168.1.191	
192.168.1.192	192.168.1.193	192.168.1.254	192.168.1.255	

（2）配置各计算机的 IP 地址、子网掩码，见表 6-11。

表 6-11　IP 地址和子网掩码

计算机	IP 地址	子　网　掩　码	计算机	IP 地址	子　网　掩　码
PC1	192.168.1.10	255.255.255.192	PC4	192.168.1.60	255.255.255.192
PC2	192.168.1.20	255.255.255.192	PC5	192.168.1.80	255.255.255.192
PC3	192.168.1.40	255.255.255.192	PC6	192.168.1.120	255.255.255.192

（3）使用 Ping 命令测试各计算机之间的连通性，并填入表 6-9。

步骤 3：借 3 位。

（1）从 C 类网络 192.168.1.0 的主机位借 3 位，分别写出子网号、每个子网的开始地址、结束地址以及子网掩码并填入表 6-12。

（2）配置各计算机的 IP 地址、子网掩码，见表 6-13。

（3）使用 Ping 命令测试各计算机之间的连通性，并填入表 6-9。

步骤 4：借 4 位。

表 6-12 C 类网络借 3 位子网划分

子 网 号	开 始 地 址	结 束 地 址	广 播 地 址	子 网 掩 码
192.168.1.0	192.168.1.1	192.168.1.30	192.168.1.31	
192.168.1.32				255.255.255.224
192.168.1.64				
…				

表 6-13 IP 地址和子网掩码

计算机	IP 地址	子 网 掩 码	计算机	IP 地址	子 网 掩 码
PC1	192.168.1.10	255.255.255.224	PC4	192.168.1.60	255.255.255.224
PC2	192.168.1.20	255.255.255.224	PC5	192.168.1.80	255.255.255.224
PC3	192.168.1.40	255.255.255.224	PC6	192.168.1.120	255.255.255.224

（1）从 C 类网络 192.168.1.0 的主机位借 4 位，分别写出子网号、每个子网的开始地址、结束地址以及子网掩码并填入表 6-14。

表 6-14 C 类网络借 4 位子网划分

子 网 号	开 始 地 址	结 束 地 址	广 播 地 址	子 网 掩 码
192.168.1.0	192.168.1.1	192.168.1.14	192.168.1.15	
192.168.1.16				255.255.255.240
192.168.1.32				
…				

（2）配置各计算机的 IP 地址、子网掩码，见表 6-15。

表 6-15 IP 地址和子网掩码

计算机	IP 地址	子 网 掩 码	计算机	IP 地址	子 网 掩 码
PC1	192.168.1.10	255.255.255.240	PC4	192.168.1.60	255.255.255.240
PC2	192.168.1.20	255.255.255.240	PC5	192.168.1.80	255.255.255.240
PC3	192.168.1.40	255.255.255.240	PC6	192.168.1.120	255.255.255.240

（3）使用 Ping 命令测试各计算机之间的连通性，并填入表 6-9。

习　题

一、选择题

1. 如果给定的子网掩码是 255.255.255.224，那么主机 192.168.23.122 所在的子网是（　　）。

    A. 192.168.0.0   B. 192.168.23.32

    C. 192.168.0.96   D. 192.168.23.96

2. 如果子网掩码是 255.255.0.0，那么下列（　　）地址为子网 112.11.0.0 内的广播地址。

    A. 112.11.0.0   B. 112.11.255.25

C. 112.255.255.255　　　　　　　　　　D. 112.1.1.1

3. 某部门申请到一个 C 类 IP 地址，若要分成 8 个子网，其掩码应为（　　）。

A. 255.255.255.255　　　　　　　　　　B. 255.255.255.0

C. 255.255.255.224　　　　　　　　　　D. 255.255.255.192

4. IP 地址为 140.111.0.0 的 B 类网络，若要切割为 9 个子网，而且都要连上 Internet，则子网掩码要设为（　　）。

A. 255.0.0.0　　　　　　　　　　　　　B. 255.255.0.0

C. 255.255.128.0　　　　　　　　　　　D. 255.255.240.0

5. 某公司申请到一个 C 类网络，由于有地理位置上的考虑必须切割成 5 个子网，则子网掩码要设为（　　）。

A. 255.255.255.224　　　　　　　　　　B. 255.255.255.192

C. 255.255.255.254　　　　　　　　　　D. 255.285.255.240

6. 如果一个 C 类网络用掩码 255.255.255.192 划分子网，那么会有（　　）个可用的子网。

A. 2　　　　　　B. 4　　　　　　C. 6　　　　　　D. 8

7. 255.255.255.224 可能代表的是（　　）。

A. 一个 B 类网络号　　　　　　　　　　B. 一个 C 类网络中的广播

C. 一个具有子网的网络掩码　　　　　　D. 以上都不是

8. IP 地址 10.10.13.15/24 表示该主机所在网络的网络号为（　　）。

A. 10.10.13.0　　　　　　　　　　　　　B. 10.10.0.0

C. 10.13.15　　　　　　　　　　　　　　D. 10.0.0.0

9. IP 地址 192.168.1.0 代表（　　）。

A. 一个 C 类网络号　　　　　　　　　　B. 一个 C 类网络中的广播

C. 一个 C 类网络中的主机　　　　　　　D. 以上都不是

10. 现对地址空间 10.20.30.0/24 进行子网划分时借用了 3 个主机位，并决定将第二个子网分配给办公室，请问应该将（　　）3 个地址分配给办公室的主机。

A. 10.20.30.29/27　　　　　　　　　　B. 10.20.30.31/27

C. 10.20.30.32/27　　　　　　　　　　D. 10.20.30.33/27

E. 10.20.30.34/27　　　　　　　　　　F. 10.20.30.35/27

11. 一位网络管理员给子网 192.168.1.0/25 中的设备分配主机地址，它将部门打印机的地址配置为 192.168.1.131/25，并将默认网关设置为 192.168.1.1/25，但没有人能够使用这台打印机。导致这种问题的原因是（　　）。

A. 默认网关设置不正确

B. 分配给打印机的地址是广播地址

C. 分配给打印机的地址是另一个子网

D. 分配给打印机的地址是网络 IP 地址

12. 某公司新成立一个部门，这个部门有 511 台主机需要配置网络地址。当前，公司使用的地址空间为 10.20.0.0/16，为给这个子网提供地址，同时又不浪费地址，网络管理员必须借用（　　）位。

A. 5   B. 6   C. 7   D. 8

E. 9

13. 有位网络管理员借用5位给网络10.0.0.0/16划分子网，对于新创建的每个子网，应使用的子网掩码是（   ）。

A. 255.248.0.0   B. 255.255.0.0

C. 255.255.248.0   D. 255.255.255.0

E. 255.255.255.248

二．实训题

1. 假设一个主机的IP地址为192.168.5.121，而子网掩码为255.255.255.248，那么该IP地址的网络号为多少？

2. 某单位为管理方便，拟将网络195.3.1.0划分为5个子网，每个子网中的计算机数不超过15台，请规划该子网。写出子网掩码和每个子网的子网地址。

3. 假定某单位分到一个B类地址，其Net-ID为133.233.0.0。该单位有4000台主机，平均分布在16个不同的地点。如选用子网掩码为255.255.255.0，试给每一个地点平均分配一个子网号码，并算出每个地点主机号码的最小值和最大值。

4. 有两块CIDR地址块211.128.0.0/11和211.130.28.0/22。是否有哪一个地址块包含了另一个地址？如果有，请指出，并说明理由。

5. 已知地址块中的一个地址是139.120.85.25/20。试求这个地址块中的最小地址和最大地址。地址掩码是什么？地址块中共有多少个地址？相当于多少个C类地址。

6. 已知地址块中的一个地址是191.88.140.202/29。重新计算上题。

7. 某单位分配到一个地址块135.25.13.64/26。现在需要进一步划分为4个一样大的子网。试问：

(1) 每个子网的网络前缀有多长？

(2) 每一个子网中有多少个地址？

(3) 每一个子网的地址块是多少？

(4) 每一个子网可分配给主机使用的最小地址和最大地址是什么？

8. 某个自治系统有5个局域网，其连接图如图6-14所示，LAN 2至LAN 5上的主机数分别为91、150、3和15。该自治系统分配到的IP地址块为29.138.118.0/23，试给出每一个局域网的地址块（包括前缀）。

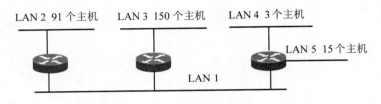

LAN 2 91个主机   LAN 3 150个主机   LAN 4 3个主机

LAN 5 15个主机

LAN 1

图 6-14 网络拓扑图

9. 某大公司有一个总部和三个下属部门。公司分配到的网络前缀是192.88.55.0/24。公司的网络布局如图6-15所示，总部共有5个局域网，其中的LAN 1~LAN 4都连接到路由器R1上，R1再通过LAN 5与路由器R2相连，R2和远地的三个部门的局域网LAN 6~LAN 8通过广域网相连。每一个局域网旁边标明的数字是局域网上的主机数。试给每一个局域网分配一个合适的网络前缀。

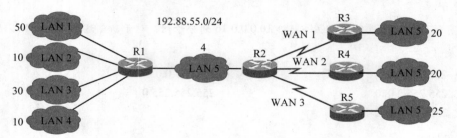

图 6-15　网络拓扑图

学习单元 7 传 输 层

OSI 传输层的进程从应用层接收数据，然后进行相应处理以便用于网络层编址。在协议栈中，传输层刚好位于网络层之上，网络层提供了主机之间的逻辑通信，而传输层为运行在不同主机上的应用进程之间提供了逻辑通信。

传输层协议只工作在主机系统中，在主机系统中，传输层协议将来自应用层进程的报文发送到网络层，反过来也是一样，但这些报文在网络层如何移动并不做任何规定。同时，中间路由器既不处理也不识别传输层加在应用层报文的任何信息。

传输层是整个网络体系结构中的关键层之一，因此一定要弄清楚以下几个重要概念。

- 传输层为相互通信的应用进程提供逻辑通信。
- 端口和套接字的意义。
- 无连接的 UDP 的特点。
- 面向连接的 TCP 的特点。
- 在不可靠的网络上实现可靠传输的工作原理。
- TCP 的滑动窗口、流量控制、拥塞控制和连接管理。

7.1 传输层协议

7.1.1 传输层的作用

在 TCP/IP 模型中，应用程序将数据传递给应用层，应用层再将数据传递给传输层。传输层负责在两个应用程序之间建立临时通信会话以及在它们之间传递数据。

传输层协议概述

(1) 跟踪各个会话。在传输层中，从源应用程序和目的应用程序之间传输的每个数据集称为会话。每台主机上都可以有多个应用程序在网络上通信，每个应用程序都与一台或多台远程主机上的一个或多个应用程序通信，传输层负责维护并跟踪这些会话。

(2) 数据分段和数据段重组。数据必须为准备好用易管理的片段通过媒体发送出去。大多数网络对单个数据包能承载的数据量都有限制，传输层协议的服务可将应用程序数据分为大小适中的数据块，该服务包括每段数据所需的封装功能。报头用于重组，每个数据块都会添加一个报头，此报头用于跟踪数据流。数据片段到达目的设备后，传输层必须能将其重组为可用于应用层的完整数据流。传输层协议规定了如何使用传输层报头信息来重组要传送到应用层的数据片段。

(3) 标识应用程序。为了将数据流传送到适当的应用程序，传输层必须要标识目标应用程序，因此，传输层为每一个应用程序分配一个标识符，即端口号，在每台主机中，每个需要访问的软件进程都将被分配一个唯一的端口号。

7.1.2 进程之间的通信

传输层协议为运行在不同主机上的应用进程之间提供了逻辑通信（Logic Communication）功能。从应用程序的角度看，通过逻辑通信，运行不同进程的主机好像直接相连一样，实际上，这些主机也是通过很多路由器及多种不同类型的链路相连，应用进程使用传输层提供的逻辑通信功能彼此发送报文，而无须考虑承载这些报文的物理基础设施的细节。

以图 7-1 所示来说明传输层的作用。假设局域网 LAN 1 的主机 A 和局域网 LAN 2 上的主机 B 通过互连的广域网 WAN 进行通信。

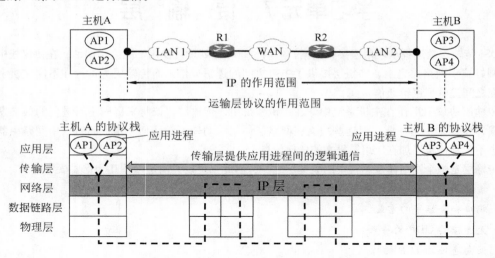

图 7-1　传输层为相互通信的应用进程提供逻辑通信

从 IP 层（网络层）来说，通信的两端是两个主机，IP 数据报的首部明确地标志了这两个主机的 IP 地址，进行通信的实体是在主机中的进程，是这个主机中的一个进程和另一个主机中的进程在交换数据（即通信），因此，两个主机进行通信就是两个主机中的应用进程互相通信。IP 协议虽然能把分组送到目的主机，但是这个分组还停留在主机的网络层而没有交付主机中的应用进程。从传输层的角度看，通信的真正端点并不是主机而是主机中的进程，也就是说，端到端的通信是应用进程之间的通信。在一个主机当中经常有多个应用进程同时分别和另一个主机中的多个应用进程通信。如图 7-1 所示，主机 A 的应用进程 AP1 和主机 B 的应用进程 AP3 进行通信，而在同时，应用进程 AP2 也和对方的 AP4 进行通信。

传输层提供了应用进程间的逻辑通信，其中"逻辑通信"是指从应用层来看，只要把应用层报文交给下面的传输层，传输层就可以把这报文传送到对方的传输层，好像这种通信就是沿水平方向直接传送数据，但事实上这两个传输层之间没有一条水平方向的物理连接，数据的传送是沿着图中的虚线方向经过多个层次传送的。

传输层向高层用户屏蔽了下面网络核心的细节（如网络拓扑、所采用的路由协议等），它使应用进程看见的就好像在两个传输层实体之间有一条端到端的逻辑通信信道。

7.1.3　传输层协议

TCP/IP 模型的传输层包含多个协议，其中最重要的是传输控制协议（Transport Control Protocol，TCP）和用户数据报协议（User Datagram Protocol，UDP），图 7-2 给出了传输层协议在 TCP/IP 协议栈中的位置。

在 TCP/IP 模型中，根据所使用的协议是 TCP 或 UDP，分别称为 TCP 报文段（Segment）或 UDP 报文、用户数据报。而在 OSI/RM 中，两个对等传输实体在通信时传送的数据单位叫作传输协议数据单元（Transport Protocol Data Unit，TPDU）。

图 7-2　传输层协议

UDP 提供无连接的服务，UDP 在传送数据之前不需要建立连接，远程主机的传输层在收到 UDP 报文后，不需要给出任何确认。虽然 UDP 不提供可靠交付，但在某些情况下 UDP 却是一种最有效的工作方式。

TCP 则提供面向连接的服务，在传送数据之前必须先建立连接，数据传送结束后要释放连接。TCP 不提供广播或多播服务。由于 TCP 要提供可靠的、面向连接的运输服务，因此不可避免地增加了许多的开销，如确认、流量控制、计时器以及连接管理等。

表 7-1 列出了一些应用和应用层协议主要使用的传输层协议。

表 7-1　使用 TCP 和 UDP 的各种应用和应用层协议

传输层协议	应　用	应用层协议
TCP	电子邮件	SMTP（简单邮件传送协议）
	远程终端接入	Telnet（远程终端协议）
	万维网	HTTP（超文本传输协议）
	文件传送	FTP（文件传输协议）
UDP	名字转换	DNS（域名系统）
	文件传送	TFTP（简单文件传输协议）
	路由选择协议	RIP（路由信息协议）
	IP 地址配置	DHCP（动态主机配置协议）
	网络管理	SNMP（简单网络管理协议）
	远程文件服务器	NFS（网络文件系统）
	IP 电话	专用协议
	流式多媒体通信	专用协议
	多播	IGMP（网际组管理协议）

传输层的 UDP 用户数据报与网络层的 IP 数据报有很大的区别，IP 数据报要经过互联网中许多路由器的存储转发，但 UDP 用户数据报是在传输层的端到端抽象的逻辑信道中传送的；IP 数据报经过路由器进行转发，用户数据报只是 IP 数据报中的数据，路由器看不见有用户数据报经过它。

TCP 负责传输层的连接，它和网络层的虚电路（如 X.25）完全不同。TCP 报文段是在传输层抽象的端到端逻辑信道中传送，这种信道是可靠的全双工信道，但这样的信道却不知道究竟经过了多少路由器，而且这些路由器也根本不知道上面的传输层是否建立了 TCP 连接。然而在 X.25 建立的虚电路所经过的交换结点中，都必须保存 X.25 虚电路的状态信息。

7.1.4　多路复用与多路分解

应用层所有的应用进程都可以通过传输层再传送到网络层，即复用，也可以理解为在发送方不同的应用进程都可以使用同一个传输层协议传送数据（当然需要加上适当的首部）。传输层从网络层收到数据后必须交付指明的应用进程，这就是分解，即接收方的传输层在剥去报文的首部后能够把这些数据正确交付给目的应用进程。

用户数据报协议 UDP

显然，给应用层的每个应用进程赋予一个非常明确的标志是至关重要的。我们知道，在单个计算机中的进程是用进程标识符来标识的，但是在因特网环境下，因为在因特网上使用的计算机因操作系统种类不同而使用不同格式的进程标识符，造成由计算机操作系统指派的这种进程标识符用来标志运行在应用层的各种应用进程则是不行的。解决这个问题的方法就是在传输层使用协议端口号（Protocol Port Number），或通常简称端口（Port）。这就是说，虽然通信的终点是应用进程，但只要把要传送的报文交到目的主机的某一个合适的目的端口，剩下的工作（即最后交付目的进程）就由 TCP 来完成。

这种在协议栈间的抽象的协议端口是软件端口，和路由器或交换机上的硬件端口是完全不同的，硬件端口是不同硬件设备进行交互的接口，而软件端口是应用层的各种协议进程与运输实体进行层间交互的一种地址。

当网络中的两台主机进行通信的时候，为了表明数据是由源端的哪一种应用发出的，以及数据所要访问的是目的端的哪一种服务，TCP/IP 会在传输层封装数据段时，把发出数据的应用程序的端口作为源端口，把接收数据的应用程序的端口作为目的端口，添加到数据段的头中，从而使主机能够同时维持多个会话的连接，使不同的应用程序的数据不至于混淆。一台主机上的多个应用程序可同时与其他多台主机上的多个对等进程进行通信，所以需要对不同的虚电路进行标识。对 TCP 虚电路连接采用发送端和接收端的套接字（Socket）组合来识别，如（Socket 1、Socket 2）。图 7-3 所示为源端口与目的端口的作用示意图。

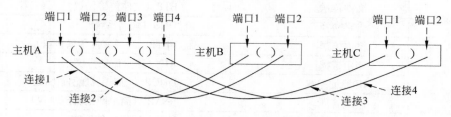

图 7-3　端口的概念示意图

套接字是指 IP 地址加上一个端口。

- 发送套接字＝源 IP 地址＋源端口号。
- 接收套接字＝目的 IP 地址＋目的端口号。

每个端口都拥有一个叫端口号的整数描述符，用来标识不同的端口或进程。在 TCP/IP 传输层，定义一个 16 位长度的整数作为端口标识，也就是说可定义 2^{16} 个端口，其端口号为 $0～2^{16}-1$。由于 TCP/IP 传输层的 TCP 和 UDP 两个协议是两个完全独立的软件模块，因此各自的端口号也相互独立，即各自可独立拥有 2^{16} 个端口。

由此可见，两台计算机中的进程要互相通信，不仅必须知道对方计算机的 IP 地址（为了找到对方的计算机），而且要知道对方的端口号（为了找到对方计算机中的应用进程）。互联网上的计算机通信是采用客户—服务器方式，客户在发起通信请求时，必须先知道对方服务器的 IP 地址和端口号，因此，传输层的端口号分为服务器端使用和客户端使用的端口号两类。

1. 服务器端使用的端口号

服务器端使用的端口号又分为熟知端口号和登记端口号两类。

熟知端口号，也称系统端口号，数值为 0 ~ 123，因特网编号管理局（IANA）把这些端口号指派给了 TCP/IP 最重要的一些应用程序，让所有的用户都知道。当一种新的应用程序出现后，IANA 必须为它指派一个熟知端口，否则互联网上的其他应用进程就无法和它进行通信。表 7-2 给出了一些常用的熟知端口号。

表 7-2　常用的熟知端口号

应用程序	FTP	Telnet	SMTP	DNS	TFTP	HTPP	SNMP	SNMP（Trap）	HTTPS
熟知端口号	21	23	25	53	69	80	161	162	443

登记端口号数值为 1024 ~ 49151，这类端口号是为没有熟知端口号的应用程序使用的，使用这类端口号必须在 IANA 按照规定的手续登记，以防止重复。

2. 客户端使用的端口号

数值在 49152 ～ 65535，由于这类端口号仅在客户进程运行时才动态选择，因此又叫短暂端口号。这类端口号留给客户进程选择暂时使用，当服务器进程收到客户进程的报文时，就知道了客户进程所使用的端口号，因而可以把数据发送给客户进程，通信结束后，刚才已使用过的客户端口号就不复存在，这个端口号就可以供其他客户进程使用。

7.2　用户数据报协议 UDP

7.2.1　UDP 概述

用户数据报协议 UDP 只是在 IP 的数据报服务之上增加了复用和分用的功能以及差错检测的功能。UDP 的主要特点如下。

（1）UDP 是无连接的。即发送数据之前不需要建立连接，减少了开销和发送数据之前的时延。

（2）UDP 使用尽最大努力交付。即不保证可靠交付，因此，主机不需要维持复杂的连接状态表。

（3）UDP 是面向报文的。发送方的 UDP 对应用程序交下来的报文，在添加首部后就向下交付 IP 层。UDP 对应用层交下来的报文，既不合并也不拆分，而是保留这些报文的边界。这就是说，应用层交给 UDP 多长的报文，UDP 就照样发送，即一次发送一个报文，如图 7-4 所示。在接收方的 UDP，对 IP 交上来的 UDP 用户数据报，在去除首部后就原封不动交付上层的应用进程。也就是说，UDP 一次交付一个完整的报文，因此，应用层必须选择合适大小的报文。若报文太长，UDP 把它交给 IP 层后，IP 在传送时可能要进行分片，这会降低 IP 层的效率。反之，若报文太短，UDP 把它交给 IP 层后，会使 IP 数据包的首部的相对长度太大，这也会降低了 IP 层的效率。

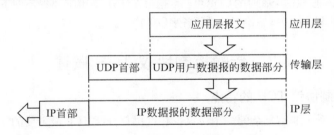

图 7-4　UDP 是面向报文的

（4）UDP 没有拥塞控制。因此，网络出现的拥塞不会使源主机的发送速率降低。这对某些实时应用是很重要的。如 IP 电话、实时视频会议等要求源主机以恒定的速率发送数据，并且允许在网络发生拥塞时丢失一些数据，但却不允许数据有太大的时延。UDP 正好可以满足这种要求。

（5）UDP 支持一对一、一对多、多对一和多对多的交互通信。

（6）UDP 的首部开销小。只有 8B，比 TCP 的 20B 的首部要短。

7.2.2　UDP 的首部格式

用户数据报 UDP 有两个字段，即数据字段和首部字段。首部字段只有 8B，由 4 个字段组成，每个字段都是两字节，如图 7-5 所示。各字段有如下意义。

（1）源端口：原端口号，2 字节 16 位，在需要对方回信时选用。

（2）目的端口：目的端口号，2 字节 16 位，这在终点交付报文时必须使用。

（3）长度：UDP 用户数据报的长度，其最小值是 8（仅有首部），2 字节 16 位。

（4）校验和：检测 UDP 用户数据报在传输中是否有错，有错就丢弃，2 字节 16 位。

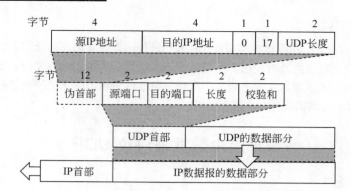

图 7-5　UDP 用户数据的首部和伪首部

当传输层从 IP 层收到 UDP 数据报时，会根据首部中的目的端口，把 UDP 数据包通过相应的端口，上交最后的终点——应用进程，如图 7-6 所示。

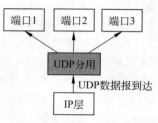

图 7-6　UDP 端口的分用

如果接收方 UDP 发现收到的报文中目的端口不正确，即不存在对应于该端口号的应用进程，就丢弃该报文，并由 ICMP 发送"端口不可达"差错报文给发送方。

对 UDP 用户数据报首部计算检验和时，要在 UDP 用户数据报之前增加 12 字节的伪首部，所谓"伪首部"是因为增加部分并不是 UDP 用户数据报真正的首部，只是在计算检验和时，临时添加在 UDP 用户数据报前面，得到一个临时的 UDP 用户数据报，检验和就是按照这个临时的 UDP 用户数据报来计算的。伪首部既不向下传送也不向上递交，而仅仅是为了计算检验和，图 7-5 给出了伪首部各字段的内容。

7.3　传输控制协议 TCP 概述

7.3.1　传输控制协议 TCP 的特点

TCP 是 TCP/IP 体系中非常复杂的一个协议，在这里仅介绍 TCP 最主要的特点。

传输控制协议 TCP

（1）TCP 是面向连接的传输层协议。应用程序在使用 TCP 之前，必须先建立 TCP 连接，而在传送数据完毕之后，必须释放已经建立起来的 TCP 连接（而 UDP 是无连接的，无须释放），这类似于打电话。

（2）每一个 TCP 连接只能有两个端点，每一个 TCP 连接只能是点对点的（一对一）。

TCP 连接的端点不是主机，不是主机的 IP 地址，不是应用进程，也不是传输层的协议端口。TCP 连接的端点叫作套接字（Socket）或插口，根据互联网标准，端口号拼接到 IP 地址即构成了套接字，即套接字 Socket=（IP 地址∶端口号）。

每一个 TCP 连接唯一地被通信两端的两个端点（即两个套接字）所确定，即 TCP 连接∶∶={Socket 1，Socket 2}={(IP 1：port 1)，(IP 2：port 2)}。

（3）TCP 提供可靠交付的服务。通过 TCP 连接传送的数据，无差错、不丢失、不重复，并且按序到达。

（4）TCP 提供全双工通信。TCP 允许通信双方的应用进程在任何时候都能发送数据。TCP 连接的两端都设有发送缓存和接收缓存，用来临时存放双向通信的数据，在发送时，应用程序在把数据传送给 TCP 的缓存后，就可以做自己的事，而 TCP 在合适的时候把数据发送出去；而在接收时，

TCP 则把收到的数据放入缓存，上层的应用进程会在合适的时候读取缓存中的数据。

（5）面向字节流。TCP 中的"流"（Stream）指的是流入进程或从进程流出的字节序列。"面向字节流"是指虽然应用程序和 TCP 的交互是一次一个数据块（大小不等），但 TCP 把应用程序交下来的数据仅仅看成是一连串的无结构的字节流，TCP 并不知道所传送的字节流的含义。TCP 不保证接收方应用程序所收到的数据块和发送方应用程序所发出的数据块具有对应大小的关系，但接收方应用程序收到的字节流必须和发送方应用程序发出的字节流完全一样。

7.3.2　TCP 报文段的首部格式

TCP 虽然是面向字节流的，但 TCP 传送的数据单元却是报文段（Segment），TCP 通过报文段的交互来建立连接、传输数据、发出确认、进行差错控制、流量控制及关闭连接。

TCP 报文段的首部格式

一个报文段分为首部和数据两部分，而首部就是 TCP 为了实现端到端可靠传输所加上的控制信息，TCP 的全部功能都体现在他首部中各字段的作用上；而数据则是指由高层即应用层来的数据。图 7-7 给出了 TCP 报文段首部的格式，其中各有关字段有如下意义。

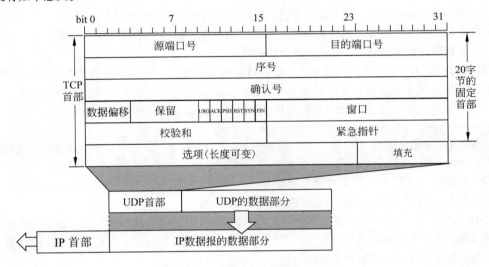

图 7-7　TCP 报文段的首部格式

（1）源端口号。占 2 字节 16 位，报文段的源端口号。

（2）目的端口号。16 位，报文段的目的端口号。

（3）序号。也称报文段序号，占 32 位。序号范围是 $[0,2^{32}-1]$，共 2^{32} 个序号，而序号增加到 $2^{32}-1$ 后，下一个序号就又回到 0。TCP 是面向字节流的，在一个 TCP 连接中传送的字节流中的每一个字节都是按顺序编号，整个要传送的字节流的起始序号必须在连接建立时设置。首部中的序号字段值指的是本报文段所发送的字节数。

（4）确认号。占 32 位，是期望收到对方的下一个 TCP 报文段的第一个数据字节的序号。顺序号和确认号共同用于 TCP 服务中的确认、差错控制，若确认号为 N，则表明到序号 $N-1$ 为止的所有数据都已正确收到。

（5）首部长度。占 4 位，它指出 TCP 报文段的数据起始处距离 TCP 报文段的起始处有多远，实际上就是 TCP 报文段首部的长度。由于首部中的选项字段长度不固定，因此首部长度字段是必要的，也称数据偏移。

（6）保留。占6位，为将来的应用而保留，目前一般应置为0。

（7）控制位。占6位，用来说明本报文段的性质，包含以下六个控制位标志。

- URG（紧急）：紧急指针字段。当URG=1时，表明紧急指针字段有效，它告诉系统此报文段中有紧急数据，应尽快传送，而不要按原来的排队顺序来传送。发送应用程序就告诉发送方的TCP有紧急数据要传送，于是发送方TCP就把紧急数据插入本报文段数据的最前面，而在紧急数据后面的数据仍是普通数据，这时要与首部中的紧急指针字段配合使用。

- ACK（确认）：确认字段。仅当ACK=1时确认号字段才有效，而当ACK=0时，确认号无效。规定TCP在连接建立后所有传送的报文段都必须把ACK置1。

- PSH（推送）：推送功能。当两个应用进程进行交互式的通信时，有时在一端的应用进程希望输入一个命令后立即就能够收到对方的响应，这种情况下，TCP就可以使用推送操作，这时，发送方TCP把PSH置1，并立即创建一个报文段发送出去，而接收方TCP收到PSH=1的报文段，就尽快地交付接收应用进程，而不再等到整个缓存都填满之后再向上交付。

- RST（复位）：重置连接。当RST=1时，表明TCP连接中出现严重差错，必须立即释放连接，然后再重新建立运输连接。

- SYN（同步）：同步序列号。在建立连接时用来同步序号，当SYN=1而ACK=0时，表明这是一个连接请求报文段，对方若同意建立连接，则应在响应的报文段中使SYN=1和ACK=1。

- FIN（终止）：发送方不再发送数据。用来释放一个连接，当FIN=1时，表明此报文段的发送方的数据已发送完毕，并要求释放运输连接。

（8）窗口大小：占32位，窗口值是 $[0,2^{16}-1]$ 之间的整数，窗口是指发送本报文段的接收窗口，窗口值告诉对方从本报文段首部中的确认号算起，接收方因自身缓存空间限制而允许对方发送的数据量（以字节为单位）。总之，窗口值作为接收方让发送方设置其发送窗口的依据。

💡**注意**：窗口字段明确指出了现在允许对方发送的数据量，且窗口值一般是动态变化的。

（9）校验和：占32位，用于对报文段首部和数据进行校验。在计算检验和时，需要在TCP报文段的前面加上12字节的伪首部，伪首部格式同UDP协议。

（10）紧急指针：占16位。紧急指针仅在URG=1时才有意义，它指出本报文段中的紧急数据的字节数（紧急数据结束后就是普通数据），紧急指针指出了紧急数据的末尾在报文段中的位置，当所有紧急数据都处理完时，TCP就告诉应用程序恢复到正常操作。

（11）选项：长度可变，最长可达40字节。当没有使用选项时，TCP的首部长度是20字节。目前常用的选项有最大报文段长度（MSS）、窗口扩大、时间戳、选择确认等选项，随着互联网技术的发展，选项在不断增加。

（12）填充：当整个TCP首部长度不是4字节的整倍数时，需要加以填充。

（13）数据：来自高层即应用层的协议数据。

7.3.3 TCP可靠数据传输技术

1. 可靠传输的工作原理

大家知道，TCP发送的报文段是交给IP层传送的，但IP层只能提供尽最大努力服务，也就是说，TCP下面的网络所提供的是不可靠的传输，因此，TCP必须采用适当的措施才能使得两个传输层之间的通信变得可靠。

理想的传输条件有以下两个特点。

TCP可靠传输的工作原理

TCP可靠传输的工作实现

（1）传输信道不产生差错。

（2）不管发送方以多快的速度发送数据，接收方总是来得及处理收到的数据。

在这样的理想传输条件下，不需要采取任何措施就能够实现可靠传输，然而，实际的网络都不具备以上两个理想条件，这时可以使用一些可靠传输协议，当出现差错时让发送方重传出现差错的数据，同时在接收方来不及处理数据时，及时告诉发送方适当降低发送数据的速度，这样，本来不可靠的传输信道就能够实现可靠传输了。

2. 停止等待协议

停止等待就是每发送完一个分组就停止发送，等待对方的确认，在收到确认后再发送下一个分组，实现简单，但信道利用率太低。

为了提高传输效率，发送方可以不使用低效率的停止等待协议，而是采用流水线传输，这时就要使用连续 ARQ 协议和滑动窗口协议。

3. 连续 ARQ 协议

图 7-8 所示表示发送方维持的发送窗口，它的意义在于表明位于发送窗口内的 5 个分组都可连续发送出去，而不需要等待对方的确认，这样，信道的利用率就提高了。

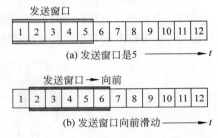

连续 ARQ 协议规定，发送方每收到一个确认，就把发送窗口向前滑动一个分组的位置；而接收方一般都是采用累计确认的方式，这就是说，接收方不必对收到的分组逐个发送确认，而是在收到几个分组后，对按序到达的最后一个分组发送确认，这就表示，到这个分组为止的所有分组都已经正确收到了。

图 7-8　连续 ARQ 协议的工作原理

4. 滑动窗口协议

采用可变长的滑动窗口协议进行流量控制，以防止由于发送端与接收端之间的不匹配而引起数据丢失。这里所采用的滑动窗口协议与数据链路层的滑动窗口协议在工作原理上是完全相同的，唯一的区别在于滑动窗口协议用于传输层是为了在端到端结点之间实现流量控制，而用于数据链路层是为了在相邻结点之间实现流量控制。TCP 采用可变长的滑动窗口，使得发送端与接收端可根据自己的 CPU 和数据缓存资源对数据发送和接收能力来做出动态调整，从而灵活性更强，也更合理。

5. 重发机制

重发机制是 TCP 中最重要的、最复杂的问题之一。TCP 每发送一个报文段，就设置一次定时器，只要定时器设置的重发时间到而还没有收到确认，就要重发这一报文段。大家知道，TCP 是在一个互联网的环境下工作，发送的报文段可能只经过一个高速率的局域网，但也可能是经过多个低速率的广域网，报文段的端到端的时延会相差很多倍。那么，定时器的重发时间究竟应设置为多大才合适？

TCP 采用了一种自适应算法，这种算法记录每一个报文段发出的时间，以及收到相应的确认报文段的时间，这两个时间之差就是报文段的往返时延，将各个报文段的往返时延样本加权平均，就得出报文段的平均往返时延 T。

由此可见，实现可靠传输要满足以下三个要素。

（1）序号。传输的数据按字节编号。

（2）确认。接收方向发送方确认收到数据。

（3）重传。一定时间内没有收到接收方的确认，发送方重传数据。

7.3.4 TCP 的运输连接管理

TCP 运输连接
的三个阶段

TCP 是面向连接的协议，运输连接是用来传送 TCP 报文的，TCP 运输连接的建立和释放是每一次面向连接的通信中必不可少的过程，因此，运输连接一般经历三个阶段，即连接建立、数据传送和连接释放，而运输连接的管理就是为了使运输连接的建立和释放都能正常地进行。

在 TCP 连接建立过程中要解决以下三个问题。

（1）要使每一方能够确知对方的存在。

（2）要允许双方协商一些参数（如最大窗口值、是否使用窗户扩大选项和时间戳选项以及服务质量等）。

（3）能够对运输实体资源（如缓存大小、连接表中的项目等）进行分配。

TCP 连接的建立要采用客户—服务器方式，主动发起连接建立的应用进程叫作客户（Client），而被动等待连接建立的应用进程叫作服务器（Server）。

TCP 建立连接的过程叫作握手，握手需要在客户和服务器之间交换三个 TCP 报文段，连接可以由任何一方发起，也可以由双方同时发起，一旦一台主机上的 TCP 软件已经主动发起连接请求，运行在另一台主机上的 TCP 软件就被动地等待握手。图 7-9 给出了三次握手建立 TCP 连接的简单示意图。

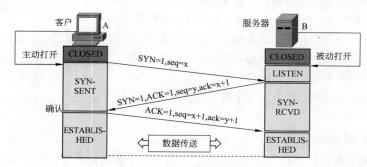

图 7-9　用三次握手建立 TCP 连接

1. 建立连接

在源主机想和目的主机通信时，目的主机必须同意，否则 TCP 连接无法建立。为了确保 TCP 连接的成功建立，TCP 采用了一种称为三报文握手的方式，三报文握手方式使得"序号/确认号"系统能够正常工作，从而使它们的序号达成同步。如果三报文握手成功，则连接建立成功，可以开始传送数据信息。

如图 7-9 所示，假定主机 A 运行的是 TCP 客户程序，而主机 B 运行 TCP 服务器程序。最初两端的 TCP 进程都处于 CLOSED（关闭）状态，在主机标识下面的方框分别是 TCP 进程所处的状态，此时，A 主动打开连接，而 B 被动打开连接。

（1）服务器主机 B 的 TCP 服务器进程先创建传输控制块 TCB，准备接收客户进程的连接请求，服务器进程就处于 LISTEN（收听）状态，等待客户的连接请求，如有即作出响应。传输控制块 TCB 存储连接中的信息，如 TCP 连接表、发送和接收缓存的指针、重传队列的指针以及当前发送和接收序号等。

（2）客户主机 A 的 TCP 客户进程创建传输控制块 TCB，向服务器主机 B 发出连接请求报文段，其中的同步位 SYN=1，同时选择一个同步序号 seq=x。TCP 规定，SYN 报文段（即 SYN=1 的报文段）不能携带数据，但要消耗掉一个序号（SEQ=100，在后面传送数据时的第一个数据字节的序号是 x+1，即 101）。这时，源主机 A 的 TCP 客户程序进入 SYN_SENT（同步已发送）状态，这是第一次握手。

💡**注意**：大写 ACK 表示首部中的确认位 ACK，小写 ack 表示确认字段的值。

（3）服务器主机 B 收到连接请求报文段后，如同意建立连接，则向客户主机 A 发送确认。在确认报文段中应将 ACK 位和 SYN 位都置 1，确认号 ack=x+1，同时也为自己选择一个初始序号 seq=y。这个报文段也不能携带数据，但同样也要消耗掉一个序号。这时，服务器主机 B 进入 SYN_RCVD（同步接收）状态，这是第二次握手。

（4）客户主机 A 的 TCP 客户进程收到服务器主机 B 的确认后，还要向服务器主机 B 给出确认，其 ACK 置 1，确认号 ack=y+1，而自己的序号 seq=x+1。ACK 报文段可携带数据，不携带数据则不消耗序号，此时，TCP 连接已建立，客户主机 A 进入 ESTABLISHED（已连接）状态，这是第三次握手。

（5）当服务器主机 B 收到客户主机 A 的确认后，也进入 ESTABLISHED（已连接）状态。这一次的确认是为了防止已失效的连接请求报文段突然又传送到了服务器主机 B。

上面给出的连接建立过程叫作三报文握手。

运行客户进程的客户主机 A 的 TCP 通知上层应用进程，连接已经建立。当客户主机 A 向服务器主机 B 发送第一个数据报文段时，其序号仍为 x+1，因为前一个确认报文段并不消耗序号。

当运行服务进程的服务器主机 B 的 TCP 收到客户主机 A 的确认后，也通知其上层应用进程，连接已经建立，至此建立了一个全双工的连接。

2. 传送数据

位于 TCP/P 分层模型的上层的应用程序传输数据流给 TCP，TCP 接收到字节流并且把它们分解成段，假如数据流不能被分成一段，那么每一个其他段都被分给一个序列号，在目的主机端，这个序列号用来把接收到的段重新排序成原来的数据流。

图 7-10 给出了两台主机在成功建立连接后传输数据的情况。

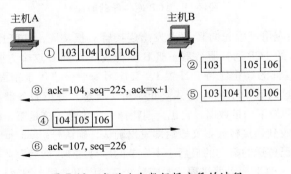

图 7-10　发送 4 个数据报文段的过程

步骤 1：主机 A 使用滑动窗口发送全部的四个段到主机 B，这是第一步。不幸的是，只有段 103、105 和 106 成功地到达了主机 B(参看 ②)。

步骤 2：因为段 103 和 104 是连续的，所以主机 B 返回一个确认给主机 A，通知主机 A 它只成功地接收到了第 103 段，在它的确认中主机 B 使用它期待得到的下一个序列号作为确认(参看 ③ 通过给出序列号 104)。

步骤 3：主机 A 接收到主机 B 的报文后，重新发送段 104、105 和 106（参看 ④）。虽然主机 B 已经成功地收到了段 105 和 106，但是根据协议规定，也必须重新发送。

步骤 4：当主机 B 成功地收到这些段以后，主机 B 返回一个确认给主机 A（参看 ⑥），并根据序列号把它们重组成原来的数据流。把它传输到高层应用程序。

3. 关闭连接

一个 TCP 连接建立之后即可发送数据，一旦数据发送结束，就需要关闭连接。由于 TCP 连接是一个全双工的数据通道，一个连接的关闭必须由通信双方共同完成，当通信的一方没有数据需要发送给对方时，可以使用 FIN 字段向对方发送关闭连接请求，这时，它虽然不再发送数据，但并不排斥在这个连接上继续接收数据，而只有当通信的对方也递交了关闭连接的请求后，这个 TCP 连接才会完全关闭。

在关闭连接时，既可以由一方发起另一方响应，也可以双方同时发起，无论怎样，收到关闭连接请求的一方必须使用 ACK 段给予确认，因此，实际上 TCP 连接的关闭过程也是一个四次挥手的过程。

数据传输结束后，通信的双方都可释放连接，现在客户主机 A 和服务器主机 B 都处于 ESTABLISHED 状态，如图 7-11 所示。

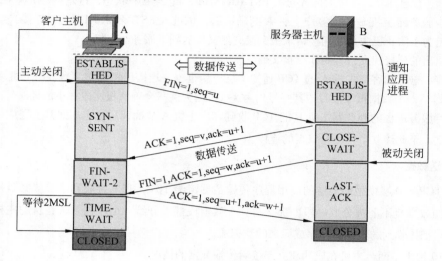

图 7-11　TCP 连接释放的过程

（1）客户主机 A 的应用进程先向其 TCP 发出连接释放报文段，并停止再发送数据，主动关闭 TCP 连接。客户主机 A 的 TCP 通知服务器主机 B 要释放从 A 到 B 这个方向的连接，将发往服务器主机 B 的 TCP 报文段首部的终止比特 FIN 置 1，其序号 seq=u，它等于前面已传送过的数据的最后一个字节的序号加 1。这时客户主机 A 进入终止等待 1 状态，等待服务器主机 B 的确认。请注意，TCP 规定，FIN 报文段即使不携带数据，它也会消耗掉一个序号。这是第一次挥手。

（2）服务器主机 B 收到连接释放报文段后即发出确认，确认号是 ack=u+1，而这个报文段自己的序号为 V，等于 B 前面已传送的数据的最后一个字节的序号加 1，然后服务器主机 B 就进入 CLOSE-WAIT（关闭等待）状态。TCP 服务器进程这时应通知高层应用进程，因而从 A 到 B 这个方向的连接就释放了，这时的 TCP 连接处于半关闭状态（HALF-CLOSE）状态，相当于客户主机 A 已经没有数据要发送了，但服务器主机 B 还有一些数据要发送客户主机 A，客户主机 A 仍要接收，也就是说，从服务器主机 B 到客户主机 A 这个方向的连接并未关闭，这个状态可能会持续一段时间。这是第二次挥手。

客户主机 A 收到服务器主机 B 的确认后，就进入 FIN-WAIT-2（终止等待 2）状态，等待服务器主机 B 发出的连接释放报文段。

（3）若服务器主机 B 没有要向客户主机 A 发送的数据，其应用进程就通知 TCP 释放连接，这时客户主机 B 发出的连接释放报文段必须将终止比特 FIN 置 1。现假定 B 的序号为 w（在半关闭状态服务器主机 B 可能又发送了一些数据），服务器 B 还必须重复上次已发送过的确认号 ack=u+1，这时服务器主机 B 进入 LAST-ACK（最后确认）状态，等待客户主机 A 的确认。这是第三次挥手。

（4）客户主机 A 收到服务器主机 B 的连接释放报文段后，必须对此发出确认，在确认报文段中将 ACK 置 1,确认号 ack = w+1,而自己的序号是 seq=u+1,然后进入 TIME-WAIT（时间等待）状态。但这时,TCP 连接还没有释放掉,必须经过时间等待计时器（TIME-WAIT timer）设置的时间 2MSL 后,客户主机 A 才进入 CLOSED 状态,才能开始建立下一个新的连接。当客户主机 A 撤销相应的传输控制块 TCB 后,就结束了这次的 TCP 连接。这是第四次挥手。

> 💡**注意**：时间 MSL 叫作最长报文段寿命,RFC 793 建议设为 2 分钟。对于现在的网络,MSL=2 分钟可能太长了一些,因此,TCP 允许不同的实现可根据具体情况使用更小的 MSL 值。

上述的 TCP 连接释放过程是四报文挥手。

7.3.5　TCP 的流量控制和拥塞控制

TCP 初始连接一旦建立,两端就能够使用全双工通信交换数据段,并缓存所发送和接收的报文段。一般来说,我们总希望数据传输得更快一些,但如果发送方数据发送得过快,接收方就可能来不及接收,这就会造成数据的丢失,所谓流量控制（Flow Control）就是让发送方的发送速率不要太快,要让接收方来得及接收。

TCP 的流量控制和网络拥塞控制

1. 流量控制

TCP 采用大小可变的滑动窗口机制可以很方便地在 TCP 连接上实现对发送方的流量控制。

接收主机将通知发送主机,在它收到确认之前发送主机能够发送多少字节,这个值称为窗口。窗口的大小是字节,在 TCP 报文段首部的窗口字段写入的数值就是当前给对方设置发送窗口的数据的上限。

在数据传输过程中,TCP 提供了一种基于滑动窗口协议的流量控制机制,用接收端接收能力（缓冲区的容量）的大小来控制发送端发送的数据量。

在建立连接时,通信双方使用 SYN 报文段或 ACK 报文段中的窗口字段捎带着各自的接收窗口尺寸,即通知对方从而确定对方发送窗口的上限。在数据传输过程中,发送方按接收方通知的窗口尺寸和序号发送一定量的数据,接收方根据接收缓冲区的使用情况动态调整接收窗口尺寸,并在发送 TCP 报文段或确认段时捎带着新的窗口尺寸和确认号通知发送方。

如图 7-12 所示,假设主机 A 向主机 B 发送数据,在连接建立时,主机 B 告诉主机 A,"我的接收窗口 rwnd=400 字节",因此,发送放的发送窗口不能超过接收方给出的接收窗口的数值。再假设每一个报文段为 100 字节长,而数据报文段序号的初始值设为 1。设一个报文段为 100 字节长,序号的初始值为 1（即如图 7-12 所示第一个箭头上面的序号 seq=1）。

本例中主机 B 进行了三次流量控制,第一次将窗口减小到 rwnd=300 字节,第二次将窗口又减为 rwnd=200 字节,最后一次减至 0,即不允许对方再发送数据了,这种使发送方暂停发送的状态将持续到主机 B 重新发出一个新的窗口值为止。

主机 B 向主机 A 发送的三个报文段都设置了 ACK=1,只有在 ACK=1 时确认号字段才有意义。

假设主机 B 向主机 A 发送了零窗口的报文段不久,B 的接收缓存又有了存储空间,于是 B 向 A 发送了 rwnd=200 的报文段,然而这个报文段在传送过程中丢失了,这样就会造成 A 和 B 都在等,为了解决这个问题,TCP 为每一个连接设有一个持续计时器,只要 TCP 连接的乙方收到对方的零窗口通知，就启动持续计时器，若持续计时器设置的时间到期，就发送一个零窗口探测报文段来加以解决。

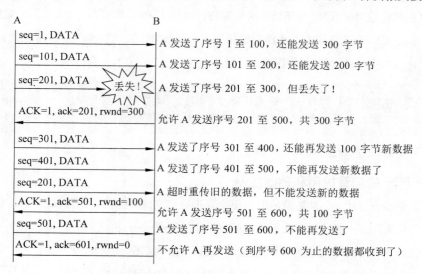

图 7-12　利用可变窗口进行流量控制

2. 拥塞控制

在计算机网络中的链路容量（即带宽）、交换结点中的缓存和处理机等，都是网络的资源，在某段时间，若对网络中某一资源的需求超过了该资源所能提供的可用部分，网络的性能就要变坏，这种情况就叫作拥塞（Congestion）。

网络拥塞往往是由许多因素引起的，例如，当某个结点缓存的容量太小时，到达该结点的分组因无存储空间缓存而不得不被丢弃；或缓存空间大，而输出链路的容量和处理机处理能力有限，造成在缓存排队等待时间长，就会出现重传。这时提高处理机的速率，瓶颈又会转移到其他地方。造成拥塞往往是整个系统的各个部分不匹配，只有所有的部分都达到平衡了拥塞才能解决。

拥塞控制和流量控制密切相关，但也有一些差别，所谓拥塞控制，就是防止过多的数据注入网络中，这样网络中的路由器或链路不致过载，即网络能够承受现有的网络负荷。拥塞控制是一个全局性的过程，涉及所有的主机、所有的路由器以及与降低网络传输性能有关的所有因素；而流量控制往往是指点对点通信量的控制，是端到端的问题（接收端控制发送量），流量控制所要做的就是抑制发送端发送数据的速率，以便接收端来得及接收。

从大的方面来看，拥塞控制可分为开环控制和闭环控制两种方法，开环控制就是在设计网络时实现将有关发生拥塞的因素考虑周全，力求网络在工作时不产生拥塞。而闭环控制是基于反馈环路的概念，主要有以下几种措施。

（1）监测网络系统以便检测到拥塞在何时、何处发生。

（2）把拥塞发生的信息传送到可采取行动的地方。

（3）调整网络系统的运行以解决出现的问题。

有很多的方法可用来检测网络的拥塞，限于篇幅在这里不再详细介绍。

TCP 进行拥塞控制有慢开始（Slow-Start）、拥塞避免（Congestion Avoidance）、快重传（Fast Retransmit）和快恢复（Fast Recovery）四种算法，限于篇幅在这里也不再详细介绍。

7.4　技能训练1：常用命令

7.4.1　netstat 命令

利用 netstat 命令可以获得当前活动的 TCP 连接、计算机侦听的端口、以太网统计信息、IP 路由表、IPv4 统计信息（对于 IP、ICMP、TCP 和 UDP 协议）以及 IPv6 统计信息（对于 IPv6、ICMPv6、通过 IPv6 的 TCP 以及通过 IPv6 的 UDP）。

1. netstat 命令格式

C:\Users\sx306>netstat/?

显示协议统计信息和当前 TCP/IP 网络连接。

NETSTAT [–a] [–b] [–e] [–f] [–n] [–o] [–p proto] [–r] [–s] [–x] [–t] [interval]

选项说明如下。

- -a：显示所有连接和侦听端口。
- -r：显示路由表。
- -p：可用于指定默认的子网。

2. 常用选项使用

（1）首先在浏览器中访问 www.baidu.com.cn，然后用 Ping 命令访问 www.baidu.com.cn。

C:\Users\xxx>ping www.baidu.com.cn
正在 Ping www.a.shifen.com [61.135.169.125] 具有 32 字节的数据：
来自 61.135.169.125 的回复：字节 =32 时间 =13ms TTL=50
……

61.135.169.125 的 Ping 统计信息：
　　数据包：已发送 = 4，已接收 = 4，丢失 = 0 (0% 丢失)，
往返行程的估计时间 (以毫秒为单位)：
　　最短 = 13ms，最长 = 13ms，平均 = 13ms
C:\Users\xxx>

（2）-a 选项。显示所有连接和侦听端口。

C:\Users\xxx>netstat –a
活动连接

协议	本地地址	外部地址	状态
TCP	0.0.0.0:135	1 组 PCA:0	LISTENING
……			
TCP	192.168.0.105:139	1 组 PCA:0	LISTENING
TCP	192.168.0.105:55165	61.135.169.125:http	ESTABLISHED
……			
TCP	192.168.0.105:55293	61.135.169.121:https	FIN_WAIT_1
TCP	[::]:135	1 组 PCA:0	LISTENING
……			
UDP	[fe80::fc4b:ed55:657c:dbfd%12]:51741	*:*	

> 💡注意：
> ① 协议指 TCP、UDP。
> ② 本地地址由以本地地址和端口号组成。
> ③ 外部地址由远程地址和端口号组成。
> ④ 状态包括 LISTENING（监听状态）、ESTABLISHED（连接建立状态）、TIME_WAIT、FIN_WAIT_1 等。

（3）-n。以数字形式显示地址和端口号。

C:\Users\xxx>netstat –n

活动连接

协议	本地地址	外部地址	状态
TCP	192.168.0.105:55046	140.206.78.3:80	ESTABLISHED
……			
TCP	192.168.0.105:55436	36.110.231.11:80	ESTABLISHED
TCP	192.168.0.105:55833	220.194.223.29:443	CLOSE_WAIT
……			
TCP	192.168.0.105:55988	58.251.106.223:443	CLOSE_WAIT
TCP	192.168.0.105:56052	119.255.133.93:443	TIME_WAIT
……			
TCP	192.168.0.105:61496	120.92.76.73:10001	ESTABLISHED
TCP	192.168.0.105:61633	221.194.137.94:443	CLOSE_WAIT

C:\Users\xxx>

（4）-e -s 选项。

C:\Users\xxx>netstat –e –s

接口统计

	接收的	发送的
字节	503236840	79605535
单播数据包	505895	337080
非单播数据包	12870	6145
丢弃	25	0
错误	0	0
未知协议	0	

IPv4 统计信息

接收的数据包　　　　= 1517740

接收的标头错误　　　= 0

……

重新组合成功　　　　= 27

重新组合失败　　　　= 0

数据报分段成功 = 29

　数据报分段失败 = 0

　分段已创建　　= 339

IPv6 统计信息

......

C:\Users\xxx>

（5）-r 选项。显示路由表。

C:\Users\xxx>netstat –r

===

接口列表

12...00 4e 01 c0 f2 97 ......Intel(R) Ethernet Connection (7) I219–LM

　1...........................Software Loopback Interface 1

===

IPv4 路由表

===

活动路由：

网络目标	网络掩码	网关	接口	跃点数
0.0.0.0	0.0.0.0	192.168.0.1	192.168.0.105	25
127.0.0.0	255.0.0.0	在链路上	127.0.0.1	331
127.0.0.1	255.255.255.255	在链路上	127.0.0.1	331
127.255.255.255	255.255.255.255	在链路上	127.0.0.1	331
192.168.0.0	255.255.255.0	在链路上	192.168.0.105	281
192.168.0.105	255.255.255.255	在链路上	192.168.0.105	281
192.168.0.255	255.255.255.255	在链路上	192.168.0.105	281
224.0.0.0	240.0.0.0	在链路上	127.0.0.1	331
224.0.0.0	240.0.0.0	在链路上	192.168.0.105	281
255.255.255.255	255.255.255.255	在链路上	127.0.0.1	331
255.255.255.255	255.255.255.255	在链路上	192.168.0.105	281

===

永久路由：

......

7.4.2　Nbtstat 命令

利用 Nbtstat 命令可以获得基于 TCP/IP 的 NetBIOS（NetBT）协议统计资料、本地计算机和远程计算机的 NetBIOS 名称表和 NetBIOS 名称缓存等。Nbtstat 可以刷新 NetBIOS 名称缓存和使用 Windows Internet 名称服务 (WINS) 注册的名称。

1. nbstat 命令格式

C:\Users\xxx>Nbtstat/?

显示协议统计和当前使用 NBI 的 TCP/IP 连接（在 TCP/IP 上的 NetBIOS)。

NBTSTAT [[–a RemoteName] [–A IP address] [–c] [–n]

　　　　　[–r] [–R] [–RR] [–s] [–S] [interval]]

选项说明如下。

- -a(适配器状态)：列出指定名称的远程机器的名称表
- RemoteName：远程主机计算机名。
- IP address：用点分隔的十进制表示的 IP 地址。

2. 常用选项使用

（1）要获取 NetBIOS 计算机名为 1 组 PCA 的远程计算机的 NetBIOS 名称表，请输入命令 nbtstat -a 1 组 PCA。

（2）要获取所分配 IP 地址为 10.8.10.99 的远程计算机的 NetBIOS 名称表，请输入命令 nbtstat -A 10.8.10.33。

（3）要获得本地计算机的 NetBIOS 名称表，请输入命令 nbtstat - n。

（4）要获得本地计算机 NetBIOS 名称缓存的内容，请输入命令 nbtstat - c。

7.5 技能训练 2：传输层协议实验

7.5.1 利用 Packet Trace 模拟

通过模拟一个 Web 访问过程来观察传输层协议。Web 服务同时涉及 UDP 和 TCP 两种传输协议，其中 UDP 用于域名解析查询，TCP 用于传输网页。

1. 搭建环境

在 Packet Trace 中搭建如图 7-13 所示的网络拓扑，IP 地址配置见表 7-3。

PC   Server

图 7-13 运输层协议实验口网络拓扑

表 7-3 IP 地址配置

设　备	接　　口	IP 地址	子 网 掩 码	网　关	DNS
PC	FastEthernet0	192.168.0.10	255.255.255.0	192.168.0.1	192.168.0.200
Server	FastEthernet0	192.168.0.200	255.255.255.0	192.168.0.1	

2. 观察传输层 UDP 报文

步骤 1：配置 Server 的 DNS。

单击打开 Server，在 Services 选项卡中单击左侧 DNS 选项按钮，右侧窗格打开配置 DNS 对话框，选中 DNS Services 的 On 单选按钮，在 Name 文本框中输入 port.com，在 Type 下拉列表框中选择 A Record，在 Address 文本框输入 IP 地址 192.168.0.200。单击 Add 按钮，如图 7-14 所示。

步骤 2：捕获 DNS 事件。

（1）选择 Simulation 选项卡进入模拟模式，单击 Edit Filter 按钮，选择 DNS。

（2）单击选择 PC，在 Desktop 选项卡中打开 Web Browser 窗口，在 URL 框中输入、port.com，然后单击 Go 按钮，最小化模拟浏览器窗口。

（3）单击 Auto Capture/Play 按钮，观察域名解析过程并捕获报文，在该过程中，PC 充当 DNS 客户端，Server 充当 DNS 服务器，当动画结束时表示域名解析已完成，单击 Auto Capture/Play 按钮取消自动捕获。

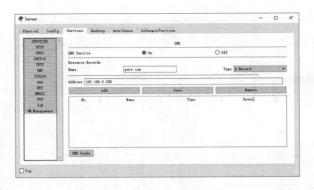

图 7-14　配置服务器的 DNS

步骤3：查看并分析 UDP 用户数据报的端口号。

（1）在事件列表中，如图 7-15 所示，第一个报文是 PC 发给 Server 的 DNS 查询请求，单击第一个报文的 info 彩色框，可以看到第七层的 DNS 协议使用的传输层协议是 UDP，其中，SRC Port 为 1027，DEST Port 为 53，如图 7-16 所示。单击选中 Outbound PDU Details 选项卡，可以查看各层的详细信息，如图 7-17 所示。

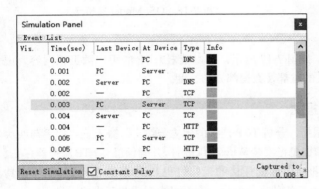

图 7-15　事件列表

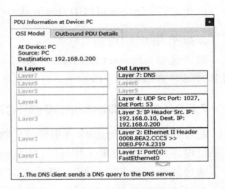

图 7-16　OSI Model 选项卡

（2）第二个 DNS 报文是 PC 到 Server，单击报文后 Info 彩色框，如图 7-18 所示，OSI Model 选项卡内容是与 OSI 模型相关的入站和出站 PDU 信息，同时，该窗口还包含 Inbound/Outbound PDU Details 选项卡，可以查看各层的详细信息。

（3）最后一个报文是 Server 发给 PC 的 DNS 应答包，单击报文后 Info 彩色框，可以看到该 UDP 报文的 SRC Port 为 53，DEST Port 为 1027。由此可见，DNS 请求包和应答包的源/目的端口发生了对调。

步骤4：分析 UDP 端口的变化规律。

再次单击 PC 浏览器窗口的 Go 按钮，刷新网页，此时在 Simulation Panel 窗口中可以看到新一轮的域名解析过程，新的 UDP 报文事件也会被添加到 Event List 中，还可以观察新的 DNS 查询请求报文和应答报文的源/目的端口是否发生变化，可以多次刷新，观察变化规律。

步骤5：分析 UDP 无连接的工作过程。

域名解析的过程首先 PC 发送一个域名请求给 Server，然后 Server 再回复一个域名应答给 PC。虽然事件列表中只有 DNS，但由于 DNS 是基于 UDP 传输，每个 DNS 报文都是封装在一个 UDP 报文中。在捕获的第一个事件中，第 7 层的 DNS 协议使用的是传输层的 UDP，UDP 将 DNS 协议数据封装之后，直接将数据发送出去，表明 UDP 是无连接的，即通信没有握手预约，也没有确认接收。

图 7-17　Outbound PUD Details 选项卡

图 7-18　OSI Model 选项卡

步骤 6：分析 UDP 报文格式。

单击选中 Inbound PDU Details 选项卡，如图 7-17 所示，可以查看 UDP 的用户数据报内容，记录其首部中的 Length 字段的值，分析该报文的首部及数据部分的长度。

7.5.2　利用 Wireshark 观察 TCP 报文

通过抓包工具 Wireshark 抓取传输层数据报，分析 TCP 连接的建立与终止，查看三次握手与四次挥手过程，同时观察 UDP 工作过程。本实验前提是已安装 Wireshark 软件，并确保已有 FTP 服务器存在。

通过捕获登录 FTP 数据包来观察 TCP 报文、面向连接的工作过程及使用端口，通过抓包工具 Wireshark 抓取登录 FTP 数据包，分析 TCP 连接的建立与终止，查看三次握手与四次挥手过程。

步骤 1：启用 Wireshark，选定需要捕获流量的网卡，如图 7-19 所示，开始抓包。

步骤 2：登录已有 FTP 服务器 10.10.110.110，如图 7-20 所示，本实验 FTP 服务器通过 Serv-U 搭建。

步骤 3：停止捕获，查看并分析数据包，如图 7-21 所示，本实验 PC 端 IP 地址为 10.10.110.126，所使用的端口号为 57593，FTP 服务器地址为 10.10.110.110，使用的端口号为 21。

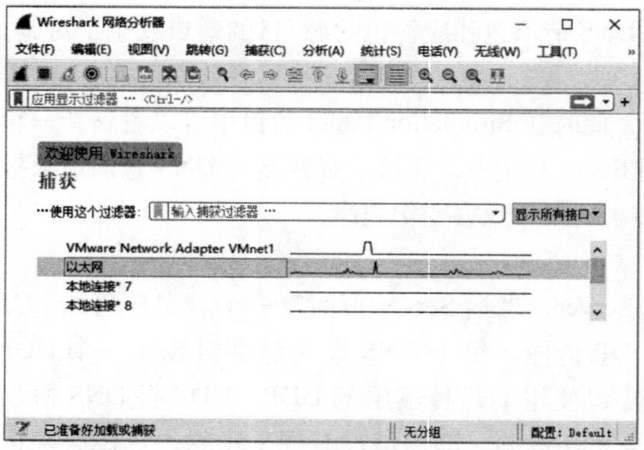

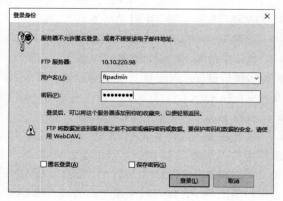

图 7-19　启用 Wireshark 并选定网卡

图 7-20　登录 FTP

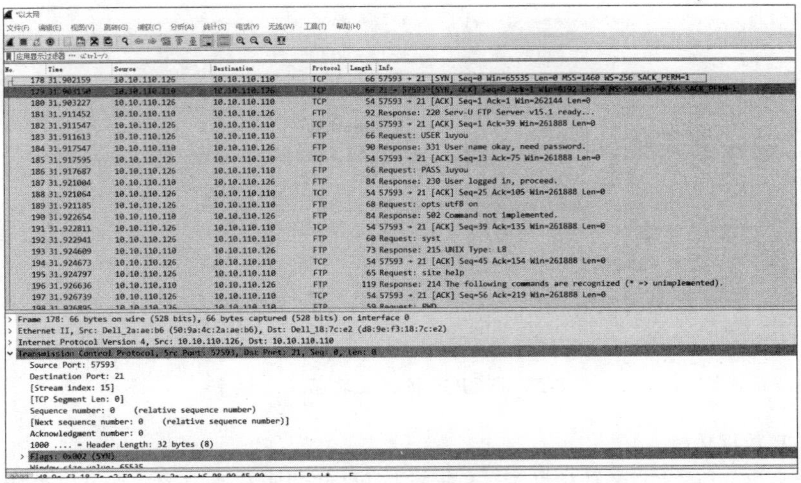

图 7-21　TCP 连接建立之第一次握手

步骤 4：观察 TCP 连接的建立。

可以发现，在登录 FTP 的过程中，首先必须先通过三次握手机制建立一条 TCP 连接，并且在 Server 与 PC 通信的过程中，客户端会不时回复一个确认段给服务端，最后还要释放 TCP 连接。

PC 将连接状态设置为 SYN_SENT（同步已发送），TCP 将窗口大小设置为 65535 字节，并将首部中的选项字段 MSS（最大报文字段）值设置为 1460 字节。PC 向 Server 发送一个 TCP 同步（SYN）报文段，记录该报文段中的 Sequence number（序号）字段、ACK number（确认号）字段的值及报文段的长度。

第一次握手：双击编号为 178 的数据报，可以看到 TCP 初始连接的 Seq 为 0，ACK 为 0，如图 7-21 所示。

第二次握手：Server 从端口 57593 收到 PC 发来的 TCP 同步报文段，取出首部的选项字段 MSS 的值，同意接收 PC 的连接请求，并将其连接状态设置为 SYS_RECEIVED（同步已接收），TCP 将窗口大小设置为 8192 字节，同时将首部中的选项字段 MSS（最大报文字段）值设置为 1460 字节，Seq 为 0，ACK 为 1，如图 7-22 所示。

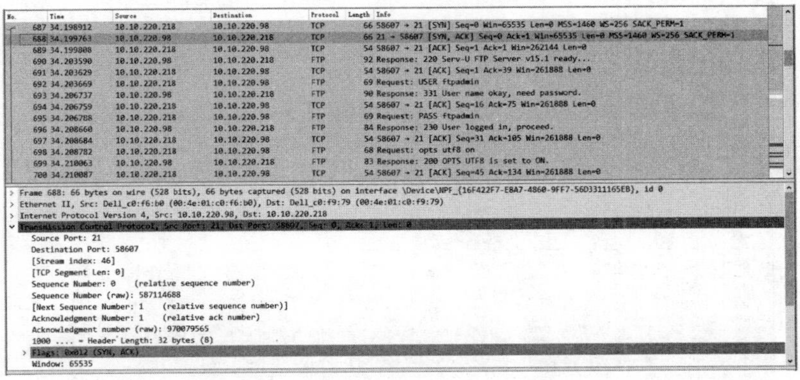

图 7-22　TCP 连接建立之第二次握手

第三次握手：PC 收到 Server 发来的 TCP 同步确认报文段，该报文段中的序号也正是原先期望收到的，连接成功，TCP 将窗口大小重置为 26214 字节，Seq 为 1，ACK 为 1，如图 7-23 所示。至此，连接正式建立。

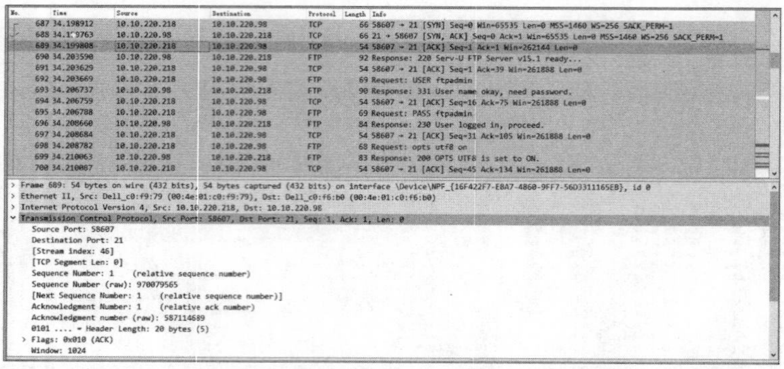

图 7-23 TCP 连接建立之第三次握手

步骤 5：TCP 数据传输。

连接建立后，可以正式开始传输数据，Server 与 PC 间的所有通信数据都可以被捕获，由于 FTP 登录口令在传输层为明文传输，可以查看到用户名和口令，如图 7-24 所示。用户名和口令均为 luyou。

步骤 6：TCP 连接的释放。

当一对 TCP 连接的双方数据通信完毕，任何一方都可以发起连接释放请求，TCP 采用四次挥手方式释放连接。

第一次挥手：PC 关闭与 Server 之间的 TCP 连接，PC 向 Server 发送一个 TCP 关闭确认（FIN+ACK）报文段，如图 7-25 所示，此时 Seq=61，ACK=250。

第二次挥手：Server 收到 PC 的 57593 端口发来的 TCP 关闭确认（FIN+ACK）报文段，对其进行确认，即 Seq=250，ACK=62，如图 7-26 所示。

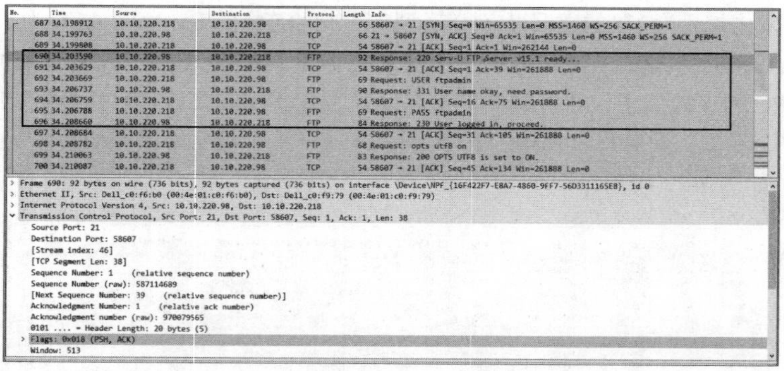

图 7-24 TCP 数据传输

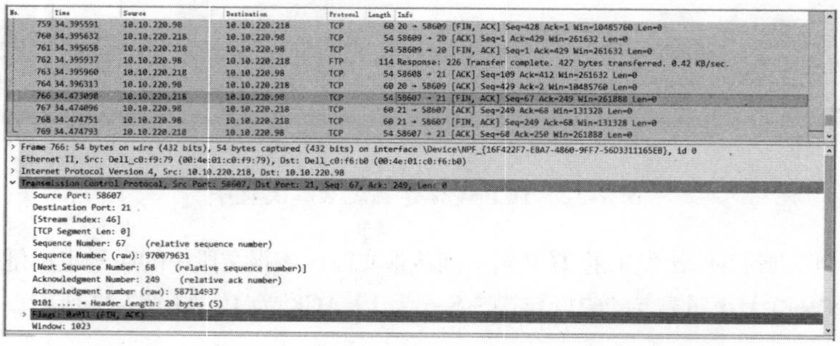

图 7-25 TCP 连接关闭之第一次握手

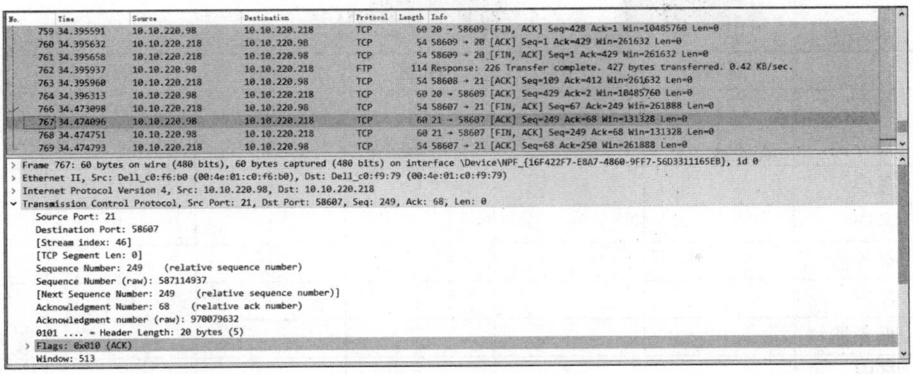

图 7-26　TCP 连接关闭之第二次挥手

第三次挥手：Server 的 21 端口发送给 PC 端 TCP 关闭确认（FIN+ACK）报文段，表明此报文为最后一个数据报，如图 7-27 所示。

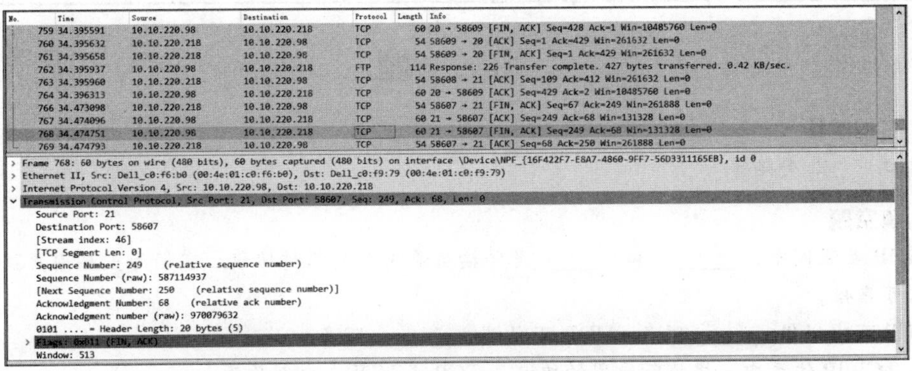

图 7-27　TCP 连接关闭之第三次挥手

第四次挥手：PC 向 Server 发送一个 TCP 确认（ACK）报文段，如图 7-28 所示。此时 PC 进入 CLOSED（正在关闭）连接状态，Server 收到该报文段后，连接正式关闭。

步骤 7：TCP 序号和确认号分析。

如图 7-21 和图 7-28 所示，FTP 登录过程共包含 3 步连接建立，4 步释放连接。观察并分析一下 TCP 序号和确认号，见表 7-4。

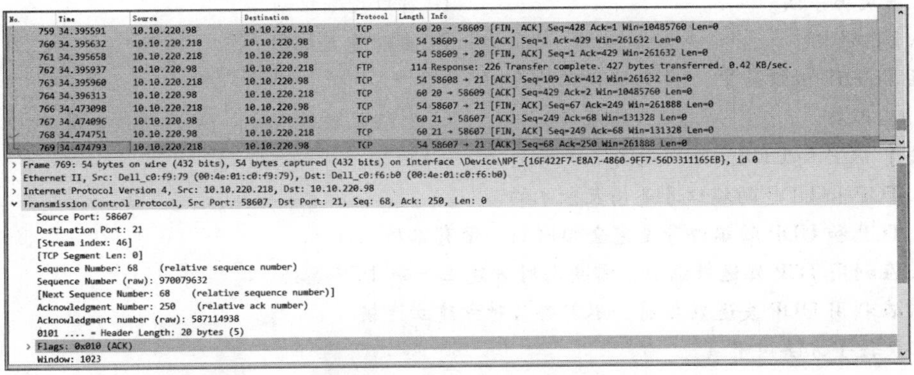

图 7-28　TCP 连接关闭之第四次挥手

表 7-4　TCP 序号和确认号

序号		SYN	FIN	ACK	seq	Ack	数据
1	客户	1		0	0	0	
2	服务器	1		0	0	1	
3	客户			1	1	1	
4	客户				1	1	100
5	服务器				1	1	
6	客户				1	101	113
7	服务器						
8	客户						
9	客户	1	1		101	114	
10	服务器			1	114	102	
11	服务器		1	1	114	102	
12	客户			1	102	114	

习　题

一、名词解释

1. 端口　　2. 套接字

二、填空题

1. 在 IP 互联网中，＿＿＿＿＿和＿＿＿＿＿是传输层最重要的两种协议，它们为上层用户提供不同级别的通信可靠性。

2. TCP 可以提供＿＿＿＿＿服务；UDP 可以提供＿＿＿＿＿服务。

3. 在 TCP/IP 体系中，根据所使用的协议是 TCP 或 UDP，分别称为＿＿＿＿＿或＿＿＿＿＿。

4. TCP 连接包括＿＿＿＿＿、＿＿＿＿＿和＿＿＿＿＿三个过程。

5. TCP 采用＿＿＿＿＿机制实现流量控制功能。

6. 传输层的拥塞控制有＿＿＿＿＿、＿＿＿＿＿、＿＿＿＿＿和＿＿＿＿＿四种算法。

7. TCP 通过＿＿＿＿＿提供连接服务，最后通过连接服务来接收和发送数据。

三、选择题

1. 为了保证连接的可靠性，TCP 通常采用（　　　）。

　　A. 3 次握手法　　　　　　　　　　　B. 窗口控制机制

　　C. 端口机制　　　　　　　　　　　　D. 自动重发机制

2. 在 TCP/IP 协议簇中，UDP 协议工作在（　　　）。

　　A. 应用层　　　　　　B. 传输层　　　　　　C. 网络互联层　　　　　　D. 网络接口层

3. 关于 TCP 和 UDP，下列说法错误的是（　　　）。

　　A. TCP 和 UDP 的端口号是相互独立的

　　B. TCP 和 UDP 的端口号是完全相同的，没有本质区别

　　C. 在利用 TCP 发送数据前，需要与对方建立一条 TCP 连接

　　D. 在利用 UDP 发送数据前，不需要与对方建立连接

4. 三次握手方法用于（　　　）。

　　A. 传输层连接的建立　　　　　　　　B. 数据链路层的流量控制

    C. 传输层的重复检测   D. 传输层的流量控制

5. 传输层可以通过（　　）标识不同的应用。

    A. 物理地址   B. 端口号   C. IP 地址   D. 逻辑地址

6~10. TCP 是因特网中的 (6) 协议, 使用 (7) 次握手协议建立连接。当主动方发出 SYN 连接请求后, 等待对方回答(8)。这种建立连接的方法可以防止(9)。TCP 使用的流量控制协议是(10)。

    6. A. 传输层   B. 网络层   C. 会话层   D. 应用层

    7. A. 1   B. 2   C. 3   D. 4

    8. A. SYN, ACK   B. FIN, ACK   C. PSH, ACK   D. RST, ACK

    9. A. 出现半连接   B. 无法连接

       C. 假冒的连接   D. 产生错误的连接

    10. A. 固定大小的滑动窗口协议   B. 可编大小的滑动窗口协议

       C. 后退 N 帧 ARQ 协议   D. 选择重发 ARQ 协议

四、简答题

1. 在 TCP/IP 模型的传输层有哪两个协议? 各自的功能是什么?

2. 端口和套接字有何作用?

3. TCP 连接有哪几个过程?

4. 在 TCP 中如何实现数据的可靠传输?

5. 在 TCP 中如何实现流量控制和拥塞控制?

五、实训题

在客户机上访问网站, 利用 TCP/IP 程序观察各个连接的端口号。

学习单元8 应 用 层

在上一单元，我们已经学习了运输层如何为应用进程提供端到端的通信服务，但不同的网络应用的应用进程之间，还需要有不同的通信规则，因此，在运输层协议之上，还需要有应用层协议（Application Layer Protocol）。每个应用层协议都是为了解决某一类应用问题，而问题的解决又必须通过位于不同主机中的多个应用进程之间的通信和协同工作来完成，应用进程之间的这种通信必须遵循严格的规则，应用层协议的具体内容就是精确定义这些通信规则。具体来说，应用层协议应当定义如下内容。

- 应用进程交换的报文类型，如请求报文和响应报文。
- 各种报文类型的语法，如报文中的各个字段及其详细描述。
- 字段的语义，即包含在字段中的信息的含义。
- 进程何时、如何发送报文，以及对报文进行响应的规则。

8.1 应用层协议

8.1.1 应用层、表示层和会话层

应用层最接近最终用户，如图 8-1 所示，该层为用于通信的应用程序和用于消息传输的底层网络提供接口，应用层协议用于在源主机和目的主机上运行的程序之间进行数据交换。OSI 模型上三层（应用层、表示层和会话层）定义了单个 TCP/IP 应用层的功能。

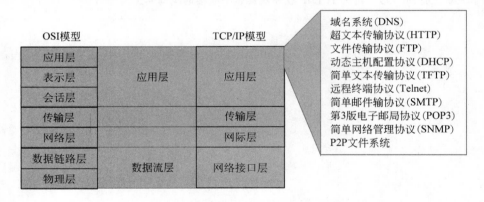

图 8-1 OSI 模型和 TCP/IP 模型的应用层

表示层具有 3 个主要功能。
- 将来自源设备的数据格式化或表示成兼容形式，以便目的设备接收。
- 采用可被目的设备解压缩的方式对数据进行压缩。
- 加密数据以便传输，并在接收时解密。

表示层为应用层格式化数据并制定文件格式标准，常见的视频标准包括 QuickTime 和活动图像专家组（MPEG）。网络中使用的常见图形图像格式为图形互换格式（GIF）、联合图像专家小组（JPEG）和便携式网络图形（PNG）格式。

会话层的功能就是创建并维护源应用程序和目的应用程序之间的对话，会话层用于处理信息交换、发起对话并使其处于活动状态，并在对话中断或长时间处于空闲状态时重启会话。

8.1.2　网络应用程序体系结构

应用程序体系结构（Application Architecture）由应用程序研发者设计，规定了如何在各种端系统上组织该应用程序。在选择应用程序体系结构时，应用程序研发者很有可能利用现代网络应用程序中所使用的体系结构，主要要以下几种。

1．客户/服务器体系结构

在客户—服务器体系结构（Client-Server Architecture）中，有一个总是打开的主机称为服务器，它服务于来自许多称为客户的主机。一个典型的例子是 Web 应用程序，其中总是打开的 Web 服务器服务于来自浏览器（运行在客户主机上）的请求，当 Web 服务器接收到来自某客户对某对象的请求时，它向该客户发送请求的对象作为响应，这时，客户相互之间不直接通信，即在 Web 应用中两个浏览器之间并不直接通信。在 Web 应用中，Web 服务器具有固定的、周知的地址（如域名地址、IP 地址），并且该服务器总是打开的，客户总能够通过向该服务器的 IP 地址发送分组来与其联系。

具有客户/服务器体系结构的非常著名的应用程序包括 Web、FTP、Telnet 和电子邮件等。

在一个客户/服务器应用中，常常会出现一台单独的服务器主机跟不上它所有客户请求的情况。例如，一个流行的社交网络站点中如果仅有一台服务器来处理所有请求，将很快变得不堪重负。为此，配备大量主机的数据中心（Data Center）常被用于创建强大的虚拟服务器。最为流行的互联网服务如搜索引擎（如谷歌、百度等）、互联网商务网络（如亚马逊、阿里巴巴等）、基于 Web 的电子邮件（如雅虎邮件、QQ 邮件等）、社交网络（如脸书、推特和微信等）等就应用了一个或多个数据中心。

> 💡注意：我们这里所说的客户和服务器都是指运行在客户机或服务器上的计算机进程（软件），既不是指使用计算机的使用者（用户或客户）也不是机器本身。

还有一种常见的浏览器—服务器方式（Browser/Server 方式，简称 Bps 方式）是 C/S 方式的一种特例，专指客户端为浏览器的方式。

2．P2P 体系结构

在一个 P2P 体系结构（P2P Architecture）中，对位于数据中心的专用服务器有最小的（或者没有）依赖。相反，应用程序在间接连接的主机对之间使用直接通信，这些主机对被称为对等方，这些对等方并不为服务提供商所有，相反却为用户控制的桌面机所有，因为这种对等方通信不必通过专门的服务器，该体系结构被称为对等方到对等方的。

使用 P2P 应用程序时，网络中运行该应用程序的每台计算机都可以充当在网络中运行该应用程序的其他计算机的客户端或服务器。目前许多流行的、流量密集型应用都是 P2P 体系结构的，这些应用包括文件共享（如 BitTorrent）、对等方协助下载加速器（如迅雷）、互联网电话和视频会议（如 Skype）等。

3．云计算体系结构

云计算是一种新兴的网络计算模式，改变了传统的计算系统的占有和使用方式。云计算以网络化的方式组织和聚合计算与通信资源，以虚拟化的方式为用户提供可以缩减或扩展规模的计算资源，增加了用户对于计算系统的规划、购置、占有和使用的灵活性。用户通过计算机、笔记本、手机等方式接入数据中心，按自己的需求进行运算。在云计算中，用户所关心的核心问题不再是计算资源本身，而是所能获得的服务，因此，服务问题（服务的提供和使用）是云计算中的核心和关键问题。

云计算（Cloud Computing）是分布式计算（Distributed Computing）、并行计算（Parallel Computing）、效用计算（Utility Computing）、网络存储（Network Storage）、虚拟化（Virtualization）、负载均衡（Load Balance）、热备份冗余（High Available）等传统计算机和网络技术发展融合的产物。

云计算环境下，软件技术、架构将发生显著变化，所开发的软件必须与云相适应，能够与虚拟化为核心的云平台有机结合，适应运算能力、存储能力的动态变化。云计算通过管理、调度与整合分布在网络上的各种资源，为大量用户提供服务。用户则按需计量地使用这些服务，从而实现将计算、存储、网络、软件等各种资源作为一种公用设施来提供的目标。另外，通过云计算，用户的应用程序可以在很短的时间内处理 TS 级甚至 PB 级的信息内容，实现和超级计算机同样强大的效能。

云计算的服务模式仍在不断进化，但业界普遍接受将云计算按照服务的提供方式划分为三个大类，即 SaaS（Software as a Service, 软件即服务）、PaaS（Platform as a Service, 平台即服务）、IaaS（Infrastructure as a Service, 基础架构即服务），其中，PaaS 基于 IaaS 实现，SaaS 的服务层次又在 PaaS 之上，三者分别面对不同的需求。

8.2　域名系统 DNS

8.2.1　域名系统概述

域名系统（Domain Name System, DNS）是互联网使用的命名系统，用来把便于人们使用的机器名字转换为 IP 地址。域名系统其实就是名字系统，只是这种系统是用在互联网中的。

域名系统概述

用户与互联网上某个主机通信时，必须要知道对方的 IP 地址，然而用户很难记住长达 32 位的二进制主机 IP 地址，即使是点分十进制 IP 地址也并不太容易记住，更不用说下一代互联网的 128 位二进制的 IP 地址了，但在应用层为了便于用户记忆各种网络应用，更多的是使用便于用户记忆的主机名字，而域名系统 DNS 可以满足这种需求并能够把互联网上的主机名字转换为 IP 地址。

当人们在应用软件里面输入一个名字的时候，计算机用 DNS 解析请求找到与之对应的 IP 地址。例如，在一台主机客户端上通过 Web 浏览器访问 www.sohu.com（称为主机名），但是最终主机是向 IP 地址 61.135.189.164 发送数据包，这个 IP 地址就是 www.sohu.com 的 Web 服务器地址，如图 8-2 所示。

图 8-2　DNS 解析过程

在 ARPANET 时代，整个网络上只有数百台计算机，那时使用一个叫作 hosts 的文件，列出所有主机名字和 IP 相应的 IP 地址，只要用户输入一台主机名字，计算机就可很快地把这台主机名字转换成机器能够识别的二进制 IP 地址。

在理论上讲，整个互联网可以只使用一个域名服务器，可装入互联网上所有的主机名，并回答所有对 IP 地址的查询。然而，这种做法并不可取，因为互联网的规模非常大，这样的域名服务器肯定会因负荷过重而无法正常工作，而且一旦域名服务器出现瘫痪，整个互联网就会瘫痪，因此，互联网采用了层次树状结构的命名方法，并使用分布式的域名系统 DNS。

互联网的域名系统 DNS 被设计成一个联机分布式数据库，并采用客户/服务器方式。DNS 使大多数名字都在本地进行解析，仅少量解析需要在互联网上通信，因此，DNS 的效率很高。由于 DNS

是分布式系统，即使单个计算机出了故障，也不会妨碍整个 DNS 系统的正常运行。

域名到 IP 地址的解析是由分布在互联网上的许多域名服务器程序(简称域名服务器)共同完成的，域名服务器程序在专设的结点上运行，而人们常把运行域名服务器程序的机器也称为域名服务器。

8.2.2　互联网的域名结构

互联网采用了层次树状结构的命名方法，采用这种命名方法，任何一个连接在互联网上的主机或路由器，都有一个唯一的层次结构的名字，即域名（Domain Name）。这里"域"（Domain）是名字空间中一个可被管理的划分，域还可以划分为子域，而子域还继续划分为子域的子域，这样就形成了顶级域、二级域、三级域等。

从语法上讲，每一个域名都是由标号（Label）序列组成，而各标号之间用点隔开，其格式如下：

…. 三级域名 . 二级域名 . 顶级域名

如图 8-3 所示的域名结构，域名 www.xpc.edu.cn 就是邢台职业技术学院 Web 的域名，它由四个标号组成，其中标号 cn 是顶级域名，标号 edu 是二级域名，标号 xpc 是三级域名，标号 www 是四级域名。

图 8-3　域名结构

1. 标号命名规定

DNS 规定，域名中的标号都是由英文字母和数字组成，每一个标号不超过 63 个字符（一般为了记忆，不要超过 12 个字符），也不区分大小写。标号中除连字符（-）外不能使用其他的标点符号。级别最低的域名写在最左边，而级别最高的顶级域名写在最右边。由多个标号组成的完整域名总共不超过 255 个字符。

DNS 既不规定一个域名需要包含多少个下级域名，也不规定每一级的域名代表什么意思，各级域名由其上一级的域名管理机构管理，而最高的顶级域名则由互联网名称与数字地址分配机构（The Internet Corporation for Assigned Names and Numbers, ICANN）进行管理，这样就保证每一个域名在整个互联网范围内是唯一的，并且也容易设计出一种查找域名的机制。

2. 顶级域名

原来的顶级域名共分为三大类。

（1）国家或地区顶级域名。采用 ISO 3166 规定，如 .cn 代表中国，.us 代表美国，.uk 代表英国等。有时候一个地区也给了顶级域名，如 .hk 代表中国香港特别行政区，.tw 代表中国台湾省。

（2）通用顶级域名。截至目前，通用顶级域名包括最先确定的 7 个和后面增加的 13 个，见表 8-1。

表 8-1　通用顶级域名

域　名		机　构	域　名		机　构	域　名		机　构
早先的7个顶级域名	com	公司企业	增加的13个顶级域名	aero	航空运输企业	增加的13个顶级域名	mobi	移动产品与服务的用户和提供者
	net	网络服务机构		asia	亚太地区		museum	博物馆
	org	非营利性组织		biz	公司和企业		name	个人
	int	国际组织		cat	使用加泰隆人的语言和文化团体		pro	有证书的专业人员
	edu	美国专用的教育机构		coop	合作团体		tel	股份有限公司
	gov	美国的政府机构		info	各种情况		travel	旅游业
	mil	美国的军事部门		jobs	人力资源管理者			

（3）基础结构域名。只有一个即 arpa，用于反向域名解析，因此又称反向域名。

从 2013 年开始，任何公司、机构都有权向 ICANN 申请新的顶级域名，申请费用 18 万美元，同时增加了中文顶级域名。

在国家顶级域名下注册的二级域名均由该国家自行确定。例如，顶级域名为 jp 的日本将其教育的二级域名定为 ac，而不用 edu。

3. 中国域名结构

我国把二级域名划分为"类别域名"和"行政区域名"两大类。

（1）类别域名。共 7 个，包括 ac（科研机构）、com（工、商、金融等企业）、edu（教育机构）、gov（政府机构）、mil（国防机构）、net（提供互联网络服务的机构）、org（非营利性的组织）。

（2）行政区域名。共 34 个，适用于我国的各省、自治区、直辖市，例如 bj（北京市）、hb（河北省）等。

我国的互联网发展现状以及各种规定，均可在中国互联网网络信息中心 CNNIC 的网址上找到。

4. 互联网的域名空间

互联网的域名空间使用域名树的结构，如图 8-4 所示，它实际上是一个倒过来的树，在最上面的是根（没有名字），根下面一级的结点就是最高一级的顶级域名，顶级域名可往下划分子域，即二级域名，再往下划分就是三级域、四级域名，等等。

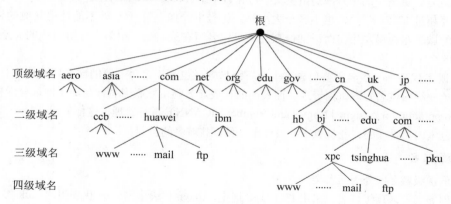

图 8-4 互联网的域名空间

如图 8-4 所示，顶级域名列了 aero、asia、com、net、org、edu、gov、cn、uk、jp，凡在顶级域名 com 和 cn 下注册的单位都获得了一个二级域名，如 ccb（中国建设银行）、huawei（华为技术有限公司）、hb（河北省）、bj（北京市）、edu（中国的教育机构）等，而在某个二级域名下注册的单位就可以获得一个三级域名，如 edu 下的三级域名有 xpc（邢台职业技术学院）、tsinghua（清华大学）和 pku（北京大学）。一旦某个单位拥有了一个域名，就可以自己决定是否要进一步划分其下属的子域，并且不必由其上级机构批准。如 huawei（华为技术有限公司）和 xpc（邢台职业技术学院）都分别划分了自己的下一级的域名 mail、www、ftp（分别是三级域名和四级域名）。域名树的叶子就是单台计算机的名字，它不能再继续往下划分子域了，如 huawei（华为技术有限公司）和 xpc（邢台职业技术学院）都各有一台计算机取名为 www，但它们的域名不一样，华为技术有限公司的域名是 www.huawei.com，而邢台职业技术学院的域名是 www.xpc.edu.cn。

互联网的名字空间是按照机构的组织来划分的，与物理的网络无关，与 IP 地址中的"子网"也没有关系。

8.2.3 域名服务器

互联网的域名系统的具体实现是使用分布在各地的域名服务器（Domain Name System, DNS）。

1. 域名服务器

为了提高域名系统的运行效率，就不能为"域名服务器树"的每一级的域名都配有一个对应的域名服务器，DNS 采用划分分区的办法来解决这个问题。

域名服务器

一个域名服务器所负责管辖的（或有权限的）范围叫作区（Zone），各单位根据具体情况来划分自己管辖区域的区，但在一个区中的所有结点必须是能够连通的。每一个区设置相应的权限域名服务器，用来保存该区中的所有主机的域名到 IP 地址的映射。总之，DNS 服务器的管辖范围不是以"域"为单位，而是以"区"为单位，区是 DNS 服务器实际管辖的范围，区可能等于或小于域，但一定不能大于域。

如图 8-5 所示，假定 A 公司有下属二级部门 G 和 H，部门 G 下面又分三个三级部门 x、y 和 z，而二级部门 K 下面有三级部门 u。如图 8-5(a)所示 a 公司只设一个区 a.com，这时域 a.com 和区 a.com 区域相同；如图 8-5（b）所示，a 公司划分了两个区 a.com 和 h.a.com，这两个区都隶属于域 a.com，都各设置了相应的权限域名服务器。

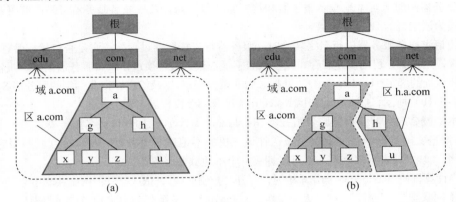

图 8-5 域名服务器管辖区的划分

结合互联网的域名空间，给出了 DNS 域名服务器树状结构如图 8-6 所示，这种 DNS 域名服务器树状结构图可以更精确地反映出 DNS 的分布式结构，每一个域名服务器都能够进行对部分域名到 IP 地址的解析，当某个 DNS 服务器不能进行域名到 IP 地址的转换时，它就设法找互联网上别的域名服务器完成解析工作。

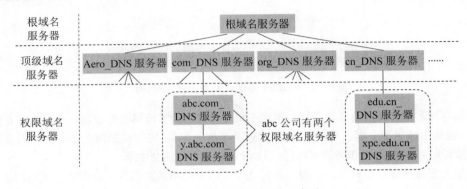

图 8-6 树状结构的 DNS 服务器

互联网上的 DNS 域名服务器也是按照层次安排的，每一个域名服务器都只对域名体系中的一部分进行管辖。

2. 域名服务器类型

根据域名服务器所起的作用，可以把域名服务器划分为以下四种类型。

（1）根域名服务器。根域名服务器是最高层次的域名服务器，也是最重要的域名服务器。所有的根域名服务器知道所有的顶级域名服务器的域名和 IP 地址，不管是哪一个本地域名服务器，若要对互联网上任何一个域名进行解析（即转换为 IP 地址），只要自己无法解析，就首先要求助于根域名服务器，假定全球所有的根域名服务器都瘫痪了，那么整个互联网中的 DNS 系统就无法工作。

截至目前，全世界只有 13 台 IPv4 根域名服务器，1 个为主根服务器在美国，其余 12 个均为辅根服务器，其中 9 台在美国，欧洲 2 个，位于英国和瑞典，亚洲 1 个位于日本。

（2）顶级域名服务器。负责管理在该顶级域名服务器注册的所有二级域名，当收到 DNS 查询请求时，就给出相应的回答（可能是最后的结果，也可能是下一步应当找到的域名服务器的 IP 地址）。

（3）授权域名服务器。通常，一个主机的授权域名服务器就是它的本地 ISP 的一个域名服务器，也称权限域名服务器。实际上，为了更加可靠地工作，一个主机最好至少有两个授权域名服务器，许多域名服务器同时充当本地域名服务器和授权域名服务器，授权域名服务器总是能够将其管辖的主机名转换为该主机的 IP 地址。

当客户请求域名服务器进行名字转换时，服务器首先按标准过程检查它是否被授权管理该名字，若未被授权，则查看自己的高速缓存，检查该名字是否最近被转换过，域名服务器向客户报告缓存中有关名字和地址的绑定（binding）信息，并标志为非授权绑定，以及给出获得此绑定的服务器 S 的域名。

如图 8-5（b）所示，区 a.com 和区 h.a.com 各设有一个授权域名服务器。

（4）本地域名服务器。本地域名服务器 (local name server) 也称默认域名服务器，当一个主机发出 DNS 查询报文时，这个报文就首先被送往该主机的本地域名服务器。每一个互联网服务提供者 ISP，或一个大学（或者下属院系）都可以拥有一个本地域名服务器。

当用户计算机使用 Windows 操作系统时，打开"控制面板"，依次打开"网络共享中心"→"以太网"→"以太网状态"→"属性"→"以太网属性"→"Internet 协议版本 4（TCP/IPv4）"→"属性"→"Internet 协议版本 4（TCP/IPv4）属性"对话框，设置的首选 DNS 服务器即为本地域名服务器，如图 8-7 所示。

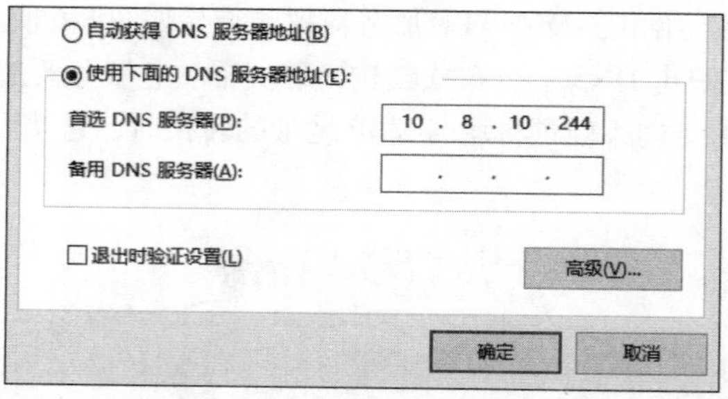

图 8-7 "Internet 协议版本 4 属性"对话框

为了提高域名服务器的可靠性，每台本地主机可设置两台本地域名服务器，一台为"首选 DNS 服务器"，也称主域名服务器，另一台为"备选 DNS 服务器"，也称辅助域名服务器，当首选 DNS 服务器出故障时，备选 DNS 服务器可以保证 DNS 的查询工作不会中断。

本地域名服务器离用户较近，一般不超过几个路由器的距离，当所要查询的主机也属于同一本地 ISP 时，该本地域名服务器立即就将所能查询的主机名转换为它的 IP 地址，而不需要再去询问其他的域名服务器。

8.2.4 域名的解析过程

1. 域名解析

当使用浏览器阅读网页时，在地址栏输入一个网站的域名后，操作系统会呼叫解析程序 Resolver，即客户端负责 DNS 查询的 TCP/IP 软件，开始解析此域名对应的 IP 地址，其运作过程如图 8-8 所示。

域名的解析过程

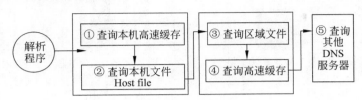

图 8-8 DNS 解析程序的查询流程

① 首先解析程序会去检查本机的高速缓存记录，如果从高速缓存内即可得知该域名所对应的 IP 地址，就将此 IP 地址传给应用程序。

② 若在本机高速缓存中找不到答案，接着解析程序会去检查本机文件 hosts.txt，看是否能找到相对应的数据。

③ 若还是无法找到对应的 IP 地址，则向本机指定的域名服务器请求查询，域名服务器在收到请求后，会先去检查此域名是否为管辖区域内的域名，当然也会检查区域文件，看是否有相符的数据，如果在区域文件内若找不到对应的 IP 地址则进行下一步。

④ 域名服务器会去检查本身所存放的高速缓存，看是否能找到相符合的数据。

⑤ 如果还是无法找到相对应的数据，就需要借助外部的域名服务器，这时就会开始进行域名服务器与域名服务器之间的查询操作。

上述 5 个步骤，可分为两种查询模式，即客户端对域名服务器的查询（第③、④步）及域名服务器和域名服务器之间的查询（第⑤步）。

（1）递归查询。主机向本地域名服务器的查询一般都是采用递归查询（Recursive Query）。如果主机所查询的本地域名服务器不知道被查询域名的 IP 地址，那么本地域名服务器就以 DNS 客户的身份，向其他根域名服务器继续发出查询请求报文（即替该主机继续查询），而不是让该主机自己进行下一步的查询，因此，递归查询返回的查询结果或者是所要查询的 IP 地址，或者是报错表示无法查询到所需的 IP 地址。

（2）迭代查询。本地域名服务器向根域名服务器的查询通常是采用迭代查询（Iterative Query）。当根域名服务器收到本地域名服务器发出的迭代查询请求报文时，要么给出所要查询的 IP 地址，要么告诉本地域名服务器"你下一步应当向哪一个域名服务器进行查询"，然后让本地域名服务器进行后续的查询（而不是替本地域名服务器进行后续的查询）。根域名服务器通常是把自己知道的顶级域名服务器的 IP 地址告诉本地域名服务器，让本地域名服务器向顶级域名服务器查询，然后顶级域名服务器在收到本地域名服务器的查询请求后，要么给出所要查询的 IP 地址，要么告诉本地域名服务器下一步应当向哪一个权限域名服务器进行查询，本地域名服务器就这样进行迭代查询。最后，知道了所要解析的域名的 IP 地址，然后把这个结果返回给发起查询的主机。当然，本地域名服务器也可以采用递归查询，这取决于最初的查询请求报文的设置是要求使用哪一种查询方式。

如图 8-9 所示说明了迭代查询和递归查询的区别。

假定域名为 hh.xyz.com 的主机打算发送邮件给主机 yy.abc.com，这时就必须知道 yy.abc.com 的 IP 地址，迭代查询过程如图 8-9（a）所示，步骤如下：

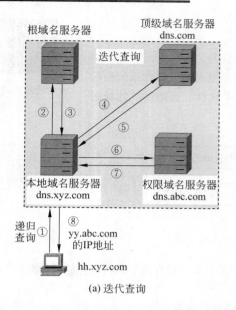
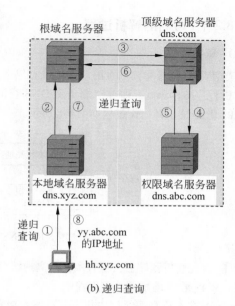

(a) 迭代查询　　　　　　　　　　　　　(b) 递归查询

图 8-9　DNS 查询方式

① 主机 hh.xyz.com 先向其本地域名服务器 dns.xyz.com 进行递归查询。

② 本地域名服务器采用迭代查询，它先向一个根域名服务器查询。

③ 根域名服务器告诉本地域名服务器，下一次查询的顶级域名服务器 dns.com 的 IP 地址。

④ 本地域名服务器向顶级域名服务器 dns.com 进行查询。

⑤ 顶级域名服务器 dns.com 告诉本地域名服务器下一次应查询的权限域名服务器 dns.abc.com 的 IP 地址。

⑥ 本地域名服务器向权限域名服务器 dns.abc.com 进行查询。

⑦ 权限域名服务器 dns.abc.com 告诉本地域名服务器所查询的主机的 IP 地址。

⑧ 本地域名服务器最后把查结果告诉主机 hh.xyz.com。

在这个过程中，一共 8 步总共要使用 8 个 UDP 用户数据报的报文。本地域名服务器经过三次迭代查询后，从权限域名服务器 dns.abc.com 得到了主机 yy.abc.com 的 IP 地址，最后把结果返回给发起查询的主机 hh.xyz.com。

递归查询如图 8-9（b）所示，本地域名服务器只向根域名服务器查询一次，后面的几次查询都是在其他几个域名服务器之间进行的（步骤③到⑥），在步骤⑦，本地域名服务器从根域名服务器得到了所需的 IP 地址，在步骤⑧，本地域名服务器把查询结果告诉主机 hh.xyz.com，整个查询也使用了 8 个 UDP 用户数据报文。

（3）反向型查询。反向型查询的方式与递归型和循环型两种方式都不同，它是让 DNS 客户端利用自己的 IP 地址查询它的主机名称。

反向型查询是依据 DNS 客户端提供的 IP 地址，来查询它的主机名，由于 DNS 域名与 IP 地址之间无法建立直接对应关系，所以必须在域名服务器内创建一个反向型查询的区域，该区域名称最后部分为 in-addr.arpa。

当创建反向型查询区域时，系统就会自动为其创建一个反向型查询区域文件。

2. 动态 DNS（域名解析）服务

动态 DNS（域名解析）服务也就是可以将固定的互联网域名和动态（非固定）IP 地址实时对应（解析）的服务。这就是说相对于传统的静态 DNS 而言，它可以将一个固定的域名解析到一个动态的 IP

地址，简单地说，不管用户何时上网以何种方式上网得到一个什么样的 IP 地址 IP 地址是否会变化，都能保证通过一个固定的域名就能访问到用户的计算机。

　　动态域名的功能，就是实现固定域名到动态 IP 地址之间的解析。用户每次上网得到新的 IP 地址之后，安装在用户计算机里的动态域名软件就会把这个 IP 地址发送到动态域名解析服务器，更新域名解析数据库，当 Internet 上的其他人要访问这个域名的时候，动态域名解析服务器会返回正确的 IP 地址给他。

8.2.5　DNS 报文和资源记录

1. DNS 报文

DNS 只有 DNS 查询请求和 DNS 回答响应两种报文，并且这两种报文的格式相同，如图 8-10 所示。

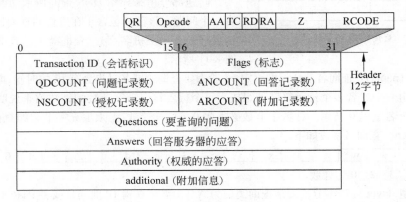

图 8-10　DNS 报文格式

（1）头部。公共报文头，也称 Header 报文头，是必须有的。前 12 字节，包含 6 个字段。

　　① 会话标识（ID）：请求客户端设置的 16 位标识，服务器给出应答的时候会带相同的标识字段回来，这样请求客户端就可以区分不同的请求应答了。

　　② 标志（Flags）：16 位，DNS 报文中的标志字段。标志字段中每个字段有如下含义。

- QR（1bit）：查询请求 / 响应的标志信息。0 为请求；1 为应答。
- Opcode（4bit）：操作码。其中，0 表示标准查询；1 表示反向查询；2 表示服务器状态查询；3~15 保留值，暂时未使用。
- AA（1bit）：授权应答（Authoritative Answer）。该字段在应答报文中有效，1 表示名称服务器是权威服务器；0 表示不是权威服务器。
- TC（1bit）：表示是否被截断（TrunCation）。值为 1 时，表示应答已超过 512 字节并已被截断，只返回前 512 个字节。
- RD（1bit）：期望递归（Recursion Desired）。这个比特位被请求设置，应答的时候使用的相同的值返回。如果设置了 RD，就建议域名服务器进行递归解析，递归查询的支持是可选的。
- RA（1bit）：可用递归（Recursion Available）。该字段只出现在应答报文中，1 表示服务器支持递归查询。
- Z（3bit）：保留字段，暂时未使用。在所有的请求和应答报文中，它的值必须为 0。
- RCODE（4bit）：返回码。表示响应的差错状态，0 表示没有错误；1 表示报文格式错误（Format Error），即服务器不能理解请求的报文；2 表示域名服务器失败（Server Failure）；3 表示名字错误（Name Error）；4 表示查询类型不支持（Not Implemented），即域名服务器不支持查询类型；5 表示拒绝（Refused），一般是服务器由于设置的策略拒绝给出应答，如服务器不希望对某些请求者给出应答。6~15，保留值，暂时未使用。

③ 问题记录数（QDCOUNT）：16bit，表示 DNS 报文请求段中的问题记录数。

④ 回答记录数（ANCOUNT）：16bit，表示 DNS 报文回答段中的回答记录数。

⑤ 授权记录数（NSCOUNT）：16bit，表示 DNS 报文授权段中的授权记录数。

⑥ 附加记录数（ARCOUNT）：16bit，表示 DNS 报文附加段中的附加记录数。

在请求中 QDCOUNT 的值不可能为 0，ANCOUNT、NSCOUNT、ARCOUNT 的值都为 0，因为在请求中还没有响应的查询结果信息，这些信息在应答中会有相应的值。

（2）正文部分。

问题部分用来显示 DNS 查询请求的问题，通常只有一个问题。该部分包含正在进行的查询信息，包含查询名（被查询主机名字）、查询类型、查询类，格式如图 8-11 所示。

图 8-11　查询问题部分格式

- 查询名（name）：查询名部分长度不定，一般为要查询的域名（也会有 IP 的时候，即反向查询），此部分由一个或者多个标示符序列组成，每个标示符以首字节数的计数值来说明该标示符长度，每个名字以 0 结束。计数字节数必须为 0~63，该字段无须填充字节。如查询名为 www.xpc.edu.cn，查询名字段如下。

3	w	w	w	3	x	p	c	3	e	d	u	2	c	n	0

其中 3、3、3、2、0 为计数。

- 查询类型（type）：2 字节，通常查询类型为 A（由名字获得 IP 地址）或者 PTR（获得 IP 地址对应的域名），类型见表 8-2。

表 8-2　查询类型

类　型	助　记　符	说　明
1	A	IPv4 地址
2	NS	名字服务器
5	CNAME	规范名称，定义主机的正式名字的别名
6	SOA	开始授权，标记一个区的开始
11	WKS	熟知服务，定义主机提供的网络服务
12	PTR	指针，把 IP 地址转化为域名
13	HINFO	主机信息，给出主机使用的硬件和操作系统的表述
15	MX	邮件交换，把邮件改变路由送到邮件服务器
28	AAAA	IPv6 地址
252	AXFR	传送整个区的请求
255	ANY	对所有记录的请求

- 查询类（class）：2 字节，对于 Internet 信息总是 IN。

2．资源记录部分

资源记录部分是指 DNS 报文格式中的最后三个字段，包括回答问题区域字段、权威名称服务器区域字段、附加信息区域字段，这三个字段均采用一种称为回答字段，授权字段和附加信息字段，均采用资源记录 RR（Resource Record）的相同格式。该格式如图 8-12 所示。

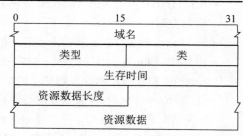

图 8-12　资源记录格式

各字段有如下含义。

(1) 域名字段 (name)：不定长或 2 字节记录中资源数据对应的名字，它的格式和查询名字段格式相同。当报文中域名重复出现时，就需要使用 2 字节的偏移指针来替换。例如，在资源记录中，域名通常是查询问题部分的域名的重复，就需要用指针指向查询问题部分的域名。注意，DNS 报文的第一个字节是字节 0，第二个报文是字节 1。一般响应报文中，资源部分的域名都是指针 C00C (1100000000001100)，刚好指向请求部分的域名。

(2) 类型 (type)：2 字节，资源记录的类型，与查询问题部分的类型相同。

(3) 类 (class)：2 字节，地址类型，含义与查询问题部分的类相同。

(4) 生存时间 (TTL)：4 字节，该字段表示资源记录的生命周期（以秒为单位），一般用于当地址解析程序，取出资源记录后决定保存及使用缓存数据的时间。

(5) 资源数据长度 (RDLENGTH)：2 字节，表示资源数据的长度（以字节为单位，如果资源数据为 IP 则为 0004）

(6) 资源数据 (RDATA)：该字段是可变长字段，表示按查询段要求返回的相关资源记录的数据。资源记录部分只有在 DNS 相应报中才会出现。

8.2.6 域名查询

1. Whois 查询

Whois 简单来说，就是一个用来查询域名是否已经被注册，以及注册域名的详细信息的数据库（如域名所有人、域名注册商、域名注册日期和过期日期等）。通过域名 Whois 服务器查询，可以查询域名归属者联系方式，以及注册和到期时间。

在我国，查询域名可以在中国互联网络信息中心（China Internet Network Information Center, CNNIC）及中国教育和科研计算机网（www.edu.cn）及站长之家（whois.chinaz.com）等查询域名注册信息。

2. nslookup 命令

nslookup 命令可以用来查看域名对应的 IP 地址，比如 nslookup jocent.me。

NSLookup 可以指定查询的类型，可以查到 DNS 记录的生存时间，还可以指定使用那个 DNS 服务器进行解释。

8.3　万　维　网

8.3.1　万维网概述

万维网（World Wide Web, WWW）英文简称 Web，是指遍布全球并被链接在一起的信息存储库，是一个大规模的、联机式的信息储藏所，是目前 TCP/IP 互联网上最方便和最受欢迎的信息服务类型，是互联网上发展最快同时又使用最多的一项服务，目前已经进入广告、新闻、销售、电子商务与信息服务等诸多领域，它的出现是 TCP/IP 互联网发展中的一个里程碑。

万维网

万维网是一个分布式的超媒体系统，是超文本（HyperText）系统的扩充，所谓超文本，是指包含指向其他文档的链接的文本（Text）。使用浏览器的用户可以访问服务器提供的各种服务，这些服务器分布在世界各地，这些服务器称为 Web 站点，也就是我们现在大家访问的各企事业单位的门户网站。对用户来说，可完全不必知道 Web 服务器究竟在世界的什么地方，企事业单位的地理位置和 Web 服务器的位置也没有任何关系。万维网用链接的方法能非常方便地从互联网上的一个站点访问另一个站点（也就是所谓的"链接到另一个站点"），从而主动地按需获取丰富的信息，图 8-13 所示说明了万维网提供分布式服务的特点。

图 8-13 所示列出了万维网的六个站点，它们可以相隔千里也可以在一座办公楼，它们都连接到互联网上。每一个万维网站点都存放了许多文档，在这些文档中有一些文字，当我们把鼠标的指针移动到这些文字的地方时，鼠标的箭头就变成了一只手的形状，这就表明这些文字地方有一个链接（Link），这种链接也称为超链接（Hyperlink），如果在这些地方单击鼠标，就可以从这个文档链接到可能相隔很远的另外万维网站点的一个文档。然后，在我们的屏幕上就能将远方传过来的文档显示出来。例如，站点 A 的某个文档中有两个地方①和②分别链接到万维网站点 F 和站点 C，……。

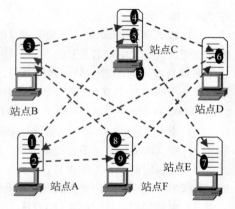

图 8-13　万维网提供分布式服务

正是由于万维网的出现，互联网才从仅由少数计算机专家使用变为普通用户也能使用的信息资源，万维网的出现使得网站数按指数规律增长，因此，万维网的出现是互联网发展中的一个非常重要的里程碑。

万维网 WWW 服务采用客户 / 服务器工作模式，客户机即浏览器（Browser），服务器即 Web 服务器，它以超文本标记语言（HTML）和超文本传输协议（HTTP）为基础，为用户提供界面一致的信息浏览系统。信息资源以页面（也称网页或 Web 页面）的形式存储在 Web 服务器上（通常称为 Web 站点），这些页面采用超文本方式对信息进行组织，页面之间通过超链接连接起来，超链接采用统一资源定位符（URL）的形式。WWW 服务原理是用户在客户机通过浏览器向 Web 服务器发出请求，Web 服务器根据客户机的请求内容将保存在服务器中的某个页面发回给客户机，浏览器接收到页面后对其进行解释，最终以图、文、声等并茂的画面呈现给用户，WWW 服务原理如图 8-14 所示。

图 8-14　WWW 服务原理

为了实现上述功能，万维网必须解决以下几个问题。

（1）怎样标志分布在整个互联网上的万维网文档？

（2）用什么样的协议来实现万维网上的各种链接？

（3）怎么样使不同作者创作的不同风格的万维网文档，都能在互联网上的各种主机上显示出来，同时使用户清楚地知道什么地方存在着链接？

（4）怎样使用户能够很方便地找到所需的信息？

为了解决第一个问题，万维网使用统一资源定位符（Uniform Resource Locator, URL）来标志万维网上的各种文档，并使每一个文档在整个互联网的范围内具有唯一的标识符 URL。为了解决第二个问题，就要使万维网客户程序与万维网服务器程序之间的交互遵守严格的协议，这就是超文本传送协议（HyperText Transfer Protocol, HTTP）。HTTP 是一个应用层协议，它使用 TCP 连接进行可靠的传送。为了解决第三个问题，万维网使用超文本标记语言（HyperText Markup Language, HTML），万维网页面的设计者可以很方便地从本页面的某处链接到互联网上的任何一个万维网页面，并且能够在自己的主机屏幕上将这些页面显示出来。为了解决第四个问题，万维网的用户使用搜索工具在万维网上方便地查找所需的信息。

8.3.2　统一资源定位符 URL

1. URL 的格式

统一资源定位符（Uniform Resource Locator, URL）是对可以从互联网上得到的资源的位置和访问方法的一种简洁的表示，也就是平时我们所说的"网址"。

　　URL 给资源的位置提供一种抽象的识别方法，并用这种方法给资源定位。只要能够给资源定位，系统就可以对资源进行各种操作，如存取、更新、替换和查找其属性。

　　上述的"资源"是指在互联网上可以被访问的任何对象，包括文件目录、文件、文档、图像、声音以及与互联网相连的任何形式的数据等。

　　统一资源定位符 URL 相当于一个文件名在网络范围的扩展，它标识一个互联网资源，并指定对其进行操作或获取该资源的方法。通用互联网的 URL 方案如图 8-15 所示。

图 8-15　通用互联网 URL 方案

　　大部分 URL 遵循一种标准格式，该格式包含协议方案、主机域名和路径三个部分，如表 8-3 所示。

<协议方案>://<主机域名>/<路径>

表 8-3　URL 组成部分介绍

组　件	描　述
方案	规定如何访问指定资源的主要标识符，它会告诉负责解析 URL 的应用程序应该使用什么协议。如 HTTP、FTP、HTTPS（Secure HyperText Transfer Protocol，安全超文本传输协议）等。方案组件必须以一个字母符号开始，由第一个":"符号将其与 URL 其余部分分隔开来（方案名大小写不敏感）
用户	某些方案访问资源时需要的用户名
密码	用户名后面可能要包含的密码，中间由冒号分隔。很多服务器要求输入用户名和密码才会允许用户访问数据，如 FTP
主机	资源宿主服务器的主机名或点分十进制 IP 地址
端口	URL 的主机和端口组件告诉应用程序要从哪台机器装载资源，以及在哪台机器的什么地方可以找到对目标资源进行访问的服务器
路径	说明了资源位于服务器的什么地方，由斜杠将其与前面的 URL 组件分隔开来，可以用"/"将 HTTP URL 中的路径组件划分为一些路径段（Path Segment），每个路径段都有自己的参数字段
参数	某些方案会用这个组件来指定输入参数，参数为名 / 值对，URL 中可以包含多个参数字段，它们相互之间以及与路径的其余部分之间用分号（;）分隔
查询	在我们发送请求时，很多的资源，比如数据库服务，都可以通过查询来缩小请求资源的类型范围，例如"http://www.joes-hardware.com/inventoty-check.cgi?itcm-12731"的问号（？）右边的内容就是这个 URL 的查询组件，URL 的查询组件和标识网关资源的 URL 路径组件一起被发送给网关资源，可以将网关当作访问其他应用程序的访问点
片段	一小片或者一部分资源的名字。引用对象时，不会将 frag 字段传送给服务器。这个字段是在客户端内部使用的，通过字符"#"将其与 URL 的其余部分分隔开来

　　在输入 URL 时，资源类型和服务器地址不分字母的大小写，但目录和文件名则可能区分字母的大小写，这是因为大多数服务器安装了 UNIX 操作系统，而 UNIX 的文件系统区分文件名的大小写。

2. 使用 HTTP 的 URL

　　对于万维网的点的访问要使用 HTTP 协议，HTTP 的 URL 的一般形式如下。

http://<主机>:<端口>/<路径>

　　HTTP 的默认端口号是 80，通常可以省略，若再省略文件的"<路径>"项，则 URL 就会指到互联网上的某个主页（Home Page），主页是个很重要的概念，它可以是以下几种情况之一。

（1）一个 WWW 服务器的最高级别的页面。

（2）某一个组织或部门的一个定制的页面或目录。从这样的页面可链接到互联网上的与本组织或部门有关的其他站点。

（3）由某一个人自己设计的描述他本人情况的 WWW 页面。

例如，要查有关邢台职业技术学院的信息，就可先进入邢台职业技术学院的主页，其 URL 为"Http://www.xpc.edu.cn"。

这里省略了默认的端口号 80。从邢台职业技术学院的主页入手，就可以通过许多不同的链接找到所要查找的各种有关邢台职业技术学院各个部门的信息。

更复杂一些的路径是指向层次结构的从属页面。如图 8-16 所示是清华大学的新闻主页和信息科学技术学院页面的 URL。应该注意的是上面的 URL 中使用了指向文件的路径，而文件名就是最后的 index.html 和 index.jsp。扩展名 html 表示这是一个用超文本标记语言 HTML 写出的文件，而扩展名 jsp 表示是建立在 Servlet 规范之上的动态网页开发技术。

图 8-16　HTTP 的 URL

URL 的"＜协议＞"和"＜主机＞"部分，字母不分大小写，但＜路径＞有时要区分大小写。

用户使用 URL 不仅能够访问万维网的页面，而且能够通过 URL 使用其他的互联网应用程序，如 FTP、Gopher、Telnet、电子邮件以及新闻组等，并且，用户在使用这些应用程序时，只使用一个程序即浏览器。

8.3.3　超文本传输协议 HTTP

超文本传输协议（HyperText Transfer Protocol, HTTP）协议定义了万维网客户进程（即浏览器）怎样向万维网服务器请求万维网文档，以及服务器怎样把文档传送给浏览器。

在 1997 年以前使用的是 RFC 1945 定义的 Http/1.0 协议，工作方式是每次 TCP 连接只能发送一个请求，当服务器响应后就会关闭这次连接，下一个请求需要再次建立 TCP 连接，就是不支持 keepalive。

HTTP/1.1 版的最大变化，就是引入了持久连接（Persistent Connection），即 TCP 连接默认不关闭，可以被多个请求复用，不用声明"Connection: keep-alive"，一个 TCP 连接可以允许多个 HTTP 请求。

HTTP/2.0 增加了双工模式，即不仅客户端能够同时发送多个请求，服务端也能同时处理多个请求；另外也增加了服务器推送的功能，即不经请求服务端主动向客户端发送数据。

1. HTTP 的特点

（1）HTTP 是面向事务的应用层协议。它是万维网上能够可靠地交换文件（包括文本、声音、图像等各种多媒体文件）的重要基础，HTTP 不仅传送完成超文本跳转所必需的信息，而且也传送任何可从互联网上得到的信息，如文本、超文本、声音和图像等。

（2）HTTP 是无连接的。HTTP 使用了面向连接的 TCP 作为运输层协议，保证了数据的可靠传输。

（3）HTTP 是无状态的。HTTP 对于事物处理没有记忆能力，同一个客户第二次访问同一个服务器上的页面，服务器的响应与第一次被访问时的相同，HTTP 服务器不记得谁访问过，也不记得为该客户曾经服务过多少次。

2. HTTP 的工作过程

HTTP 协议定义 Web 客户端如何从 Web 服务器请求 Web 页面，以及服务器如何把 Web 页面传送给客户端。HTTP 协议采用了请求 / 响应模型。客户端向服务器发送一个请求报文，请求报文包含请求的方法、URL、协议版本、请求头部和请求数据。服务器以一个状态行作为响应，响应的内容包括协议的版本、成功或者错误代码、服务器信息、响应头部和响应数据。

WWW 以客户机 / 服务器（Client/Server）模式进行工作，运行 WWW 服务器程序并提供 WWW 服务的机器被称为 WWW 服务器；在客户端，用户通过一个被称为浏览器（Browser）的交互式程序来获得 WWW 信息服务，常用到的浏览器有谷歌（Google）和微软的 IE（Internet Explorer）以及 360 浏览器、搜狗浏览器等。

用户浏览页面的方法有两种：一种方法是在浏览器的地址窗口中输入所要找的页面的 URL；另一种方法是在某一个页面中用鼠标单击一个可选部分，这时浏览器自动在互联网上找到所要链接的页面。

对于每个 WWW 服务器站点都有一个服务器监听 TCP 的 80 端口，看是否有从客户端（通常是浏览器）过来的连接。当客户端的浏览器在其地址栏里输入一个 URL 或者单击 Web 页上的一个超链接时，Web 浏览器就要检查相应的协议以决定是否需要重新打开一个应用程序，同时对域名进行解析以获得相应的 IP 地址，然后，以该 IP 地址并根据相应的应用层协议即 HTTP 所对应的 TCP 端口与服务器建立一个 TCP 连接。连接建立之后，客户端的浏览器使用 HTTP 协议中的 GET 功能向 WWW 服务器发出指定的 WWW 页面请求，服务器收到该请求后将根据客户端所要求的路径和文件名使用 HTTP 协议中的 PUT 功能将相应 HTML 文档回送到客户端，如果客户端没有指明相应的文件名，则由服务器返回一个默认的 HTML 页面。页面传送完毕则中止相应的会话连接。

3. 代理服务器

代理服务器（Proxy Server）又称万维网高速缓存（Web Cache），它是能够代表初始 Web 服务器来满足 HTTP 请求的网络实体。代理服务器把最近的一些请求和响应暂存在本地磁盘中，当新请求到达时，若代理服务器发现这个请求与暂时存放的请求相同，就返回暂存的请求，而不需要按 URL 的地址再次去互联网访问该资源。

如图 8-17 所示，可以配置客户的浏览器，使得用户的所有 HTTP 请求首先指向代理服务器。一旦某浏览器被配置，每个对某对象的浏览器请求首先被定向到该代理服务器。

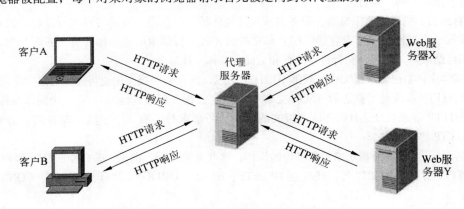

图 8-17　客户通过代理服务器请求对象

在互联网上部署 Web 缓存器有两个原因，Web 缓存器可以极大地减少对客户请求的响应时间，特别是当客户与初始服务器之间的瓶颈带宽远低于客户与 Web 缓存器之间的瓶颈带宽时；其次，Web 缓存器能够大大减少一个机构的接入链路到互联网的通信量。通过使用内容分发网络（CDN），Web 缓存器正在互联网中发挥越来越重要的作用，CDN 公司在互联网上安装了许多地理上分散的缓存器，因而大量流量实现了本地化。

尽管高速缓存能减少用户感受到的响应时间，但也引入了一个新的问题，即存放在缓存器中的对象副本可能是陈旧的，换句话说，保存在服务器中的对象自该副本缓存在客户上以后可能已经被修改了。HTTP协议有一种机制，允许缓存器证实它的对象是最新的，这种机制就是条件GET方法。关于Get方法不在这里进行详细介绍。

代理服务器可在客户端或服务器端工作，也可在中间系统工作，代理服务器接收浏览器的HTTP请求时作为服务器，向互联网上的源点服务器发送HTTP请求时作为客户。

4. HTTP的报文结构

HTTP有两类报文：请求报文和响应报文。请求报文即从客户向服务器发送请求的报文，如图8-18（a）所示；而响应报文即从服务器到客户的回答，如图8-18（b）所示。

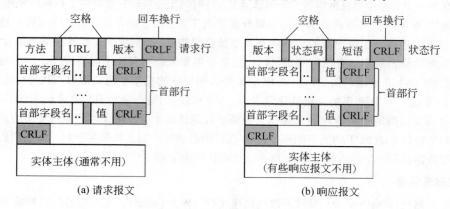

图 8-18 HTTP 的报文结构

HTTP请求报文和响应报文都是由三部分组成，两者的区别主要在于开始行有所不同。

① 开始行：用于区分是请求报文还是响应报文。在请求报文中的开始行叫作请求行，响应报文中的开始行叫作状态行（Status Line）。在开始行的三个字段之间都以空格分隔开，最后的CR和LF分别代表"回车"和"换行"。

② 首部行：用来说明浏览器、服务器或报文主体的一些信息。首部可以有好几行，但也可以不使用，在每一个首部行中都有首部字段名和它的值，每一行结束的地方都要有"回车"和"换行"，整个首部行结束时，还有一空行将首部行和后面的实体主体分开。

③ 实体主体：在请求报文中一般都不用这个字段，而在响应报文中也可能没有这个字段。

首先，HTTP报文是用普通的ASCII文本书写，其次，报文有很多行，每行用一个回车换行符结束。

（1）HTTP请求报文。HTTP请求报文的第一行"请求行"有3个字段，即方法、请求资源的URL和HTTP协议版本。

所谓方法，就是对所请求的对象进行的操作，这些方法实际上也是一些命令，GET和POST是最常见的HTTP方法，除此以外，还包括DELETE、HEAD、OPTION、PUT、TRACE、CONNECT等，见表8-4。

表8-4 HTTP请求报文的一些方法

命 令	解 释
OPTION	请求一些选项的信息
GET	要求服务器将URL定位的资源放在响应报文的数据部分，回送给客户端
HEAD	请求读取由URL所标志的信息的首部
POST	将请求参数封装在HTTP请求数据中，以名称/值的形式出现，可以传输大量数据，这种POST方式对传送的数据大小没有限制，而且也不会显示在URL中
PUT	在指明的URL下存储一个文档
DELETE	删除指明的URL所标志的资源

续表

命　　令	解　　释
TRACE	用来进行环回测试的请求报文
CONNECT	用于代理服务器

当浏览器请求一个对象时，使用 GET（）方法，在 URL 字段填写该对象的 URL 地址，总之，HTTP 请求报文中有很多可选的首部行。

（2）HTTP 响应报文。每一个请求报文发出后，都能收到一个响应报文，响应报文的第一行是状态行，而状态行有 3 个字段，即 HTTP 协议版本、状态码和解释状态码的简单短语。

状态码都是三位数字的，分为 5 大类共 37 种，这 5 大类的状态码都是以不同的数字开头的。

1xx：表示通知信息的，如请求收到了或正在进行处理。

2xx：表示成功，如接收或知道了。

3xx：表示重定向，如要完成请求还必须采取进一步的行动。

4xx：表示客户的差错，如请求中有错误的语法或不能完成。

5xx：表示服务器的差错，如服务器失效无法完成请求。

如下三种状态行在响应报文中是经常见到的。

HTTP / 1.1 202 Accepted｛接收｝

HTTP / 1.1 400 Bad Request｛错误的请求｝

Http / 1.1 404 Not Found｛找不到｝

若请求的网页从 "http://www.xxx.xyz.edu/index.html" 转移到了一个新的地址，则响应报文的状态行和一个首部行就可能是下面的形式。

HTTP / 1.1 301 Moved Permanently｛永久性地转移了｝

Location : http://www.xyz.edu/aa/index.html｛新的 URL｝

5. 用户与服务器的交互：Cookies

前面讲了，HTTP 是无状态的，HTTP 服务器不记得哪个客户访问过，也不记得为该客户曾经服务过多少次。但在实际应用中，一些万维网站点却常常希望能够识别用户，网站可以利用 Cookies 跟踪统计用户访问网站的习惯，比如什么时间访问，访问哪些页面，在每个网页的停留时间等，利用这些信息，一方面可以为用户提供个性化服务；另一方面也可以作为了解用户行为的工具，对于网站经营策略的改进有一定参考价值。例如，在某家航空公司站点查阅航班时刻表，该网站可能就创建了包含你旅行计划的 Cookies，在你下次访问时，网站根据你的情况对显示的内容进行调整，将你所感兴趣的内容放在前列。

Cookies 最典型的应用是判断用户是否登录网站（用户可以得到提示，是否保留用户信息以便下次进入此网站时简化登录手续，这也是通过 Cookies 实现的）。Cookies 生成后，只要在其有效期内，用户访问同一个 Web 服务器时，浏览器会检查本地 Cookies 并发送目标 Cookies 给服务器（前提是浏览器设置为启用 Cookies）。还有一个重要应用场合是"购物车"，用户可能会在一段时间内在同一家网站的不同页面中选择不同商品，这些信息都会写入 Cookies，以便在最后付款时提取信息。

Cookies 的使用一直有很大争议，有人认为 Cookies 会把计算机病毒带到用户的计算机中，也有人认为 Cookies 可能会导致用户隐私的泄露。

为了让用户有拒绝使用 Cookies 的自由，在浏览器中用户可自行设置接受 Cookies 的条件，用户可根据自己的情况对 IE 浏览器进行必要的设置。

6. HTTPS 安全超文本传输协议

HTTPS（Secure HyperText Transfer Protocol, 安全超文本传输协议）是一个安全通信通道，它基

于 HTTP 开发，用于在客户计算机和服务器之间交换信息。它使用安全套接字层（SSL）进行信息交换，简单来说它是 HTTP 的安全版，是使用 TLS / SSL 加密的 HTTP。HTTPS 对数据进行加密，并建立一个信息安全通道，来保证传输过程中的数据安全，并对网站服务器进行真实身份认证。

HTTP 协议采用明文传输信息，存在信息窃听、信息篡改和信息劫持的风险，而协议 TLS / SSL 具有身份验证、信息加密和完整性校验的功能，可以避免此类问题发生。

TLS / SSL 全称安全传输层协议（Transport Layer Security），是介于 TCP 和 HTTP 之间的一层安全协议，不影响原有的 TCP 协议和 HTTP 协议，所以使用 HTTPS 基本上不需要对 HTTP 页面进行太多的改造。

HTTPS 是加密传输协议，HTTP 是明文传输协议；HTTPS 标准端口 443，HTTP 标准端口 80；HTTPS 基于运输层，HTTP 则基于应用层。

8.3.4 万维网的文档

1. 超文本标记语言 HTML

要使任何一台计算机都能显示出任何一个万维网服务器上的信息，就必须解决页面制作的标准化问题。超文本标记语言(HyperText Markup Language, HTML)就是一个制作万维网页面的标准语言，它消除了不同计算机之间信息交流的障碍。HTML 并不是应用层的协议，它只是万维网浏览器使用的一种语言。

HTML 是一种规范，一种标准，它通过标记符号来标记要显示的网页中的各个部分。网页文件本身是一种文本文件，通过在文本文件中添加标记符，可以告诉浏览器如何显示其中的内容（如文字如何处理、画面如何安排、图片如何显示等）。浏览器按顺序阅读网页文件，然后根据标记符解释和显示其标记的内容，对书写出错的标记将不指出其错误，且不停止其解释执行过程，编制者只能通过显示效果来分析出错原因和出错部位。但需要注意的是，对于不同的浏览器，对同一标记符可能会有不完全相同的解释，因而可能会有不同的显示效果。HTML 标准自 1999 年 12 月发布 HTML4.01 之后，于 2014 年 10 月发布 html5。

网页的本质就是 HTML，通过结合使用其他的 Web 技术（如脚本语言、CGI、组件等），可以创造出功能强大的网页。一个网页对应于一个 HTML 文件，HTML 文件以 .htm 或 .html 为扩展名。可以使用任何能够生成 TXT 类型源文件的文本编辑来产生 HTML 文件。标准的 HTML 文件都具有一个基本的整体结构，即 HTML 文件的开头与结尾标志和 HTML 的头部与实体两大部分，有 3 个双标记符用于页面整体结构的确认。

上面介绍的是万维网文档，只是万维网文档中最基本的一种，即所谓的静态文档（Static Document）。静态文档的内容是提前编写到文档里的，浏览器每次访问时，里面的内容都不改变。静态文档的最大特点是简单，缺点是不够灵活，当信息变化时就要由稳当的作者手工对文档进行修改，可见，变化频繁的文档不适用做成静态文档。

2. 动态万维网文档

动态文档（Dynamic Document）是指文档的内容是在浏览器访问万维网服务器时才由应用程序动态创建。动态文档和静态文档之间的差别主要体现在服务器一端，也就是文档内容的生成方法不同；而从浏览器的角度看，这两种文档并没有区别，它们的内容都遵循 HTML 所规定的格式。

要实现动态文档，就必须在静态的基础上对万维网服务器从以下两个方面进行扩充。

（1）服务器端应增加一个应用程序，用来处理浏览器发过来的数据，并创建动态文档。

（2）服务器端应增加一个机制，万维网服务器可以将浏览器发来的数据传送给这个应用程序，然后万维网服务器能够解释这个应用程序的输出，并向浏览器返回 HTML 文档。

动态万维网文档的实现如图 8-19 所示。

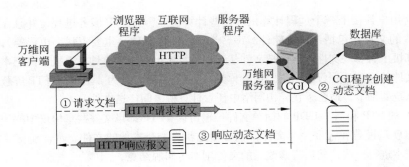

图 8-19 动态万维网文档的实现

产生动态文档的万维网服务器相比之前就是增加了一个 CGI 机制，该机制就是为了实现上面的两个条件，程序员可以通过编写脚本等应用程序，而服务器通过执行这些应用程序产生静态的 HTML，然后返回给浏览器。

CGI 程序也就是 CGI 脚本（Script），在这里"脚本"是指一个程序被另一个程序（解释程序）而不是通过计算机的处理机制来解释或执行。常用的脚本语言（Script Language）如 JavaScript、JSP 等。

3. 活动万维网文档

随着科技和需求的发展，动态万维网文档的缺点表现得越来越明显了，首先，动态文档一旦建立，它所包含的信息内容也就固定下来而无法及时刷新屏幕，另外，像动画之类的显示效果，动态文档也无法提供，要提供动态的效果，也是需要服务器不断运行相应的应用程序向浏览器产生静态的 HTML，大家要清楚，动态万维网文档时代，只有服务器端才可以运行脚本等自己编写的程序（运行这些应用程序是为了产生静态的 HTML 文档），浏览器还是只能解释 HTML 的客户端程序，为了满足现在的情况，出现了活动文档，活动文档就是之前静态的文档中添加了一些编程，并且浏览器也可以执行这些文档了，当然，此时的浏览器必须有相应的解释程序才行，现在我们的浏览器一般都是这种浏览器。活动文档产生的过程如图 8-20 所示。

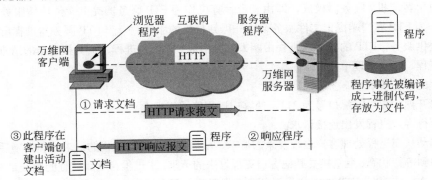

图 8-20 活动万维网文档的实现过程

Java 语言是一项用于创建和运行活动文档的技术，在 Java 中使用了"小应用程序"（Applet）来描述活动文档程序。

8.4 文件传输协议

8.4.1 FTP 概述

文件传输协议（File Transfer Protocol, FTP）是互联网上使用的最广泛的文件传输协议。FTP 的主要作用就是让用户连接上一个远程计算机（这些计算机运行着 FTP 服务进程，并且存储着各种格式的文件，包括计算机软件、声音文件、图像文件、重要资料、电影等），查看远程计算机上有哪些文件，然后把文件从远程计算机上复制到本地计算机，或把本地计算机的文件传送到远程计算机去，前者称为"下载"，后者称为"上传"。FTP 屏蔽了各计算机系统的细节，适合于在异构网络中任意计算机之间传送文件。

ftp

基于 TCP 的 FTP 和基于 UDP 的简单文件传输协议 TFTP 都是文件共享协议中的一大类，即复制整个文件，也就是说若要存取一个文件，就必须先获得一个本地的文件副本，而若要修改文件，只能对文件的副本进行修改，然后将修改后的文件副本传回源结点。

另外一种文件共享协议是联机访问（On-line Access），允许多个程序同时对一个文件进行存取。如网络文件系统(Network File System, NFS)，NFS 最初是在 UNIX 操作环境下实现文件和目录共享的，NFS 可使本地计算机共享远程的资源，就像这些资源在本地一样。限于篇幅，本教材不介绍 NFS 的详细工作过程，有兴趣的读者可查看相关资料。

FTP 是一个通过 Internet 传送文件的系统，大多数站点都有匿名 FTP 服务，所谓匿名就是这些站点允许一个用户自由地登录到机器上并复制下载文件。

8.4.2　FTP 的工作原理

计算机网络的一项最基本应用就是将文件从一台计算机复制到另一台可能分布在世界各地的相距很远的计算机中。但在计算机之间传送文件可能会碰到以下问题。

（1）传送文件的计算机存储数据的格式不同。

（2）传送的文件的目录结构和文件命名的规定不同。

（3）传送文件的计算机操作系统不同，使用的命令也不同。

（4）计算机所在的局域网的访问控制方法不同。

文件传输协议 FTP 只提供文件传送的一些基本的服务，它使用 TCP 可靠的传输服务。FTP 的主要功能是减少或消除在不同操作系统下处理文件的不兼容性。

FTP 使用客户机/服务器模式，即由一台计算机作为 FTP 服务器提供文件传输服务，而由另一台计算机作为 FTP 客户端提出文件服务请求并得到授权的服务。一个 FTP 服务器进程可同时为多个客户进程提供服务，FTP 的服务器进程由两大部分组成：一个主进程，负责接受新的请求；另外由若干个从属进程，负责处理单个请求。

主进程的工作步骤如下。

（1）打开熟知端口（端口号为 21），使客户进程能够连接上。

（2）等待客户进程发出连接请求。

（3）启动从属进程处理客户进程发来的请求，从属进程对客户进程的请求处理完毕后即终止。

（4）回到等待状态，继续接受其他客户进程发来的请求，主进程与从属进程的处理是并发进行的。

在进行文件传输时，FTP 的客户和服务器之间要建立两个并行的 TCP 连接，即"控制连接"和"数据连接"。控制连接在整个会话期间一直保持打开，FTP 客户所发出的传送请求，通过控制连接发送给服务器的控制进程，服务器的控制进程在接收到 FTP 客户发送来的文件传输请求后就创建"数据传送进程"和"数据连接"，用来连接客户端和服务器端的数据传送进程，数据传送进程实际完成文件的传送，因此，FTP 的控制信息是带外传送的。

当客户进程向服务器进程发出建立连接请求时，要寻找连接服务器进程的熟知端口 21，同时还要告诉服务器进程自己的另一个端口号码，用于建立数据传送连接；接着，服务器进程用自己传送数据的熟知端口 20 与客户进程提供的端口号建立数据传送连接。由于 FTP 使用了两个不同的端口号，所以，数据连接与控制连接不会发生混乱。

在 FTP 的服务器上，只要启动了 FTP 服务，则总是有一个 FTP 的守护进程在后台运行以随时准备对客户端的请求做出响应。当客户端需要文件传输服务时，其将首先设法打开一个与 FTP 服务器之间的控制连接相连，在连接建立过程中服务器会要求客户端提供合法的登录名和密码，在许多情况下，使用匿名登录，即采用 anonymous 为用户名，自己的 E-mail 地址作为密码。一旦该连接被允许建立，其相当于在客户机与 FTP 服务器之间打开了一个命令传输的通信连接，所有与文件管理有关的命令将通过该连接被发送至服务器端执行，该连接在服务器端使用 TCP 端口号的默认值为 21，并且该连接在整个 FTP 会话期间一直存在。每当请求文件传输即要求从服务器复制文件到客户机时，服务器将再形成另一个独立的通信连接，该连接与控制连接使用不同的协议端口号，默认情况下在服务器端使用 20 号为 TCP 端口，所有文件可以以 ASCII 码模式或二进制模式通过该数据通道传输。

8.4.3 简单文件传输协议（TFTP）

简单文件传输协议（Trivial File Transfer Protocol, TFTP）是一个很小且易于实现的文件传输协议。TFTP 也采用客户机 / 服务器模式，使用 UDP 数据报，因此，TFTP 需要有自己的差错改正措施，TFTP 只支持文件传输而不支持交互，另外，TFTP 没有一个庞大的命令集，没有列目录的功能，也不能对用户进行身份认证。

TFTP 使用 UDP，可满足将程序和文件同时向许多客户端主机下载。同时，TFTP 代码所占的内存较小，可满足没有安装硬盘等存储设备的某些特殊设备使用，在只读存储器上固化了 TFTP、UDP 和 IP，当接通电源后设备执行只读存储器中的代码，在网络上广播一个 TFTP 请求，网络上的 TFTP 服务器就发送响应，其中包括可执行二进制程序，设备收到此文件后将其放入内存，然后开始运行程序。

TFTP 使用 UDP，而且 TFTP 代码所占的内存较小，主要特点如下。

（1）每次传送的数据报文中有 512 字节的数据，但最后一次可不足 512 字节。

（2）数据报文按序编号，从 1 开始。

（3）支持 ASCII 码或二进制传输。

（4）可对文件进行读和写。

（5）使用很简单的首部。

TFTP 的工作和停止等待协议类似，发送完一个文件块后就等待对方的确认，确认后应指明所确认的块编号。发送数据后在规定时间内收不到确认就要重发数据 PDU，发送确认 PDU 的一方若在规定时间内收不到下一个文件块，也要重发确认 PDU，这样就可保证文件的传送不致因某一数据报的丢失而告失败。

在一开始工作时，TFTP 客户进程发送一个读请求报文给 TFTP 服务器进程，其熟知端口号码为 69。TFTP 服务器进程要选择一个新的端口和 TFTP 客户进程进行通信。若文件长度恰好为 512 字节的整数倍，则在文件传送完毕后，还必须在最后发送一个只含首部而无数据的数据报文；若文件长度不是 512 字节的整数倍，则最后传送数据报文中的数据字段一定不满 512 字节，这正好可作为文件结束的标志。

TFTP 可用于 UDP 环境，每次传送的数据有 512 字节，但最后一次可不足 512 字节，可支持 ASCII 码或二进制传输，也可对文件进行读或写。

8.5 动态主机配置协议

当一台主机需要接入 TCP/IP 的网络时，主机的每一个以太网网络适配器都拥有一个唯一的硬件地址，这时必须为每一适配器配置与该网络内相应且唯一的 IP 地址及子网掩码、默认网关和首选 DNS 服务器地址。这时主机才能连接到这个网络，并且与网络中的其他主机进行通信

DHCP

主机 IP 地址有两种配置方法，一种是手工添加该主机的 IP 地址、子网掩码、默认

网关和首选 DNS 服务器，即该主机拥有静态的 IP 地址；另一种是通过 DHCP 服务器自动分配，即动态 IP 地址，也就是该主机连入网络时，DHCP 服务器为该台主机自动分配 IP 地址。

8.5.1 DHCP 的概念

动态主机配置协议（Dynamic Host Configuration Protocol, DHCP）是一个简化主机 IP 地址分配管理的 TCP/IP 标准协议，它提供了一种机制，称为即插即用连网（Plug-and-Play Networking），这种机制允许一台计算机加入新的网络和获取 IP 地址而不用手工参与。

DHCP 使用客户机 / 服务器方式，动态主机配置协议（DHCP）向 Internet 主机提供配置参数，DHCP 由两个部分组成，一种用于将特定主机的配置参数从 DHCP 服务器传送到主机的协议，以及一种将网络地址分配给主机的机制。

DHCP 建立在客户机—服务器模型上，在该模型中，指定的 DHCP 服务器主机分配网络地址并将配置参数传递给动态配置的主机。"服务器"是指通过 DHCP 提供初始化参数的主机，"客户端"是指从 DHCP 服务器请求初始化参数的主机。

8.5.2 DHCP 分配 IP 地址

DHCP 有三种机制分配 IP 地址。

（1）自动分配方式（Automatic Allocation）。DHCP 服务器为主机指定一个永久性的 IP 地址，一旦 DHCP 客户端第一次成功从 DHCP 服务器端租用到 IP 地址后，就可以永久性的使用该地址。

（2）动态分配方式（Dynamic Allocation）。DHCP 服务器给主机指定一个具有时间限制的 IP 地址，时间到期或主机明确表示放弃该地址时，该地址可以被其他主机使用。

（3）手工分配方式（Manual Allocation）。客户端的 IP 地址是由网络管理员指定的，DHCP 服务器只是将指定的 IP 地址告诉客户端主机。

动态分配是三种机制中唯一允许自动重用被分配地址的客户端不再需要的地址的机制，因此，动态分配对于将地址分配给仅暂时连接到网络的客户机，或对于在不需要永久 IP 地址的客户机组之间共享有限的 IP 地址池时特别有用。动态分配也可以是将 IP 地址分配给永久连接到 IP 地址足够稀少的网络的新客户机的好选择，当旧客户机退役时，回收它们非常重要。手动分配允许使用 DHCP 来消除在需要在 DHCP 机制之外管理 IP 地址分配的环境中（无论出于何种原因），使用 IP 地址手动配置主机的易出错过程。

8.5.3 DHCP 分配 IP 地址过程

DHCP 在提供服务时，DHCP 客户端是以 UDP 68 号端口进行数据传输的，而 DHCP 服务器是以 UDP 67 号端口进行数据传输的。DHCP 服务不仅体现在为 DHCP 客户端提供 IP 地址自动分配过程中，还体现在后面的 IP 地址续约和释放过程中。

1. DHCP 的租约过程

在整个 DHCP 服务器为 DHCP 客户端初次提供 IP 地址自动分配过程中，一共经过了以下四个阶段，如图 8-21 所示。

（1）发现阶段。即 DHCP 客户端获取网络中 DHCP 服务器信息的阶段。

DHCP 工作过程的第一步是 DHCP 发现（DHCP Discover），即需要 IP 地址的主机（即 DHCP 客户端）在启动时就向网络中广播发送

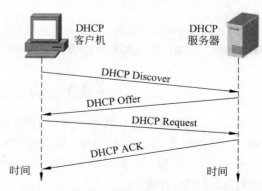

图 8-21　DHCP 客户端从 DHCP 服务器获取 IP 地址

DHCP Discover 请求报文，发现 DHCP 服务器，请求 IP 地址租约。DHCP 服务器广播发送发现协议（DHCP Discover），该过程也称为 IP 发现。以下几种情况需要进行 DHCP 发现。

- 当客户端第一次以 DHCP 客户端方式使用 TCP/IP 协议栈时，即第一次向 DHCP 服务器请求 TCP/IP 配置时。
- 客户端从使用固定 IP 地址转向使用 DHCP 动态分配 IP 地址时。
- 当本地网络参数可能发生变化时，客户端应使用 DHCP 重新获取或验证其 IP 地址和网络参数。例如，在系统启动时或与本地网络断开连接后，因为本地网络配置可能在客户端或用户不知情的情况下发生变化。
- 该 DHCP 客户端所租用的 IP 地址已被 DHCP 服务器收回，并已提供给其他的 DHCP 客户端使用时。

在客户端配置了 DHCP 客户端程序并启动后，以广播方式发送 DHCP Discover 报文寻找网络中的 DHCP 服务器。因为为客户机不知道 DHCP Server 的 IP 地址，所以它使用 0.0.0.0 的地址作为源地址，使用 UDP 68 端口作为源端口，使用 255.255.255.255 作为目标地址，使用 UDP 67 端口作为目的端口来广播请求 IP 地址信息。广播信息中包括了 DHCP 客户机的 MAC 地址和计算机名，以便使 DHCP Server 能确定是哪个客户机发送的请求。

当第一个 DHCP 发现信息发送出去后，DHCP 客户端将等待 1s 的时间，在此期间，如果没有 DHCP 服务器做出响应，DHCP 客户端将分别在第 9s，第 13s 和第 16s 时重复发送一次 DHCP 发现信息，如果还没有得到 DHCP 服务器的应答，DHCP 客户端将每隔 5min 广播一次发现信息，直到得到一个应答为止。如果网络中没有可用的 DHCP 服务器时，基于 TCP/IP 协议栈的通信将无法实现，这时，DHCP 客户端如果是 Windows 客户，就自动选一个自认为没有被使用的 IP 地址（该 IP 地址可从地址段中选取）使用。尽管此时客户端已分配了一个静态 IP 地址（但还没有重新启动计算机），DHCP 客户端还要每持续 5min 发送一次 DHCP 发现信息，如果这时有 DHCP 服务器响应时，DHCP 客户端将从 DHCP 服务器获得 IP 地址及其配置，并以 DHCP 方式工作。

（2）提供阶段。即 DHCP 服务器向 DHCP 客户端提供预分配 IP 地址的阶段。

网络中的所有 DHCP 服务器接收到客户端的 DHCP Discover 报文后，都会根据自己地址池中 IP 地址分配的优先次序选出一个 IP 地址，然后与其他参数一起通过运输层的 UDP 67 号端口，在 DHCP Offer 报文中以广播方式发送给客户端（目的端口是 DHCP 客户端的 UDP 68 号端口）。客户端通过封装在帧中的目的 MAC 地址（也就在 DHCP Discover 报文中的 CHADDR 字段值）的比对来确定是否接收该帧。但这样一来，理论上 DHCP 客户端可能会收到多个 DHCP Offer 报文（当网络中存在多个 DHCP 服务器时），但 DHCP 客户端只接受第一个到来的 DHCP Offer 报文。

DHCP Offer 报文经过 IP 协议封装后的源 IP 地址是 DHCP 服务器自己的 IP 地址，目的地址仍是 255.255.255.255 广播地址，使用的协议仍为 UDP。

（3）选择阶段。即 DHCP 客户端选择 IP 地址的阶段。

如果有多台 DHCP 服务器向该客户端发来 DHCP Offer 报文，客户端只接受第一个收到的 DHCP Offer 报文，然后以广播方式发送 DHCP Request 报文。在该报文的 Requested Address 选项中包含 DHCP 服务器在 DHCP Offer 报文中预分配的 IP 地址，对应的 DHCP 服务器 IP 地址等，这样也就相当于同时告诉其他 DHCP 服务器，它们可以释放已提供的地址，并将这些地址返回到可用地址池中。

DHCP 客户端通过 DHCP Request 报文确认选择第一个 DHCP 服务器为它提供 IP 地址自动分配服务。

（4）确认阶段。即 DHCP 服务器确认分配 DHCP 客户端 IP 地址的阶段。

假设 DHCP Request 不成功，比如客户机试图租约先前的 IP 地址，但该 IP 地址不再可用，或者由于客户机移到其他子网，该 IP 无效时，DHCP Server 将广播否定确认消息 DHCP NAK，而当客户机接收到不成功的确认时，它将又一次开始 DHCP 租约过程。

> 💡**注意**：超级作用域（Superscope）是由多个作用域组合而成，它可以被用来支持 multinets 的网络环境。所谓的 multinets，就是一个网络内有多个逻辑的 IP 网络，如果一个网络内的计算机数量较多，以至于一个网络号（network ID）所提供的 IP 地址不够使用的话，此时可以直接提供多个网络号给这个网络，让不同的计算机可以有不同的网络号，也就是实际上这些计算机还是在同一个网段内，但是逻辑上它们却是分别隶属于不同网络，因为它们可以分别拥有不同的网络号，这就是 multinets。

2. 重新登录

如果客户机记住并希望重用先前分配的网络地址，过程如下。

（1）DHCP 客户机每次重新登录陆网络时，不需要再发送 DHCP Discover 信息，而是直接发送包含前一次所分配的 IP 地址的 DHCP Request 请求信息。

（2）了解客户机配置参数的服务器用 DHCP ACK 消息响应客户机。服务器不应检查客户端的网络地址是否已在使用中，此时客户端可能会响应 ICMP 回显请求消息。如果客户机的请求无效（例如，客户机已移动到新的子网），服务器应使用 DHCP NAK 消息响应客户机，而如果不能保证服务器的信息是准确的，则服务器不应响应。

客户端接收具有配置参数的 DHCP ACK 消息，客户端对参数进行最终检查，并记录 DHCP ACK 消息中指定的租约的持续时间。

如果客户端检测到 DHCP ACK 消息中的 IP 地址已在使用中，则客户端必须向服务器发送 DHCP Decline 消息，并通过请求新的网络地址重新启动配置过程。

如果客户端接收到 DHCP NAK 消息，则无法重用其记住的网络地址，相反，它必须通过重新启动配置过程来请求新地址。

如果客户端既没有收到 DHCP ACK 消息，也没有收到 DHCP NAK 消息，则客户端将超时并重新传输 DHCP Request 消息。客户端使用重传算法重传 DHCP Request。客户端应该选择重新传输 DHCP Request 足够的时间，以提供足够的概率来联系服务器，而不会导致客户端（和该客户端的用户）在放弃之前等待太长时间。如果客户端在采用重传算法之后既没有收到 DHCP ACK 消息，也没有收到 DHCP NAK 消息，则客户端可以选择在剩余的未到期租约中使用先前分配的网络地址和配置参数。

3. 更新租约

当一台 DHCP 客户端租到一个 IP 地址后，该 IP 地址不可能长期被它占用，它会有一个使用期，即租期。

当租约到期后，服务器会收回该 IP 地址，如果客户端还想继续使用该 IP 地址，需要申请延长租约时间。在 DHCP 客户端的租约时间到达 1/2 时，客户端会向为它分配 IP 地址的 DHCP 服务器发送 Request 单播报文，以进行 IP 租约的更新，如果服务器判断客户端可以继续使用这个 IP 地址，就回复 ACK 报文，通知客户端更新租约成功；而如果此 IP 地址不能再分配给客户端，则回复 NAK 报文，通知客户端续约失败。

如果客户端在租约到达 1/2 时续约失败，客户端会在租约到 7/8 时间时，广播发送 Request 报文进行续约，DHCP 服务器处理过程同首次分配 IP 地址的流程。

8.5.4 DHCP 中继代理

如果 DHCP 客户机与 DHCP 服务器在同一个物理网段，则客户机可以正确地获得动态分配的 IP 地址；而如果不在同一个物理网段，由于 DHCP 消息是由广播为主，不能穿越网段，则需要 DHCP Relay Agent（中继代理）。用 DHCP Relay Agent 可以解决在每个物理的网段都要有 DHCP 服务器的问题，它可以传递消息到不在同一个物理子网的 DHCP 服务器，也可以将服务器的消息传回给不在同一个物理子网的 DHCP 客户机。

（1）当 DHCP 客户机启动并进行 DHCP 初始化时，它会在本地网络广播配置请求报文。

（2）如果本地网络存在 DHCP 服务器，则可以直接进行 DHCP 配置，不需要 DHCP Relay Agent。

（3）如果本地网络没有 DHCP 服务器，则与本地网络相连的具有 DHCP Relay Agent 功能的网络设备收到该广播报文后，将进行适当处理并转发给指定的其他网络上的 DHCP 服务器。

（4）DHCP 服务器根据 DHCP 客户提供的信息进行相应的配置，并通过 DHCP Relay Agent 将配置信息发送给 DHCP 客户机，完成对 DHCP 客户机的动态配置。

8.6 电子邮件

电子邮件（E-mail）是 Internet 上最受欢迎也最为广泛的应用之一。通过电子邮件将邮件发送到收件人使用的邮件服务器，并放在其中的收件人邮箱（Mail Box）中，收件人可随时上网到自己使用的邮件服务器进行读取，有时也称"电子信箱"。

电子邮件

电子邮件服务是一种通过计算机网络与其他用户进行联系的快速、简便、高效、廉价的现代化通信手段。电子邮件之所以受到广大用户的喜爱，是因为与传统通信方式相比，其具有成本低、速度快、安全与可靠性高、可达范围广、内容表达形式多样等优点。

8.6.1 电子邮件系统

1. 电子邮件系统构成

一个电子邮件系统有三个主要组成构件，即用户代理、邮件服务器以及邮件发送协议（如 SMTP）和邮件读取协议（如 POP3），图 8-22 所示说明了电子邮件系统的构成，当然在图中仅仅画出了两个邮件服务器。

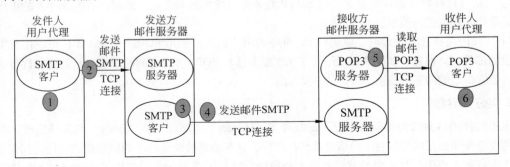

图 8-22 电子邮件的主要组成构件

用户代理（User Agent, UA）是用户与电子邮件系统的接口，在大多数情况下它是运行在用户 PC 机中的一个程序，因此用户代理又称为电子邮件客户端软件。用户代理向用户提供一个很好的接口（目前主要用窗口界面）来发送和接收邮件，现在可供大家选择的用户代理有很多种，如 Outlook Express、Foxmail 等都是很受欢迎的电子邮件用户代理。

用户代理至少应当具有撰写、显示、处理、通信四个功能。想必同学们都是用过电子邮件，这一部分不再介绍。

互联网上有许多的邮件服务器可供用户选用（包括收费和免费的），邮件服务器 24 小时不间断地工作，并且具有很大容量的邮件信箱。邮件服务器的功能是发送和接收邮件，同时还要向发件人报告邮件传送的结果（已交付、被拒绝、丢失等），邮件服务器按照客户机/服务器方式工作，需要使用两种不同的协议，一种协议用于用户代理向邮件服务器发送邮件或在邮件服务器之间发送邮件，如 SMTP 协议；而另一种协议用于用户代理从邮件服务器读取邮件，如邮局协议 POP3。

这里应当注意，邮件服务器必须能够同时充当客户和服务器。例如，当邮件服务器 A 向另一个邮件服务器 B 发送邮件时，A 就作为 SMTP 客户，而 B 是 SMTP 服务器；反之，当 B 向 A 发送邮件时，B 就是 SMTP 客户，而 A 就是 SMTP 服务器。

2. 电子邮件的工作

如图 8-22 所示给出了 PC 机之间发送和接收电子邮件的几个重要步骤。请注意，SMTP 和 POP3（或 IMAP）都是使用 TCP 连接来传送邮件的，使用 TCP 的目的是为了可靠地传送邮件。

（1）发件人调用 PC 机中的用户代理撰写和编辑要发送的邮件。

（2）发件人单击屏幕上"发送邮件"按钮，把发送邮件的工作全都交给用户代理来完成。用户代理把邮件用 SMTP 协议发给发送方邮件服务器，用户代理充当 SMTP 客户，而发送方邮件服务器充当 SMTP 服务器，用户代理所进行的这些工作，用户是看不到的，有的用户代理可以让用户在屏幕上看见邮件发送的进度显示。

（3）SMTP 服务器收到用户代理发来的邮件后，就把邮件临时存放在邮件缓存队列中，等待发送到接收方的邮件服务器（等待时间的长短取决于邮件服务器的处理能力和队列中待发送的信件的数量，但这种等待时间一般都远远大于分组在路由器中等待转发的排队时间）。

（4）发送方邮件服务器的 SMTP 客户与接收方邮件服务器的 SMTP 服务器建立 TCP 连接，然后就把邮件缓存队列中的邮件依次发送出去。请注意，邮件不会在互联网中的某个中间邮件服务器落地。如果 SMTP 客户还有一些邮件要发送到同一个邮件服务器，那么可以在原来已建立的 TCP 连接上重复发送。如果 SMTP 客户无法和 SMTP 服务器建立 TCP 连接（例如，接收方服务器过负荷或出了故障），那么要发送的邮件就会继续保存在发送方的邮件服务器中，并在稍后一段时间再进行新的尝试。如果 SMTP 客户超过了规定的时间还不能把邮件发送出去，那么发送邮件服务器就把这种情况通知用户代理。

（5）运行在接收方邮件服务器中的 SMTP 服务器进程收到邮件后，把邮件放入收件人的用户邮箱中，等待收件人进行读取。

（6）收件人在打算收信时，就运行 PC 机中的用户代理，使用 POP3（或 IMAP）协议读取发送给自己的邮件。请注意，如图 8-22 所示，POP3 服务器和 POP3 客户之间的箭头表示的是邮件传送的方向，但它们之间的通信是由 POP3 客户发起的。

3. 电子邮件地址

电子邮件由信封和内容两大部分，即邮件头（Header）和邮件主体（Body）两部分组成。电子邮件的传输程序根据邮件信封上的信息来传送邮件，这与邮局按照信封上的信息投递信件是相似的。

在发送的邮件中，最重要的就是收件人的地址。TCP/IP 体系的电子邮件系统规定电子邮件地址 (E-mail Address) 的格式为用户名 @ 邮件服务器的域名。

如在电子邮件地址 xpcchujl@126.com 中，126.com 就是邮件服务器的域名，而 xpcchujl 就是在这个邮件服务器收件人的用户名，也就是收件人邮箱，是收件人为自己定义的字符串标识符，但这个用户名在邮件服务器中必须是唯一的（当用户定义自己的用户名时，邮件服务器要负责检查该用户名在本服务器中的唯一性），这样就保证了每一个电子邮件地址在世界范围内是唯一的，这对保证电子邮件能够在整个互联网范围内的准确交付是十分重要的。用户名一般采用容易记忆的字符串。分隔符为 @，一般读为 at。

8.6.2 邮件传送协议

1. 简单邮件传送协议 SMTP

SMTP 规定了在两个相互通信的 SMTP 进程之间应如何交换信息，由于 SMTP 使用客户机 / 服器方式，因此负责发送邮件的 SMTP 进程就是 SMTP 客户，而负责接收邮件的 SMTP 进程就是 SMTP 服务器。至于邮件内部的格式，邮件如何存储，以及邮件系统应以多快的速度来发送邮件，SMTP 也都未做出规定。

2. 邮件读取协议 POP3 和 IMAP

现在常用的邮件读取协议有两个，即邮局协议第 3 个版本 POP3 和网际报文存取协议 (Internet Message Access Protocol, IMAP)。

(1) 邮局协议 POP 是一个非常简单且功能有限的邮件读取协议。邮局协议 POP 最初公布于 1984 年，经过几次的更新，现在使用的是 1996 年的版本 POP3，它已成为互联网的正式标准，大多数的 ISP 都支持 POP，POP3 可简称为 POP。

POP 也使用客户机 / 服务器的工作方式，在接收邮件的用户 PC 机中的用户代理必须运行 POP 客户程序，而在收件人所连接的 ISP 的邮件服务器中则运行 POP 服务器程序。当然，这个 ISP 的邮件服务器还必须运行 SMIP 服务器程序，以便接收发送方邮件服务器的 SMTP 客户程序发来的邮件。POP 服务器只有在用户输入验证信息 (用户名和口令) 后，才允许对邮箱进行读取。

(2) 网际报文存取协议 IMAP 采用客户机 / 服务器方式工作，现在较新的版本是 2003 年 3 月修订的版本 4，即 IMAP 4[RFC 3501]，它目前还只是互联网的建议标准。

在使用 IMAP 时，在用户的 PC 机上运行 IMAP 客户程序，然后与接收方的邮件服务器上的 IMAP 服务器程序建立 TCP 连接。用户在自己的 PC 机上就可以操纵邮件服务器的邮箱，就像在本地操纵一样，因此 IMAP 是一个联机协议。当用户 PC 机上的 IMAP 客户程序打开 IMAP 服务器的邮箱时，用户就可看到邮件的首部，若用户需要打开某个邮件，则该邮件才传到用户的计算机上，用户可以根据需要为自己的邮箱创建便于分类管理的层次式的邮箱文件夹，并且能够将存放的邮件从某一个文件夹中移动到另一个文件夹中，用户也可按某种条件对邮件进行查找。在用户未发出删除邮件的命令之前，IMAP 服务器邮箱中的邮件一直保存着。

IMAP 最大的好处就是用户可以在不同的地方使用不同的计算机 (例如，使用办公室的计算机，或使用家中的计算机，或在外地使用笔记本电脑) 随时上网阅读和处理自己的邮件。IMAP 还允许收件人只读取邮件中的某一个部分。例如，收到了一个带有视频附件 (此文件可能很大) 的邮件，而用户使用的是无线上网，信道的传输速率很低。为了节省时间，可以先下载邮件的正文部分，待以后有时间再读取或下载这个很大的附件。

3. 通用 Internet 邮件扩展协议 MIME

早期的电子邮件系统使用简单邮件传输协议 (Simple Mail Transfer Protocol，SMTP)，只能传递文本信息，而通过使用多用途 Internet 邮件扩展协议 (Multipurpose Internet Mail Extensions，MIME)，现在还可以发送语音、图像、音频和视频等信息。

SMTP 的问题是只能发送使用 NVT 7 位 ASCII 格式的报文，而 MIME 是一个辅助协议，它允许非 ASCII 数据通过电子邮件发送。MIME 在发送方将非 ASCII 数据装换成 NVT ASCII 数据，并将其传递给 MTA 客户机通过互联网发送出去，在接收方再转换成原来的数据。

8.6.3 基于万维网的电子邮件

如图 8-22 所示，用户要使用电子邮件，必须在自己使用的计算机中安装用户代理软件 UA，而如果要在他人的电脑上使用自己的电子邮件必须先安装用户代理，使用起来非常不方便。

随着动态网页技术的发展和应用，越来越多公司和大学提供了基于万维网的电子邮件，如网易 (126 或 163)、新浪、腾讯、搜狐等互联网公司都提供了万维网邮件服务，不管在什么地方只要我们能够上网，通过浏览器登录邮件服务器万维网网站就可以撰写和收发邮件。

采用这种方式的好处就是不管在什么地方都不用安装专门的客户端软件，用普通的万维网浏览器访问邮件服务器的万维网网站就可以非常方便地收发电子邮件，浏览器本身可以向用户提供非常友好的电子邮件界面，用户在浏览器上就能够很方便地撰写和收发电子邮件。通过这种方式收发邮件采用的是 HTTP 协议，而不是前面提到的 SMTP 和 POP3 协议（使用同一个邮件服务器时），但当发信人和收信人使用不同的邮件服务器时，情况就变了，服务器和服务器之间仍然采用 SMTP 协议传送。

8.7　远程终端协议 Telnet

8.7.1　远程登录

远程登录 Telnet 是一个简单的远程终端协议（RFC 854），用户使用 Telnet 就可在其所在计算机上通过 TCP 连接注册（即登录）到远地的另一台主机上（使用主机名或 IP 地址），使用远程主机系统的进程。Telnet 能将用户的按键传到远程主机，同时也能将远程主机的输出通过 TCP 连接返回到用户屏幕，用户感觉到键盘和显示器是直接连接在远程主机上，这种服务是透明的，因此，Telnet 又称终端仿真协议。

Telnet 采用客户机/服务器工作模式，在本地系统运行 Telnet 客户进程，而在远程主机则运行 Telnet 服务进程。Telnet 服务器与 Telnet 客户端之间需要建立 TCP 连接，Telnet 服务器的缺省端口号为 23。和 FTP 的情况相似，服务器中的主进程等待新的请求，并产生从属进程来处理每一个连接。

为了适应计算机和操作系统的差异，Telnet 通过网络虚拟终端（Network Virtual Terminal, NVT）定义数据和命令通过互联网，客户软件把用户的按键和命令转换成 NVT 格式，并送交服务器，然后服务器软件把收到的数据和命令从 NVT 格式转换成远程系统所需的格式。当向用户返回数据时，服务器把远程系统的格式转换为 NVT 格式，本地客户再从 NVT 格式转换到本地系统所需的格式。

Telnet 的选项协商（Option Negotiation）使 Telnet 客户和 Telnet 服务器可商定使用更多的终端功能，协商的双方是平等的。

8.7.2　STelnet

在 Telnet 登录中缺少安全的认证，其传输过程采用的是 TCP 进行明文传输，存在较大的安全隐患，而且，单纯的提供 Telnet 服务易产生主机 IP 地址欺骗、路由欺骗等恶意攻击。

STelnet 是 Secure Telnet 的简称，它是在一个传统不安全的网络环境下，服务器通过对用户端的认证及双向的数据加密，为网络终端访问提供安全的 Telnet 服务。应该注意的是在跨越互联网的远程登录管理中，建议使用 SSH 协议。

SSH 是一个网络安全协议，其通过对网络数据的加密，能够在一个不安全的网络环境中，提供安全的远程登录和其他的安全网络服务。SSH 是基于 TCP 协议（端口号为 22）来传输数据，支持 Password 认证，认证过程是用户端向服务器发出 Password 认证请求，将用户名和密码加密后发送给服务器；而服务器将该信息解密后可以得到用户名和密码的明文形式，再与设备上保存的用户名和密码进行比较，返回认证成功或失败的消息。SSH 的特点是可以提供安全的信息保障和强大的认证功能，以确保路由器不受像 IP 地址欺诈、明文密码截取等攻击，SSH 实现数据加密传输，可以替代 Telnet。

SFTP 是 SSH File Transfer Protocol 的简称，在一个传统的不安全的网络环境下，服务器通过对用户端的认证及双向的数据加密，为网络文件传输提供了安全的服务。

（1）可以使用 Telnet 远程连接到每一台设备上，对这些网络设备进行集中的管理和维护。

（2）Telnet 用户可以像通过 Console 口本地登录一样对设备进行操作。远端 Telnet 服务器和终端之间无须直连，只需保证两者之间可以互相通信即可。

8.8 技能训练：分析 DNS 报文及协议

8.8.1 训练目的

（1）掌握 DNS 的工作原理。

（2）理解 DNS 服务器间的域名解析过程。

（3）理解 DNS 报文结构。

8.8.2 使用 Packet Tracer 模拟 DNS 域名解析过程

1. 实验准备

为了模拟 DNS 域名解析过程，如图 8-23 所示的域名结构，在 Packet Tracer 中搭建如图 8-24 所示的网络拓扑结构。

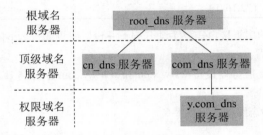

图 8-23 DNS 域名服务器的树状层次结构

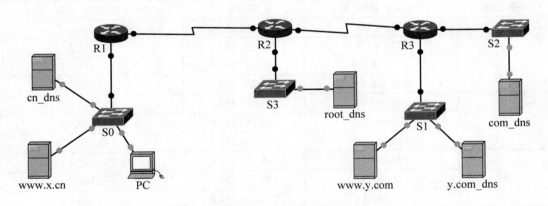

图 8-24 DNS 域名服务器的树状层次结构

（1）IP 地址配置。

网络拓扑中各设备的 IP 地址配置及连接表见表 8-5。

表 8-5 设备的 IP 地址配置及连接表

设 备	接 口	IP 地址	子 网 掩 码	网 关	DNS	上 联 口
PC	Fa0	192.168.0.10	255.255.255.0	192.168.0.1	192.168.0.222	S0-f0/4
www.x.cn	Fa0	192.168.0.200	255.255.255.0	192.168.0.1	192.168.0.222	S0-f0/2
cn_dns	Fa0	192.168.0.222	255.255.255.0	192.168.0.1		S0-f0/3
www.y.com	Fa0	172.16.0.200	255.255.255.0	172.16.0.1	172.16.0.222	S1-F0/3
y.com_dns	Fa0	172.16.0.222	255.255.255.0	172.16.0.1		S1-F0/2

设　备	接　口	IP 地址	子网掩码	网　关	DNS	上　联　口
com_dns	Fa0	172.16.1.222	255.255.255.0	172.16.1.1		S2-F0/2
root_dns	Fa0	192.168.3.222	255.255.255.0	192.168.3.1		S3-F0/2
R1	F0/0	192.168.0.1	255.255.255.0			S0-f0/1
	S0/0/0	192.168.2.1	255.255.255.0			R2-S0/0/1
R2	S0/0/0	192.168.4.1	255.255.255.0			R3-S0/0/1
	S0/0/1	192.168.2.2	255.255.255.0			R1-S0/0/0
	F0/0	192.168.3.1	255.255.255.0			S3-f0/1
R3	S0/0/1	192.168.4.2	255.255.255.0			R2-S0/0/0
	F0/0	172.16.1.1	255.255.255.0			S2-F0/1
	F0/1	172.168.0.1 172.16.0.1	255.255.255.0			S1-F0/1

其中，R1、R2、R3 的串行接口需要手动开启，并设置时钟频率为 64000Hz。

（2）需要的其他预配置。

① 本实验需要在 Web 服务器设备 www.x.cn 和 www.y.com 中开启 HTTP 服务并设置其内容，关闭其他服务。

② 预配置路由器的静态路由表见表 8-6。

表 8-6　路由器的静态路由表

路由器	Network（网络号）	子网掩码	Next HOP IP（下一跳）
R1	172.16.0.0	255.255.255.0	192.168.2.2
	172.16.1.0	255.255.255.0	192.168.2.2
	192.168.3.0	255.255.255.0	192.168.2.2
	192.168.4.0	255.255.255.0	192.168.2.2
R2	192.168.0.0	255.255.255.0	192.168.2.1
	172.16.0.0	255.255.255.0	192.168.4.2
	172.16.1.0	255.255.255.0	192.168.4.2
R3	192.168.3.0	255.255.255.0	192.168.4.1
	192.168.0.0	255.255.255.0	192.168.4.1
	192.168.1.0	255.255.255.0	192.168.4.1

③ 预先开启并配置域名服务器的 DNS 服务见表 8-7。

表 8-7　域名服务器的 DNS 服务

路　由　器	Name	Type	Details
root_dns	cn	NS	cn_dns
	cn_dns	A Record	192.168.0.222
	com	NS	com_dns
	com_dns	A Record	172.16.1.222
cn_dns	.	NS	root_dns
	root_dns	A Record	192.168.3.222
	www.x.cn	A Record	192.168.0.200

路　由　器	Name	Type	Details
com_dns	.	NS	root_dns
	root_dns	A Record	192.168.3.222
	y.com	NS	y.com_dns
	y.com_dns	A Record	172.16.0.222
y.com_dns	www.y.com	A Record	172.16.0.200

（3）需要在 Realtime（实时模式）和 Simulation（模拟模式）之间来回切换 3 次以上，以屏蔽交换机在首次模式时的广播。

2. 观察本地域名解析过程

步骤 1：在 PC 的浏览器窗口请求内部 Web 服务器的网页。

（1）选择 Simulation 选项卡，进入模拟模式。

（2）在 Event Filters 区域中单击 Edit Filters 按钮，仅选择 DNS 事件。

（3）单击选择 PC，在 Desktop 选项卡中打开 Web Browser 窗口，在 URL 框中输入 www.x.cn，然后单击 Go "转到"按钮，最小化模拟浏览器窗口。

步骤 2：捕获 DNS 事件并分析本地域名解析过程。

（1）在 Simulation 面板中，单击 Auto Capture/Play 按钮，此时会播放 PC 与 Server 之间的数据报交换动画，并且相关的事件会被添加到 Event List 中。

（2）捕获结束时将会出现一个 Buff Full 的对话框，该对话框提示已达到事件数量的最大值，该对话框中有两个按钮 Clear Event List 和 View Previous Events，单击 View Previous Events 按钮关闭对话框。

（3）在 Event List 区域中，单击某个 DNS 事件的 Info 彩色框，将会打开相应的 PDU Information 窗口，可以看到 OSI Model 及 Inbound/Outbound PDU Details 选项卡，可以查看各层的详细信息。

经过以上的分析，我们可以看到本地 DNS 服务器的解析过程大致如下。

（1）由于 PC 中设置了 DNS 服务器地址为 192.168.0.222，因此当 PC 输入域名 www.x.cn 请求网页时，它将作为 DNS 客户端向本地域名服务器 cn_dns 发送一个 DNS 查询请求报文，如图 8-25 所示，请求域名 www.x.cn 的 IP 地址。

（2）本地域名服务器 cn_dns 收到 PC 的 DNS 查询请求后，首先尝试在本地区域文件查找，发现确实存在相应的资源记录，于是将域名 www.x.cn 对应的 IP 地址 192.168.0.200 放入 DNS 回答响应报文发送给 PC，如图 8-26 所示。

（3）PC 收到本地域名服务器 cn_dns 的回答响应报文后，取出报文中解析出的 IP 地址 192.168.0.200，并对其进行访问，此时 Web Browser（Web 浏览器）窗口中显示出相应的 Web 页面。

3. 观察外网域名解析过程

步骤 1：在 PC 的浏览器窗口请求外部 Web 服务器的网页。

（1）选择 Simulation 选项卡，进入模拟模式。

（2）在 Event Filters 区域中单击 Edit Filters 按钮，仅选择 DNS 事件。

（3）单击选择 PC，在 Desktop 选项卡中打开 Web Browser 窗口，在 URL 框中输入 www.y.com，然后单击 Go "转到"按钮，最小化模拟浏览器窗口。

步骤 2：捕获 DNS 事件并分析本地域名解析过程。

（1）在 Simulation 面板中，单击 Auto Capture/Play 按钮，此时会播放 PC 与 Server 之间的数据报交换动画，并且相关的事件会被添加到 Event List 中。

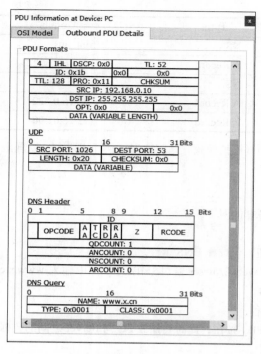

图 8-25　DNS 请求报文

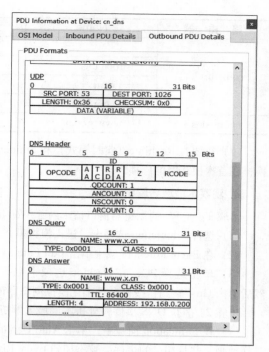

图 8-26　DNS 应答报文

> 💡**注意**：重点观察解析外网域名时各级域名服务器的具体解析过程，此处可忽略路由器和交换机的转发过程，仅分析 DNS 查询请求报文和回答响应报文。

（2）捕获结束时将会出现一个 Buff Full 的对话框，该对话框提示已达到事件数量的最大值，单击 View Previous Events 按钮关闭对话框。

（3）在 Event List 区域中，单击某个 DNS 事件的 Info 彩色框，将会打开相应的 PDU Information 窗口，可以看到 OSI Model 及 Inbound/Outbound PDU Details 选项卡，可以查看各层的详细信息。

经过以上的分析，我们可以看到本地 DNS 服务器的解析过程大致如下。

（1）PC 向本地域名服务器 cn_dns 发送一个 DNS 查询请求报文，请求解析 www.y.com。

（2）本地域名服务器 cn_dns 收到 PC 的 DNS 查询请求后，首先在本地区域文件未能找到相应的资源记录，于是将 cn_dns 作为 DNS 客户端向根域名服务器 root_dns 发送 DNS 查询请求包，请求解析域名 www.y.com，如图 8-27 所示。

（3）根域名服务器 root_dns 收到 cn_dns 发来的 DNS 查询请求后，在本地区域文件中未能直接解析出域名 www.y.com，但能找到解析 .com 扩展名的顶级域名服务器 com_dns，于是，root_dns 也作为 DNS 客户端向顶级域名服务器 com_dns 发送 DNS 查询请求包，请求解析域名 www.y.com，如图 8-28 所示。

（4）顶级域名服务器 com_dns 收到 root_dns 发来的 DNS 查询请求后，在本地区域文件中未能直接解析出域名 www.y.com，但找到能解析 y.com 的权限域名服务器 y.com_dns，于是，com_dns 也作为 DNS 客户端向权限域名服务器 y.com_dns 发送 DNS 查询请求包，请求解析域名 www.y.com，如图 8-29 所示。

（5）权限域名服务器 y.com_dns 收到 com_dns 发来的 DNS 查询请求后，在本地区域文件中找到相应的资源记录直接解析出域名 www.y.com，于是将 172.16.0.200 放入 DNS 回答响应报文发送给顶级域名服务器 com_dns，如图 8-30 所示。

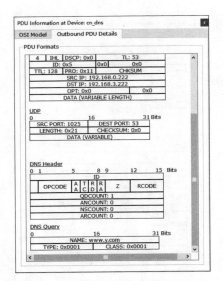

图 8-27　cn_dns 向 root_dns 查询请求

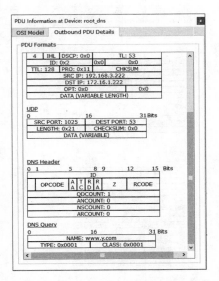

图 8-28　root_dns 向 com_dns 查询请求

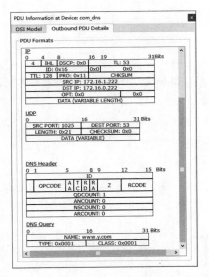

图 8-29　com_dns 向 y.com_dns 查询请求

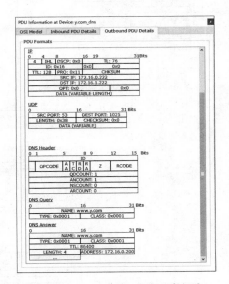

图 8-30　y.com_dns 回答响应报文

（6）com_dns 作为 DNS 客户端收到 DNS 回答响应报文后，取出 IP 地址 172.16.0.200，同时作为 DNS 服务器将 IP 地址写入 DNS 回答响应报文，发送给根域名服务器 root_dns，如图 8-31 所示。

（7）root_dns 作为 DNS 客户端收到 DNS 回答响应报文后，取出 IP 地址 172.16.0.200，同时作为 DNS 服务器将 IP 地址写入 DNS 回答响应报文，发送给本地域名服务器 cn_dns，如图 8-32 所示。

（8）cn_dns 作为 DNS 客户端收到 DNS 回答响应报文后，取出 IP 地址 172.16.0.200，同时作为 DNS 服务器将 IP 地址写入 DNS 回答响应报文，发送给 PC，如图 8-33 所示。

（9）PC 收到本地域名服务器 cn_dns 的回答响应报文后，取出 IP 地址 172.16.0.200，并对其进行访问，此时，在 Web Brower（Web 浏览器）窗口中显示相应的 Web 页面。

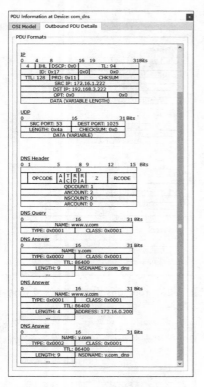

图 8-31　com_dns 回答响应报文

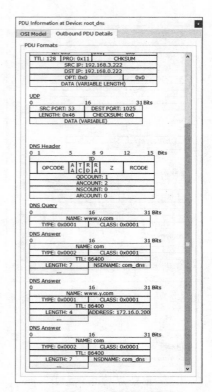

图 8-32　root_dns 回答响应报文

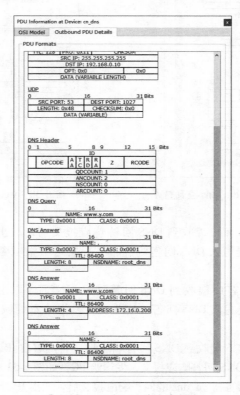

图 8-33　cn_dns 回答响应报文

4. 观察 DNS 缓存

查看缓存有两种方法。

（1）单击本地域名服务器 cn_dns，在 Service 选项中选择 DNS 服务，并单击窗口下方的 DNS Cache 按钮，查看此时本地域名服务器 cn_dns 中的缓存。这时可以查看 root_dns、com_dns 服务器的缓存，都存放着 www.y.com 的记录。

（2）先选择工具栏中的 Inspect（查看）工具，单击逻辑工作空间中的域名服务器，在弹出的菜单中选择 DNS Cache Table 命令（DNS 缓存表），即可查看域名服务器的 DNS 情况，如图 8-34 所示。

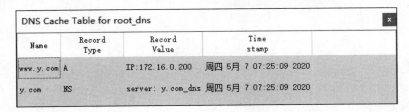

Name	Record Type	Record Value	Time stamp
www.y.com	A	IP:172.16.0.200	周四 5月 7 07:25:09 2020
y.com	NS	server: y.com_dns	周四 5月 7 07:25:09 2020

DNS Cache Table for root_dns

图 8-34　root_dns 缓存

8.8.3　使用 WireShark 抓包分析 DNS 报文

1. 实验流程

（1）本机能用域名访问互联网。

（2）启动抓包抓取本地网卡数据。

（3）启动 windows 的 CMD 窗口，执行 nslookup 命令，输入 www.xpc.edu.cn。

（4）分析抓包结果。

2. 实验实施

步骤 1：启动 wireshark 抓包软件。

步骤 2：在 windows 的 CMD 窗口，执行 nslookup 命令，输入域名 www.xpc.edu.cn。进行解析。

C:\Users\xxx>nslookup
默认服务器：ns1.xpc.edu.cn
Address: 10.8.10.244
> www.xpc.edu.cn
服务器：ns1.xpc.edu.cn
Address: 10.8.10.244
非权威应答：
名称： www.xpc.edu.cn
Address: 10.8.10.4
>

步骤 3：分析抓包结果。

显示过滤条件 dns.qry.name=www.xpc.edu.cn。

（1）单击"源地址：本机 IP 地址，目的地址：DNS 服务器 IP 地址"这一条即为 DNS 查询请求报文，如图 8-35 所示。

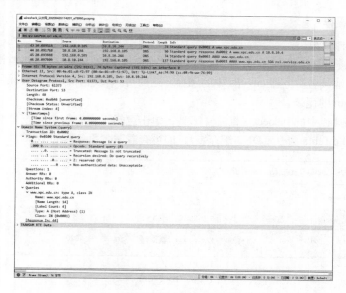

图 8-35 DNS 查询请求报文

Frame 43: 74 bytes on wire (592 bits), 74 bytes captured (592 bits) on interface 0

Ethernet II, Src: 00:4e:01:c0:f2:97 (00:4e:01:c0:f2:97), Dst: Tp–LinkT_aa:74:99 (cc:08:fb:aa:74:99)

Internet Protocol Version 4, Src: 192.168.0.105, Dst: 10.8.10.244

User Datagram Protocol, Src Port: 61373, Dst Port: 53

Domain Name System (query)

   Transaction ID: 0x0002

   Flags: 0x0100 Standard query

      0... .... = Response: Message is a query

      .000 0... .... = Opcode: Standard query (0)

      .... ..0. .... = Truncated: Message is not truncated

      ....1 .... = Recursion desired: Do query recursively

      .... .0.. .... = Z: reserved (0)

      ....0 .... = Non–authenticated data: Unacceptable

   Questions: 1

   Answer RRs: 0

   Authority RRs: 0

   Additional RRs: 0

   Queries

      www.xpc.edu.cn: type A, class IN

         Name: www.xpc.edu.cn

         [Name Length: 14]

         [Label Count: 4]

         Type: A (Host Address) (1)

         Class: IN (0x0001)

   [Response In: 44]

 TRANSUM RTE Data

（2）单击"源地址：DNS 服务器 IP 地址，目的地址：本机 IP 地址"这一条即为 DNS 回答响应报文，如图 8-36 所示。

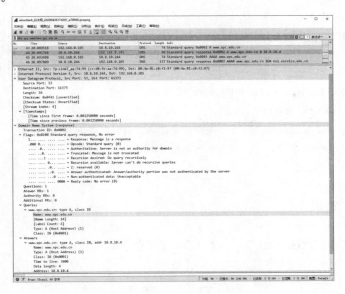

图 8-36　DNS 回答响应报文

Frame 44: 90 bytes on wire (720 bits), 90 bytes captured (720 bits) on interface 0

Ethernet II, Src: Tp–LinkT_aa:74:99 (cc:08:fb:aa:74:99), Dst: 00:4e:01:c0:f2:97 (00:4e:01:c0:f2:97)

Internet Protocol Version 4, Src: 10.8.10.244, Dst: 192.168.0.105

User Datagram Protocol, Src Port: 53, Dst Port: 61373

Domain Name System (response)

 Transaction ID: 0x0002　　　　　　　　　　　　# 会话标识，与 DNS 查询一致

 Flags: 0x8100 Standard query response, No error

  1... .... = Response: Message is a response　　#DNS 回答

  .000 0... .... = Opcode: Standard query (0)

  .... .0.. .... = Authoritative: Server is not an authority for domain

  .... ..0. .... = Truncated: Message is not truncated

  ....1 .... = Recursion desired: Do query recursively

  .... 0... .... = Recursion available: Server can't do recursive queries

  .... .0.. .... = Z: reserved (0)

  ....0. .... = Answer authenticated: Answer/authority portion was not authenticated by the server

  ....0 .... = Non–authenticated data: Unacceptable

  .... 0000 = Reply code: No error (0)

 Questions: 1　　　　　　　　# 查询数量 1 个

 Answer RRs: 1　　　　　　　　# 资源记录区域回答数量 1 个

 Authority RRs: 0　　　　　　　# 权威区域回答数量 0 个

 Additional RRs: 0　　　　　　　# 附加区域回答数量 0 个

 Queries　　　　　　　　　　# 查询区域

  www.xpc.edu.cn: type A, class IN

```
          Name: www.xpc.edu.cn          # 查询的域名
          [Name Length: 14]
          [Label Count: 4]
          Type: A (Host Address) (1)     # 由域名查 IP
          Class: IN (0x0001)             # 为 internet 数据
      Answers
          www.xpc.edu.cn: type A, class IN, addr 10.8.10.4
          Name: www.xpc.edu.cn
          Type: A (Host Address) (1)     # 查询类型 A，由域名查询 IP 地址
          Class: IN (0x0001)             # 查询类 IN
          Time to live: 3600
          Data length: 4
          Address: 10.8.10.4
      [Request In: 43]
      [Time: 0.002250000 seconds]        #DNS 记录缓存时间
```

习　　题

一、填空题

1. 在客户端/服务器模式中，请求服务的设备叫作_____。

2. 云计算（Cloud Computing）是_____、并行计算、效用计算、网络存储、_____、负载均衡、热备份冗余等传统计算机和网络技术发展融合的产物。

3. 域名服务器是整个域名系统的核心，互联网上的域名服务器有_____、_____、_____三种类型。

4. 为了提高解析速度，域名解析服务提供了_____和_____两方面的优化。

5. 当 DNS 服务器要向外界的 DNS 服务器查询所需的数据时，在没有指定转发器的情况下，它先向位于_____的服务器进行查询。

6. DNS 服务器(DNS 服务器有时也扮演 DNS 客户端的角色)向另一台 DNS 服务器查询 IP 地址时，可以有 3 种查询方式：_____、_____和_____。

7. 若希望 IP 地址映射成域名，则应选择_____。

8. WWW 服务采用_____模式，客户机即_____，服务器即_____，它以_____和_____为基础，为用户提供界面一致的信息浏览系统。

9. 用户使用浏览器总是从访问某个_____开始的。

10. HTTP 协议是基于 TCP/IP 之上的，WWW 服务所使用的主要协议，HTTP 会话_____。

11. 在 FTP 中采用匿名登录的用户名是_____。

二、选择题

1. TCP/IP 应用层相当于 OSI 模型的（　　　）。

   A. 应用层、会话层和运输层　　　　　　　B. 应用层、表示层和会话层

   C. 应用层、运输层和网络层　　　　　　　D. 应用层、网络层和数据链路层

2. 将域名地址转换为 IP 地址的协议是（　　）。

    A. DNS   B. ARP   C. RARP   D. ICMP

3. 为了实现域名解析，客户机（　　）。

    A. 必须知道根域名服务器的 IP 地址

    B. 必须知道本地域名服务器的 IP 地址

    C. 必须知道顶级域名服务器的 IP 地址

    D. 知道互联网上任意一个域名服务器的 IP 地址即可

4. 通过运行（　　）命令可以设置在操作系统启动时自动运行 DHCP 服务。

    A. ipconfig   B. touch   C. chkconfig   D. reboot

5. 浏览器与 Web 服务器之间使用的协议是（　　）。

    A. DNS   B. SNMP   C. HTTP   D. SMTP

6. Web 站点组成中，下列（　　）项不是必需的识别数据。

    A. 端口编号   B. IP 地址   C. 主目录   D. 主机标题名称

7. HTTP 用来（　　）。

    A. 将 Internet 名称转换成 IP 地址   B. 提供远程访问服务器和网络设备

    C. 传送组成 WWW 网页的文件   D. 传送邮件消息和附件

8. 邮局协议（POP）使用（　　）。

    A. TCP/UDP 端口 53   B. TCP 端口 80

    C. TCP 端口 25   D. UDP 端口 110

9. 如果没有特殊声明，匿名 FTP 服务登录账号为（　　）。

    A. user   B. anonymous

    C. guest   D. 用户自己的电子邮件地址

10. 通过（　　）服务器，可以实现服务器和客户机之间的快速文件传输。

    A. WWW   B. DHCP   C. FTP   D. Web

11. Get 是（　　）。

    A. 客户端数据请求

    B. 服务器响应

    C. 上传资源或连接 Web 服务器的协议

    D. 以可以被截取并阅读的明文方式向服务器上传送信息的协议

三、思考题

1. 列出 3~5 种常用的采用客户／服务器体系结构的应用程序。

2. 列出 3~5 种常用的采用 P2P 体系结构的应用程序。

3. 云计算的服务模式按提供方式划分为哪三类？

4. 互联网的域名结构是怎样的？

5. 域名系统的主要功能是什么？

6. 域名系统中的本地域名服务器、根域名服务器、顶级域名服务器以及权限域名服务器有何区别？

7. 分析 DNS 服务名称解析原理，以及反向查询原理。

8. 在 DNS 事件日志中能找到什么信息？

9. 域名服务器中的高速缓存的作用是什么？

10. 设想有一天整个互联网的 DNS 系统都瘫痪了（这种情况一般不会出现），试问还有可能给朋友发送电子邮件吗？

11. 什么是 Whois 数据库？

12. 什么是 URL？说明"http://www.xpc.edu.cn/xxgk/lsyg.htm"中各部分的含义。

13. TFTP 和 FTP 的主要区别是什么？各用在什么场合？

14. 远程登录 Telnet 的主要特点是什么？什么叫作虚拟终端？

15. 电子邮件系统最主要的组成部件包含哪几件？

16. 一个电子邮件地址为 xpcchujl@126.com，说明各个部分的含义？

四、实训题

1. 用域名访问一个网站，例如 www.baidu.com，抓取 DNS 解析包并分析。

2. 用域名访问一个网站，例如 www.sohu.com，抓取 HTTP 解析包并分析。

学习单元 9 无线网络和移动网络

现在社会的活动越来越依赖于计算机及计算机网络，随着各种移动设备如笔记本电脑、掌上电脑（Personal Digital Assistant，PDA）、平板电脑（Tablet PC）和 WIFI 手机等技术的日益成熟及普及，人们希望在移动中能够保持计算机网络的连通，不希望受线缆的限制，能自由地变换这些设备移动的位置，在这种要求的推动下，产生了无线网络。

无线网络技术给人们生活带来的影响是方方面面的，无线网络发展到今天，把网络拓展到了生活的每一个角落，越来越多的人开始使用无线技术，享受无线新生活。

为了完成用户提出的需求，需要了解以下知识。

- 了解常用的无线网络概念。
- 熟悉无线网络搭建的环境。
- 了解无线局域网的设备如无线网卡、无线 AP 等，并能正确安装与配置。
- 掌握无线局域网的结构。

9.1 无线网络基础知识

9.1.1 无线网络的基本概念

无线网络（Wireless Network）是采用无线通信技术实现的网络。无线网络既包括允许用户建立远距离无线连接的全球语音和数据网络，又包括对近距离无线连接进行优化的红外线技术及射频技术。无线网络与有线网络的用途类似，二者最大的差别在于传输媒体的不同，利用无线电技术取代网线，可以和有线网络互为备份。相对于有线网络，无线网络灵活性更高，可扩展性更强。

目前，无线网络在机场及地铁等公共交通、医疗机构、教育园区、产业园区、商城等公共区域实现了大多城市的全覆盖，下一阶段将实现城镇级别的公共区域全覆盖。

9.1.2 无线网络的分类

对于无线网络技术可基于频率、频宽、范围、应用类型等要素进行分类，从应用的角度可以分为无线传感器网络（Wireless Sensor Network, WSN）、无线 Mesh 网络（Multi-hop Network, 多跳网络）、可穿戴式无线网络和无线体域网络（Wireless Body Area Network, WBAN）等。从覆盖的范围可以分为无线个域网、无线局域网、无线城域网、无线广域网等。

认识无线局域网

1. 无线个域网

应用于个人或家庭等较小应用范围内的无线网络被称为无线个人区域网络（Wireless Personal Area Network，WPAN），简称无线个域网。

通常将 WPAN 按传输速率分为低速、高速和超高速 3 类。低速 WPAN 主要为近距离网络互联而设计，采用 IEEE 802.15.4 标准，工作频率 2.4GHz，传输速率 0.25Mbps，传输距离 10m，被广泛应用于工业检测、办公和家庭自动化及农作物检测等；高速 WPAN 适合大量多媒体文件、短时的视频和音频流的传输，能实现各种电子设备间的多媒体通信，工作频率 2.4GHz，传输速率 55Mbps，传输距离 10m；超高速 WPAN 的目标包括支持 IP 语音、高清电视、家庭影院、数字成像和位置感知等信息的高速传输，工作频率 3.1~10.6GHz，传输速率 110/200/480Mbps，传输距离 10/4/4m 以下。

支持无线个域网的技术包括蓝牙、ZigBee、超频波段（UWB）、IrDA、HomeRF 等，其中蓝牙技术、ZigBee 在无线个域网中使用得最广泛。

（1）蓝牙。蓝牙是一种支持设备短距离通信（一般 10m 内）的无线电技术，能在包括移动电话、PDA、无线耳机、笔记本电脑、相关外设等众多设备之间进行无线信息交换（使用 2.4~2.485GHz 的 ISM 波段和 UHF 无线电波）。

蓝牙产品包含一块小小的蓝牙模块以及支持连接的蓝牙无线电和软件，当两台蓝牙设备想要相互交流时，它们需要进行配对，蓝牙设备之间的通信在短程（被称为微微网，指设备使用蓝牙技术连接而成的网络）的临时网络中进行。

目前最常见的是蓝牙 BR/EDR（即基本速率/增强数据率）和低功耗蓝牙（Bluetooth Low Energy）技术，蓝牙 BR/EDR 主要应用在蓝牙 2.0/2.1 版，一般用于扬声器和耳机等产品；而低功耗蓝牙技术主要应用在蓝牙 4.0/4.1/4.2 版，主要用于市面上的最新产品中，例如手环、智能家居设备、汽车电子、医疗设备、Beacon 感应器（通过蓝牙技术发送数据的小型发射器）等；蓝牙 5.0 相比蓝牙 4.2 版本，能够带来两倍的数据传输速度，可以播发 255Byte 的数据包，不再是 31Byte，于室内外的定位也做了加强，即能够把多得多的信息传递到其他兼容的设备上，不需要建立实际连接。

（2）ZigBee。也称紫蜂，是基于蜜蜂相互间联系的方式而研发生成的一项应用于互联网通信的网络技术，是一种低速短距离传输的无线网上协议，底层是采用 IEEE 802.15.4 标准规范的媒体访问层与物理层，主要特色有低速、低耗电、低成本、支持大量网上结点、支持多种网上拓扑、低复杂度、快速、可靠、安全，是一种介于无线标记技术和蓝牙之间的技术。

ZigBee 无线通信技术还可应用于小范围的基于无线通信的控制及自动化等领域，可省去计算机设备、一系列数字设备相互间的有线电缆，更能够实现多种不同数字设备相互间的无线组网，使它们实现相互通信，或者接入因特网。

Zigbee 设备有两种不同的地址，即 16 位短地址和 64 位 IEEE 地址，其中 64 位地址是全球唯一的地址，在设备的整个生命周期内都将保持不变，它由国际 IEEE 组织分配，在芯片出厂时已经写入芯片中，并且不能修改；而短地址是在设备加入一个 Zigbee 网络时分配的，它只在这个网络中唯一，用于网络内数据收发时的地址识别。

2. 无线局域网

无线局域网（Wireless Local Area Network，WLAN）是指以无线信道作为传输媒体的计算机局域网。无线局域网的标准是 802.11 系列，使用 802.11 系列协议的局域网又称为 Wi-Fi，802.11 系列标准包括 IEEE 802.11b、802.11a、802.11g、802.11n（Wi-Fi 4）、802.11ac（Wi-Fi 5）、802.11ax（Wi-Fi 6）等详见 9.2.2 小节。

3. 无线城域网

无线城域网是指覆盖主要城市区域的多个场所之间的无线网络，用户通过城市公共网络或专用网络建立无线网络连接，是为了满足日益增长的宽带无线接入的市场需求，用于解决最后一公里接入问题，代替电缆（Cable）、数字用户线（xDSL）、光纤等。以 IEEE 802.16 标准为基础的无线城域网技术，覆盖范围达几十公里，传输速率高，并提供灵活、经济、高效的组网方式。目前使用的主要技术包括多路多点分布服务（MMDS）和本地多点分布服务（LMDS）。

4. 无线广域网

无线广域网（Wireless Wide Area Network，WWAN）是指能够覆盖很大面积范围的无线网络，它能提供更大范围内的无线接入。典型的 WWAN 的例子如 GSM 移动通信、卫星通信、3G/4G/5G 等系统，目前，正在由 4G 向 5G 技术演进。

（1）4G，即第四代移动通信技术。4G 技术包括 TD-LTE 和 FDD-LTE 两种制式。4G 是集 3G 与

WLAN 于一体，能够快速传输数据、音频、视频和图像等。2013 年 12 月 4 日，工业和信息化部向中国移动、中国电信、中国联通正式发放了第四代移动通信业务牌照（即 4G 牌照）。

（2）5G，即第五代移动通信技术。是最新一代蜂窝移动通信技术，也是继 4G（LTE-A、WiMax）、3G（UMTS、LTE）和 2G（GSM）系统之后的延伸。5G 网络是数字蜂窝网络，在这种网络中，供应商覆盖的服务区域被划分为许多被称为蜂窝的小地理区域，表示声音和图像的模拟信号在手机中被数字化，由模数转换器转换并作为比特流传输，蜂窝中的所有 5G 无线设备通过无线电波与蜂窝中的本地天线阵和低功率自动收发器（发射机和接收机）进行通信。

5G 网络数据传输速率远远高于以前的蜂窝网络，最高可达 10Gbps，比先前的 4G LTE 蜂窝网络快 100 倍，5G 网络延迟（更快的响应时间）低于 1 毫秒，而 4G 为 30~70ms。2019 年 10 月 31 日，三大运营商公布 5G 商用套餐，并于 11 月 1 日正式上线 5G 商用套餐。

前面介绍了各种无线网络，可以看出，这些网络各有优缺点，也都有各自最适宜的使用环境。图 9-1 所示给出了这些无线局域网的使用范围和能够提供的数据率。

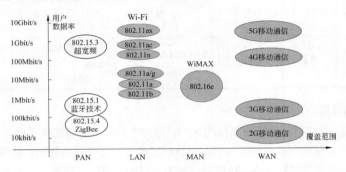

图 9-1　几种无线网络的比较

9.2　无线局域网

9.2.1　无线局域网概念

无线局域网（Wireless Local Area Network，WLAN）是目前常见的无线网络之一，其原理、结构、应用和传统的有线计算机网络较为接近，它以无线信道作为传输媒体，如无线电波、激光和红外等，无须布线，而且可以随需要移动或变化。

无线信号是能够在空气中进行传播的电磁波，不需要任何物理媒体，它在真空环境中也能够传输。无线电波不仅能够穿越墙体，还能够覆盖比较大的范围。无线电频谱资源是人类共享的自然资源，在一定的时间、空间、地点都是有限的，我国由无线电管理局负责无线电管理。

无线网络

9.2.2　IEEE 802.11 协议标准

1990 年 IEEE 802.11 是工作组成立，1993 年形成基础协议，1999 年 IEEE 批准并公布了第一个正式标准，此后，IEEE 802.11 协议标准一直在不断发展和更新之中。

1. 802.11 系列标准

IEEE 802.11 是现今无线局域网通用的标准，在十几年的发展过程中，形成了多个子协议标准，常见的子协议标准包括 IEEE 802.11b、802.11a、802.11g、802.11n、802.11ac、802.11ax 等。IEEE 802.11 协议标准的兼容性、频率和最大传输速率见表 9-1。

表 9-1　IEEE 802.11 协议标准的兼容性、频率和最大传输速率

项　目	802.11b	802.11a	802.11g	802.11n	802.11ac	802.11ax
发布时间	1999 年	1999 年	2003 年	2009 年	2013 年	2019 年
无线协议				Wi-Fi 4	Wi-Fi 5	Wi-Fi 6
兼容性			兼容 802.11b	兼容 802.11b/a/g	兼容 802.11a/n	兼容 802.11b/a/g/n/ac
频带 /GHz	2.4	5	2.4	2.4 或 5	5	2.4 或 5
信道带宽 /MHz	20	20	20	20，40	20，40，60，80，160，80+80	20，40，60，80，160，80+80
空间流的数量	1	1	1	1~4	1~8	1~8
多用户技术	不可用	不可用	不可用	不可用	MU-MIMO：仅下行链路，最多 4 用户	MU-MIMO：下行链路和上行链路，最多 8 用户
最大理论数据速率 /Mbps	11	54	54	150（40MHz 1SS）600（40MHz 4SS）	433（80MHz 1SS）6.93Gbps（160MHz 8SS）	600（80MHz 1SS）9.61Gbps（160MHz 8SS）

2. 802.11 的物理层

IEEE 802.11 的物理层和数据链路层如图 9-2 所示，物理层由物理汇聚子层和物理媒体相关子层构成，物理汇聚子层主要进行载波侦听和对不同物理层形成不同格式的分组；物理媒体相关子层识别媒体传输信号使用的调制与编码技术；物理层管理为不同的物理层选择信道。数据链路层分为逻辑链路子层（LLC）和媒体访问控制子层（MAC）和 MAC 管理层；MAC 层主要控制结点获取信道的访问权；LLC 负责建立和释放逻辑连接、提供高层接口、差错控制、为帧添加序号等；MAC 管理层负责越区切换、功率管理等。站点管理层负责协调物理层和数据链路层的交互。

逻辑链路子层（LLC）		站点管理层（Station Management）
媒体访问控制子层（MAC）	媒体访问控制层管理（MAC Management）	
物理汇聚子层（PLCP）	物理层管理（PHY Management）	
物理介质相关子层（PLCP）		

图 9-2　IEEE 802.11 的物理层和数据链路层

（1）802.11 物理层关键技术。802.11 无线局域网物理层的关键技术主要涉及传输媒体、频率选择和调制技术。早期使用的传输技术由跳频扩频技术（FHSS）、直接序列扩频技术（DSSS）和红外传输技术；新一代的 802.11 无线局域网采用了正交频分复用技术(OFDM)和多输入多输出(MIMO)技术。

（2）动态速率切换。在 WLAN 的实际部署过程中，可以使用不同技术达到更高的数据速率。但是，一旦无线终端远离无线 AP，无线终端获得的数据速率就很低。现在的无线终端都能够支持一种被称为动态速率切换（DRS）的功能，支持多个客户端以多种速率运行，如图 9-3 所示。在 802.11b 网络中，无线终端离无线 AP 越近，信号越强，速率越高，距离越远，信号变弱，速率降低，这种速率切换无须断开连接，动态速率切换过程同样适用于 IEEE 802.11a/g/n/ac/ax。

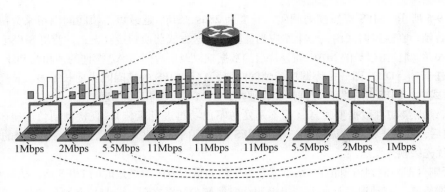

图 9-3　DRS 示意图

3. 802.11 数据链路层

802.11 数据链路层分为逻辑链路子层（LLC）和媒体访问控制子层（MAC），使用与 802.2 完全相同的 LLC 子层以及 48 位 MAC 地址，这使得无线和有线之间的桥接非常方便。

（1）MAC 子层的主要功能。

802.11 标准设计了独特的 MAC 层，如图 9-4 所示，它通过协调功能来确定在基本服务集 BSS 中的移动站，在什么时间能发送数据或接收数据。802.11 的 MAC 层在物理层的上面。MAC 子层的功能是通过 MAC 帧交换协议来保障无线媒体上的可靠数据传输，通过两种访问控制机制来实现公平访问共享媒体，一种分布协调功能 DCF，在每一个结点使用 CSMA 机制的分布式算法，让每个无线终端通过争用信道来获取发送权，向上提供争用

图 9-4　802.11 的 MAC 层

服务；另一种是点协调功能 PCF，使用集中控制的接入算法，用类似于探询的方法把发送数据权轮流交给各个无线终端，从而避免了碰撞的产生。

（2）802.11 MAC 接入协议。

IEEE 802.11 的 AMC 协议与 IEEE 802.3 相似，考虑到无线局域网中，无线电波传输距离受限，不是所有的结点都能监听到信号，且无线网卡工作在半双工模式，一旦发生碰撞，重新发送数据会降低吞吐量，因此，IEEE 802.11 对 CSMA/CD 进行了一些修改，采用了 CSMA/CA 来避免冲突的发送，CA 表示 Collision Avoidance，是碰撞避免的意思，或者说，协议的设计是要尽量减少碰撞发生的概率，CSMA/CA 的工作机制如图 9-5 所示。

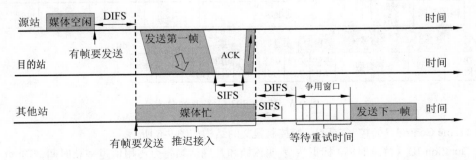

图 9-5　CSMA/CA 协议的工作原理

如图 9-5 所示，SIFS 即短帧间间隔，长度为 28μs，SIFS 是最短的帧间间隔用来分隔开属于一次对话的各帧，在这段时间内，一个站应当能够从发送方式切换到接收方式，使用 SIFS 的帧类型有 CTS 帧、ACK 帧、由过长的 MAC 帧分片后的数据帧以及所有回答 AP 探询的帧和在 PCF 方式中 AP 发送出的任何帧。DIFS 即分布协调功能帧间间隔，它比 SIFS 的帧间间隔要长得多，长度为 128μs，在 DCF 方式中，DIFS 用来发送数据帧和管理帧。CSMA/CA 的工作原理如下。

① 若结点最初有数据要发送（而不是发送不成功再进行重传），且检测到信道空闲，在等待 DIFS 时间后，就发送整个数据帧。在等待 DIFS 的时间内，如果其他的结点有高优先级的帧要发送，就要让高优先级帧先发送。

② 否则（即检测到信道忙），结点就要等检测到信道空闲并经过时间 DIFS 后，执行 CSMA/CA 协议的退避算法，启动退避计时器，当退避计时器减少到零之前，一旦检测到信道忙，就冻结退避计时器；一旦信道空闲，退避计时器就进行倒计时。

③ 当退避计时器减少到零时（这时信道只可能是空闲的），结点就发送整个的帧并等待确认。

④ 发送结点若收到确认，就知道已发送的帧被目的结点正确收到了。这时如果要发送第二帧，就要从上面的步骤②开始，执行 CSMA/CA 协议的退避算法，随机选定一段退避时间。若源结点在规定的时间内没有收到 ACK 帧（由重传计时器控制这段时间），就必须重传此帧（再次使用 CSMA/CA 协议争用接入信道），直到收到确认为止，或经过若干次重传失败后放弃发送。

> 💡注意：当一个结点要发送第一个数据帧时，如果检测到信道是空闲的，才能不使用退避算法，否则都要使用退避算法。使用退避算法有三种情况，即在发送第一帧之前检测到信道处于忙态；每一次的重传；每一次的成功发送后再要发送下一帧。

（3）IEEE 802.11 标准的帧结构。

无线局域网由无线终端（STA）、无线 AP 等组成。IEEE 802.11 MAC 层负责客户端与 AP 之间的通信，包括扫描、认证、接入、加密、漫游等。针对帧的不同功能，可将 IEEE 802.11 中的 MAC 帧细分为以下 3 类。

- 控制帧：用于竞争期间的握手通信和正向确认、结束非竞争期等。
- 管理帧：主要用于无线终端与无线 AP 之间的协商、关系的控制，如关联、认证、同步等。
- 数据帧：用于在竞争期和非竞争期传输数据。

IEEE 802.11 数据帧格式由 MAC 帧头、帧体和校验和三部分组成，如图 9-6 所示。

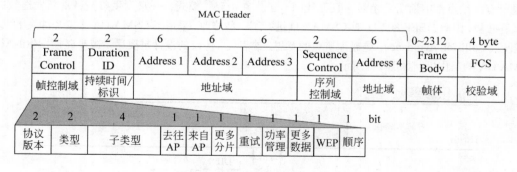

图 9-6 IEEE 802.11 数据帧格式

① Frame Control（帧控制字段）：帧控制报文的结构如图 9-6 所示。

② Duration ID（持续时间 / 标识）：表明该帧和其确认帧将会占用信道多长时间，Duration 值用于网络分配向量计算。

③ Address 部分：MAC 帧中的地址类型共有五种，包括基本服务集识别码（BSSID）、源地址（SA）、目的地址（DA）、发送结点地址（TA）、接收结点地址（RA）。BSSID 为每个 BSS 确定唯一的地址，在 BSS 中采用该 BSS 的 AP 中无线终端的 MAC 地址；在 BISS 中该域的值，按照捕获同步、扫描等方法产生一个随机的 46bit 号码，最前面 2bit 为 01。表 9-2 所示为数据帧的地址格式，Address 1 代表预定接收方的地址，Address 2 代表发送本帧的发送方地址，Address 3 代表接收端取出的过滤地址，Address 4 用于自组网络。其中前三个地址的内容取决于帧控制字段中的"去往 AP"和"来自 AP"这两个子字段的数值。

表 9-2　数据帧地址格式

	To DS	From DS	Address 1	Address 2	Address 3	Address 4
Ad=Hoc	0	0	RA=DA	TA=SA	BSSID	(N/A)
AP → STA	0	1	RA=DA	TA=BSSID	SA	(N/A)
STA → AP	1	0	RA=BSSID	TA=SA	DA	(N/A)
WDS	1	1	RA	TA	DA	SA
			物理接收者	物理发送者	逻辑发送者	逻辑接收者

④ Sequence Control（序列控制域）：用来过滤重复帧，即用重组帧片段及丢弃重复帧。

⑤ 帧主体：又称数据位，负责在无线终端间传输上层数据，最多可以传输 2296 字节的数据。防止分段必须在协议层中加以处理。

⑥ 帧校验序列：通常被视为循环冗余码（CRC）。帧校验序列计算范围涵盖了 MAC 标头中的所有位及帧主体，如果帧校验序列有误，则将其丢弃，且不进行应答。

（4）MAC 管理子层。

在无线网络中，当站点接入网络时，MAC 管理子层负责客户端与无线接入点之间的通信，主要功能包括扫描、认证、接入、加密、漫游和同步。无线终端首先通过主动 / 被动扫描进行接入，在通过认证和关联两个过程后才能和 AP 建立连接，如图 9-7 所示。

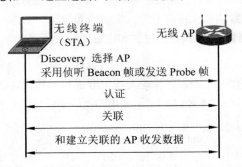

图 9-7　建立无线连接过程

无线的连接就是无线终端（STA）与无线 AP 的无线握手过程，包括以下几个阶段。

① 无线终端（STA）通过广播 Beacon（无线信标）帧，在网络中寻找无线 AP。

② 当网络中的 AP 收到无线终端（STA）发出的广播 Beacon（无线信标）帧之后，无线 AP 也发送广播 Beacon（无线信标）帧用来回应无线终端（STA）。

③ 当无线终端（STA）收到 AP 的回应之后，无线终端（STA）向目标 AP 发起 REQUEST BEACON（请求）帧。

④ 无线 AP 响应无线终端（STA）发出的请求，如果符合无线终端（STA）连接的条件，给予应答，即向无线 AP 发出应答帧，否则将不予理睬。

4. 802.11 优化技术

（1）物理层优化。同时支持 2.4GHz 和 5GHz 频段的路由器，称为双频；同时支持 802.11b、802.11a 两种模式称为双模，同时支持 802.11b/a/g 三种模式称为三模。

（2）MIMO。MIMO 的应用始于 802.11n，MIMO 天线技术在链路的发送端和接收端都采用多副天线，搭建多条通道，并行传递多条空间流，从而可以在不增加信道带宽的情况下，成倍提高通信系统的容量和频谱利用率。MIMO 支持 AP 到无线终端可以同时建立多条独立的空间数据流，同时传输数据，2×2 MIMO 就是 2 条数据流，4×4 MIMO 就是 4 条空间流。

（3）MU-MIMO（Multi-User Multiple-Input Multiple-Output，多用户多入多出技术）。如果没有 MU-MIMO，在同一时间 AP 只能与一个无线终端通信，而 MU-MIMO 则可以让不同的空间流与不同的无线终端通信，如果路由器支持 4×4 MIMO，无线终端支持 2×2 MIMO，则路由器就可以同时与两个 2×2 无线终端进行通信，或者 4 个 1×1 无线终端同时通信。

802.11ac（Wi-Fi 5）标准下的 AP 一次只能和一个终端通信，Wi-Fi 6 的 MU-MIMO 技术让 AP 实现了同时段内与多个终端设备沟通，允许同一时间多台设备共享信道，一起上网，从而改善网络资源利用率、减少网络拥堵，让网络性能大幅提升。

（4）SU-MIMO（Single-User Multiple-Input Multiple-Output，单用户多入多出技术）。可以通过多链路同时传输的方式，提升无线路由器与客户端设备之间的网络通信速率，但在同一时间和同一个频段内，无线路由器只能够与一个客户端设备通信。

9.2.3 无线电频谱与 AP 天线

无线信号是能够在空气中进行传播的电磁波，无线信号不需要任何物理媒体，它在真空环境中也能够传输，另外，无线电波不仅能够穿透墙体，还能够覆盖比较大的范围，所以无线技术成为一种组建网络的通用方法。

1. 无线电管理部门

中国无线电电管局是我国的专业无线电管理部门，负责无线电管理，具体包括频率的使用和管理、固定台的布局规划、台站设置认可、频率分配、电台执照管理、公用移动通信基站的共建共享、监督无线电发射设备的研制与销售、无线电波辐射和电磁环境检测等。

2. 无线电频谱的划分

包括美国在内的世界多数发达国家已经将无线电分成若干频段，然后通过许可和注册的方式将这些频段分配给特定的用途，图 9-8 所示列出了常用的无线电频段。

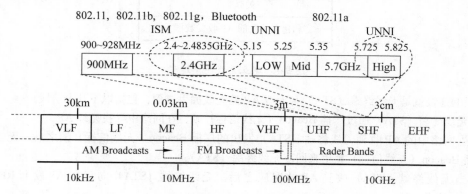

图 9-8 常用无线电频段

（1）许可付费使用频段。例如移动电话和点对点的固定无线通信通过竞标的方式获得频段使用许可证。

（2）ISM 免费使用频段。ISM 频段是工业（Industrial）、科研（Scientific）和医疗（Medical）的发射设备使用的频段。使用该频段无须许可证授权，属于免费使用，只要遵守一定的发射功率（一般小于 1W），并且不对其他频段造成干扰即可。无线局域网选择的是 ISM 频段，ISM 在各国的规定不统一，在我使用 2.4GHz 和 5GHz，其中 2.4GHz 使用 2.4~2.4835GHz，5GHz 频段使用 5.725~5.850GHz。

IEEE 802.11b/g 在 2.4GHz 频段划分了 14 个信道（我国使用该频段的信道数量为 13），每个信道的频宽为 22MHz。两个相邻信道中心频率的间隔是 5MHz（信道 13 和信道 14 除外）。信道 1 的中心频率是 2.412MHz，信道 2 中心频率是 2.417MHz，以此类推至中心频率为 2.472MHz 的信道 13。信道 14 是特别针对日本定义的，其中心频率为 2.484MHz，与信道 13 的中心频率间隔 12MHz，如图 9-9 所示。

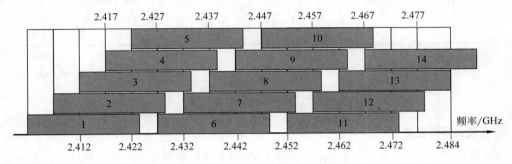

图 9-9　802.11b/g 工作频率与信道划分

如图 9-9 所示的工作信道划分中也可以看到，信道 1 在频谱上和信道 2、3、4、5 都有交叠，这就意味着，如果某处有两个无线设备在同时工作，且两个信道分别是 1～5 中的任意两个，那么这两个无线设备发出来的信号会互相干扰。为了最大限度地利用频谱资源，在 2.4GHz 频段可以含三个互不重叠的信道组和两个补盲信道组，即信道理论上是不相干扰的，这三个信道是信道组 1，包括信道 1、6、11；信道组 2，包括信道 2、7、12；信道组 3，包括信道 3、8、13；补盲信道组 1，包括信道 1、4、9；补盲信道组 2，包括信道 2、5、10。

只要合理规划信道，就能提供无线的全覆盖，确保多个无线 AP 共存于同一区域，一个典型的全覆盖规划网络如图 9-10 所示。

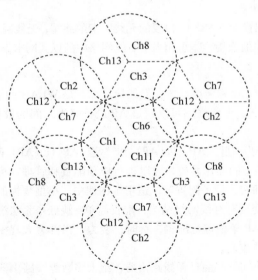

图 9-10　无线全覆盖信道规划

（3）UNII 免费频段许可。无许可证国家基础设施（UNII）是第二个无许可证频段，主要用于无线联网，UNII 分配在 5.15~5.825GHz 频段，我国使用 5.725~5.850GHz 频段（也称 5.8GHz 频段），可用带宽为 125MHz，在此频率范围内划分出 5 个信道，每个信道带宽为 20MHz，如图 9-11 所示，这 5 个信道编号分别是 149（5.745）、153（5.765）、157（5.785）、161（5.805）和 165（5.825），这 5 个信道是不相互重叠的。

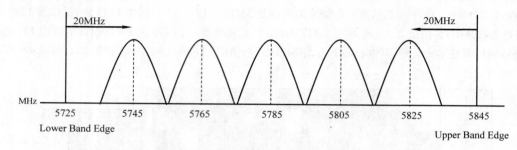

图 9-11　5.8GHz 频段的各信道频率

3. 无线信号的强度

无线信号的强度就是指射频的强弱，在 WLAN 中无线信号强度使用单位是 dBm，而不是 dB，dB 是输出和输入功率的比例值，而 dBm 却是一个绝对值。

dBm 是一个表示功率绝对值的单位，它的计算公式为 10eg（功率值 /1mW）。例如如果接收到的功率为 1mW，按照 dBm 单位进行折算后的值应该为 10eg 1mW/1mW=0dBm，当然在实际传输过程中接收方是很难达到接收功率 1mW 的，因为还有接收端的天线增益，所以即使接收功率是 0.00001mW（即 −50dB）时，RF 射频的接收端也能很好地进行码元解码。

9.2.4　常见的无线网络设备

无线局域网可独立存在，也可与有线局域网共同存在并进行互联，WLAN 由无线站、无线网卡、无线路由器、分布式系统、无线接入点、无线控制器及天线等组成。

1. 无线终端和无线网卡

无线终端（STA）是配置支持 802.11 协议的无线网卡的终端；无线网卡能收发无线信号，作为工作站的接口实现与无线网络的连接，作用相当于有线网络中的以太网卡。

2. 无线 AP

无线 AP（Access Point）也称无线网桥，无线接入点，是 WLAN 的重要组成部分，其工作机制类似于有线网络中的集线器。无线终端可以通过 AP 进行终端之间的数据传输，也可以通过 AP 的 WAN 口与有线网络互通。

无线 AP 从功能上可分为"胖"AP（Fat AP）和"瘦"AP（Fit AP）两种。

（1）"胖"AP。拥有独立的操作系统，可以进行单独配置和管理，可以自主完成无线接入、安全加密、设备配置等，适用于构建中、小型规模的无线局域网。优点是无须改变现有有线网络结构，配置简单；缺点是无法统一管理与配置，需要对每台 AP 单独进行配置，费时、费力，当部署大规模的 WLAN 时，其部署和维护成本高。

目前，被广泛使用和熟知的产品是无线路由器，绝大多数无线路由器都拥有 4 个以太网交换口（RJ-45 接口）。图 9-12 所示为一款华三无线路由器。

（2）"瘦"AP。又称轻型无线 AP，无法单独进行配置和管理操作，必须

图 9-12　无线路由器

借助无线接入控制器进行统一的配置和管理。采用无线接入控制器＋"瘦"AP的架构，可以将密集型的无线网络和安全处理功能从无线AP转移到无线接入控制器中统一实现，无线AP只作为无线数据的收发设备，大大简化了AP的管理和配置功能，甚至可以做到"零"配置。图9-13所示为一款TP-Link"瘦"AP。

3. 无线接入控制器

无线接入控制器是一种网络设备，用来集中化控制无线AP，是一个无线网络的核心，负责管理无线网络中的所有无线AP。对AP的管理包括下发配置、修改相关配置参数、射频智能管理、接入安全控制等。图9-14所示是一款华为无线接入控制器，从外形上看，无线接入控制器类似于交换机，具有交换机的功能的一样的接口。

图9-13　"瘦"AP

图9-14　华为无线接入控制器

9.2.5　WLAN组网结构

802.11无线局域网包含自组网络模式和基础结构网络模式两种拓扑结构。

1. 自组网络（Ad-Hoc）模式

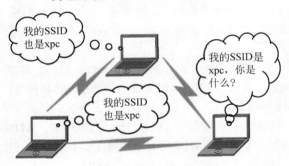

图9-15　对等无线网络

该组网结构一般是由几个无线终端组成的暂时性的网络，一般用来实现临时性的通信，特点是组网方便快捷，成本较低，例如几台笔记本电脑就可以组建该种类型的无线网络。在该网络中，所有无线终端的地位是平等的，无须任何中央控制结点的参与，如图9-15所示。

在自组网络中，每个成员是对等的，这些成员的无线网卡信号覆盖的范围形成一个区域，称为独立基本服务集（Independent Basic Service Set，IBSS）。每个IBSS也需制定一个唯一的识别码，称为服务集识别码（Service Set Identification，SSI）。SSID是配置在无线网络设备中的一种无线标识，它允许具有相同的SSID无线用户端设备之间才能进行通信，如图9-15所示，因此，SSID的泄密与否，也是保证无线网络接入设备安全的一种重要标志。

SSID用以区分不同的无线网络工作组，任何无线接入器或其他无线网络设备要想与某一特定的无线网络组进行连接，就必须使用与该工作组相同的SSID，如果设备不提供这个SSID，它将无法加入该工作组。

2. 基础结构网络（Infrastucture）模式

该种类型的拓扑可以用来组建永久性的网络，需要中央控制结点——无线AP的参与。无线AP提供接入服

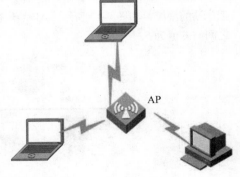

图9-16　基础结构无线网络

务，所有无线终端连接到无线 AP，无线终端访问外部以及无线终端相互之间访问的数据均需要无线 AP 负责转发，如图 9-16 所示。

在基础结构网络模式中，无线 AP 占有很重要的地位。在 AP 信号范围内，形成一个无线局域网络，称为基本服务集（Basic Service Set，BSS），每个 BSS 会指定一个共同的唯一识别码，称为基本服务集识别码（Basic SSID，BSSID），任何要加入这个 BSS 的设备，都需要设置相同的 BSSID，没有设定指定 BSSID 的设备，即使很近，也不能够通信。多 AP 可以通过称为分布式系统的有线网络连接在一起，形成一个扩展的 802.11 网络，称为扩展服务集（Extended Service Set，ESS）。

（1）SSID。是区别其他 WLAN 的一个标识。SSID 包括 32 个大小写敏感的字母、数字式字符，无线设备利用 SSID 来建立和维持连接，作为关联的一部分，STA 必须与 AP 的 SSID 相同，传统的 AP 只能支持一个 SSID。

（2）BSSID。是 AP 的 MAC 地址，也是 STA 识别 AP 的标志之一。现在 AP 可以支持多 SSID 和多 BSSID，在逻辑上把一个 AP 分成多个虚拟的 AP，但工作在同一个硬件平台上。

（3）ESSID。是 SSID 的一种扩展形式，它被特定地用于 ESS，同一个 ESS 内的所有 STA 和 AP 都必须配置相同的 ESSID 才能接入无线网络中。

基础结构（Infrastructure）网络模式是一种整合有线与无线局域网架构的应用模式，在这种模式中，无线网卡与无线 AP 进行无线连接，再通过无线 AP 与有线网络建立连接。

3. 无线分布式系统

无线分布式系统（Wireless Distribution System，WDS）是指利用多个无线网络相互连接的方式构成一个整体的无线网络，简单地说，WDS 就是利用两个（或以上）无线 AP 通过相互连接的方式将无线信号向更深远的范围延伸。

WDS 把有线网络的信息通过无线网络传送到另一个无线网络环境，或者另外一个有线网络。WDS 最少要有两台相同功能的 AP，最多数量则要视厂商设计的架构来决定，来完成一对多的无线网络桥接功能。

IEEE 802.11 标准将 WDS 定义为用于连接接入点的基础设施。要建立分布式无线局域网，需要在两个或多个接入点配置相同的 SSID，相同 SSID 的接入点在二层广播域中组成了一个单一逻辑网络，分布式系统就是把他们连接起来，使它们能够实现无线通信。

在使用 WDS 来规划网络时，首先所有 AP 必须是同品牌、同型号才能很好地工作在一起。WDS 工作在 MAC 物理层，两个设备必须互相配置对方的 MAC 地址，WDS 可以被连接在多个 AP 上，但对等的 MAC 地址必须配置正确，并且对等的两个 AP 需配置相同的信道和相同的 SSID。

支持 WDS 技术的无线 AP 还可以工作在混合的无线局域网工作模式，既可以支持点对点、点对多点、中继应用模式下的无线 AP，同时工作在两种工作模式状态，即中继桥接模式 +AP 模式。

（1）多 AP 模式。多 AP 模式也称多蜂窝结构。各个蜂窝之间建议有 15% 的重叠范围，便于无线工作站的漫游，如图 9-17 所示。AP 的信道数不能配置相同，否则相互之间会形成干扰，最好信道数之间的差值为 5。

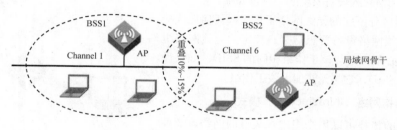

图 9-17　WDS 多 AP 应用

漫游时必须进行不同AP接入点之间的切换，切换可以通过交换机以集中的方式控制，也可以通过检测移动站点的信号强度来控制（非集中控制模式）。

（2）WDS点对点应用模式。用于连接两个不同的局域网，桥接两端的无线AP只与另一端的AP沟通，不接收其他无线网络设备的连接。利用一对无线网桥连接两个有线或无线局域网网段，如图9-18所示，使用放大器和定向天线可以覆盖距离增大到50km。

（3）Repeater模式。目的是扩大无线网络的覆盖范围，通过在一个无线网络覆盖范围的边缘增加无线AP，达到扩大无线网络覆盖范围的目的。中继模式的AP除了接受其他AP的信号，还会接受其他无线网络设备的连接。在有线不能达到的环境，可以采用多蜂窝无线中继结构，但这种结构中要求蜂窝之间要有50%的信号重叠，同时客户端的使用效率会下降50%，如图9-19所示。

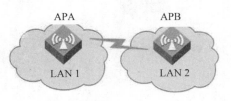

图9-18　WDS一对一应用

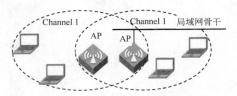

图9-19　WDS无线中继应用

9.2.6　两种不同的无线上网

根据第46次《中国互联网络发展状况统计报告》，截至2020年6月，我国网民规模达9.40亿，手机网民规模达9.32亿，网民使用手机上网的比例达99.2%，使用台式电脑、笔记本电脑、电视、平板电脑上网的比例分别是37.3%、31.8%、28.6%和27.5%，其中通过无线网络接入互联网的类型有两类，即Wi-Fi和蜂窝移动网络。

所谓Wi-Fi接入，就是指无线终端如笔记本电脑、台式电脑、平板电脑、电视、手机等通过某个无线路由器的Wi-Fi接入互联网，我国的宽带入网一般都是根据用户使用的带宽，按使用的时间（按月或按年）收费的，但有的宾馆、机场等提供Wi-Fi服务是免费的，不需要增加任何额外上网的费用。当然也有一些手机用户还可以通过附近的蜂窝移动网络的基站接入互联网，这时收费是按照用户所消耗的数据流量来计算的。但手机也可通过无线路由器的Wi-Fi接入互联网，这时手机不经过4G/5G蜂窝移动网络的基站，因此也不会产生任何4G/5G的费用。

9.3　技能训练：构建基础网络无线局域网

9.3.1　训练任务

公司会议室开会时，经常有人带笔记本开会，为了给开会人员提供上网的服务，这时就建议采用架设无线路由器的方式，同时和单位内部局域网互联。通过该训练的完成，学生可以掌握以下技能。

（1）学会对AP各项参数的设置方法，构建以AP为中心的无线局域网。

（2）学会无线网络客户端的设置方法。

9.3.2　设备清单

（1）TP-Link无线AP，型号为AC1900双频无线路由器TL-WDR7661千兆版。

（2）PC计算机笔记本电脑（3台）。

9.3.3　网络拓扑

为了完成本技能训练的任务，采用如图9-20所示的网络拓扑结构。

交换机与无线路由器的 WAN 口相连，PC1 连接到无线路由器 LAN 1、LAN 2、LAN 3 任意一个接口，PCA 连接到交换机的其他接口。笔记本或装有无线网卡的 PC 机通过无线连接到无线路由器，无线路由器的 WAN 口可以连接光纤宽带、小区宽带或单位局域网。

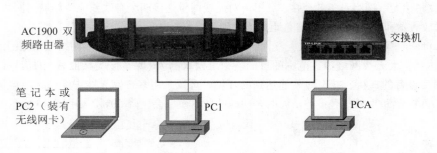

图 9-20　无线 AP 连接有线和无线混合结构

9.3.4　实施过程

步骤 1：硬件连接。

如图 9-20 所示进行硬件连接，给无线路由器供电。

步骤 2：配置 PC1 计算机的本地连接。

因无线接入设备 AP 的默认管理地址为 192.168.1.1，因此 PC1 的本地连接的 TCP/IP 设置应保证为同一网段，设置为：IP 地址为 192.168.1.10；子网掩码为 255.255.255.0。

> 💡注意：无线路由器的默认管理地址、管理员及密码在路由器底部的标签上，但目前无线路由器的底部标签上都标注路由器默认登录界面为 tplogin.cn，这时设置 PC1 的本地连接 IP 地址为自动获得 IP 地址。

步骤 3：快速配置无线路由器，搭建基础结构无线网络。

第一次登录路由器或 Reset 后登录路由器时，界面将自动显示设置向导界面，根据设置向导可实现上网，并设置移动设备使用。

（1）在 PC1 计算机中，打开 Web 浏览器，在 URL 地址栏中输入"http://tplogin.cn"，进入路由器的登录界面。

（2）弹出"创建管理员密码"对话框，在"设置密码"文本框填入您要设置的管理员密码，在"确认密码"文本框再次输入，单击"确定"按钮。

（3）根据自动检测结果或手动选择上网方式，填写网络运营商提供的参数。

- 宽带拨号上网：即 ADSL 虚拟拨号方式，网络运营商会提供上网账户和密码，填好后单击"下一步"按钮。
- 固定 IP 地址：网络运营商（包括单位局域网，网络中心提供）会提供 IP 地址参数（包括 IP 地址、子网掩码、网关、首选 DNS 服务器、备用 DNS 服务器），输入后，单击"下一步"按钮。在这里配置 IP 地址为 192.168.10.10，子网掩码为 255.255.255.0，网关为 192.168.10.1。
- 自动获得 IP 地址：可以自动从网络运营商获取 IP 地址，单击"下一步"按钮进行无线参数的设置。

（4）设置无线名称和无线密码并单击"确定"按钮完成设置。

- 打开"Wi-Fi 多频合一"，2.4GHz 和 5GHz 无线网络会使用相同的无线名称和密码，在终端连接 Wi-Fi 时，无线路由器会根据网络情况自动为终端自动选择最佳上网频段。设无线名称为 xpc1，密码为 Asdfghjkl。

• 关闭"Wi-Fi 多频合一"，2.4GHz 和 5GHz 无线网络可以使用不同的无线名称和密码，这时需分别设置无线名称和密码。

（5）单击"确定"按钮完成配置后，将跳转至网络状态页面，再次访问页面可以查看网络状态，确认设置是否已成功。

通过手机 Web 页面进行配置步骤和方法与 PC 类似。

步骤 4：查看网络状态。

在这里可查看无线网络状态，包括查看或修改各无线网络的名称和密码。通过"网络连接状态"可查看各网络的连接状态，在拓扑图中可检查网络连接状态，当网络异常时，可根据页面提示进行排错。

步骤 5：管理无线网络。

在这里只介绍常用的几种无线网络的管理。

（1）设置无线网络。选择"路由设置"→"无线设置"命令，打开无线网络设置页面可实现管理，包括开启/关闭"多频合一"功能，在"高级"对话框中可以设置"无线信道""无线模式"等高级功能。

（2）设置访客网络。选择"应用管理"→"已安装应用"→"访客网络"命令，打开访客网络设置页面，可设置无线名称、无线密码等参数。

（3）控制无线设备接入。选择"应用管理"→"已安装应用"→"无线设备接入控制"命令，打开无线设备接入控制设置页面，可以创建一个"允许接入设备列表"，只允许列表内的无线设备连接到主网。在接入控制功能处选择"开启"，并单击"选择设备添加"按钮，也可以通过单击"输入 MAC 地址"添加。

（4）为上网设备设置固定 IP 地址。单击"应用管理"按钮，进入已安装应用页面，单击"IP 与 MAC 绑定"按钮，单击需要绑定的主机后面的"加号"图标按钮。

步骤 6：管理路由器。

（1）设置设备管理路由器的权限。可以限定管理员的身份，设置指定设备凭管理员密码进入管理页面的权限。

选择"应用管理"→"已安装应用"→"管理员身份限定"命令，可以限定管理员的身份。

（2）修改路由器 LAN IP 地址。路由器默认自动获取 LAN IP 地址，自动检测 LAN-WAN 冲突，即当路由器的 WAN 口获取的 IP 地址与 LAN 口 IP 地址在同一网段时，路由器 LAN 口 IP 地址会自动变更到其他网段。例如，路由器 LAN 口默认 IP 地址为 192.168.1.1，若 WAN 口获取到的 IP 地址为 192.168.1.X，则 LAN 口 IP 地址会自动变为 192.168.0.1，还可手动进行设置。

选择"路由设置"→"LAN 口设置"命令，在"LAN 口 IP 设置"处选择"手动"；设置路由器的"IP 地址"；子网掩码可保持默认。

（3）修改 DHCP 服务器设置。DHCP 服务器能够自动给局域网中的设备分配 IP 地址。若需要修改 DHCP 服务器设置，选择"路由设置"→"DHCP 服务器"命令，可以设置 DHCP 地址池。

步骤 7：设定 PCA 的 IP 地址。

设定 PCA 的 IP 地址为 192.168.10.10，子网掩码为 255.255.255.0，默认网关为 192.168.11.1。

步骤 8：配置 PC2 连入无线路由器。

在可用的无线网络中选择 xpc1，输入密码，PC2 即可连接上无线路由器，进入 MS-DOS 下，执行 Ipconfig 命令，查看 PC 的 IP 地址。

步骤 9：项目测试，测试 PC1、PC2 和 PCA 之间的连通性。

习　题

一、填空题

1. 在 WLAN 无线局域网中，_____ 是最早发布的基本标准，_____ 和 _____ 标准的传输速率都达到了 54Mbps，_____ 和 _____ 标准的传输速率达到了上百兆 / 秒甚至更多。_____ 和 _____ 标准是工作在免费频段上的。

2. 在无线网络中，除了 WLAN 外，其他的还有 _____、_____、_____ 等几种无线网络技术。

3. 在中国，如果要布置 WLAN 的蜂窝式网络，802.11g 2.4GHz 的频段中可布置 _____ 个不重叠信道。

4. 802.11 网络按照模式分为 _____ 和 _____。

5. 在 Ad-Hoc 网络中，每个成员的无线网卡信号覆盖的范围形成一个区域，称为 _____。每个 IBSS 也需制定一个唯一识别码，称为 _____。

6. 在 Infrastructure 网络中，一个 AP 信号范围内形成的无线局域网称为 _____。每个 BSS 会指定一个共同的唯一识别码，称为 _____。几个 AP 可以通过称为 _____ 的有线网络连接在一起，形成一个可扩展的 802.11 网络，称为 _____。

7. 无线局域网所使用的的 CSMA/CA 协议，全称是 _____。

二、选择题

1. 无线局域网工作的协议标准是 （　　）。
   A. IEEE 802.3　　　　　B. IEEE 802.11　　　　C. IEEE 802.4　　　　D. IEEE 802.5

2. 无线基础组网模式包括 （　　）。
   A. Ad-Hoc　　　　　　B. Infrastructure　　　　C. 无线漫游　　　　D. anyIP

3. 以下 （　　）GHz 是无线网路工作的频段。
   A. 2.0　　　　　　　　B. 2.4　　　　　　　　C. 2.5　　　　　　　D. 5.0

4. 一个无线 AP 及关联的无线客户端称为一个 （　　）。
   A. IBSS　　　　　　　B. BSS　　　　　　　　C. ESS　　　　　　　D. CSS

5. 一个基本服务集 BSS 中可以有 （　　）个无线接入点 AP。
   A. 0　　　　　　　　　B. 1　　　　　　　　　C. 2　　　　　　　　D. 任意多个

6. 在设计 Ad-Hoc 方式的小型局域网时，应选用的无线设备是 （　　）。
   A. 无线网卡　　　　　B. 无线天线　　　　　C. 无线网桥　　　　D. 无线路由器

7. 无线局域网中使用的 SSID 是 （　　）。
   A. 无线局域网的设备名称　　　　　　　B. 无线局域网的标识符号
   C. 无线局域网的入网口令　　　　　　　D. 无线局域网的加密符号

8. 在下面的信道组合中，3 个非重叠信道的组合是 （　　）。
   A. 信道1、信道6、信道10　　　　　　　B. 信道2、信道7、信道12
   C. 信道3、信道4、信道5　　　　　　　D. 信道4、信道6、信道8

9. 当同一区域使用多个 AP 时，通常使用 （　　）信道。
   A. 信道1、信道2、信道3　　　　　　　B. 信道1、信道6、信道11
   C. 信道1、信道5、信道10　　　　　　　D. 以上都不是

10. 两台无线网桥建立桥接，（　　）必须相同。
    A. SSID、信道　　　　　　　　　　　B. 信道
    C. SSID、MAC 地址　　　　　　　　　D. 设备序列号、MAC 地址

三、简答题

1. 无线局域网的物理层有几个标准?

2. 常用的无线局域网设备有哪些? 它们各自的功能又是什么?

3. 无线局域网的网络结构有哪几种?

4. 服务集标识符 SSID 与基本服务集标识符 BSSID 有什么区别?

5. 说说在无线局域网和有线局域网连接中, 无线 AP 和交换机的连接方式以及它们承担的功能。

6. 简述 CSMA/CA 的工作过程, 并比较与 CSMA/CD 的异同点。

四、实训题

1. 现有三台笔记本或装有无线网卡的计算机相互之间需要传输资料, 但此时这三台计算机不能使用有线网络及连接到无线路由器, 构建点对点结构的无线网络, 让计算机之间可以直接通信, 而无须接入无线 AP, 组建 Ad-Hoc 无线网络从而来快速地传输资料。

2. 某会议室有两个 ISP 分别设置了无线 AP1 和无线 AP2, 并且都使用 802.11ac 协议, 两个 ISP 都分别有自己的 IP 地址块。如何设置会议室内的无线网络, 让不同的用户使用?

学习单元 10　广域网与宽带接入技术

随着云化和网络 SDN 等新技术的蓬勃发展，信息化的巨大变革正在重构传统广域网，广域网正经历着云时代的变革。我们知道，早期的广域网关注的是连接，用户多关心网络的连通性问题，现在广域网更关注网络业务的丰富性和多业务处理能力，而在当前云时代和全连接时代，广域网正想着更敏捷、更安全、更注重用户体验的方向发展，当今的网络需求对传统广域网提出了越来越高的需求，其中最大的需求是用户对多业务使用的体验，体现在对接入网带宽的要求将越来越高，人由此带来了宽带接入技术的蓬勃发展。企业网中的部分用户如 SOHO 办公者，小型分支结构中的用户在接入企业网络时也越来越倾向于使用相对便宜的宽带接入技术先接入互联网，然后通过安全 VPN 的方式来访问企业网络。

为此我们需要了解以下几方面知识。

- 广域网的基本概念。
- PPP 点对点协议。
- 了解常见的 ISP。
- 掌握主流宽带接入技术。
- 掌握局域网接入技术。

10.1　广域网技术

10.1.1　广域网的基本概念

1. 什么是广域网

广域网（Wide Area Network，WAN）也称远程网（Long Haul Network），是指跨越很大地域范围的数据通信网络，所覆盖的范围从几十公里到几千公里，它能连接多个城市或国家，或横跨几个洲并能提供远距离通信，形成国际性的远程网络。广域网通常使用 ISP 提供的设备作为信息传输平台，对网络通信的要求较高。在企业网中，广域网主要用于连接距离较远的多个局域网实现网络通信，如企业分支机构、出差人员等与企业园区网的连接，如图 10-1 所示。

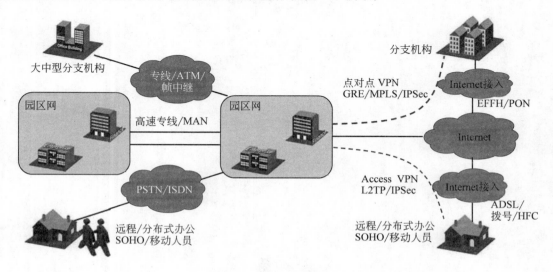

图 10-1　广域网连接

2. 广域网模型

广域网技术在 OSI 模型中主要位于物理层、数据链路层和网络层，如图 10-2 所示。

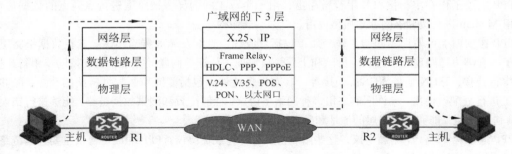

图 10-2　广域网模型

（1）网络层。广域网物理层规定了向广域网提供服务的设备、线路和接口的物理电气特性、机械特性、连接标准等。广域网的接口类型主要包括同步串口和异步串口，路由器通常通过串口连接到广域网，接受广域网服务。同步串口有数据终端设备（DTE）和数据通信设备（DCE）两种工作方式。目前路由器常见的接口包括：

- 支持同步 / 异步两种方式的 V.24 接口和支持同步方式的 V.35 接口及 EIA/TIA 232/449 接口。
- WAN 侧 FE 接口 /GE 接口 /10GE 接口。WAN 侧 FE 接口 /GE 接口 /10GE 接口工作在网络层，可以配置 IP 地址，处理三层协议，提供路由功能，FE 接口 /GE 接口 /10GE 接口支持的最大速率分别为 100Mbps、1000Mbps、10Gbps。
- POS 接口。使用 SONET/SDH 物理层传输标准，提供一种高速、可靠、点到点的 IP 数据连接，CPOS 接口是通道化的 POS 接口。
- PON 接口。包括 EPON 接口和 GPON 接口，可以提供高速率的数据传输。

（2）数据链路层。数据在广域网上传输，必须封装成广域网能够识别和支持的数据链路层协议，广域网数据封装协议包括点到点的 PPP、PPPoE 和 HDLC 协议，也包括逐渐被淘汰的电路交换型的 ISDN 协议和分组交换型的 ATM、帧中继协议。

（3）网络层。著名的广域网网络层协议，有 CCITT 的 X.25 协议和 TCP/IP 协议中的 IP 协议等。

3. 广域网的链路类型

广域网的链路类型可以分为宽带广域网和窄带广域网，宽带广域网包括异步传输模式（ATM）网和同步数字系列（SDH）；窄带广域网包括综合业务数字网（ISDN）、数字数据网（DDN）、帧中继（Frame Relay）、X.25 公用分组交换网和公共交换电话网（PSTN）。

中国移动、电信、联通、广电等电信运营商都已经大规模建设了基于 SDH 的骨干光传输网络，利用大容量的 SDH 环路承载 IP 业务、ATM 业务或直接以租用电路的方式出租给企、事业单位。

10.1.2　点对点协议

点对点协议（Point-to-Point Protocol，PPP）是基于物理链路上传输网络层的报文而设计的，它的校验、认证和链接协商机制有效解决了串行线路网际协议（Serial Line Internet Protocol，SLIP）的无容错机制、无授权和协议运行单一的问题。PPP 的可靠性和安全性较高，且支持各类网络层协议，可以支持不同类型的接口和链路。

点对点协议

1. PPP 的应用

PPP 目前是 TCP/IP 网络中最重要的点到点数据链路层协议，主要被设计用来支持全双工的同 /异步链路上进行点到点的数据传输。PPP 是一种适用于通过调制解调器、点到点专线、HDLC 比特串行线路和其他物理层的进行通信的多协议帧机制，它支持错误检测、选项商定、头部压缩等机制，在当今的网络中得到了普遍应用。

PPP 主要工作在串行接口和串行链路上，用于全双工的同异步链路上进行点到点的数据传输，如利用 Modem 进行拨号上网就是典型应用。

PPP 在物理上可使用不同的传输介质，包括双绞线、光纤及无线传输媒体，其在数据链路层上提供了一套解决链路建立、维护、拆除和上层协议协商、认证等问题的方案，其支持同步串行连接、异步串行连接、ISDN 连接、HSSI 连接等，具有许多特性，包括能够控制数据链路的建立；能够对 IP 地址进行分配及使用；允许同时采用多种网络层协议；能够配置和测试数据链路；能够进行错误检测；有协商选项，能够对网络层的地址和数据压缩等进行协商等。

PPP 还包含了若干个附属协议，这些附属协议也称为成员协议，PPP 的成员协议主要包括链路控制协议（LCP）和网络控制协议（NCP）。

2. PPP 帧的格式

PPP 帧的格式如图 10-3 所示。

1字节	1字节	1字节	2字节	<1500字节	2字节
标志字段 (Flag) 01111110	地址字段 (Address)	控制字段 (Control)	协议字段 (Protocol)	信息字段 (Information)	帧校验和 (FCS)

图 10-3　PPP 帧的格式

（1）标志字段。1 字节，标识了一个物理帧的起始和结束。PPP 帧都是以 01111110（0x7E）开始的。

（2）地址字段。1 字节，固定值为 11111111（0xFF），该字段并非一个 MAC 地址，它表明了主/从端的状态都为接收状态，可以理解为"所有的接口"。

（3）控制字段。1 字节，固定值为 00000011（0x03），无特别作用，表明为无序号帧。

（4）协议字段。2 字节，表示后面信息字段中使用的数据协议是什么，包括 0x0021（IP 数据报）；0x8021（网络控制数据 NCP）；0xc021（链路控制数据 LCP）；0xc023（安全性认证 PAP）；0xc025（LQR）；0xc028（安全性认证 CHAP）。

（5）信息字段。该字段是 PPP 的载荷数据，其长度是可变的。信息字段包含协议字段中指定协议的数据包，数据字段的默认最大长度（不包括协议字段）称为最大接收单元（MRU），MRU 的默认值为 1500 字节。

（6）帧校验和字段（FCS）。2 字节，作用是对 PPP 帧进行差错校验。

3. PPP 的基本建链过程

PPP 链路的建立是通过一系列的协商完成的，其中，链路控制协议除了用于建立、拆除和监控 PPP 数据链路外，还要进行数据链路层特性的协商，如 MTU、认证方式等；网络层控制协议簇主要用于协商在该数据链路上所传输的数据的格式和类型，如 IP 地址。

PPP 在建立链路之前要进行一系列的协商过程。其过程大致可以分为如下几个阶段，包括 Dead 阶段、Link Establishment（链路建立阶段）、Authenticate（验证阶段）、Network-Layer Protocol（网络层协商阶段）、Terminate（网络终止阶段），如图 10-4 所示。

（1）Dead。开始是 Dead 阶段，这个阶段表示物理层没有连接，也就是链路 Down。

（2）Link Establishment（链路建立阶段）。物理层可用时，PPP 首先进行 LCP 协商，协商的内容包括工作方式是 SP 还是 MP，验证方式，以及最大传输单元（MRU）等。LCP 协商通过后，状态变为 Opened，表示链路已经建立。

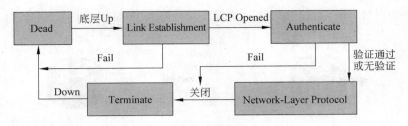

图 10-4　PPP 链路建立的流程

（3）Authenticate（认证阶段）。这个阶段是可选。默认情况下，PPP 链路不进行验证，如果要求验证，在链路建立阶段必须制定验证协议。如果配置了认证，就进入认证阶段，在认证阶段可以选择 PAP 认证或者 CHAP 认证，建议配置 CHAP 认证，因为其安全性，认证通过后，就进入 network 协商阶段；如果没配置认证，就直接进入 network 协商阶段。

（4）Network-Layer Protocol（网络层协议阶段）。PPP 完成了前面几个阶段，通过 NCP 协商来选择和配置同一个网络层协议，并进行网络层参数协商。每个 NCP 协议可在任何时候打开和关闭，当一个 NCP 状态机变成 Opened 状态，则 PPP 就可以开始在链路上承载网络层数据传输。

（5）Terminate（网络终止阶段）。PPP 能在任何时候关闭链路，当载波丢失、认证失败或管理员人为关闭链路等情况均会导致链路终止。

4. PPP 的身份认证

PPP 包含了通信双方身份认证的安全性协议，即在网络层协商 IP 地址之前，必须先通过身份认证，PPP 的身份证认证有两种方式，即 PAP 和 CHAP。

（1）密码认证协议 PAP。

密码认证协议（Password Authentication Protocol, PAP）为两次握手验证，它通过用户名及口令来进行身份认证，其认证过程如图 10-5 所示。

图 10-5　PAP 认证过程

首先被认证方向认证方发送认证请求（包含用户名和密码），以明文形式进行传输，认证方接到认证请求，再根据被认证方发送来的用户名去到自己的数据库认证用户名密码是否正确。

如果用户名及密码正确，PAP 认证通过，认证方发送 Ack 报文通知被认证方进入下一阶段协商，否则发送 Nak 报文通知被认证方认证未通过。

PAP 并不是一种强有效的认证方法，其密码以文本格式（口令为明文）在电路上进行发送，对于窃听、重放或重复尝试和错误攻击没有任何保护。验证过程仅在链路初始建立阶段进行，当链路建立阶段结束后，用户名密码将由被验证方重复的在链路上发送给验证方，直到验证通过或者终止。

（2）质询握手认证协议 CHAP。

质询握手认证协议（Challenge Handshake Authentication Protocol, CHAP）为三次握手协议，它只

在网络上传输用户名，并不传输用户密码，所以安全性要比 PAP 高，其认证过程如图 10-6 所示。

图 10-6　CHAP 认证过程

① 认证方主动向被认证方发送挑战（challenge）消息（此报文为认证请求，包括此认证的序列号、随机数据、认证方认证用户名），被认证方接收到挑战信息，根据接收到被认证方的认证用户名到自己本地的数据库中查找认证对应的密码（如果没有设密码就用默认的密码），查到密码再结合主认证方发来的 id 和随机数据根据 MD5 加密算法算出一个 Hash 值。

② 被认证方回复认证请求，认证请求里面包括数字 02（表示此报文为 CHAP 认证响应报文）、id（与认证请求中的 id 相同）、Hash 值、被认证方的认证用户名，主认证方处理挑战的响应信息，根据被认证方发来的认证用户名，主认证方在本地数据库中查找被认证方对应的密码（口令），结合 id 找到先前保存的随机数据和 id 根据 MD5 算法算出一个 Hash 值，与被认证方得到的 Hash 值做比较，如果一致，则认证通过（返回 Ack），如果不一致，则认证不通过（返回 Nak）。

③ 认证方告知被认证方认证是否通过。

CHAP 不仅可以在连接建立阶段进行，在以后的数据传输阶段也可以按随机间隔继续进行，但每次认证方和被认证方的随机数都应不同，以防被第三方猜出密码，如果认证方发现结果不一致，则应立即切断线路。

10.2　宽带接入网技术

10.2.1　IP 接入体系结构

在学习单元一介绍了互联网是由边缘部分和核心部分组成的，接入网就是指将端系统物理连接到其边缘路由器的网络，边缘路由器是端系统到任何其他远程端系统的路径上的第一台路由器，接入网主要解决的是"最后一公里接入"问题。

2000 年 11 月，接入网标准 Y.1231 出台，它是基于 IP 网的接入网，符合互联网迅猛发展的潮流，揭开了 IP 接入网迅速发展的序幕，ADSL、Cable Modem、以太网接入和光纤接入等新兴技术也逐渐得到发展应用。

目前，主流的接入技术都是遵循 Y.1231 标准的 IP 接入网标准，IP 接入网是指 IP 用户和 IP 业务提供者（ISP）之间提供所需 IP 业务接入能力的网络实体的实现，IP 网络通用体系结构如图 10-7 所示。

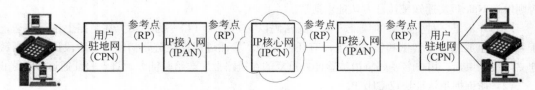

图 10-7　IP 网络通用体系结构

IP 接入网位于用户驻地网（CPN）和 IP 核心网（IPCN）之间，IP 接入网的用户既可以是各种单台的用户 IP 设备，如 PC、IP 电话机和其他终端等，又可以是用户驻地网（CPN），而用户驻地网则可以连接多台用户驻地设备（CPE）。

IP 接入网通过统一的参考点 RP 与用户驻地网和 IP 核心网相连，有三种接口，即 UNI（用户网络接口）、SNI（业务结点接口）和 Q3 管理接口。

Y.1231 中标准中建议 IP 接入网包含三种功能，即接入网传送功能、IP 接入功能和 IP 接入网系统管理功能，具体包括以下功能。

- 动态选择多个 IP 服务提供者。
- 动态分配 IP 地址。
- 网络地址转换（NAT）。
- 认证和加密。
- 数据采集和记账。

IP 接入网允许的接入类型有很多，原则上，一切可以运行在 IP 协议的物理接口均可在 IP 接入网中使用，Y.1231 建议有以下接入类型。

- N-ISDN：包括 BR 接入（2B+D）和 PR 接入（30B+D）。
- B-ISDN：接口速率为 155Mbps 和 622Mbps。
- xDSL。
- 无线和卫星。
- PON、SDV、HFC 和其他光系统。
- CATV 接入。
- LAN 和 WAN。

10.2.2　宽带接入概念

在互联网发展初期，用户都是利用电话的用户线通过调制解调器连接到 ISP 的，近年来，随着各种宽带业务的不断涌现和业务类型的多样化，接入技术宽带化成为接入网的发展趋势，已经有多种宽带技术进入用户的家庭。然而目前"宽带"尚无统一的定义，宽带的标准在不断地提高，由最初的 56kbps 到 200kbps 到最新（2015 年，美国 FCC 定义）的宽带下行速率调整至 25Mbps。

10.2.3　宽带接入的传输媒体

在现有的宽带接入技术中，常见的传输媒体主要包括双绞线、光纤、同轴电缆、无线电和电力线路等，如图 10-8 所示。

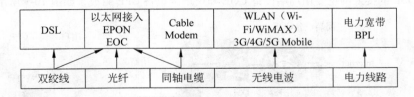

图 10-8　宽带接入技术使用的传输媒体

（1）双绞线。在传统的窄带网络中，铜质双绞线（电话线）已经被广泛使用，采用调制解调制接入，通过电话拨号上网和 ISDN 技术。在宽带接入中，利用已经铺设的双绞线（电话线）采用 xDLS 技术上网是首选，而在某些用户比较密集的园区或者住宅小区，采用以太网（Ethernet）也是比较常见的宽带接入方式。

（2）光纤。接入网络光纤化一般通称为 FTTx。在以光纤为介质的宽带接入应用中，上层应用多为以太网，其中比较典型的应用为基于无源光网络的 EPON。

（3）同轴电缆。基于同轴电缆技术的 Cable Modem 技术是宽带接入技术中最先成熟和进入市场并得到广泛应用的技术。

（4）无线电波。利用无线电波进行宽带无线接入是当前宽带技术发展的趋势之一。宽带无线技术（Broadband Wireless Access, BWA）主要包括 WLAN（Wi-Fi/WiMAX）和基于蜂窝移动通信网络的 4G/5G 技术，同时利用近地轨道的静止同步卫星对个人或者企业用户提供无线宽带接入的技术和应用也在不断完善之中，在学习单元九已经介绍过。

（5）电力线路。电力线上网（Power Line Communication，PLC）是利用电力线传输数据和话音信号的一种通信方式，该技术是把载有信息的高频加载于电流，然后用电线传输，接受信息的调制解调器再把高频从电流中分离出来，并传送到计算机或电话，以实现信息传递。目前，在国内提供过电力线上网的城市只有北京和上海。

10.2.4　ADSL 接入技术

1989 年在贝尔实验室诞生的 ADSL（Asymmetric Digital Subscriber Line，非对称数字用户线路）业务是宽带接入技术中的一种，它利用现有的电话用户线，通过采用先进的复用技术和调制技术，使得高速的数字信息和电话语音信息在一对电话线的不同频段上同时传输，为用户提供宽带接入的同时，维持用户原有的电话业务及质量不变。ADSL 是用数字技术对模拟电话用户进行改造，使它能够承载宽带数字业务。ADSL 技术把 0 ~ 4kHz 低端频谱留给电话使用，而把原来没有被利用的高端频谱留给用户上网使用。由于用户在上网时主要是从互联网下载各种文档，而向互联网发送的信息量一般都不大，因此 ADSL 的下行（从 ISP 到用户）带宽都远远大于上行（从用户到 ISP）带宽。"非对称"这个名词就是这样得来的。

ADSL 作为一种传输层的技术，充分利用现有的铜线资源，在电话线上产生以下三个信息通道。

（1）一个速率为 1.5~9Mbps 的高速下行通道，用于用户下载信息。

（2）一个速率为 16kbps~1Mbps 的中速双工通道。

（3）一个普通的老式电话服务通道。

且这三个通道可以同时工作。

ADSL 采用高级的数字信号处理技术和新的算法压缩数据，大量的信息从而得以在网上高速传输。

1. ADSL 接入网组成

基于 ADSL 的接入网主要由局端设备 COE 和用户端设备 CPE 组成，如图 10-9 所示。

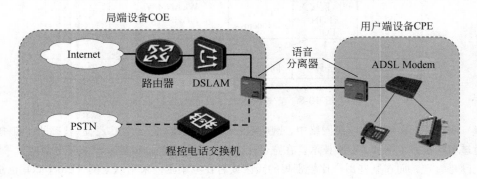

图 10-9　基于 ADSL 的接入网组成

（1）局端设备 COE。一般位于电信运营商的交换机房，由 DSLAM 接入平台、ADSL 局端卡、语音分离器、IPC（数据汇聚设备）等组成。

- 语音分离器是无源的，它利用低通滤波器将线路上的音频信号和高频数字信号分离，并将音频信号送入程控交换机，高频数字调制信号送入 DSLAM 接入平台。
- 数字用户线接入复用器（DSL Access Multiplexer, DSLAM）接入平台可以同时插入不同的 ADSL 局端卡和网管卡等。数字用户线接入复用器包括许多 ADSL 调制解调器。一个 DSLAM 可支持多达 500 ～ 1000 个用户，若按每户 6Mbps 计算，则具有 1000 个端口的 DSLAM（需要 1000 个 ATU-C）应有高达 6Gbps 的转发能力。
- ADSL 局端卡将线路上的信号调制为数字信号，并提供数据传输接口。
- IPC 为 ADSL 接入系统提供不同的广域网接口，如帧中继、T1/E1 等，IPC 为可选的设备，在这里用路由器表示。

（2）用户端设备 CPE。由 ADSL Modem 和语音分离器组成，ADSL Modem 对用户的数据包进行调制和解调，并提供数据传输接口。

由于 ADSL 调制解调器必须成对使用，因此把在电话局端（或远端站）和用户家中所用的 ADSL 调制解调器分别记为 ATU-C（C 代表局端，即 Central Office）和 ATU-R（R 代表远端，即 Remote）。

2. xDSL 技术标准

DSL（Digital Subscriber Line，数字用户线路）是以铜质电话线为传输媒体的传输技术组合，它包括 HDSL、SDSL、VDSL、ADSL 和 RADSL 等，一般称为 xDSL，它们主要的区别就是信号传输速度和距离的不同，以及上行速率和下行速率对称性的不同两个方面。表 10-1 列出了各种 xDSL 的区别。

表 10-1　各种 xDSL 的区别

协议类型	名称	发布时间	双绞线数量	传输距离	上行速率	下行速率	适用用户
ADSL	非对称数字用户线路	1999	1	3 ～ 5km	512k ～ 1Mbit/s	1~8Mbit/s	居民用户
		1999	1		512kbit/s	1.5Mbit/s	
ADSL2		2002	1		1.0Mbit/s	8Mbit/s	
ADSL2+		2003	1		1.0Mbit/s	24Mbit/s	
ADSL2+RE		2003	1		1.0Mbit/s	8Mbit/s	
VDSL	甚高速数字用户线	2001	1	300m~1.8km	1.5 ～ 2.5Mbit/s	50~55Mbit/s	
VDSL2		2011	1	300m~1.8km	100Mbit/s	100Mbit/s	
Giga DSL		2012		100m	1Gbit/s		
				200m	500Mbit/s		
SDSL	单线路数字用户线			3km	1.5Mbit/s		企业用户
				5.5km	384kbit/s		
HDSL	高速数字用户线		1~3	3 ～ 4km	1.544/2.048Mbps		
HDSL2			1	最大 5km	2Mbps		

3. ADSL 应用

ADSL2 利用现有电话铜缆资源，可在开通话音业务（POTS、ISDN）的同时，利用高频段提供宽带数据业务。

根据提供业务的不同，ADSL2 包括以下四种具体应用形式。

（1）Data，即只提供数据业务。

（2）Data+POTS，即同时提供数据和普通电话业务。

（3）Data+ISDN，即同时提供数据和 ISDN 业务。

（4）Voice over Data，即通过数据通道提供话音业务（VoADSL）。此时需要话音网关功能完成话音到分组数据的转换。

目前欧洲，这种超高速 DSL 的接入方式很受欢迎，因为在欧洲，古老建筑多，法律规定又保护建筑不允许穿墙凿洞铺设光缆，这样利用已经铺设好的电话线来实现互联网高速接入特别受欢迎。

而在我国，在建设新的高楼时，就已经把各种电缆的管线位置预留好了，高楼中的用户可以根据自己的需要选择合适的接入方式，因此上述这种高速的 DSL 接入方式在国内使用的尚不普遍。

10.2.5　宽带光纤接入方式

不管使用哪种宽带接入技术，在从 CO 到 CPE 的运营商网络中（特别是新建的网络），实际上大多都部分或全部使用了光纤作为传输媒体，即使是在无线宽带接入的应用中，从 CO 到靠近用户的无线接入点之间往往也会通过光纤进行连接。

1. 光纤接入网

光纤接入网是指采用光纤传输技术的接入网，光纤接入方式是宽带接入网的发展方向，但是光纤接入需要对电信部门以往铺设的铜缆接入网进行相应的改造，所需投入的资金巨大。

光纤接入可以分为多种情况，可以表示成 FTTx，其中，FTT 表示 Fiber TO The，这里的 x 代表不同的光纤接入点，如 x=Cab（Cabinet，即 FTTCab，光纤到交换箱）；x=C（Curb，即 FTTC，光纤到路边）；x=Z（Zone，即 FTTZ，光纤到小区）；x=B（Building，即 FTTB，光纤到大楼）；x=F（Floor，即 FTTF，光纤到楼层）；x=H（Home，即 FTTH，光纤到户）；x=O（Office，即 FTTO，光纤到办公室）；x=D（Desk，即 FTTD，光纤到桌面）。FTTx 技术范围从区域电信机房的局端设备到用户终端设备。

根据光网络单元 ONU 在用户端的位置不同，FTTx 有多种类型，可分成以下几种。

（1）FTTCab 光纤到交换箱。以光纤替代传统电缆，ONU 放置在交接箱处，ONU 以下采用铜线或其他媒体到用户。

（2）FTTC 光纤到路边。ONU 设置在路边的分线盒处，在 ONU 网络一侧为光纤，ONU 用户一侧为双绞线，主要为住宅或小型企·业单位服务，FTTC 适合于点到点或点到多点的树型分支拓扑结构，其中的 ONU 是有源设备，因此需要为 ONU 提供电源。

（3）FTTB 光纤到大楼。ONU 直接放到居民住宅楼或小型企业办公楼内，再经过双绞线接到各个用户。FTTB 是点到多点结构。

（4）FTTH 光纤到户。FTTH 是指将光网络单元（ONU）安装在住家用户或企业用户处，实现了真正的光纤到用户。从本地交换机一直到用户全部为光线连接，没有任何铜缆，也没有有源设备，是光接入系列中除 FTTD（光纤到桌面）外最靠近用户的光接入网应用类型。

（5）RTTO 光纤到公司／办公室。将 ONU 安装到公司或办公室用户处。

（6）FTTD 光纤到桌面。从本地交换机一直到用户桌面（PC 机）全部为光线连接。

在 ONU 网络一侧使用光缆，从 ONU 到用户的个人计算机一般使用以太网连接，使用双绞线电缆作为传输媒体，究竟选择何种接入方式最为合适，也就是说，究竟把光网络 ONU 放在什么地方，则应当通过详细的预算对比才能确定。从总的趋势来看，光网络单元 ONU 越来越靠近用户的家庭，因此就有了"光进铜退"的说法。

2. 无源光网络 PON

（1）PON 的组成。

我们知道一个家庭用户远远用不了一根光纤的通信容量。为了有效地利用光纤资源，在光纤干线和广大用户之间，还需要铺设一段中间的转换装置即光配线网 ODN（Optical Distribution Network），使得数十个家庭用户能够共享一根光纤干线。在光纤接入技术早期采用的是有源接入，简称有源光网络（Active Optical Network，AON），如 SDH 同步数字体系、光纤以太网接入技术等。随着宽带用户的大规模发展，传统的 AON 技术已经无法适应需求，因此又发展了新一代的无源光网络 PON（Passive Optical Network）技术。PON 技术除局端和用户端的设备需要供电以外，中间的光网络是不需要供电的，基本上不用维护，长期运营成本和管理成本都很低。

无源光网络 PON 的组成结构如图 10-10 所示，一个典型的 PON 系统由光线路终端 OLT、光网络单元 ONU、无源分光器 POS 三类设备组成，是一种基于 P2MP 拓扑的技术。

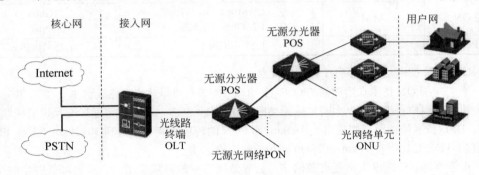

图 10-10　无源光网络 PON 的组成结构

① 光线路终端（Optical Line Terminal, OLT）：一般放置在局端 CO 侧，是整个 PON 系统的核心设备，是连接到光纤干线的终端设备，通常是一台以太网交换机、路由器或者多媒体转换平台。OLT 提供面向无源光纤网络的光纤接口（PON 接口），根据以太网向城域网和广域网发展的趋势，OLT 上将提供多个 1Gbps 和 10Gbps 的以太接口，可以支持波分复用（WDM）传输。

② 光网络单元（Optical Network Unit, ONU）：ONU 用于连接用户侧的网络设备，如机顶盒、交换机等，或与其合为一体，通常放置在用户家里、楼道或者路边，主要的作用是负责用户接入 PON 网络，实现光信号到电信号的转换，一般提供 1Gbps 或 100Mbps 的以太网接口。

③ 无源分光器（Passive Optical Splitter, POS）：PON 是一种典型的点到多点（P2MP）的结构，POS 作为一个连接 OLT 和 ONU 的无源设备，它的功能是在 OLT 和 ONU 之间提供光信号传输通道，分发下行数据到各个 ONU，并将上行数据集中耦合到一根光纤上。

作为无源光纤分支器件，POS 把由馈线光纤输入的光信号按功率分配到若干输出用户线光纤上，而 POS 各输出端口的输出功率一般称为分光比，常用的 POS 的分光比包括 1:2、1:4、1:8、1:16、1:32、1:64 和 1:128。当分光比为 1:2 时，功率会有平均分配或非平均分配（5:95、40:60、25:75）等多种类型，对于其他分光比，功率会平均分配到若干输出用户线光纤上。

EPON 系统中 POS 可以多级连接，灵活实现各种组网方式，只要保证最终 ONU 处的光衰减值在 ONU 的光接收灵敏度之上即可，一般支持 1:2 和 1:16 分光器，1:4 和 1:8 分光器两级连接。

OLT 和 ONU 之间的光纤网络通常被称为 ODN（Optical Distribution Network，光分配网络）。

（2）PON 标准。

光纤接入从技术上可分为两大类，即有源光网络（Active Optical Network, AON）和无源光网络（Passive Optical Network, PON）。

1998 年，英国电信集团研究室 BTRL 最先发明了 PON 技术，目前，基于 PON 的实用技术主要有 APON/BPON、GPON、EPON/GEPON 等几种，其主要差异在于采用了不同的二层技术。APON/BPON/GPON 是以 ATM 为基础的，对于在以太网基础上发展起来的 EPON 来说，2004 年正式发布 EPON 技术标准 IEEE 802.3ah，由于其将以太网技术与 PON 技术完美结合，因此成为非常合适 IP 业务的宽带接入技术。表 10-2 列出了不同 PON 的技术对比。

表 10-2　主要 PON 技术对比

PON	二层技术	上行速率	下行速率
APON	ATM	155Mbps	155Mbps
BPON	ATM	155Mbps	622Mbps
		622Mbps	622Mbps
GPON	ATM	155Mbps、622Mbps 1.25Gbps、2.5Gbps	1.25Gbps 2.5Gbps
EPON	以太网	1.25~10Gbps	1.25~10Gbps

这几种 PON 技术，有如下几个共同的优点。

① 带宽高：PON 技术在用户侧的 ONU 上动态分配带宽可以达到百兆级别。

② 覆盖范围广：普通的以太网传输距离限制在 100m 左右，通常需要通过交换机的级联延长传输距离，DSL 技术传输距离则通常为 1~5km，而 PON 的传输距离可以达到 10~20km。其中 EPON 技术标准在 1:32 分光比下有 10km 和 20km 两种传输规格。

③ 可靠性高：传统以太网是有源网络，会导致网络中故障风险增大，从而降低网络的可靠性，而在 PON 网络中除了 OLT 和 ONU 外，几乎没有有源器件，大大降低了故障发生的概率和维护成本。

④ 节省资源：光纤接入方式有三种，即点对点以太接入、小区交换机接入和 EPON 接入，如图 10-11 所示。如采用点对点（P2P）的光纤到户接入，在有 N 个用户的情况下需要 N 条骨干光纤，$2N$ 个光纤收发器；如采用从 Curb 交换机 P2P 接入用户的方式，则需要 1 条骨干光纤，$2N+2$ 个光纤收发器，同时 Curb 交换机需要供电；而 PON 技术通过无源分光器进行点对多点，仅需要 1 条骨干光纤，$N+1$ 个光纤收发器即可，同时无须额外供电，大大节省了网络建设和维护的费用。

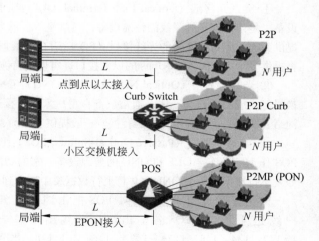

图 10-11　光纤接入方式

3. EPON 技术

（1）EPON 技术体系结构。

IEEE 802.3ah 定义的 EPON 技术在 IEEE 802.3 以太网的物理层、MAC 层以及 MAC 层以上则尽量做最小的改动以支持新的应用和媒体，其层次结构如图 10-12 所示。

① EPON 的物理层：通过 GMII 接口与 RS 层相连，担负着为 MAC 层传送可靠数据的责任。主要功能包括将数据编成合适的线路码；完成数据的前向纠错；将数据通过光电、电光转换完成数据的收发等。在千兆位以太网的物理层基础上，EPON 的物理层增加了前向纠错子层（FEC，可选选项）。整个 EPON 物理层由几个子层构成，即物理编码子层（PCS）、前向纠错子层（FEC）、物理媒体附属

子层（PMA）、物理媒体相关子层（PMD）等构成。表10-3列出了物理媒体相关子层。

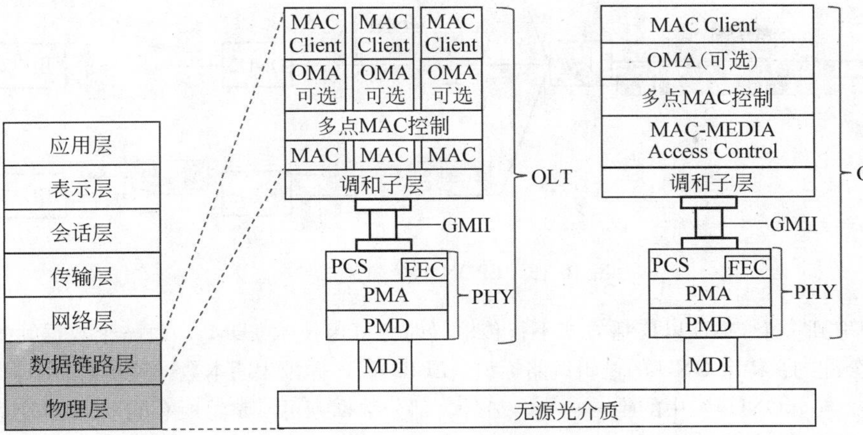

图10-12 EPON（IEEE 802.3ah）的体系结构

表10-3 物理媒体相关子层

描　述	1000Base-PX10-U	1000Base-PX10-D	1000Base-PX20-U	1000Base-PX20-D	单位
光纤类型	符合ITU-TG.652要求的单模光纤				
光纤数目	1				
标称发射波长	1310	1490	1310	1490	nm
发射方向	上行	下行	上行	下行	
最小范围	0.5m~10km		0.5m~20km		

② EPON的数据链路层：包含MAC Client、OAM、MAC控制子层、MAC子层和RS协调子层，其中最重要的是MAC控制子层，负责ONU的接入控制。传统以太网MAC层之间是点对点的结构，PON的MAC层实体间是点对多点结构，为了使PON能够融合到Ethernet结构中，IEEE 802.3ah标准在PON的数据链路层规定了多点MAC控制协议（Multi-Point MAC Control Protocol，MACP）来完成MAC Control子层的相关功能。

OLT与ONU之间信号传输基于IEEE 802.3以太网帧，MPCP使用消息、状态机和定时器来控制访问点到多点（P2MP）的拓扑结构，在P2MP拓扑中的每个ONU都包含一个MPCP的实体，用以和OLT中的MPCP的一个实体相互通信。

（2）EPON的传输原理。

EPON与APON最大的区别是EPON根据IEEE 802.3协议，包长可变至1518字节传送数据，而APON根据ATM协议，按照固定长度53字节包来传送数据，其中48字节负荷，5字节开销。

EPON从OLT到多个ONU下行传输数据和从多个ONU到OLT上行数据传输是不同的，图10-13所示为EPON的传输原理。

当OLT启动后，它会周期性的在本端口上广播允许接入的时隙等信息，ONU上电后，根据OLT广播的允许接入信息，主动发起注册请求，OLT通过对ONU的认证（本过程可选），允许ONU接入，并给请求注册的ONU分配一个本OLT端口唯一的一个逻辑链路标识（LLID）。

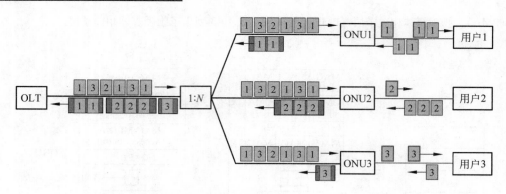

图 10-13　EPON 的传输原理

数据从 OLT 到多个 ONU 以广播方式下行传输（时分复用技术 TDM），每一个数据帧的帧头包含前面注册时分配的、特定 ONU 的逻辑链路标识（LLID），该标识表明本数据帧是给 ONU（ONU1、ONU2、ONU3，…，ONUn）中的唯一一个，另外，部分数据帧可以是给所有的 ONU（广播式）或者特殊的一组 ONU（组播），当数据信号到达 ONU 时，ONU 根据 LLID，在物理层上做判断，接收给它自己的数据帧，摒弃那些给其他 ONU 的数据帧。

对于上行，采用时分多址接入技术（TDMA）分时隙给 ONU 传输上行流量，当 ONU 注册成功后，OLT 会根据系统的配置，给 ONU 分配特定的带宽（在采用动态带宽调整时，OLT 会根据指定的带宽分配策略和各个 ONU 的状态报告，动态的给每一个 ONU 分配带宽）。上行方向，ONU 不能直接接收到其他 ONU 上行的信号，所以 ONU 之间的通信，都必须通过 OLT，在 OLT 可以设置允许和禁止 ONU 之间的通信，在缺省状态下是禁止的。OLT 接收数据前会比较 LLID 注册列表，每个 ONU 在由局方设备统一分配的时隙中发送数据帧，分配的时隙补偿了各个 ONU 距离的差距，避免了各个 ONU 之间的碰撞。

4. GPON 技术

GPON（Giabit-Capable Passive Optical Network）吉比特无源光网络采用了 GPON 封装方法，即 GEM，可以同时承载 ATM 信元和 GEM 帧，有很好的提供服务等级，支持 QoS 保证和全业务接入的能力。

ITU-T 于 2003 年开始发布了 GPON 标准——G.984 系列标准，包括 G.984.1/2/3/4/5/6，其中 G.984.2（2003 年）要求系统下行速率为 1.25Gbps 或 2.5Gbps，G.984.6（2008 年）中规定最大距离可达 60km。

GPON 的工作原理与 EPON 一样，只是帧结构不同，GPON 系统要求 OLT 和 ONU 之间的光传输系统使用符合 G.652 标准的单模光纤，上行、下行一般采用波分复用及实现单纤双向的上行（标称波长为 1310nm）、下行（标称波长为 1550nm）传输，实现 CATV 业务的承载。

GPON 下行采用广播方式，所有 ONU 都能收到相同的数据，通过 ONU-ID 来区分属于各自的数据。GPON 上行采用 TDMA 方式，上行信道被分成不同的时隙，根据下行帧的 US BW MAP 字段来给每个 ONU 分配上行时隙，这样所有 ONU 就可以按照一定的秩序发送自己的数据，不会为了争抢时隙而发生数据冲突。

10.2.6　光纤同轴混合网（HFC 网）

HFC（Hybrid Fiber Coaxial）网是指光纤同轴电缆混合网，它是一种新型的宽带网络，采用光纤到服务区，而在进入用户的"最后 1 公里"采用同轴电缆，最常见的也就是有线电视网络，它比较合理有效地利用了当前的先进成熟技术，融数字与模拟传输为一体，集光电功能于一身，同时提供较高质量和较多频道的传统模拟广播电视节目、较好性能价格比的电话服务、高速数据传输服务和多种信息增值服务，还可以逐步开展交互式数字视频应用。

1. 什么是 HFC 网

最早的有线电视网是树形结构的同轴电缆网络，它采用模拟的频分复用对电视节目进行单向广播传输，为了提高传输的可靠性和电视信号的质量，HFC 网把原来有线电视网中的同轴电缆主干部分更换为光纤，然后通过同轴电缆传送到每个用户家庭，如图 10-14 所示。

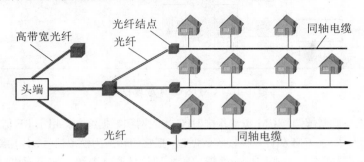

图 10-14　HFC 网的结构图

HFC 通常由光纤干线、同轴电缆支线和用户配线网络三部分组成，从有线电视台出来的节目信号先变成光信号在干线上传输；到用户区域后把光信号转换成电信号，经分配器分配后通过同轴电缆送到用户。它与早期 CATV 同轴电缆网络的不同之处主要在于，在干线上用光纤传输光信号，在前端需完成电—光转换，进入用户区后要完成光—电转换。

2. HFC 的频带划分

根据有线电视频率配置标准 GB/T 17786—1999，目前我国的 HFC 网的频带划分如图 10-15 所示。

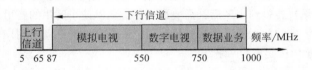

图 10-15　我国 HFC 网的频带划分

以我国 HFC 频带划分为例，低端的 5 ～ 65MHz 频段为上行数字传输通道；65 ～ 1000MHz 频段用于下行通道，其中 65 ～ 87MHz 为过渡带，87 ～ 108MHz 频段用来传输立体声广播；108 ～ 550MHz 频段用来传输传统的模拟 CATV 信号，每一通路的带宽为 8MHz，因而总共可以传输各种不同制式的电视信号 60 路；550 ～ 750MHz 频段传送数字电视节目、VOD 等；750 ～ 860MHz 频段传送数据业务。

3. HFC 接入网的设计方案

国内大部分有线电视网是单向广播式网络，为了实现访问 Internet，VOD 视频点播，以及利用有线电视网资源进行宽带接入等需求，需要对现有的单向广播式网络进行双向数据传输的改造。

目前，基于 HFC 接入网的双向宽带接入主流方案主要有三种，即 CMTS+CM 方案、EPON+LAN 方案和 EPON+EOC 方案。

（1）CMTS+CM 方案。CMTS+CM 方案是基于 HFC 接入网的最传统的方案，主要由前端、干线和用户分配网络三部分组成，原理框图如图 10-16 所示。

该方案是在广电的前端或分前端放置电缆调制解调器头端系统（CMTS），在用户侧放置电缆调制解调器（CM），CMTS 在与 CM 的双向通信中居于主导地位，负责对 CM 进行认证、带宽分配和管理。CMTS 作为前端路由器 / 交换集线器和 CATV 网络之间的连接设备，上连城域网，下连反向光接收机，在下行方向，CMTS 完成数据到射频 RF 的转换，并与有线电视的视频信号混合，送入 HFC 接入网中，

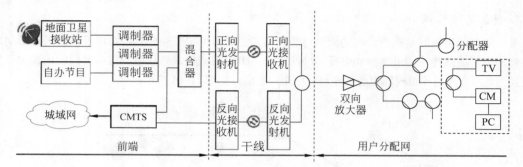

图 10-16　CMTS+CM 原理框图

在用户终端放置的电缆调制解调器 CM 负责连接 HFC 接入网和数据终端，用于 RF 信号与数据信号的解调和调制，而在上行方向，CM 从计算机接收数据包，把它们转换为模拟信号，传输给网络前端设备。

① 前端：设备完成对有线电视信号的处理，从各种信号源（天线、地面卫星接收站、录像机、摄像机等）解调出音频和视频信号，然后将音频/视频信号调制在某个特定的载波上，这个过程称为频道处理，被调制的载波占用 8MHz 的带宽（一路电视信号是一个频道）。为开展数据业务，在前端设备中加入数据通信设备，如路由器、交换机等，可以接收来自 Internet 的数据。在 HFC 接入网中，前端包括来自各种信号源（卫星、本地）的电视信号、PSTN、Internet 数据信息的接收和处理中心。

② 干线：正向信号（有线电视信号载波和下行的数据载波）在前端混合后送往各小区。如果小区距离前端很近，可以直接用同轴电缆就可以传输。一般而言 300m 左右的距离需要加入放大器，若小区距离前端较远，如 5 ～ 30km，则需要使用光传输系统。

③ 用户分配网络：用户分配网络完成正向信号的分配和反向信号的汇聚。正向信号在从前端通过干线（光缆或同轴电缆）传输到小区后，需要进行分配，以使小区中的各用户都能以合适的接收功率收看电视，从干线末端的放大器或光接收机到用户终端盒的网络就是用户分配网络，用户分配网络是一个由分支分配器串接起来的网络。

CMTS+CM 方案，采用非营利组织 Cable Labs 先后发布的 DOCSIS 1.0/1.1/2.0/3.0/3.1 协议，DOCSIS 3.0 采用频道捆绑技术，大大提高速率，达到下行 1Gbps、上行 500Mbps。该方案仅在北美地区获得普遍应用，不符合国内用户比较密集的实际情况，在国内未获得大规模应用，仅在上海和广东等经济发达地区有少量使用。

（2）EPON+LAN 方案。由于 EPON 网络的拓扑结构与现有 HFC 接入网的支线部分相似，因此在 HFC 接入网的基础上叠加 EPON 非常容易，只要将 OLT 放置在分前端，将 ONU 放置在原来的光结点处，即可完成 HFC 接入网与 EPON 叠加，实现网络双向传输。

EPON+LAN 方案的数据部分在物理上是和电视传输部分是分开的，采用不同的设备、不同的线缆，实际上就是在原有的有线电视系统上另建了一个双向系统，在最后 100m 采用 LAN 技术，以超5 类及以上双绞线入户，原理框架图如图 10-17 所示。

原有的 CATV 模拟电视信号和数字电视信号通过 HFC 接入网进行传输，而 VOD 交互信号、数字电视上行信号、宽带数据信号等单播数据则通过 EPON 系统传输，EPON+LAN 方案在理论上是成本最低的有线接入方案。

（3）EPON+EOC 方案。EOC（Ethernet over Coax）是基于有线电视网同轴电缆使用以太网协议的接入技术。EOS 采用特定的媒体转换器（主要包括阻抗变换、平衡/不平衡变换等），将符合 IEEE 802.3 系列标准的数据信号通过同轴电缆传输，接入用户家中，实现数据的双向传输。

根据 EOC 采用的媒体转换器可分为无源 EOC 媒体转换器和有源 EOC 媒体转换器。

① 无源 EOC：无源 EOC 技术是一种在同轴电缆上传输以太网信号的技术，原有的以太网信号

的帧格式没有改变，但需要将从便于双绞线传输的双极性（差分）信号转换成便于同轴电缆传输的单极性信号。

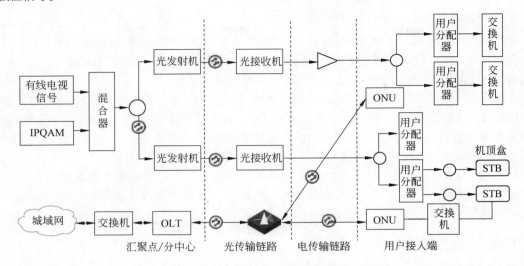

图 10-17　EPON+LAN 原理框图

根据频谱分配，在有线电视网络中，有线电视信号在 111 ~ 860MHz 频率传输，基带数据信号可以在 1 ~ 20MHz 频率传输，这样可以使有线电视信号和数据信号在一根同轴电缆中传输而互不影响，把有线电视信号与数据信号通过合路器，利用有线电视网络传送至用户，在用户端，通过分离器将电视信号与数据信号分离开，接入相应的终端设备。无源 EOC 技术原理如图 10-18 所示，以太网技术涉及收和发两对线，而同轴电缆在逻辑上只相当于一对线，所以需要在无源滤波器中进行从四线到二线的转换。

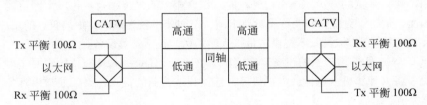

图 10-18　无源 EOC 技术原理

无源 EOC 技术具有遵循以太网协议，标准化程度高，系统支持每个客户独享 10Mbps 的速率，以及客户端为无源终端、系统稳定性高、运营维护成本低等优点。同时只支持星状结构的无源分配同轴网络，不适合广电的树状拓扑结构，也不能通过分支分配器，因此，无源 EOC 必须具备两个条件，即局端数据信号必须到楼道；EOC 下行信道不能有分支分配器，且不能有额外干扰源。

② 有源 EOC：EOC 头端将 ONU 输出的以太网数据信号对射频载波（该射频载波的频率与有线电视频谱不重叠）进行调制，已调制的射频载波与有线电视射频信号在 EOC 头端频分复用后，输入同轴分配网并传输到用户。

用户的上传数据信号在 EOC 的用户端设备 EOC-Modem 上对上行射频载波进行调制后，通过同轴分配网上传到有源 EOC 的头端，在此解调为数据信号并输出到 ONU，再由 EPON 系统完成数据上传。

有源 EOC 能适应树状、星状、混合型网状网，能够透传分支分配器，具有传输距离远、带宽大、支持 QoS、支持集中网关等特点，能够很好地满足 HFC 分配网络的结构要求。

目前，我国市场的有源 EOC 技术主要符合 HomePNA（家庭电话线网络联盟）、HomePlug（家庭插电联盟）、同轴 Wi-Fi、MOCA（同轴电缆多媒体联盟）、HiNOCR（高性能同轴网络）等标准体系，在此不再详细介绍。

4. 电缆调制解调器（Cable Modem）

电缆调制解调器（Cable Modem）又名线缆调制解调器，是一种将数据终端设备（计算机）连接到有线电视网（Cable TV），以使用户能进行数据通信，访问 Internet 等信息资源的设备。它是近几年随着网络应用的扩大而发展起来的，主要用于有线电视网进行数据传输。

线缆调制解调器用在用户端，它接收 CATV 网络上的数据，并将其转换为以太网数据格式通过以太网接口传送给用户 PC；用户发送的以太网格式的数据经线缆调制解调器转换为 CATV 网络数据格式并调制发送到 CATV 网络上。家用线缆调制解调器包括 QAM 解调器、QPSK 调制器、TDMA 控制器和 10Base-T 以太网接口等功能模块。

Cable Modem 也类似于 ADSL，提供非对称的双向信道，上行信道采用的载波频率范围为 5~65MHz，可实现 128kbps~10Mbps 的传输速率，而下行信道的载波频率范围为 87~1000MHz，可实现 27~36Mbps 的传输速率。

10.2.7　以太网接入

以太网技术是现有局域网采用的最通用而且最成熟的通信协议标准。由于以太网在性价比、可扩展性、可靠性和 IP 网络的适应性上的优势，以太网也已经成为宽带接入网络乃至运营商城域网和骨干网的首选技术之一。

1. 以太网接入技术

IP 技术的成熟发展使得语音、数据、视频和移动等应用的融合成为必然，统一通信已成为发展的趋势。以 IP 技术为核心进行网络改造并承载多种新型业务以提升竞争力，是固网运营商的发展方向。

以太网接入一般适用于园区或者住宅小区内用户的密集接入，以光纤和双绞线作为主要的传输媒体，方便用户接入带宽的升级。当采用光纤时，结合相应的光传输技术，以太网也能支持较长距离的接入，因而也适用于对带宽和线路质量要求高，空间分布较为离散，距离较远的用户群的接入。图 10-19 所示为一个利用以太网技术提供宽带接入的示例，包括三类设备。

（1）位于 CPN 也就是用户侧的设备。家庭网关（Home Gateway，HG）的主要作用是将家庭内的网络化信息设备（计算机、电话、电视机等）连接到运营商的接入网络，通常由具备多种接口的 SOHO 路由器完成。

（2）位于运营商接入网边缘的设备。接入点设备（Access Node，AN）的主要作用是接入来自不同家庭或园区网络的数据流量，通常由二层或三层以太网交换机完成上述功能。

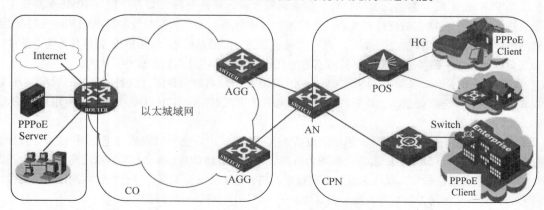

图 10-19　以太网接入示意图

（3）位于 AN 和运营商城域网乃至骨干网设备之间设备。汇聚设备（Aggregation，AGG）的主要作用是汇聚来自不同 AN 的数据流量，通常由性能较高的路由交换设备完成上述功能。

如图 10-19 所示的以太网接入，就包括了用户家庭接入、小区交换机接入以及大型园区的接入。

对于用户众多的大型住宅园区，可以在园区内设置一台园区交换机作为 AN，园区交换机下行以百兆或千兆光纤连接所有楼道交换机，楼道交换机再连接到各用户的 HG，实现园区网络的汇聚；上行则采用千兆光纤连接到 AGG，实现园区网络的高速接入。

AN 可以选用三层交换机或二层交换机进行部署，主要有如下区别。

（1）采用三层转发延伸到 AN 的接入方式时，AN 上行通过路由协议实现路由转发，AN 下行通过 VLAN 实现不同用户二层隔离，这样广播域被限制在 AN 下行的同一业务 VLAN 内，提高了接入网的带宽利用率。如果二层交换在 AGG 终结，则广播域的范围扩大到一台 AGG 设备下的同一业务 VLAN。

（2）在二层交换终结在 AGG 设备的方案中，一台 AGG 设备最多可接入用户终端数将受限于其自身 MAC 地址表项数。如果采用三层到 AN 的方案，AN 对用户进行高密度接入并终结二层转发，从而同一 AGG 可以接入更多用户终端。

（3）采用三层到 AN 的方案时，AN 和 AGG 上无须支持和部署复杂的二层隔离和安全特性，网络改造规模小，有利于采用已有设备以较低成本进行快速部署。

根据上面的对比，不难发现，选用三层交换机作为 AN 进行部署比起选用二层交换机优势明显，在大部分的以太网接入应用中也采用了这种方式。

2. PPPoE 原理

在利用以太网技术进行宽带接入的应用中，如何对用户进行认证、授权和计费也是运营商需要考虑的首要问题。

在以太网交换机上支持的一些认证手段如 IEEE 802.1X 主要基于以太网交换机上的物理端口，而且在部署上需要尽量靠近边缘，甚至需要在运营商管理范围之外的一些接入设备上进行部署，而且在部署和管理上都不太方便，具有一定的局限性。

RFC 2516 定义的 PPPoE（Point-to-Point Protocol over Ethernet，基于以太网的点对点协议）技术可以说很好地解决了以太网接入应用中的用户认证问题。PPPoE 协议采用客户 / 服务器模式，它将包含用户认证信息的 PPP 报文封装在以太网帧之内，在以太网上提供点到点连接的同时，也利用 PPP 协议的 PAP 和 CHAP 认证方式对用户进行认证，如图 10-20 所示。

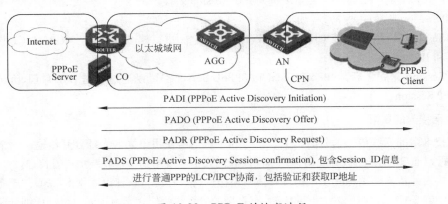

图 10-20　PPPoE 的协商过程

PPPoE Client 可以使用户侧的 HG 设备，也可以是连接到网络的 PC。PPPOE Client 将以太网帧（携带 PPP 帧）通过以太网传送到 PPPoE Server 上以进行 PPP 认证。在实际应用中，PPPoE Server 通常位于骨干网的边缘宽带接入服务器（Broadband Remote Access Server，BRAS），而宽带接入服务器主要完成以下两方面的工作。

（1）网络承载功能。负责终结用户的 PPPoE 连接，汇聚用户的流量功能。

（2）控制实现功能。与认证系统、计费系统和客户管理系统以及服务策略控制系统相配合实现用户接入的认证、计费和管理功能。

这两项功能都可以利用路由器设备进行实现，为方便理解，在后续的组网图和介绍中我们都以路由器来代替宽带接入服务器和模拟 PPPoE Server。

3. PPPoE 的协商过程

图 10-20 所示为 PPPoE 的协商过程，PPPoE Client 先将用户数据封装为 PPP，再将 PPP 封装到以太网帧中，PPP 中相关的验证信息将会送给 PPPoE Server 进行 PAP 或 CHAP 验证，通过验证之后，PPPoE Client 会以 IPCP 协商的形式从 PPPoE Server 获得 IP 地址。

PPPoE Client 和 PPPoE Server 之间的 PPPoE 协商过程分为发现（Discovery）和会话（Session）两个阶段，发现阶段是无状态的，目的是获得 PPPoE 终端（在局端的 ADSL 设备上）的以太网 MAC 地址，并建立一个唯一的 PPPoE SESSION-ID，发现阶段结束后，就进入标准的 PPP 会话阶段。

（1）发现阶段（PPPoED，即 PPPoE Discovery）的协商过程如下。

① PPPoE Client 在以太网上广播一个 PADI 报文，该报文以以太网帧的形式被 ADSL Modem 桥接到运营商的集中路由器（PPPoE Server）上。

② PPPoE Server 在收到 PADI 后之后，发送回 PADO 报文，其中包含 PPPoE Server 的 AC-Name 信息和可以提供的服务信息 Service-Name，以供 PPPoE Client 进行选择。

> 💡注意：如果运营商的网络中存在多个 PPPoE Server 来相应 PPPoE Client 的 PADI 报文，通常在发现阶段，PPPoE Client 需要发现所有可用 PPPoE Server，并根据其 AC-Name 信息和 Service-Name 信息来选择一个合适的 PPPoE Server。

③ PPPoE Client 发送一个单播的 PADR 报文给选定的 PPPoE Server。报文中包含服务信息 Service-Name。

④ PPPoE Server 发送回 PADS 报文，其中包含 Session_ID 信息。完成 Discovery 阶段。

在 Discovery 阶段之后，PPPoE Client 已经知道了 PPPoE Server 的 MAC 地址和 Session_ID，并可以据此来建立相应的 PPP 连接。接下来进入 PPP Session 阶段。

（2）PPP Session 阶段的协商过程如下。

在 PPP Session 阶段，PPPoE Client 和 PPPoE Server 之间进行普通的 LCP、NCP、IPCP 协商来进行 PPP 验证和 IP 地址的分配。

在 PPP Session 建立之后，PPPoE Client 和 PPPoE Server 都可以通过发送 PADT（Terminate）报文来终止 PPP Session。

4. 以太网接入的局限

以太网技术中的光纤传输信号时，上行信号和下行信号使用不同的光纤分开传输，两个方向的通信单独进行，而 PON 采用波分复用，把不同波长的光信号复用到一根光纤中进行传送。

以太网接入的传输距离和其使用物理媒体及遵循的协议标准（快速以太网 802.3U、千兆位以太网 802.3Z 和 802.3AB、万兆位以太网 802.3）有直接的关系。我们在学习单元三已经详细介绍过。以太网在高速接入方面的能力很高，但维持其高速的传输距离较短，以太网接入只适用于用户相对密集，且运营商可以就近部署局端设备的大型园区和住宅小区。

10.2.8　接入技术分析

1. 家庭接入和小型办公室互联网接入

目前，家庭用户、远程工作人员和小型办公室通常采用以下几种方法之一。

- 数字用户线（Digital Subscriber Line，DSL）：数字用户线路提供高带宽、始终联网和互联网连接。DSL 利用电话公司现有的本地电话基础设施连接。

- 电缆（有线电视）：通常由有线电视服务提供商提供，利用了有线电视公司现有的有线电视基础设施。Internet 数据信号在输送有线电视信号的同一电缆上进行传输。它能提供高带宽、始终联网和互联网连接。

- 移动电话：手机 Internet 访问使用手机网络连接。只要手机能收到信号，就能获得手机 Internet 访问，同时利用手机提供热点，提供台式机和笔记本电脑访问 Internet。

- 光纤电缆直接连接：许多家庭和小型办公室更常使用光纤电缆直接连接，现在大多小区提供光纤到户（FTTH），这样，ISP 可以提供更高带宽速度并支持更多服务，如 Internet 访问、电视、和电话。

- 电力线网络：是家庭网络的一种新趋势，它使用现有的电线连接设备。通过使用供电的同一配线，电力线网络通过按一定频率发送数据来发送信息。

- 卫星：在无法提供 DSL、电缆和 FTTH 的地方（例如在某些偏远乡村环境），能够使用卫星链路将住宅以超过 1Mbps 的速率与互联网相连，当然卫星天线要求到卫星的视线要清晰。

- 拨号电话：使用电话线和调制解调器，费用相对较低但提供的带宽也较低。

作为家庭接入和小型办公室接入采用上述哪种方式，是由家庭或企业所在地的电信、移动、新联通、广电等 ISP 决定的，不同地区和城市接入方式不一样，产品也是众多，但 ISP 都会负责接入和配置，或者按照用户接入终端的说明书将 ISP 通过的地址、用户名或密码配置完成即可接入，在这里不再详细介绍每一种接入方法的配置方法。

2. 企业接入

在公司和大学校园以及越来越多的家庭环境中，需要更高带宽、专用带宽和托管服务。可用连接选项取决于附近的互联网服务提供商。

- 专用租用线路：租用线路实际上是指互联网服务提供商拉一条专线到企业（校园），提供数据网络。电路按月或年租用，费用一般较贵。

- 以太网 WAN：以太网 WAN 将 LAN 访问技术扩展到 WAN 中。以太网是一种 LAN 技术将详细讲到，现在以太网的优势将可以扩展到 WAN 中。

- DSL：企业 DSL 提供各种格式，一般采用 SDSL，提供相同的下载和上传速度。

- 卫星：和小型办公室和家庭用户类似，当有线解决方案无法实现时，卫星服务可以提供连接。

企业接入一般都采用专线方式，采用专用的路由器或三层交换机，且配置复杂，不在本教材的内容范围，在这里也不再介绍。

10.3　互联网服务提供商

10.3.1　互联网服务提供商 ISP

用户要接入互联网，必须先连接到某个 ISP，以便获得上网所需的 IP 地址。ISP 可以从互联网管理机构申请到 IP 地址，同时拥有通信线路以及路由器等联网设备。任何机构和个人只要向某个 ISP

交纳规定的费用，就可从该 ISP 获取 IP 地址的使用权，并可通过该 ISP 接入互联网。

根据提供服务的覆盖范围面积大小以及所拥有的 IP 地址数目的不同，ISP 也分为不同层次的 ISP，包括主干 ISP、地区 ISP 和本地 ISP。

（1）主干 ISP。有几个专门的公司创建和维持，服务面积最大，并且还拥有高速主干网。

（2）地区 ISP。是一些较小的 ISP，这些地区 ISP 通过一个或多个主干 ISP 连接起来。

（3）本地 ISP。对用户提供直接的服务。本地 ISP 可以连接到本地 ISP 也可直接连接到主干 ISP，绝大多数的用户都是直接连接到本地 ISP 的。本地 ISP 可以是一个仅仅提供互联网服务的公司，也可以是一个拥有网络并向自己的雇员提供服务的企业，或者是一个运行自己的网络的非营利机构（如大学）。本地 ISP 可以与地区 ISP 或主干 ISP 连接。

图 10-21 所示是具有三层 ISP 结构的互联网的示意图，也是主机 A 与主机 B、主机 C 与主机 D 的通信示意图。

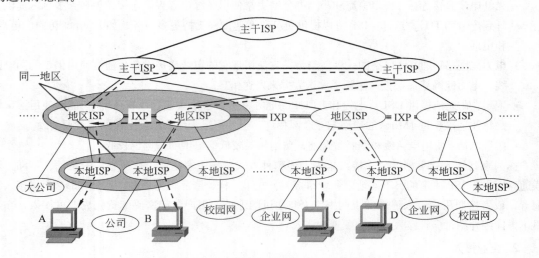

图 10-21　基于 ISP 的多层结构的互联网的示意图

对于主机 A 与主机 B 通信，一个主干 ISP 下的主机 A 要访问同一地理位置的另一主干 ISP 下的主机 B，主机 A 要经过许多不同层次的 ISP 才能访问主机 B，而不能直接访问。

对于主机 C 和主机 D 通信，主机 C 和主机 D 属于同一主干 ISP，但在不同的本地 ISP，它们之间的通信在地区 ISP 就可以完成分组转发。

但随着互联网上数据流量的急剧增长，人们开始研究如何更快地转发分组，以及如何更加有效地利用网络资源，于是互联网交换点 IXP（Internet eXchange Point）就应运而生了。

互联网交换点 IXP 就是允许两个网络直接相连并交换分组，而不需要再通过上一级 ISP 的网络来转发分组。如图 10-21 所示，主机 A 与主机 B 的通信在地区 ISP 之间通过 IXP 就可以对等地交换分组，而不用经过最上层的主干 ISP，这样就使互联网上的数据流量分布更加合理，同时也减少了分组转发的延迟时间，降低了分组转发的费用。据统计，到 2016 年 3 月，全球已经有 226 个 IXP，共分布在 172 个国家和地区。

10.3.2　中国骨干互联网

到目前为止，我国陆续建造了基于互联网技术并能够和互联网互联的多个全国范围内的公用计算机网络，中国经过多次合并，截至目前国内有 7 家骨干网互联单位，他们就是国内最大的互联网服务提供商 ISP。

- 中国电信集团有限公司（简称中国电信，原中国公用计算机互联网）。
- 中国联合网络通信集团有限公司（简称中国联通）。
- 中国移动通信集团有限公司（简称中国移动）。
- 中国教育和科研计算机网。
- 中国科学院计算机网络信息中心。
- 中国国际电子商务中心。
- 中国长城互联网网络中心。

其中前三家是国际骨干互联网运营商，后四家是公益性网络。

1. 互联网之间互联互通

中国互联网就是由上述 7 家运营单位的骨干网通过互联互通共同构建。各运营单位的骨干网主要通过以下方式实现互联互通。

（1）NAP 模式。NAP 本质上即 IXP，目前国内 NAP 只设置在北京、上海、广州三地，骨干网互联单位可在此接入实现网间互联互通。对于各自网内的最终用户而言，意味着访问外网资源必须绕经北上广的 NAP 才能获取目标应用资源。

（2）骨干直联点模式。2013 年国务院发布了"宽带中国"战略实施方案，将宽带战略上升至国家战略，不断推进国家级骨干直联点的建设，互联带宽 3~4T。目前国家级骨干直连点数量已达到 13 个（3+7+3），即北京、上海、广州、南京、成都、武汉、西安、沈阳、重庆、郑州、杭州、贵阳·贵安、福州，已经覆盖了国内三大运营商 IP 骨干网核心结点所在城市。

设置骨干网直联点之前，不同运营企业间的互联要经过其他国家级交换中心或其他骨干直联点；而设置骨干网直联点之后，针对这个骨干直联点覆盖的省份或区域（含邻近省份），最终用户可就近通过其运营商与其他运营商的互联互通电路进行他网资源访问。

（3）除骨干网互联外，各地方也建设了一些本地网络交换中心，重庆为工信部批准的试点，其他 3 个（上海、宁波、成都）为地方建设的本地网络交换中心。

（4）2019 年 10 月，工业和信息化部批复同意在杭州开展国家级新型互联网交换中心试点，以构建形成布局合理、高速高效、动态灵活、安全可靠的互联互通体系为目标，以中立、公平、开放、微利等原则，集中汇聚网络资源和互通流量，实现"一点接入，全网连通"，能有效提升网络性能，降低网络接入和流量交换成本，促进网络资源开放共享。

图 10-22 展示了中国骨干网互联网互联互通示意图。

2. 互联网骨干网网间结算

2020 年 2 月，工信部发布《关于调整互联网骨干网网间结算政策的通知》（20 号）。

（1）2020 年 7 月 1 日起，取消中国移动与中国电信、中国联通间的单向结算政策，实行对等互联，互不结算。

7 月 1 日前，维持现有网间结算政策和结算标准，即中国移动应向中国电信、中国联通支付互联网骨干网网间结算费用，结算标准不高于 8 万 /G/ 月。

（2）为扶持市场新进入者，激发市场活力、促进行业整体高质量发展，2020 年 1 月 1 日起，中国电信、中国移动和中国联通下调对中国广播电视网络有限公司、中信网络有限公司的互联网骨干网网间结算费用，下调比例不低于现有标准结算价（8 万元 /G/ 月）的 30%。

（3）2020 年 1 月 1 日起，教育网、科技网、经贸网、长城网等公益性网络与中国电信、中国移动和中国联通的互联网骨干网之间实行免费互联。

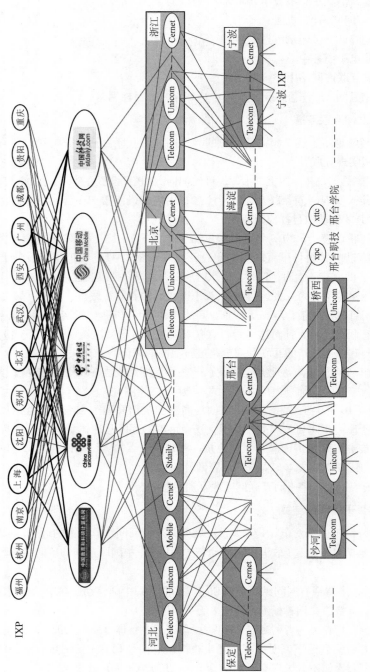

图 10-22 中国骨干互联网互联示意图

10.4 局域网接入与网络地址转换 NAT

10.4.1 虚拟专用网 VPN

由于 IP 地址的紧缺，一个机构能够申请到的 IP 地址数往往小于本机构所拥有的主机数。同时，一个机构内也并不需要把所有的主机接入外部的互联网。实际上，在很多情况下，很多主机主要还是和本机构内的其他主机进行通信，如一所高校内，学生机房和老师办公用的计算机并不需要和互联网相连，而校园中内部的计算机通信也采用 TCP/IP 协议，那么，从原则上讲，对于这些仅在校园内部

虚拟专用网 VPN

使用的计算机就可以由学校自行分配其 IP 地址，这就是说，让这些计算机使用仅在学校有效的 IP 地址(称为本地地址)，而不需要向互联网的管理机构申请全球唯一的 IP 地址(称为全球地址、公网地址)，这样就可以大大节约宝贵的全球 IP 地址资源。

但是，如果任意选择一些 IP 地址作为本单位内部使用的本地地址，那么在某种情况下可能会引起一些麻烦。例如，有时候单位内部的某台主机需要和互联网连接，那么，这种仅在内部使用的本地地址就有可能和互联网中某个 IP 地址重合，这样就会出现地址的二义性。

为了解决这个问题，RFC 1918 指明了一些专用地址（Private Address），这些地址只能用于一个机构的内部通信，而不能用于和互联网上的主机通信，也就是只能用作本地地址而不能用作全球地址。在互联网中的所有路由器，对目的地址是专用地址的数据报一律不进行转发。REC 1918 留出 3 块 IP 地址空间（1 个 A 类地址段、16 个 B 类地址段、256 个 C 类地址段）作为专用 IP 地址。

采用这样的专用 IP 地址的互联网称为专用互联网或本地互联网，或叫专用网。全世界可能有很多的专用互联网具有相同的专用 IP 地址，但这并不会引起冲突。这些专用 IP 地址也称为可重用地址（Reusable Address），私有地址。

如果一个跨国企业采用专用 IP 地址组网，跨地区的部门之间如何互相交换信息呢？通常采用两种方法，一种方法是租用电信公司的通信线路为本机构专用；另一种方法是利用公司的互联网作为本公司各专用网之间的通信载体，这样的专用网又称虚拟专用网（Virtual Private Network, VPN）。

"专用网"是指这种网络是为本机构的主机用于机构内部的通信，而不是用于和网络外非本机构的主机通信。如果专用网不同网点之间的通信必须经过公用的互联网同时要求保密，那么所有通过互联网传送的数据都必须加密。"虚拟"表示实际上并不是，VPN 只是在效果上和真正的专用网一样。一个机构要构建自己的 VPN 就必须为它的每一个场所购买专门的硬件和软件，并进行配置，使每一个场所的 VPN 系统都知道其他场所的地址。

如图 10-23 所示，假定某个机构在两个相距较远的场所建立了专用网 N1 和 N2，其网络地址分别是专用地址 192.168.10.0 和 192.168.20.0，现在两个场所需要通过公用互联网构成一个 VPN。

显然，每个场所至少要有一个路由器具有合法的全球 IP 地址，如图 10-23（a）所示的路由器 R1 和 R2，这两个路由器和互联网的接口地址必须是合法的全球 IP 地址，路由器 R1 和 R2 在专用网内部网络的接口地址则是专用网的本地地址。

数据报从 R1 传送到 R2 可能要经过互联网中的很多个网络和路由器，但从逻辑上看，在 R1 和 R2 之间好像有一条直通的点对点链路，如图 10-23（b）所示的"隧道"。

这时机构的两个场所 X 和 Y 的内部网络 N1 和 N2 就构成了虚拟专用网，又称内联网（Intranet 或 intranet VPN，即内联网 VPN），表示场所 X 和 Y 都属于同一个机构。

有时，一个机构的 VPN 需要有某些外部机构（如合作伙伴）参加进来，这样的 VPN 称为外联网（extranet 或 extranet VPN，即外联网 VPN）。

有时候公司员工出差在外地，甚至有许多员工在外地工作，这些人需要远程和公司内部进行通信，而远程接入 VPN 可以满足这种需求，这些员工在外地通过公用互联网采用 VPN 连接，外地员工和

公司通信的内容也是保密的，员工感到好像就是公司内部的本地网络。

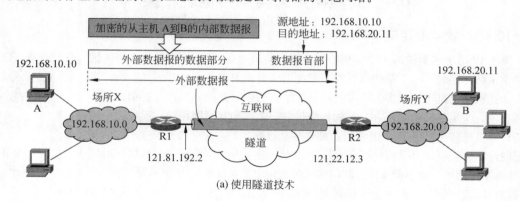

(a) 使用隧道技术

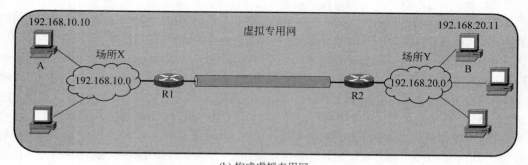

(b) 构成虚拟专用网

图 10-23　用隧道技术实现虚拟专用网

10.4.2　网络地址转换

为了解决专用网用户访问互联网的问题，从而诞生了网络地址转换（Network Address Translation，NAT）技术，它是一种将一个 IP 地址转换为另一个 IP 地址的技术。图 10-24 所示为在路由器上使用 NAT 技术所实现的功能。

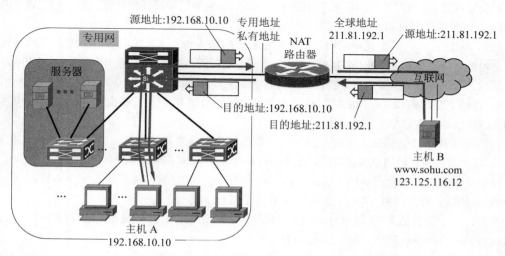

图 10-24　NAT 路由器工作原理

NAT

如图 10-24 所示，专用网主机 A 的 IP 地址为 192.168.10.10，NAT 路由器有一个接口连接内部网，另一个接口连接互联网，被分配全球地址为 211.81.192.1。当内部网络上的一台主机 A（192.168.10.10）访问互联网上的一台主机 B（如搜狐服务器 123.125.116.12）时，主机 A 所发出的 IP 数据报的源 IP 地址是 192.168.10.10，目的地址是 123.125.116.12，这个 IP 数据报到达路由器后，NAT 路由器把该 IP 数据报的源地址 192.168.10.10 替换成新的源地址 211.81.192.1（即 NAT 路由器连接互联网接口的 IP 地址），目的地址不变，然后此 IP 数据报被发送到互联网上的目的主机 B（搜狐服务器 123.125.116.12）处。互联网上的主机 B 给主机 A 发送应答时，IP 数据报的目的地址为 NAT 路由器连接互联网的接口 IP 地址（原 IP 数据报的源地址），主机 B 并不知道主机 A 的专用地址。当 NAT 路由器收到互联网上的主机 B 发来的 IP 数据报时，NAT 路由器再进行一次 IP 地址转换，通过 NAT 地址转换表，就可把 IP 数据报上的目的地址 211.81.192.1 转换为新的目的地址 192.168.10.10（即主机 A 的 IP 地址），然后把这个 IP 数据报发送给主机 A，则专用网主机 A 和互联网上主机 B 的通信完成。互联网上的主机并不认为是内部网络中的主机在访问它，而认为是路由器在访问它，因为数据包的源 IP 地址是路由器的地址，换句话说，在使用了 NAT 技术之后，互联网上的主机无法"看到"内部网络的地址，提高了内部网络的安全性。

1. NAT 表

当专用网内部有多台主机访问互联网上的多个目的主机的时候，路由器必须记住内部网络的哪一台主机访问互联网上的哪一台主机，以防止在地址转换时将不同的连接混淆，所以路由器会为 NAT 的众多连接建立一个表，即 NAT 表。NAT 在做地址转换时，依靠在 NAT 表中记录内部私有地址和外部公有地址的映射关系来保存地址转换的依据。当执行 NAT 操作时，路由器在做某一数据连接操作时只需要查询该表，就可以得知应该如何转换地址，而不会发生数据连接的混淆。

2. 内部地址和全局地址

NAT 表中有四种地址，它们分别是 Inside Local Address（内部本地地址）、Inside Global Address（内部全局地址）、Outside Local Address（外部本地地址）、Outside Global Address（外部全局地址）。

（1）Inside：表示内部网络，这些网络的地址需要被转换。在内部网络，每台主机都分配一个内部 IP 地址，但与外部网络通信时，又表现为另外一个地址。

（2）Outside：是指内部网络需要连接的网络，一般指互联网，也可以是另外一个机构的网络。

- Inside Local Address：内部本地地址，是指在一个企业或机构内部网络内分配给一台主机的 IP 地址。这个地址通常是私有地址。
- Inside Global Address：内部全局地址，是指设置在路由器等互联网接口设备上，用来代替一个或多个私有 IP 地址的公有地址，在互联网上应该是唯一的。
- Outside Local Address：外部本地地址，是指互联网上的一个公有地址，该地址可能是互联网上的一台主机。
- Outside Global Address：外部全局地址，是指互联网上另一端网络内部的地址，该地址可能是私有的。

一般情况下，Outside Local Address 和 Outside Global Address 是同一个公有地址，它们就是内部网络主机所访问的互联网上的主机，只有当特殊情况的时候，两个地址才不一样。

10.4.3　NAT 类型

按转换方式来分类，NAT 有静态和动态两大类，即静态 NAT、动态 NAT。

1. 静态 NAT

静态 NAT 是指内部网络中的主机 IP 地址（内部本地地址）一对一地永久映射成外部网络中的某

个合法的地址。当要求外部网络能够访问内部设备时，静态 NAT 特别有用。如内部网络有 Web 服务器、E-mail 服务器或 FTP 服务器等可以为外部用户提供的服务，这些服务器的 IP 地址必须采用静态地址转换（将一个合法 IP 地址映射到一个内部地址，静态映射将一直存在于 NAT 表中，直到被管理员取消），以便外部用户可以使用这些服务。

2. 动态 NAT 转换

动态 NAT 转换包括动态地址池转换（Pool NAT）和动态端口转换（Port NAT）两种，前者是一对一的转换，后者是多对一的转换。

（1）Pool NAT 转换。Pool NAT 执行本地地址与全局地址的一对一转换，但全局地址与本地地址的对应关系不是一成不变的，它是从内部全局地址池（Pool）中动态地选择一个未使用的地址对内部本地地址进行转换的。采用动态 NAT 意味着可以在内部网络中定义很多的内部用户，通过动态分配的方法，共享很少的几个外部 IP 地址，而静态 NAT 则只能形成一对一的固定映射关系。

（2）Port NAT 转换。端口地址转换（Port Address Translation，PAT）又称复用动态地址转换或 NAT 重载，是把内部本地地址映射到外部网络的一个 IP 地址及运输层的不同端口上，因一个 IP 地址的端口数有 65535 个，即一个全局地址可以和最多达 65535 个内部地址建立映射，因此，从理论上说一个全局地址可供 65535 个内部地址通过 NAT 连接 Internet，在实际应用过程中，仅使用了大于或等于 1024 的端口。在只申请到少量 IP 地址却经常同时有多于合法地址个数的用户访问外部网络的情况下，这种转换极为有用。

习　题

一、填空题

1. 广域网技术在 OSI 模型中主要位于物理层、_____和_____。

2. 同步串口有_____和_____两种工作方式。

3. PPP 的身份证认证有两种方式：_____和_____。

4. 常见的传输媒体主要包括双绞线、光纤、_____、_____和_____等。

5. DSL（Digital Subscriber Line，数字用户线路）是以_____为传输媒体的传输技术组合，包括 HDSL、SDSL、VDSL、ADSL 和 RADSL 等，一般称为_____。

6. FTTx 有多种类型，最常用的有_____、_____、_____和_____等几种。

7. 光纤接入从技术上可分为_____和_____两大类。

8. 2004 年正式发布 EPON 技术标准 IEEE 802.3ah，将_____技术与 PON 技术完美结合，因此成为非常合适 IP 业务的宽带接入技术。

9. EPON 下行采用_____方式，所有 ONU 都能收到相同的数据，通过 ONU-ID 来区分属于各自的数据。EPON 上行采用_____分时隙给 ONU 传输上行流量。

10. 基于 HFC 接入网的双向宽带接入主流方案主要有_____、_____和_____三种方案。

11. 线缆调制解调器用在用户端，它接收 CATV 网络上的数据，并将其转换为_____格式通过以太网接口传送给用户 PC。

12. 根据提供服务的覆盖范围面积大小以及所拥有的 IP 地址数目的不同，ISP 也分为_____、_____、_____。

13. 相对于 IEEE 802.3z，IEEE 802.3ah 在物理层增加了_____子层。

二、选择题

1. 下列宽带接入技术中带宽最高的是（　　）。

　A. ADSL　　　　　　　B. ADSL2+　　　　　　C. VDSL　　　　　　D. Cable Modem

2.在某处远离市区的一片大山的一处高地建一个气象台，需要接入 Internet，性价比最高的传输媒体是（　　）。

  A. 光缆   B. 无线媒体   C. 双绞线   D. 同轴电缆

3.（　　）是向用户提供接入因特网以及其他相关服务的公司。

  A. ICP   B. ASP   C. PHP   D. ISP

4.下列选项中，属于光纤直接入户的接入方式是（　　）。

  A. FTTH   B. FTTC   C. FTTB   D. FTTC

5.在 PON 的典型组网中，属于用户侧设备的事（　　）。

  A. OLT   B. ONU   C. POS   D. 局端路由器

6.网络地址转换包括（　　）。

  A. 静态地址转换   B. 动态地址转换   C. 端口过载   D. 以上都是

三、简答题

1.简述 PPP 的基本建链过程。

2.ADSL 与其他接入方式的比较，有哪些优势？

3.试比较 ADSL、HFC、以太网以及 FTTx 接入技术的优缺点。

4.截至目前国内有哪 7 家骨干网互联单位，他们就是国内最大的互联网服务提供商 ISP？

四、项目设计题

假设某家庭有 1 台台式计算机、2 台笔记本、3 部终端（智能手机），请设计家庭互联网接入方案，画出拓扑结构，在模拟环境中完成配置，并测试其连通性。

学习单元 11　中小型网络安全攻防

随着互联网的高速发展，网络安全问题日益成为国际社会的焦点问题。当前网络安全不仅仅涉及信息战，"还涉及舆论、公共关系、技术，更涉及公共安全。"习近平总书记强调，没有网络安全就没有国家安全，就没有经济社会稳定运行，广大人民群众利益也难以得到保障。

在本学习单元会详细讲解网络安全相关技术，主要包括网络安全概述、网络攻击与防御、密码与安全协议应用、防火墙技术与应用、入侵检测技术与应用。

通过本单元的学习，大家应该掌握以下知识。

- 理解网络安全概念、特征。
- 了解网络安全攻防体系结构。
- 掌握网络攻击与防御方法。
- 熟悉密码与安全协议应用。
- 熟悉防火墙技术与应用。
- 熟悉入侵检测技术与应用。
- 掌握内网信息收集方法。
- 掌握内网漏洞扫描方法。

11.1　网络安全概述

11.1.1　网络安全定义

中国的网民数量和网络规模世界第一，维护好中国网络安全，不仅是自身需要，对于维护全球网络安全乃至世界和平都具有重大意义。中国致力于维护国家网络空间主权、安全、发展利益，推动互联网造福人类，推动网络空间和平利用和共同治理。

2017 年 6 月，国务院颁布《中华人民共和国网络安全法》，这是我国第一部全面规范网络空间安全管理方面问题的基础性法律。新国家安全法规定，国家建设网络与信息安全保障体系，并加强网络管理，防范、制止和依法惩治网络攻击、网络入侵、网络窃密、散布违法有害信息等网络违法犯罪行为，维护国家网络空间主权、安全和发展利益。第一次明确了"网络空间主权"这一概念。

2020 年 6 月 1 日，由国家互联网信息办公室、国家发展改革委员会、工业和信息化部、公安部等 12 个部门联合发布的《网络安全审查办法》，从 6 月 1 日起正式实施。

广义上讲，网络安全（Cyber Security）是一门涉及计算机科学、网络技术、通信技术、密码技术、信息安全技术、应用数学、数论、信息论等多种学科的综合性学科。

在网络安全行业中，计算机网络安全是指网络系统的硬件系统、软件系统及其系统中的数据受到保护，不因偶然的或者恶意的原因而遭受到破坏、更改、泄露，系统连续可靠正常地运行，网络服务不中断。网络安全既指计算机网络安全，又指计算机通信网络安全，主要包括物理安全、软件安全、信息安全和运行安全 4 个方面的内容。

（1）物理安全。包括硬件、存储媒体和外部环境的安全。硬件是指网络中的各种设备和通信线路，如主机、路由器、服务器、工作站、交换机、电缆等；存储媒体包括磁盘、光盘等；外部环境则主要是指计算机设备的安装场地、供电系统等。保障物理安全，就是要保证这些硬件设施能够正常工作而不被损坏。

（2）软件安全。是指网络软件以及各个主机、服务器、工作站等设备所运行的软件的安全。保障软件安全，就是保证网络中的各种软件能够正常运行而不被修改、破坏和非法使用。

（3）信息安全。是指网络中所存储和传输数据的安全，主要体现在信息隐蔽性和防止修改的能力上。保障信息安全，就是保护网络中的信息不被非法地修改、复制、解密、使用等，也是保障网络安全最根本的目的。

（4）运行安全。是指网络中的各个信息系统能够正常运行并能正常地通过网络交流信息。保障信息安全，就是通过对网络系统中的各种设备运行状态进行检测，发现不安全因素时，及时报警并采取相应措施，消除不安全状态，以保障网络系统的正常运行。

11.1.2　网络安全的特征

在美国国家信息基础设施（NII）的文献中，明确给出安全的五个属性，即保密性、完整性、可用性、可控性和不可抵赖性。这五个属性适用于国家信息基础设施的教育、娱乐、医疗、运输、国家安全、电力供给及通信等广泛领域。在设计网络系统的安全时，应该努力达到安全目标。一个安全的网络具有下面5个特征。

（1）保密性。是指网络中的信息不被非授权实体（包括用户和进程等）获取与使用。

（2）完整性。是指数据未经授权不能进行改变的特性。即信息在存储或传输过程中保持不被修改、不被破坏和丢失的特性。

（3）可用性。是指保证信息在需要时能为授权者所用，防止由于主客观因素造成的系统拒绝服务。例如，网络环境下的拒绝服务、破坏网络和有关系统的正常运行等都属于对可用性的攻击。

（4）可控性。是人们对信息的传播路径、范围及其内容所具有的控制能力，即不允许不良内容通过公共网络进行传输，信息应在合法用户的有效掌控之中。

（5）不可抵赖性。不可抵赖性也称不可否认性。就是发送信息方不能否认发送过信息，信息的接收方不能否认接收过信息。数据签名技术是解决不可否认性的重要手段之一。

11.2　数据密码技术

11.2.1　数据加密模型

数据加密的基本过程就是对原来为明文的文件或数据按某种算法进行处理，使其成为不可读的一段代码，通常称为密文，只能在输入相应的密钥之后才能显示出本来的内容，通过这样的转换途径达到保护数据不被人非法窃取、阅读的目的。该过程的逆过程为解密，即将该编码信息转化为其原来数据的过程，一般的数据加密模型如图11-1所示，用户A向用户B发送明文X，但通过加密算法E运算后，就得出密文Y。

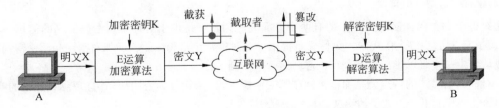

图 11-1　一般的数据加密模型

加密密钥K（key）和解密密钥K（key）是一串秘密的字符串（即比特串）。密文$Y=E_K(X)$，即表示明文通过加密算法编程密文的一般表示方法。

在传送过程中可能出现密文的截取者（或攻击者、入侵者）。$D_K(Y)=D_K(E_K(X))=X$，即表示接收端利用解密算法D运算和解密密钥K，解出明文X。解密算法是加密算法的逆运算。

11.2.2 两种密码体制

1. 对称密钥密码体制

对称密钥密码体制是指加密密钥和解密密钥是使用相同的密码体制，如图 11-1 所示，通信的双方使用的就是对称密钥。

现代密码算法不再依赖算法的保密，而是把算法和密钥分开，其中，算法可以公开，而密钥是保密的，密码系统的安全性在于保持密钥的保密性。如果加密密钥和解密密钥相同，可以从一个推出另一个，一般称其为对称密钥或单钥密码体制。对称密码技术加密速度快，使用的加密算法简单，安全强度高，但是密钥的完全保密较难实现，此外，大系统中密钥的管理难度也较大。

对称密码系统的安全性依赖于两个因素，第一，加密算法必须是足够强的，仅仅基于密文本身去解密信息在实践上是不可能的；第二，加密方法的安全性依赖于密钥的保密性，而不是算法的秘密性。对称密码系统可以以硬件或软件的形式实现，其算法实现速度很快，并得到了广泛的应用。

对称加密算法是应用较早的加密算法，技术成熟。在对称加密算法中，使用的密钥只有一个，发送方和接收方都使用这个密钥对数据进行加密或解密，这就要求解密方事先必须知道加密密钥。

对称加密算法按照是否把明文分割成块之后再进行处理来分类，分为块加密和流加密。块加密是对明文按大小分块，对每一块分别进行加密；流加密是指对明文不分块，对每一 bit 进行加密。

常用的对称加密算法有 DES（数据加密标准）、AES（高级加密标准）和三重 DES 等，表 11-1 列出了三种对称加密算法。

表 11-1　三种常用加密算法

算　　法	简　　介
DES(Data Encryption Standard)	代表性对称加密算法，密钥长度为 56bits，因此存在 2^{56} 种密钥，对明文每 8 字节进行分块（block），对每一块加密。现由于计算机处理速度大幅增加导致尝试 2^{56} 种密钥进行暴力破解成为可能。现已经不推荐使用 DES
AES(Advanced Encryption Standard)	作为 DES 后继者登场，区块的长度固定为 128 bits，密钥的长度可以是 128，192，256 bits，安全性相较于 DES 大大增加。大众产品大都默认使用 128 位密钥，而高度机密的情报，则推荐使用 192 位以上的密钥
Triple DES	就像其名字所表示的，三重 DES，即使用三次 DES 进行加密，每次分别使用独立密钥加密，变相增加了密钥长度至 168 (3×56) bits，暴力破解难度大大增加。三重 DES 广泛用于网络、金融、信用卡等系统

2. 非对称密钥密码体制

非对称密钥密码体制的产生主要有两个方面的原因，一是由于对称密钥密码体制的密钥分配问题；二是由于对数字签名的需求。为此，就提出了非对称密钥密码体制，即加密密钥和解密密钥不相同，或从其中一个难以推出另一个，也称公钥密码体制。

非对称加密算法的特点就是加密密钥和解密密钥不同，密钥分为公钥和私钥，用私钥加密的明文，只能用公钥解密；用公钥加密的明文，只能用私钥解密。

（1）非对称密钥密码体制的通信模型。

非对称密钥密码体制的通信模型如图 11-2 所示。加密密钥 PK(Public Key, 公钥)是向公众公开的，而加密密钥 SK（Secret Key, 私钥或密钥）则是需要保密的。加密算法 E 和解密算法 D 也都是公开的。

非对称加密算法的加密和解密过程主要特点如下。

① 密钥对产生器产生接收者 B 的一对密钥，即加密密钥 PK_B（公钥）和解密密钥 SK_B。发送者 A 所用的加密密钥 PK_B 就是接收者 B 的公钥，它向公众公开。而 B 所用的解密密钥 SK_B 就是接收者

B 的私钥，对其他人保密。

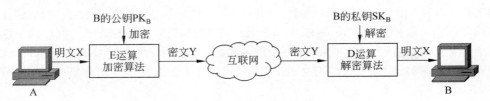

图 11-2　非对称密钥密码体制

② 发送者 A 用 B 的公钥 PK_B 通过 E 运算对明文 X 加密后得到密文 Y，发送给 B。Y=E 再用解密密钥 SK（私钥）对密文解密，即可恢复出明文 m，即 $Y=E_{PKB}(X)$。

B 用自己的私钥 SK_B 通过 D 运算进行解密，恢复出明文，即

$$D_{SKB}(Y)=D_{SKB}(E_{PKB}(X))=X$$

③ 从已知的 PK_B 不可能推导出 SK_B。是"计算上不可能的"。

④ 虽然加密密钥可用来加密，但却不能用来解密，即 $D_{PKB}(E_{PKB}(X)) \neq X$。

⑤ 加密和解密的运算可对调，即 $E_{PKB}(D_{SKB}(X)) = D_{SKB}(E_{PKB}(X))=X$。但通常都是先加密然后再解密。

非对称密钥密码体制大大简化了复杂的密钥分配管理问题，但非对称加密算法要比对称加密算法慢得多（约差 1000 倍）。因此，在实际通信中，非对称密码体制主要用于认证（比如数字签名、身份识别等）和密钥管理等，而消息加密仍利用对称密码体制。

（2）非对称的加密算法。

非对称的加密算法是建立在数学函数基础上的。最常用的有如下几种公钥算法。

① RSA 算法：非对称密钥密码体制的杰出代表是 1978 年正式发表的 RSA 体制，它是一种基于数论中的大素数分解问题的体制，是目前应用最广泛的公开密钥算法。RSA 既能用于加密（密钥交换），也能用于数字签名，特别适用于通过 Internet 传送的数据。RSA 的安全基于大数分解的难度，其公钥和私钥是一对大素数（100~200 位十进制数或更大）的函数。从一个公钥和密文恢复出明文的难度，等价于分解两个大素数之积（这是公认的数学难题）。

② DSA 算法：数字签名算法（Digital Signature Algorithm，DSA）由美国国家安全署发明，已经由美国国家标准与技术协会（NIST）收录到联邦信息处理标准（FIPS）之中，作为数字签名的标准，DSA 算法的安全性源自计算离散算法的困难。这种算法仅用于数字签名运算（不适用于数据加密）。Microsoft CSP 支持 DSA 算法。

③ Diffie-Hellman 算法：仅适用于密钥交换。Diffie-Hellman 是发明的第一个公钥算法，以其发明者 Whitfield Diffie 和 Martin Hellman 的名字命名。Diffie-Hellman 算法的安全性源自在一个有限字段中计算离散算法的困难，Diffie-Hellman 算法仅用于密钥交换。Microsoft Base DSS 3 和 Diffie-Hellman CSP 都支持 Diffie-Hellman 算法。

11.2.3　密钥分配

由于密码算法是公开的，网络的安全性就完全基于密钥的安全防护上，因此密钥管理就显得尤为重要。密钥管理包括密钥的产生、分配、注入、验证和使用，在这里只讨论密钥的分配。

密钥分配（或称密钥分发）是密钥管理中最大的问题，密钥必须通过最安全的通路进行分配。密钥分配有网外分配方式和网内分配方式两种，网外分配方式是指排可靠的信使携带密钥分配给互相通信的各用户。但随着用户增加，密钥更换的频繁，信使派发的方式已不再适用，这时采用网内分配方式，也称密钥自动分配。

1. 对称密钥的分配

如果有 n 个用户相互之间进行保密通信，若每对用户使用不同的对称密钥，则密钥总数将达到 $n(n-1)/2$ 个，当 n 值较大时，$n(n-1)/2$ 值会很大，需要的密钥数量就非常大。同时共享的密钥如何在网络上安全地传送呢？目前常用的密钥分配方式是设立密钥分配中心（Key Distribution Center，KDC），KDC 是大家都信任的机构，其任务就是给需要进行秘密通信的用户临时分配一个会话密钥（仅使用一次）。

目前最出名的密钥分配协议是 Kerberos V5。Kerberos 既是鉴别协议，同时也是 KDC，它已经变得很普及，现在是互联网建议标准。Kerberos 使用比 DES 更加安全的高级加密标准 AES 进行加密。

2. 公钥的分配

在公钥密码体制中，如果每个用户都具有其他用户的公钥，就可实现安全通信，但不能随意公布用户的公钥，因为无法防止假冒和欺骗，使用者也无法确定公钥的真正拥有者，这时候需要有一个值得信赖的机构——即认证中心（Certification Authority，CA），来将公钥与其对应的实体（人或机器）进行绑定（Binding）。认证中心一般由政府出资建立。每个实体都有 CA 发来的证书（Certificate），里面有公钥及其拥有者的标识信息，此证书被 CA 进行了数字签名，是不可伪造的，可以信任，证书是一种身份证明，用于解决信任问题。任何用户都可从可信的地方（如代表政府的报纸）获得认证中心 CA 的公钥，此公钥用来验证某个公钥是否为某个实体所拥有（通过向 CA 查询）。

为了使 CA 证书具有统一的格式，ITU-T 制定了 X.509 协议标准，用来描述证书的结构。IETF 接受了 X.509（仅做了少量的改动），并在 RFC 5280 中给出了互联网 X.509 公钥基础结构（Public Key Infrastructure，PKI）。在 IE 浏览器中，选择"工具 Internet 选项内容证书"就可以查看有关证书发行机构的信息，用户可以从证书颁发机构获得自己的安全证书。

11.2.4 数字签名

数字签名（又称公钥数字签名）是只有信息的发送者才能产生的别人无法伪造的一段数字串，这段数字串同时也是对信息的发送者发送信息真实性的一个有效证明。数字签名必须保证能够实现以下三点功能。

（1）接收者能够核实发送者对报文的签名。也就是说，接收者能够确信该报文的确是发送者发送的，其他人无法伪造对报文的签名，这叫作报文鉴别。

（2）接收者确信所收到的数据和发送者发送的完全一样而没有被篡改过。这叫作报文的完整性。

（3）发送者事后不能抵赖对报文的签名。这叫作不可否认。

数字签名多采用公钥加密算法，比采用对称加密算法更容易实现。一套数字签名通常定义两种互补的运算，一个用于签名，另一个用于验证。数字签名是非对称密钥加密技术与数字摘要技术的应用。

1. 数字签名的实现

数字签名的全过程分两大部分，即签名与核实签名，图 11-3 所示为数字签名的实现过程。

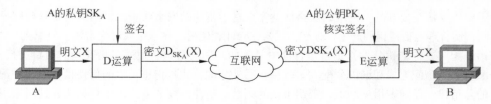

图 11-3 数字签名的实现

（1）数字签名的签名。首先是生成被签名的电子文件，然后对电子文件用哈希算法做数字摘要，再对数字摘要用签名私钥做非对称加密，即做数字签名；之后是将以上的签名和电子文件原文以及签名证书的公钥加在一起进行封装，形成签名结果发送给收方，待收方验证。A 用其私钥 SK_A 对报文 X 进行 D 运算，然后 A 把经过 D 运算得到的密文传送给 B。

（2）数字签名的核实验证。接收方收到发方的签名结果后进行签名验证，即接收方收到数字签名的结果，其中包括数字签名、电子原文和发方公钥，即待验证的数据，然后接收方进行签名验证，接收方首先用发方公钥解密数字签名，导出数字摘要，并对电子文件原文做同样哈希算法得出一个新的数字摘要，将两个摘要的哈希值进行结果比较，如签名相同得到验证，否则无效，这就做到了《电子签名法》中所要求的对签名不能改动，对签署的内容和形式也不能改动的要求。B 为了核实签名，用 A 的公钥 PK_A 进行 E 运算，还原出明文 X。应该注意的是，任何人用 A 的公钥 PK_A 进行 E 运算后都可以得出 A 发送的明文。

数字签名必须具有上述的三点功能，因为除 A 外没有别人持有 A 的私钥 SK_A，所以除 A 外没有办法能产生密文 $D_{SK_A}(X)$，这样，B 就相信报文 X 是 A 签名发送的，这就是报文鉴别的功能。同理，其他人如果篡改过报文，但由于无法得到 A 的私钥 SK_A 来对 X 进行加密，那么 B 对篡改过的报文进行解密后，将会得出不可读的明文，就知道收到的报文被篡改过，这样就保证了报文的完整性。若 A 要抵赖曾发送过报文给 B，B 可把 X 及 $D_{SK_A}(X)$ 出示给进行公正的第三者，第三者很容易用 PK_A 去证实 A 确实发送 X 给 B，这就是不可否认的功能，这三项功能的关键都在于没有其他人能够持有 A 的私钥 SK_A。

2. 具有保密性的数字签名

如图 11-3 所示，但报文进行了签名，但对报文 X 本身却未保密，因为截获到密文 $D_{SK_A}(X)$ 并知道发送者身份的任何人，通过查阅手册即可获得发送者的公钥 PK_A，因而能知道报文的内容。若采用如图 11-4 所示的方法，则可同时实现秘密通信和数字签名，SK_A 和 SK_B 分别为 A 和 B 的私钥，而 PK_A 和 PK_B 分别为 A 和 B 的公钥。

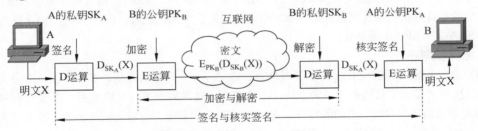

图 11-4　具有保密性的数字签名的实现

11.2.5　鉴别

在网络的应用中，鉴别（authentication）是网络安全中一个很重要的问题。鉴别和加密不同，鉴别是要验证通信的对方的确是自己想要通信的对象，而不是其他的冒充者，并且所传送的报文是完整的，没有被他人篡改过。

鉴别可分为两种，一种是报文鉴别，即鉴别所收到的报文的确是报文的发送者所发送的，而不是其他人伪造的或篡改的，包含了端点鉴别和报文完整性的鉴别；另一种是实体鉴别，即仅仅鉴别发送报文的实体，实体可以是一个人，也可以是一个进程（客户或服务器），即端点鉴别。

1. 报文鉴别

1）密码散列函数

数字签名是一种防止源点或终点抵赖的鉴别技术，即使用数字签名就能够实现对报文的鉴别，然而当报文较长时进行数字签名会使计算机增加非常大的负担，需要进行较多的时间来进行运算，因此需要找出一种相对简单的方法对报文鉴别，这就是使用密码散列函数（Cryptographic Hash Function）。

在前面，多次使用的检验和（Checksum）就是散列函数的一种应用，用于发现数据在传输过程中的比特差错。在密码学中使用的散列函数就是密码散列函数，其主要特点是要找到两个不同的报文，它们具有同样的密码散列函数输出，在计算上是不逆的。也就是说，密码散列函数实际上是一种单向函数（One-Way Function）。但在 2004 年我国学者王小云发表了论文，推翻了密码散列函数是不可逆的，采用的方法只需要 15 分钟就能完成。

目前，最实用的密码散列算法是 MD5 和 SHA-1。

（1）MD5。MD5（Message Digest）消息摘要算法是一种被广泛使用的密码散列函数，输入长度小于 2^{64} 比特的消息，以小于 2^{64} 比特的消息为例，输出一个 128 位（16 字节）的散列值（Hash Value），输入信息以 512 比特的分组为单位处理。

MD5 算法的大致过程如下。

① 先把任意长的报文按模 2^{64} 计算其余数（64 位），追加在报文的后面。

② 在报文和余数之间填充 1 ～ 512 位，填充后的总长度是 512 的整数倍，填充的首位是 1，后面都是 0。

③ 把追加和填充后的报文分割为一个个 512 位的数据块，每个 512 位的报文数据再分成为 4 个 128 位的数据块依次送到不同的散列函数进行 4 轮计算。每一轮又都按 32 位的小数据块进行复杂的运算，一直到最后计算出 MD5 报文摘要代码（128 位）。

这样得出的 MD5 报文摘要代码中的每一位都与原来报文中的每一位有关。

（2）SHA-1。SHA(Security Hash Algorithm) 是美国的 NIST 和 NSA 设计的一种标准的散列算法，SHA 用于数字签名的标准算法的 DSS 中，也是安全性很高的一种散列算法，该算法的输入消息长度小于 2^{64}bit，最终输出的结果值是 160bit（比 MD5 的 128bit 多了 25%），而且由于其 160bit 的输出，对穷举攻击更具有抵抗性。但该算法也被王小云教授的研究团队攻破。虽然 SHA-1 仍在使用，但很快就被 SHA-2 和 SHA-3 所替代。

2）报文鉴别码

MD5 报文鉴别可以防止篡改，但不能防止伪造，不能实现报文鉴别，黑客可以伪造报文和散列值，导致接收者接收了伪造报文。为了防止上述情况，对散列值进行私钥加密，黑客没有对应的私钥，因此无法伪造出对应加密的散列值，接收者使用公钥解密，肯定无法与伪造的报文对应，这里就实现了身份鉴别。对散列值加密后的密文，称为报文鉴别码（Message Authentication Code）。

2. 实体鉴别

报文鉴别是对每一个收到的报文都要鉴别报文的发送者，而实体鉴别是在系统接入的全部持续时间内对和自己通信的对方实体只需验证一次。

（1）使用对称密钥加密。实体鉴别基于共享的对称密钥，发送者使用密钥将报文加密，然后发送给接收者；接收者收到密文后，使用相同的密钥解，鉴别了发送者的身份。发送者和接收者持有相同的密钥，黑客截获密文后，直接将密文转发给接收者，此时接收者就会将黑客当作发送者，这种攻击称为重放攻击（Replay Attack）。

（2）使用公钥加密。为了对付重放攻击，可以使用不重数（Nonce），所谓不重数就是一个不重复使用的随机数，即一次一数。接收者针对每个不重数只使用一次，重放攻击发送的报文就变成了无效报文。

发送者向接收者发送数据时，携带一个不重数 X；接收者向发送者回送数据时，将 100 不重数使用接收者私钥加密后的密文，和不重数 Y；发送者接收到上述数据时，使用接收者的公钥将密文不重数解码，发现是 X，验证了该数据是从接收者发送的；然后发送者将不重数 Y 使用发送者私钥加密，跟随数据一起发送给接收者。

11.3　网络安全威胁技术

网络安全威胁技术也就是网络攻击技术，网络攻击按照攻击流程可以分为 3 个阶段，第一阶段是攻击前的准备阶段，在这个阶段，攻击者通过各种手段收集目标计算机的信息，主要利用的是扫描技术；第二阶段是具体的网络攻击阶段，在这个阶段，攻击者采用网络嗅探、协议分析、网络欺骗、诱骗式攻击、漏洞攻击、拒绝服务攻击、Web 攻击等网络攻击手段，期望能够得到目标计算机的控制权并获取有价值的数据和信息；第三阶段是成功入侵后的控制阶段，在这个阶段，攻击者往往通过植入木马等远程控制软件实现对目标计算机的控制和信息获取。

11.3.1　扫描技术

网络扫描是攻击者在实施网络攻击之前必要的信息收集步骤，通过网络扫描，可以获取被攻击目标的 IP 地址、端口、操作系统版本、存在的漏洞等攻击必需信息。具体的扫描技术包括互联网信息的收集、IP 地址扫描、网络端口的扫描、漏洞扫描、弱口令的扫描、综合漏洞扫描等。

（1）互联网信息收集。网络攻击者为了全面了解目标计算机的信息，事先通过多种手段收集其外围信息，以便为实施具体攻击找入手点。对目标计算机的信息收集方式包括通过 Whois 查询域名注册的相关信息，也可以在 InterNIC 上查询域名注册信息，也包括通过百度、Google 等收集更多的外围信息。

（2）IP 地址扫描。IP 地址扫描主要在网络攻击的开始阶段，用于获取目标计算机及其外围网络使用的 IP 网段，以及对应网段中处于开机状态的计算机。常用于 IP 地址扫描的方法包括：一是用操作系统提供的一些简单命令进行扫描，如 Ping、Tracert 等；二是用功能较强的自动化的扫描工具，如通过 nmap、superscan 等对 IP 地址进行扫描。

（3）网络端口扫描。一个开放的网络端口就是一条与计算机进行通信的虚拟通信，网络攻击者通过对网络端口的扫描可以得到目标计算机开放的网络服务程序，从而为后续的攻击确定好攻击的网络端口。端口扫描软件是黑客常用的工具，目前常用的扫描工具有很多种，如 nmap、superscan、netcat、X-port、portscanner、netscan tools、winscan 等。其中，nmap 是一款专门用于端口扫描的知名开源软件，它针对端口扫描进行了丰富的功能。

（4）漏洞扫描。获取了目标主机的 IP 地址、端口等信息后，网络攻击者下一步要扫描检测目标主机和目标网络中存在的安全漏洞，以便利用漏洞进行入侵，获得对目标主机的控制权限。漏洞扫描工具包括网络漏洞扫描工具和主机漏洞扫描工具。

① 网络漏洞扫描工具：主要通过网络扫描，针对网络设备的漏洞以及对外提供网络服务的主机网络服务程序的漏洞进行检测。常用的网络漏洞扫描工具包括 Nessus、X-scan、SSS、绿盟极光漏洞扫描器等。

② 主机漏洞扫描工具：主要针对本主机上安装的操作系统和应用软件系统的漏洞进行扫描，而不是进行网络的扫描。主机漏洞扫描工具通过漏洞特征匹配技术和补丁安装信息的检测来进行操作系统和应用软件系统的漏洞检测。常用的主机漏洞扫描工具包括 Nessus、360 安全卫士等。

（5）弱口令扫描。对弱口令等登录信息的扫描主要包括基于字典攻击的扫描技术和基于穷举攻击的扫描技术。

① 基于字典攻击的扫描技术：需要事先构造常用口令的字典文件（是用事先收集的常用口令做口令文件）。扫描时，这个字典文件中收集的每一条口令会被尝试用来匹配目标主机系统的登录口令，如果两个口令正好匹配，则口令被破解了。

② 基于穷举攻击的扫描技术：利用穷举的方法构造探测用的口令字典。原理是把字母与数字进行组合，穷举出所有可能出现的组合，然后使用组合好的口令去进行口令扫描。

（6）综合漏洞扫描。为了全面探测远端目标计算机存在的安全漏洞，以便充分利用更多的入侵手段，网络攻击者往往利用综合漏洞扫描工具，对目标计算机进行全面的扫描和探测，以期检测出尽可能多的漏洞，并利用漏洞实施入侵，最终获得目标计算机的控制权限。综合漏洞扫描工具集成了 IP 地址扫描、网络端口扫描、网络漏洞扫描等多种扫描功能。目前常用的综合漏洞扫描工具非常多，常用的有 Nessus、nmap 等。

11.3.2 网络嗅探

网络攻击者能够通过网络嗅探工具获得目标计算机网络传输的数据报，就可以通过对数据报按照协议进行还原和分析，从而获得目标计算机传输的大量信息。因此，网络嗅探技术是一种威胁性极大的非主动类信息获取攻击技术。

对目标计算机的网络进行嗅探可以通过 sniffer 类的工具即网络嗅探器来完成。利用这种工具，可以监视网络的状态，数据流动情况以及网络上传输的信息。为了捕获网络接口收到的所有数据帧，网络嗅探工具会将网络接口设置为"混杂"（promis-cuous）模式。

网络嗅探工具分为软件和硬件两种，网络嗅探软件包括 wireshark、sniffer pro、omnipeek、netxray 等；而硬件设备的网络嗅探器往往是专用的网络协议分析设备。

11.3.3 网络协议欺骗

（1）IP 地址欺骗。IP 欺骗是指网络攻击者假冒第三方的 IP 地址给目标主机发送包含伪造 IP 地址的数据包。因为 IP 协议缺乏对发送方的认证手段，因此，攻击者可以轻易构造虚假的 IP 地址实施网络欺骗行为，但这种攻击相对来说造成的影响不大（仅仅源主机收不到数据报）。

（2）ARP 欺骗。ARP 欺骗的原理就是恶意主机伪装并发送欺骗性的 ARP 数据报，致使其他主机收到欺骗性的 ARP 数据报后，更新其 ARP 缓存表，从而建立错误的 IP 地址和 MAC 地址的对应关系表。ARP 欺骗可以分为中间人欺骗和伪造成网关的欺骗两种。

① ARP 的中间人欺骗攻击：主要是在局域网环境内实施的，局域网内的某一主机 C 伪造网内另一台主机 A 的 IP 或（与）MAC 地址和局域网内的主机 B 通信，但 A 和 B 认为是他们两者在通信，或伪造 IP 地址和一个不存在的 MAC 地址，就会瘫痪和中断局域网内的网络通信。

② 伪造成网关的欺骗：主要针对局域网内部主机与外网通信的情况。局域网内中了 ARP 病毒的主机向局域网的主机发送欺骗性的 ARP 包，声称网关的 MAC 地址改为自己的 MAC 地址了，这时就会造成局域网内外的主机通信中断。

（3）TCP 欺骗。在传输层实施的通信欺骗工具包括 TCP 欺骗和 UDP 欺骗。这两个欺骗技术都是将外部计算机伪装成合法计算机来实现的，目的是把自己构筑成一个中间层来破坏正常链路上的正常数据流，或者在两台计算机通信的链路上插入数据。

TCP 协议是基于三次握手的面向连接的传输协议，采用了基于序列号和确认重传的机制来确保传输的可靠性，因此想要进行 TCP 欺骗，必须提前预测出第一次握手时的初始序列号，而第一次握手时的初始序列号具有一定的随机性，只有预先了解序列号的生成算法才能进行准确的预测，一般有 3 种算法，第一种就是在原有序列号的基础上增加一个 64K 的常量来作为新的序列号；第二种是与时间相关的，序列号的值是与时间相关的值；第三种是伪随机数。

TCP 欺骗攻击包括非盲攻击和盲攻击两种主要的欺骗手段，非盲攻击是指攻击者和目标主机在同一个网络，可以通过网络嗅探工具来获取目标主机的数据包，从而预测出 TCP 初始序列号；盲攻击发生在攻击者与目标主机不在同一个网络上的情况，因为不在同一个网络上，所以攻击者无法使用网络嗅探工具来捕获 TCP 数据包，因此无法获取目标主机的初始序列号，从而只能预测或探测目标主机的初始序列号。

（4）DNS 欺骗。攻击者冒充域名服务器的一种欺骗手段。冒充域名服务器，将查询的 IP 地址设为攻击者的 IP 地址，用户上网时直接跳转到攻击者的 IP 地址。

11.3.4　诱骗式攻击

（1）网站挂马。网站挂马是指黑客通过入侵或者其他方式控制了网站的权限，在网站的 Web 页面中插入木马，用户在访问被挂马的网站时也会访问黑客构造的木马，木马在被用户浏览器访问时就会利用浏览器或者相关插件的漏洞，下载并执行恶意软件。网站挂马的主要技术手段有框架挂马、Js 脚本挂马、body 挂马和伪装欺骗挂马等。

（2）诱骗下载。诱骗下载是指攻击者将木马病毒与图片、Flash 动画、文本文件、应用软件等多种格式的文件进行捆绑，将捆绑后的文件配以迷惑性或欺骗性的文件名在网络中发布散播以诱使用户点击下载。诱骗下载主要通过多媒体类文件（如某某影音）、网络游戏软件和插件（外挂）、热门应用软件、电子书、P2P 种子文件等下载来实施。

（3）钓鱼网站。钓鱼网站是一种被黑客实施网络欺诈的伪造网站。为了窃取用户的信息，攻击者或黑客会构建一个伪造网站去仿冒真实的网站。伪造的网站与真实网站域名相似、网页页面也几乎与真实网站一模一样，因此这些伪造的网站被称为钓鱼网站。在钓鱼网站中，诱使用户登录，以此来欺骗用户银行或信用卡账号、密码等私人资料。如 www.abcchina.cn 是农行的官网，攻击者会伪造一个名为 www.abcchlna.cn 的网站。

（4）社会工程。诱骗式攻击从本质上来说是对社会工程学的实际应用。社会工程学是针对受害者的好奇心、贪婪、心理弱点、本能反应等特点而采取的欺骗、陷阱、伤害等危害手段，以取得利益回报的学问。

在实施社会工程学之前，需要做大量的准备工作以有助于加深受害者的信任，并诱使其逐步深入社会工程学的陷阱，社会工程学的特点决定了它对信息安全领域产生严重威胁。由于计算机安全防护技术不断提升，从技术层面的攻击难度越来越大，因此，新一代的病毒利用了人的心理弱点，增加了更多的欺骗的因素来达到植入病毒的目的。

11.3.5　软件漏洞攻击利用技术

软件漏洞是指计算机系统中的软件在具体的实现、运行、机制、策略上存在的缺陷或者脆弱点。软件漏洞按照软件类别的不同，可以分为操作系统服务程序漏洞、文件处理软件漏洞、浏览器软件漏洞和其他软件漏洞。

针对操作系统平台下多种软件漏洞的攻击利用技术可以分为直接网络攻击和诱骗式网络攻击两大类。

（1）直接网络攻击。直接网络攻击是指攻击者直接通过网络对目标系统发起主动攻击。针对对外提供开放网络服务的操作系统服务程序漏洞，可通过直接网络攻击方式发起攻击。

Metasploit 是一款知名的软件漏洞网络攻击框架性工具，它提供了开源的软件框架，允许开发者以插件的形式提交攻击的脚本。

（2）诱骗式网络攻击。对于没有开放网络端口不提供对外服务的文件处理软件漏洞、浏览器软件漏洞和其他软件漏洞，攻击者无法直接通过网络发起攻击，只能采用诱骗的方法，才能诱使用户执行漏洞利用代码。

① 基于网站的诱骗式间接网络攻击：对于浏览器软件漏洞和其他需要处理网页代码的软件漏洞，在处理网页中嵌入的漏洞利用代码才能实现漏洞的触发和利用。如 IE 浏览器漏洞、ActiveX 空间漏洞及 Windows 函数 GDI 漏洞等。

② 网络传播本地诱骗点击攻击：对于文件处理软件漏洞、操作系统服务程序中内核模块的漏洞以及其他软件漏洞中的本地执行漏洞，需要在本地执行漏洞利用程序才能触发。如微软内核漏洞、Word/Excel 漏洞、微软媒体播放器软件漏洞等。

11.3.6 拒绝服务攻击

（1）拒绝服务攻击。拒绝服务攻击（Denial of Service，DoS）是指攻击者向互联网上的某个服务器不停地发送大量分组，致使该服务器无法提供正常服务，甚至完全瘫痪。拒绝服务攻击的攻击对象是目标主机，攻击的目的是使目标主机的网络带宽和资源耗尽，使其无法提供正常对外服务。

（2）分布式拒绝服务DDoS。若从互联网上的成百上千个网站集中攻击一个网站，则称为分布式拒绝服务（Distributed Denial of Service，DDoS），有时也把这种攻击称为网络带宽攻击或连通性攻击。

DDoS攻击由攻击者、主控端、代理端（也称为肉鸡）3部分组成。攻击者是整个DDoS攻击的发起者，它在攻击之前已经取得了多台主控端主机的控制权，每台主控端主机又分别控制着大量代理主机。主控端和代理端主机上都安装了攻击者的远程控制程序，主控端主机可以接收攻击者发来的控制命令，操作代理端主机完成对目标主机的攻击。整个DDoS攻击包含的各类计算机组成的网络也称为僵尸网络，因为主控端主机和代理端主机就像一个僵尸，受攻击者控制着向目标主机发起攻击，而自己却浑然不觉。

11.3.7 Web脚本攻击

Web站点成为几乎所有企事业单位对外的宣传窗口，而攻击者对Web站点的攻击也愈演愈烈。Web应用的常用安全风险包括注入式攻击、跨站点脚本攻击、错误的认证和会话管理、不安全的直接对象引用、跨站点伪造请求、不安全的配置管理、失败的URL访问限制、未验证的网址重定向和传递、不安全的加密存储和不安全的传输层保护等。

（1）注入攻击。注入漏洞是Web服务器中广泛存在的漏洞类型，利用注入漏洞发起的攻击称为注入攻击，它是Web安全领域最为常见且威胁也是最大的攻击，注入攻击包括SQL注入、代码注入、LDAP注入、XPath注入等。

（2）跨站脚本攻击。跨站脚本攻击（Cross Site Scripting，XSS）是一种客户端脚本攻击方式，它利用网站程序对Web页面中输入的数据过滤不严或未作过滤的漏洞。攻击者往Web页面里插入恶意脚本代码，当用户浏览器浏览此页面时，该用户的浏览器会自动加载并执行页面中插入的恶意脚本代码，从而实现在用户浏览器中显示攻击者的恶意脚本，控制用户浏览器或者窃取用户资料的目的。

（3）跨站点伪造请求。跨站点伪造请求攻击（CSRF）属于伪造客户端请求的一种攻击方法，是让用户访问攻击者伪造的网页，执行网页中的恶意脚本，伪造用户的请求，对用户有登录权限的网站空间实施攻击。

11.3.8 远程控制

对目标主机的远程控制主要利用木马来实现，此外，对于Web服务器还可以通过Webshell进行远程控制。

1. 木马

与病毒不同，木马本身一般没有病毒的感染功能。木马的主要功能是实现远程控制，也因此而具有较高的隐藏功能，以期望不被用户发现和检测。木马程序为了实现其特殊功能，一般具有伪装性、隐藏性、窃密性、破坏性等特点。

按照木马技术演变的时间顺序，木马的发展分为五个阶段，第一代主要是在UNIX系统下的，主要通过命令行来进行远程计算机的控制，比如在连接这个网站后台Linux系统时使用的putty工具。第二代就不一样了，发展出了非常友好的图形化用户界面，而且也支持Windows操作系统了，但是这个时候防火墙出现了，于是木马进化到了第三代，第三代为了突破防火墙的拦截下了很大的功夫，比如端口反弹技术，实现从内网到外网的连接，有的还可以穿透硬件防火墙。第四代木马为了应付越来越高级的防火墙自然发展了更高的技术，比如通过线程插入技术，插入系统进程或用户进程，这样在实现木马的时候就可以没有进程,网络连接也隐藏在了系统服务中。第五代木马就更高深了,使用了 rootkit 技术来隐藏自己,这样使用一般的系统工具就很难发现他们的存在,现在的灰鸽子木马就已经发展到这个阶段了。其中第三代木马突破了硬件防火墙的拦截,第四代木马突破了软件防火墙的拦截,而第五代木马普遍采用了 Rootkit 技术。

为了防止被杀毒软件查杀,被计算机用户发觉,木马往往采用一些隐藏技术在系统中隐身,包括了如下常用的隐藏技术。

(1)线程插入。线程插入技术就是把木马程序插入一个其他应用程序的地址空间,这个进程对于系统来说是一个正常的程序,这样就不会有木马进程的存在,也就相当于隐藏了木马的进程。

(2)DLL 动态劫持。DLL 动态劫持就是让程序加载非系统目录下的 DLL 文件。Windows 系统有一个特性就是强制操作系统中的应用程序先从自己所在的目录中加载模块,所以应用程序在加载模块的时候会首先搜索自己目录下的 dll,如果攻击者构造一个与原 dll 重名的 dll 然后覆盖回去,就有机会让应用程序去加载这个 dll,往往攻击者会在这个 dll 中加入一个远程控制功能,并且使用有高权限的应用程序去加载这个 dll,然后利用这个新的 dll 实现远程控制。

(3)Rootkit 技术。Rootkit 是一种内核隐藏技术,使用这种技术可以使恶意程序逃避系统标准管理程序的查找,现在主流的 Rootkit 技术是通过内核态来实现的,比如直接内核对象操作技术(DKOM),通过动态修改系统中的内核数据结构来逃避安全软件的检测,由于这些数据结构可以随着系统的运行不断变化,因此非常难以检测,所以这种方式往往可以逃避大多数安全软件的查杀,但是由于在内核态实现,所以这种木马的兼容性较差。

2. Webshell

Webshell 可以理解为是一种用 Web 脚本写的木马后门,它用于远程控制网站服务器。Webshell 以 ASP、PHP、ASPX、JSP 等网页文件的形式存在,攻击者首先利用 Web 网站的漏洞将这些网页文件非法上传到网站服务器的 Web 目录中,然后通过浏览器访问这些网页文件,利用网页文件的命令行执行环境,获得对网站服务器一定的远程操作权限,已达到控制网站服务器的手段。

11.4 网络安全防护技术

11.4.1 防火墙

1. 防火墙及分类

防火墙(Firewall)是指设置在可信任与不可信任的网络之间的由软件和硬件组成的系统,根据系统管理员设置的访问控制规则,对数据流进行过滤。它在内网与外网之间构建一道保护屏障,防止非法用户访问内网或向外网传递内部信息,同时阻止恶意攻击内网的行为。

根据防火墙的组成形式不同,可以将防火墙分为软件防火墙和硬件防火墙,软件防火墙像其他软件产品一样需要先在计算机上安装并做好配置才可以使用;硬件防火墙根据硬件平台的不同又可分 X86 架构、ASIC 架构、NP 架构和 MIPS 架构,表 11-2 列出了这几种架构的对比。

表 11-2 硬件防火墙架构对比

类型	优点	缺点	架构
X86 架构	灵活性高,扩展性好	性能差,小包速率低(30%~40%)	通用的"CPU+Linux"操作系统的架构
ASIC 架构	性能高,不需要 OS 的支持	灵活性低,扩展性差,开发费用高,开发周期长	ASIC 通过把指令或计算逻辑固化到芯片中,获得了很高的处理能力

续表

类　型	优　点	缺　点	架　构
NP 架构	平衡方案，解决 X86 架构性能不足和 ASIC 架构不够灵活的问题		NP 是专门为网络设备处理网络流量而设计的处理器，其体系结构和指令集对于数据处理都做了专门的优化
MIPS 架构	多核方案		RMI 和 Cavium 推出的基于 MIPS 架构的嵌入式多核处理器，最适合用于信息安全产品的开发

2. 防火墙的功能

防火墙的主要功能是策略（Policy）和机制（Mechanism）的集合，它通过对流经数据流的报文头标识进行识别，以允许合法数据流对特定资源的授权访问，从而防止那些无权访问资源的用户的恶意访问或偶然访问。防火墙的功能主要体现在以下几个方面。

（1）防火墙在内外网之间进行数据过滤。管理员通过配置防火墙的访问控制（ACL）规则过滤内外网之间交换的数据报，只有符合安全规则的数据才能穿过防火墙，从而保障内网网络环境的安全。

（2）对网络传输和访问的数据进行记录和审计。对这些网络传输和访问的数据进行记录并保存到日志中，以供日后分析审计。

（3）防范内外网之间的异常网络攻击。

（4）通过配置 NAT 网络地址转换，缓解地址空间短缺。

（5）防火墙还支持具有 Internet 服务特性的企业内部网络技术体系 VPN。

Gartner（高德纳咨询公司）最早在 2009 年给 NGFW（Next Generation Firewall）即下一代防火墙进行了定义，NGFW 防火墙除需要拥有传统防火墙的所有功能，包含包过滤、网络地址转换、状态检测、虚拟专用网等功能，还应该集成入侵防御系统，支持应用识别、控制与可视化，NGFW 与传统防火墙基于端口和 IP 协议进行应用识别不同，而是会根据深度包检测引擎识别到的流量在应用层执行访问控制策略，流量控制不再是单纯地阻止或允许特定应用，而是可用来管理宽带或优先排序应用层流量，深度流量检测让管理员可针对单个应用组件执行细粒度策略。

3. 防火墙技术

从防火墙的实现技术上讲，可分为包过滤技术、状态检测技术、NAT 技术和应用网关技术、下一代防火墙技术，表 11-3 列出了这几种防火墙的对比。

表 11-3　几种防火墙的对比

类　型	技　术	特　点
包过滤防火墙	第 一 代（1998 年）	类似于 ACL（访问控制列表），基于报文的五元组（源／目的 IP，源／目的端口，协议）对报文做过滤。 优点：效率高，速度快。 缺点：只检查数据包的报头，不检查数据（应用层），安全性较低。
应用代理型防火墙	第二代	优点：工作在应用层，安全性较高。 缺点：处理速度慢，对每一种应用都需要独立进行开发。 只有少量的大规模应用或者需要高安全性的特定应用才会使用代理防火墙。
状态监测防火墙	第三代	划分安全区域并动态分析报文的状态来决定对报文采取的动作，首个数据包基于五元组并建立会话信息，后续数据包基于前面的会话信息进行转发。基于数据包的连接状态建立会话表项，对后续数据包做检查。 状态防火墙维护一个关于用户信息的连接表，称为 Conn(session) 表。 默认情况下，ASA 对 TCP 和 UDP 协议提供状态化连接，但 ICMP 协议是非状态化的。

类 型	技 术	特 点
状态监测防火墙	第三代	优点：处理速度快（不需要对每一个会话进行检测），安全性较高（划分安全区域，动态分析报文）。
统一威胁管理（UTM）防火墙	第四代	统一威胁管理(Unified Threat Management, UTM)多种安全功能集于一身，实现全面防护，如传统防火墙、入侵检测（IDS）、VPN、URL过滤、防病毒、邮件过滤、应用程序控制等。 DPI（Deep Packet Inspection，深度报文检测）对数据包做精准的分析。 缺点：utm设备多个安全功能同时运行，utm的处理性能会严重下降。
下一代（NGFW）防火墙	第五代	下一代（NGFW）防火墙基于七元组（五元组＋用户、应用和内容）对数据流做控制。传统防火墙存在两个问题：端口和协议已经不能完全表示应用；流量首包不能完全代表整条流量的安全性。 下一代防火墙提出了两个机制：一次扫描和实时监测，所谓一次扫描，是指通过专业的智能感知引擎，只需对报文进行一次扫描，就可以提取所有内容安全功能所需的数据，识别出流量的应用类型、包含的内容与可能存在的网络威胁；而实时检测是指通过高性能的智能感知引擎，可以对在流量传输过程中的所有报文进行实时检测，随时发现和阻断其中的不安全因素，实现对网络的持续保护。

11.4.2　入侵检测系统和入侵防御系统

1. 入侵检测系统

入侵检测系统（Intrusion Detection System, IDS）是一种对网络传输进行即时监视，在发现可疑传输时发出警报或者采取主动反应措施的网络安全设备。

专业上讲IDS就是依照一定的安全策略，对网络、系统的运行状况进行监视，尽可能发现各种攻击企图、攻击行为或者攻击结果，以保证网络系统资源的机密性、完整性和可用性。与防火墙不同的是，IDS入侵检测系统是一个旁路监听设备，没有也不需要跨接在任何链路上，无须网络流量流经它便可以工作，因此，对IDS的部署的唯一要求就是IDS应当挂接在所有所关注流量都必须流经的链路上。

IDS在交换式网络中的位置一般选择为尽可能靠近攻击源并尽可能靠近受保护资源。这些位置通常是服务器区域的交换机上，Internet接入路由器之后的第一台交换机上，以及重点保护网段的局域网交换机上。

2. 入侵防御系统

随着网络攻击技术的不断提高和网络安全漏洞的不断发现，传统防火墙技术加传统IDS的技术，已经无法应对一些安全威胁。在这种情况下，入侵防御系统（Intrusion Prevention System, IPS）技术应运而生，IPS技术可以深度感知并检测流经的数据流量，对恶意报文进行丢弃以阻断攻击，对滥用报文进行限流以保护网络带宽资源。

对于部署在数据转发路径上的IPS，可以根据预先设定的安全策略，对流经的每个报文进行深度检测（协议分析跟踪、特征匹配、流量统计分析、事件关联分析等），如果一旦发现隐藏于其中的网络攻击，可以根据该攻击的威胁级别立即采取抵御措施，这些措施包括（按照处理力度）：向管理中心告警；丢弃该报文；切断此次应用会话；切断此次TCP连接。

办公网中，至少需要在以下区域部署IPS，即办公网与外部网络的连接部位（入口/出口）；重要服务器集群前端；办公网内部接入层。至于其他区域，可以根据实际情况与重要程度酌情部署。

3. IPS与IDS的区别、选择

IPS对于初始者来说，是位于防火墙和网络的设备之间的设，这样，如果检测到攻击，IPS会在这种攻击扩散到网络的其他地方之前阻止这个恶意的通信。而IDS只是存在于网络之外起到报警的

作用，而不是在网络前面起到防御的作用。

IPS 检测攻击的方法也与 IDS 不同，一般来说，IPS 系统都依靠对数据包的检测，IPS 将检查入网的数据包，确定这种数据包的真正用途，然后决定是否允许这种数据包进入你的网络。

目前无论是从业于信息安全行业的专业人士还是普通用户，都认为入侵检测系统和入侵防御系统是两类产品，并不存在入侵防御系统要替代入侵检测系统的可能。

从产品价值角度讲，入侵检测系统注重的是网络安全状况的监管，而入侵防御系统关注的是对入侵行为的控制，与防火墙类产品、入侵检测产品可以实施的安全策略不同，入侵防御系统可以实施深层防御安全策略，即可以在应用层检测出攻击并予以阻断，这是防火墙所做不到的，当然也是入侵检测产品所做不到的。

从产品应用角度来讲，为了达到可以全面检测网络安全状况的目的，入侵检测系统需要部署在网络内部的中心点，需要能够观察到所有网络数据。如果信息系统中包含了多个逻辑隔离的子网，则需要在整个信息系统中实施分布部署，即每子网部署一个入侵检测分析引擎，并统一进行引擎的策略管理以及事件分析，以达到掌控整个信息系统安全状况的目的。

而为了实现对外部攻击的防御，入侵防御系统需要部署在网络的边界，这样所有来自外部的数据必须串行通过入侵防御系统，入侵防御系统即可实时分析网络数据，发现攻击行为立即予以阻断，保证来自外部的攻击数据不能通过网络边界进入网络。

入侵检测系统的核心价值在于通过对全网信息的分析，了解信息系统的安全状况，进而指导信息系统安全建设目标以及安全策略的确立和调整，而入侵防御系统的核心价值在于安全策略的实施——对黑客行为的阻击；入侵检测系统需要部署在网络内部，监控范围可以覆盖整个子网，包括来自外部的数据以及内部终端之间传输的数据，入侵防御系统则必须部署在网络边界，抵御来自外部的入侵，对内部攻击行为无能为力。

明白 IPS 的主线功能是深层防御、精确阻断后，IPS 未来发展趋势也就明朗化了，即不断丰富和完善 IPS 可以精确阻断的攻击种类和类型，并在此基础之上提升 IPS 产品的设备处理性能。

11.5　互联网使用的安全协议

伴随着国际互联网和 Internet 的发展和普及，TCP/IP 协议组成为目前使用最为广泛的网络互联协议，也是互联网唯一支持的协议。TCP/IP 的 IPv4 版本提供的一些常用服务使用的协议，如 FTP、HTTP 协议在安全方面都存在一定的缺陷，IP 网络传输的信息可能被偷看也可能被篡改，对于接收到的信息无法验证其是否真的来自可信的发送者，同时，也无法限制非法或未授权用户侵入自己的主机等，这就要求在 TCP/IP 各层对应的安全协议通过密码技术实现信息传输的不可否认性、抗重播性、数据完整性等。

为了弥补 TCP/IP 协议的安全缺陷，人们制定了各种安全措施，有的在应用层实施，有的在传输层实施，如 TLS、SSH、SSL 等，在网络层针对 IP 包利用 IPSec 协议提供数据保密性、数据完整性、数据源认证等安全服务，相对于 IPv4 而言，IPv6 版本在安全性方面要好很多。

11.5.1　网络层安全协议

Internet 安全协议（Internet Protocol Security，IPSec）是由互联网工程任务组（IETF）提供的用于保障 Internet 安全通信的一系列规范，为私有信息通过公用网提供安全保障。IPSec 是随着 IPv6 的制定而产生的，鉴于 IPv4 的应用仍然很广泛，后续也增加了对 IPv4 的支持。由于 IPSec 在网络层实现，因此可以有效地保护网络层及其各种上层协议，IPSec 协议通过引入加密算法、数据完整性验证和身份认证 3 种安全性措施实现了数据传输的安全性。

IPSec 协议是一组开放协议的总称，它包括网络安全协议和密钥协商协议两部分，其中，网络安全协议包括认证协议头（Authentication Header，AH）协议和安全载荷封装（Encapsulating Security Payload，ESP）协议；而密钥协商协议包括互联网密钥交换协议（Internet Key Exchange，IKE）等。

IPsec 提供了两种安全机制，即认证和加密。认证机制使 IP 通信的数据接收方能够确认数据发送方的真实身份以及数据在传输过程中是否遭篡改；而加密机制通过对数据进行加密运算来保证数据的机密性，以防数据在传输过程中被窃听。

1. 安全载荷封装协议 ESP

安全载荷封装协议 ESP 为基于 IPSec 的数据通信提供了安全加密、身份认证和数据完整性鉴别这三种安全保护机制。ESP 可以对 IP 层及其上层应用协议进行封装，并进行加密或者认证处理，从而实现对数据的机密性和（或）完整性的保护，可以单独使用，也可以和 AH 一起使用。根据 ESP 封装的内容不同，可将 ESP 分为传输模式和隧道模式两种。

（1）传输模式。在传输模式下，ESP 对于要传输的 IP 数据报中的 IP 有效数据载荷进行加密和认证，即 IP 数据包中的上层传输协议报头和应用数据部分，而不包括 IP 报头。ESP 报头插在 IP 报头和 IP 有效数据载荷之间，ESP 认证报尾提供了对前面 ESP 报头、IP 有效数据载荷和 ESP 报尾 的完整性检验。在实际应用中，传输模式用于端到端（即计算机到计算机）的网络连接中，具体封装格式如图 11-5 所示。

图 11-5　ESP 传输模式的封装格式

（2）隧道模式。隧道模式用于网关设备到网关设备的网络连接。网关设备后面是局域网中的计算机，采用明文数据传输，网关设备之间的数据传输则受 ESP 协议隧道模式的保护。和传输模式不同的是，隧道模式下 ESP 首先对于要传输的整个 IP 数据报进行加密，包含原有的 IP 报头，然后在原有 IP 数据报外面再附加上一个新的 IP 报头，在这个新的 IP 报头中，源 IP 地址为本地网关设备的 IP 地址，目标 IP 地址为远端 VPN 网关设备的 IP 地址，两个 VPN 网关设备之间通过其自身的 IP 地址实现网络寻址和路由，从而隐藏了原 IP 数据包中的 IP 地址信息。ESP 具体封装格式如图 11-6 所示。

图 11-6　ESP 隧道模式的封装格式

ESP 采用的主要加密标准是 DES 和 3DES。由于 ESP 对数据进行加密，因此它比 AH 需要更多的处理时间，从而导致性能下降。

2. 认证协议头 AH 协议

AH 协议为 IP 数据报提供了数据完整性检验、数据源身份验证等服务功能，但不提供数据的加密保护，因此它不能提供加密的数据传输功能。AH 协议中两个应用最普遍的完整性检验算法是 MD5 和 SHA-1。

传输模式中，认证协议头被插在 IP 数据报的 IP 报头之后，有效数据载荷之前，它对整个新 IP

数据报进行完整性检验认证，如图 11-7 所示；而在隧道模式中，IP 数据报格式不变，认证协议头被插在原 IP 报头之前，并生成一个新的 IP 报头放在认证协议头之前，这种模式下，AH 协议的完整性检验认证范围包括整个新 IP 数据报，如图 11-8 所示。

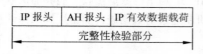

IP 报头	AH 报头	IP 有效数据载荷
完整性检验部分		

图 11-7　AH 传输模式的封装格式

新 IP 报头	AH 报头	原 IP 报头	原 IP 报头
完整性检验部分			

图 11-8　AH 隧道模式的封装格式

3. 密钥协商协议

ESP 和 AH 认证协议在进行 IPSec 数据安全封装过程中需要使用加密算法、数据完整性检验算法和密钥等多种安全参数，因此，采用 IPSec 连接的两台计算机或网关必须事先通过协商机制使用相同的安全参数，才能在一端进行封装，在另一端进行解封，而密钥协商协议提供了安全参数的协商功能。

互联网密钥交换协议 IKE 负责两个 IPSec 对等体之间协商相关参数，包括协商协议参数、交换公共密钥、对双方进行认证以及在交换安全参数后对密钥的管理。IKE 协议属于混合型协议，由 ISAKMP、Oakley、SKEME 三个协议组成，IKE 创建在 ISAKMP 协议定义的框架上，沿用了 Oakley 的密钥交换模式和 SKEME 的共享密钥和密钥组成技术。

有关 IKE 的工作原理和工作过程在这里不再详细介绍。

11.5.2　传输层安全协议

传输层安全协议的目的是保护传输层的安全，并在传输层上提供实现保密、认证和完整性的方法。尽管 IPsec 可以提供端到端的网络安全传输能力，但它无法处理处于同一端系统之中不同用户之间的安全需求，因此需要在传输层和更高层提供网络安全传输服务来满足这些要求，为满足高层协议的安全需求在传输层开发出了一系列的安全协议，如 SSH、SSL 等。

1. SSH 协议

SSH（安全外壳协议）是一种在不安全网络上用于安全远程登录和其他安全网络服务的协议。它提供了对安全远程登录、安全文件传输和安全 TCP/IP 和 X-Window 系统通信量进行转发的支持。它可以自动加密、认证并压缩所传输的数据。SSH 协议由以下 3 个主要组件组成。

（1）传输层协议。提供服务器认证、保密性和完整性，并具有完美的转发保密性，有时，它还可能提供压缩功能。

（2）用户认证协议。负责从服务器对客户机的身份认证。

（3）连接协议。把加密通道多路复用组成几个逻辑通道。

SSH 传输层是一种安全的低层传输协议。它提供了强健的加密、加密主机认证和完整性保护。SSH 中的认证是基于主机的，这种协议不执行用户认证，可以在 SSH 的上层为用户认证设计一种高级协议。

这种协议被设计成相当简单而灵活，以允许参数协商并最小化来回传输的次数。密钥交互方法、公钥算法、对称加密算法、消息认证算法以及哈希算法等都需要协商。

数据完整性是通过在每个包中包括一个消息认证代码（MAC）来保护的，这个 MAC 是根据一个共享密钥、包序列号和包的内容计算得到的。

在 UNIX、Windows 和 Macintosh 系统上都可以找到 SSH 实现。它是一种广为接受的协议，使用众所周知的建立良好的加密、完整性和公钥算法。通过使用 SSH（Secure Shell）协议，可以把所有传输的数据进行加密，这样"中间人"这种攻击方式就不可能实现了，而且也能够防止 DNS 欺骗和 IP 欺骗。使用 SSH 协议，还有一个额外的好处就是传输的数据是经过压缩的，所以可以加快传输的速度。SSH 还有很多功能，它既可以代替 Telnet，又可以为 FTP、Pop 甚至为 PPP 提供一个安全的"通道"。

2. SSL 协议

安全套接层协议（Secure Socket Layer，SSL）指定了一种在应用程序协议（例如 Http、Telnet、NNTP、FTP）和 TCP/IP 之间提供数据安全性分层的机制。SSL 使应用程序在通信时不用担心被窃听和篡改，它为 TCP/IP 连接提供数据加密、服务器认证、消息完整性以及可选的客户机认证。

SSL 握手过程如下。

（1）SSL 客户机连接到 SSL 服务器，并要求服务器验证它自身的身份。

（2）服务器通过发送它的数字证书证明其身份。这个交换还可以包括整个证书链，直到某个根证书权威机构（CA）。通过检查有效日期并确认证书包含有可信任 CA 的数字签名，来验证证书。

（3）然后，服务器发出一个请求，对客户端的证书进行验证。但是，因为缺乏公钥体系结构，当今的大多数服务器不进行客户端认证。

（4）协商用于加密的消息加密算法和用于完整性检查的哈希函数。通常由客户机提供它支持的所有算法列表，然后由服务器选择最强健的加密算法。

（5）客户机和服务器通过下列步骤生成会话密钥。

① 客户机生成一个随机数，并使用服务器的公钥（从服务器的证书中获得）对它加密，发送到服务器上。

② 服务器用更加随机的数据（客户机的密钥可用时则使用客户机密钥；否则以明文方式发送数据）响应。

③ 使用哈希函数，从随机数据生成密钥。

SSL 协议的优点是它提供了连接安全，具有以下 3 个基本属性。

（1）连接是私有的。在初始握手定义了一个密钥之后，将使用加密算法。对于数据加密使用了对称加密（例如 DES 和 RC4）。

（2）可以使用非对称加密或公钥加密（例如 RSA 和 DSS）来验证对等实体的身份。

（3）连接是可靠的。消息传输使用一个密钥的 MAC，包括了消息完整性检查。其中使用了安全哈希函数（例如 SHA 和 MD5）来进行 MAC 计算。

对于 SSL 的接受程度仅仅限于 HTTP 内，它在其他协议中已被表明可以使用，但还没有得到广泛应用。

> 💡**注意**：IETF 正在定义一种新的协议，叫作"传输层安全"(Transport Layer Security，TLS)，它建立在 Netscape 所提出的 SSL 3.0 协议规范基础上，对于用于传输层安全性的标准协议，整个行业好像都正在朝着 TLS 的方向发展，但是，在 TLS 和 SSL 3.0 之间存在着显著的差别（主要是它们所支持的加密算法不同），这样，TLS 1.0 和 SSL 3.0 不能互操作。

3. SOCKS 协议

套接字安全性（Socket Security，SOCKS）是一种基于传输层的网络代理协议。它设计用于在TCP 和 UDP 领域为客户机 / 服务器应用程序提供一个框架，以方便而安全的使用网络防火墙的服务。

SOCKS 最初是由 David 和 Michelle Koblas 开发的，其代码在 Internet 上可以免费得到。之后经历了几次主要的修改，但该软件仍然可以免费得到。SOCKS 版本 4 为基于 TCP 的客户机 / 服务器应用程序（包括 telnet、FTP 以及流行的信息发现协议如 http、WAIS 和 Gopher）提供了不安全的防火墙传输。SOCKS 版本 5 在 RFC 1928 中定义，它扩展了 SOCKS 版本。

11.5.3 应用层安全协议

应用层安全协议提供远程访问和资源共享，包括 FTP 服务、SMTP 服务和 HTTP 服务等，很多其他应用程序驻留并运行在此层，并且依赖于底层的功能。该层是最难保护的一层。应用层的安全协议包括 Kerberos、SSH、SHTTP、S/MIME 和 SET 等

1. 超文本传输安全协议 HTTPS

超文本传输安全协议（HyperText Transfer Protocol Secure，HTTPS）是一种通过计算机网络进行安全通信的传输协议。在 HTTPS 数据传输的过程中，需要用 SSL/TLS 对数据进行加密和解密，需要用 HTTP 对加密后的数据进行传输，由此可以看出 HTTPS 是由 HTTP 和 SSL/TLS 一起合作完成的。HTTPS 使用的主要目的是提供对网站服务器的身份认证，同时保护交换数据的隐私与完整性。

SSL/TLS 是 HTTPS 安全性的核心模块，TLS 的前身是 SSL，TLS 1.0 就是 SSL 3.1，TLS 1.1 是 SSL 3.2，TLS 1.2 则是 SSL 3.3。SSL/TLS 是建立在 TCP 协议之上，因而也是应用层级别的协议。其包括 TLS Record Protocol 和 TLS Handshaking Protocols 两个模块，后者负责握手过程中的身份认证，前者则保证数据传输过程中的完整性和私密性。

HTTPS 为了兼顾安全与效率，同时使用了对称加密和非对称加密。数据是被对称加密传输的，对称加密过程需要客户端的一个密钥，为了确保能把该密钥安全传输到服务器端，采用非对称加密对该密钥进行加密传输，总的来说，对数据进行对称加密，对称加密所要使用的密钥通过非对称加密传输。

HTTPS 在传输的过程中会涉及三个密钥，服务器端的公钥和私钥，用来进行非对称加密；客户端生成的随机密钥，用来进行对称加密。

一个 HTTPS 请求实际上包含了两次 HTTP 传输，图 11-9 所示为 HTTPS 的通信过程。

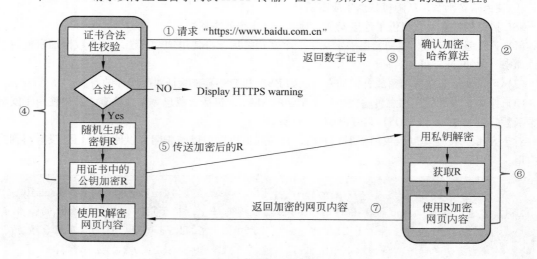

图 11-9　HTTPS 的通信过程

（1）客户端的浏览器向服务器发起"https: //www.baidu.com.cn"请求，连接到服务器的 443 端口发起请求，请求携带了浏览器支持的加密算法和哈希算法。

（2）服务器收到请求，选择浏览器支持的加密算法和哈希算法。

（3）服务器将数字证书返回给浏览器，这里的数字证书可以是向某个可靠机构申请的，也可以是自制的。

（4）浏览器进入数字证书认证环节，这一部分是浏览器内置的 TLS 完成的。

① 首先浏览器会从内置的证书列表中索引，找到服务器下发证书对应的机构，如果没有找到，此时就会提示用户该证书不是由权威机构颁发，是不可信任的；如果查到了对应的机构，则取出该机构颁发的公钥。

② 用机构的证书公钥解密得到证书的内容和证书签名，内容包括网站的网址、网站的公钥、证

书的有效期等。浏览器会先验证证书签名的合法性（验证过程类似上面 Bob 和 Susan 的通信）。签名通过后，浏览器验证证书记录的网址是否和当前网址是一致的，不一致会提示用户，如果网址一致会检查证书有效期，证书过期了也会提示用户，只有这些都通过认证时，浏览器就可以安全使用证书中的网站公钥了。

③ 浏览器生成一个随机数 R，并使用网站公钥对 R 进行加密。

（5）浏览器将加密的 R 传送给服务器。

前 5 步其实就是 HTTPS 的握手过程，这个过程主要是认证服务端证书（内置的公钥）的合法性。因为非对称加密计算量较大，整个通信过程只会用到一次非对称加密算法（主要是用来保护传输客户端生成的用于对称加密的随机数私钥）。

（6）服务器用自己的私钥解密得到 R。

（7）服务器以 R 为密钥使用了对称加密算法加密网页内容并传输给浏览器。

（8）浏览器以 R 为密钥使用之前约定好的解密算法获取网页内容。

其中（6）～（8）步的加解密都是通过一开始约定好的对称加密算法进行的。

2. S/MIME 协议

多用途网际邮件扩充协议（Security/Multipurpose Internet Mail Extensions, S/MIME）是 RSA 数据安全公司开发的软件。S/MIME 提供的安全服务有报文完整性验证、数字签名和数据加密。S/MIME 可以添加在邮件系统的用户代理中，用于提供安全的电子邮件传输服务，也可以加入其他的传输机制中，传递任何 MIME 报文，甚至可以加入自动传输报文代理中，在互联网上安全地传送由软件生成的 FAX 报文。

S/MIME 是一个互联网标准，它的密钥长度是动态可变的，有很高的灵活性。

3. 邮件加密软件

邮件加密软件（Pretty Good Privacy，PGP）是一个基于 RSA 公钥加密体系的邮件加密软件，用户可以用它防止非授权者的拦截并阅读，还可以加上自己的数字签名而使收信人确认该邮件是发送方发来的，与授权者进行安全加密的通信，事先并不需要安全保密通道来传递密钥，PGP 也可以用来加密文件，因此 PGP 成为流行的公钥加密软件包。

PGP 采用了严格的密钥管理办法，是一种 RSA 和传统加密的杂合算法（由散列、数据压缩、公钥加密、对称密钥加密算法组合而成），用于数字签名的邮件文摘算法、加密前压缩等方法。每个公钥均绑定唯一的用户名或者邮箱号。PGP 用一个 128 位的二进制数作为文件邮摘，发送方用自己的私钥加密上述的 128 位特征值并附在邮件后，最后用接收方的公钥加密整个邮件；接收方收到该邮件后，用自己的私钥解密公钥，得到原文和签名，并用自己的 PGP 计算该邮件的 128 位特征值和用对方的公钥解密后的签名想比，若一致则说明该邮件是对方寄来的，安全性得到了满足。

4. 安全的电子交易

安全的电子交易（Secure Electronic Transaction，SET）用于电子商务的行业规范，是一种基于信用卡为基础的电子付款系统规范，目的是保证网络交易的安全。SET 主要使用电子认证技术作为保密电子安全交易的基础，其认证过程使用 RSA 和 DES 算法。SET 提供以下三种服务。

- 在交易涉及的双方之间提供安全信道。
- 使用数字证书来实现安全的电子交易。
- 保证信息的机密性。

SET 交易发生的先决条件是每一个持卡人必须有一个唯一的电子证书，由自己设置口令，并用这个口令对数字证书、密钥、信用卡号码以及其他电子信息进行加密存储，这些与符合 SET 协议的一起组成了一个 SET 电子钱包。

11.6 项目：中小型网络安全攻防

11.6.1 用户需求与分析

在大型单位中，为了保证数据安全，通常将网络划分为三个区域，安全级别最高的为内网，安全级别中等为隔离区，安全级别最低的是外网，并且按照安全级别的不同，划分不同的网络区域，相同网络区域内的计算机拥有相同的网络边界，并在网络边界上通过部署网络防火墙来实现对不同网络区域的访问控制。中小型网络组网图如图 11-10 所示。

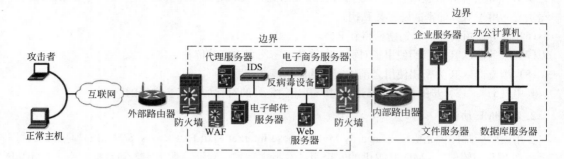

图 11-10　中小企业网络组网图

在目前企业网络环境下，用户要求对计算机网络系统安全进行评估，积极发现系统和网络中存在的各种缺陷和弱点，进行加固及改善，使企业用户系统变得更加安全，减少其风险。

11.6.2 方案设计

通过使用渗透测试工具，进行内网信息收集和内网系统漏洞扫描，通过分析收集的信息和漏洞扫描报告，积极发现系统网络中存在的各种缺陷和弱点，进行加固及改善，保护网络环境安全。

11.6.3 任务 1 内网信息收集

1. 工作任务

在内网渗透测试环境中，收集目标内网的信息，例如本机信息、域内信息、网络拓扑结构、存活主机探测、内网端口扫描等，找出内网中薄弱的环节。

2. 任务目标

通过本实训项目实施，应能掌握：

（1）熟练使用内网信息收集工具。

（2）内网信息收集方法。

3. 材料清单

（1）PC 计算机多台，Windows 操作系统。

（2）交换机多台。

（3）局域网环境。

（4）计算机域。计算机域是一个有安全边界的计算机集合，在同一个域中的计算机彼此之间已经建立了信任关系，在域内访问其他机器，不再需要被访问机器的许可。

4. 实施过程

不管在内网中还是外网中，信息收集都是最重要的一步。对于内网中的一台机器，其所处内网的结构、角色、区域等信息，都需要通过信息收集来解答。

步骤 1：收集本机信息。

（1）获取本机网络配置信息。

ipconfig/all

（2）查看操作系统和版本信息。

systeminfo | findstr /B /C: "OS 名称 " /C: "OS 版本 "
C: \Users\xinan>systeminfo | findstr /B /C: "OS 名称 " /C: "OS 版本 "
OS 名称：　　　 Microsoft Windows 7 旗舰版
OS 版本：　　　 6.1.7601 Service Pack 1 Build 7601

（3）查看系统体系结构。

echo %PROCESSOR_ARCHITECTURE%

（4）查看安装的软件及版本、路径等。

wmic product get name，version

（5）查询本机服务信息。

wmic service list brief

（6）查看当前进程列表和进程用户，分析软件和杀毒软件等进程。

tasklist 或 wmic process list brief

（7）查看启动程序信息。

wmic startup get command，caption

（8）查看计划任务。

schtasks /query /fo LIST /v

（9）查看本机用户列表。

net user

（10）获取本地管理员信息。

net localgroup administrators

（11）列出或断开本地计算机与所有连接的客户端之间的会话。

net session

（12）查看端口列表。

netstat－an

（13）查看补丁信息。

systeminfo

（14）查看本机共享列表。

net share

（15）查看路由表及所有可用接口的 ARP 缓存表。

route print

arp −a

（16）查询防火墙相关配置。

netsh firewall show config

步骤 2：查询当前权限。

（1）查询当前权限。

whoami

（2）获取域 SID。

whoami /all

（3）查询指定用户的详细信息。

net user XXX /domain

步骤 3：判断是否存在域。

（1）使用 ipconfig 命令。

ipconfig /all

从输出信息中查看网关 IP 地址、DNS 的 IP 地址、域名等信息，并用 nslookup 解析域名的 IP 地址，通过比对 IP 地址，判断域控制器和 DNS 服务器是否都在同一台服务器上。

（2）查看系统详细信息。

systeminfo

从输出的信息中，查看"域"（域名）、"登录服务器"（域控制器）。如果域为 WORKGROUP，表示当前服务器不在域内。

（3）查询当前登录域及登录用户信息。

net config workstation

从输出的信息中，查看"工作站域"为域名，"登录域"表示当前登录的用户是域用户还是本地用户，如果域名为 WORKGROUP 表示当前为非域环境。

（4）判断主域。

net time /domain

输出信息有三种情况，存在域，但当前用户不是域用户；存在域，且当前用户是域用户；当前网络环境为工作组，不存在域。

步骤 4：探测域内存活主机。

（1）探测存活主机。使用 Nmap 工具。

nmap –sP　XXX.XXX.XXX.XXX/XXX

（2）扫描域内端口。使用 Nmap 工具。

namp XXX.XXX.XXX.XXX

步骤 5：收集域内基础信息。

（1）查询域。

net view　/domain

（2）查询域内所有计算机。例如域名为 XINAN。

net view /domain: XINAN

（3）查询域内所有用户组列表。

net group /domain

（4）查询所有域内成员计算机列表。

net group "domain computer" /domain

（5）获取域密码信息。

net accounts /domain

（6）获取域内用户的详细信息。

w–mic useraccount get /all

（7）查询存在的用户。

dsquery　user

步骤 6：生成内网信息收集报告。

内网收集信息报告主要包括该目标内网分配段、存活主机数量、安装的软件、杀毒软件情况、端口开放情况、补丁情况、域用户详细信息、域内分组、网络环境拓扑结构等信息。并对报告进行分析，制订下一步内网渗透计划。

11.6.4　任务 2　内网漏洞扫描

1. 工作任务

在内网渗透测试环境中，通过 Nessus 工具扫描目标系统的漏洞，通过分析系统漏洞扫描报告，验证目标系统是否存在缺陷。

2. 任务目标

通过本实训项目实施，应能掌握：

（1）熟练使用 Nessus 工具。

（2）漏洞扫描的方法。

3. 材料清单

（1）PC 计算机多台，操作系统 Windows、Linux 系统，交换机多台。

（2）局域网环境。

（3）Nessus 工具（支持 Windows、Linux 系统）、Google 浏览器。

4. 实施过程

步骤1：下载 Nessus 工具安装包。其中，Nessus 的官方下载地址为"https://www.tenable.com/downloads/nessus"。用户在浏览器成功访问该地址后，打开 Nessus 工具的下载界面，从该页面可以看到提供的所有的 Nessus 安装包，用户根据自己的操作系统类型和架构，选择下载对应版本的安装包。

本任务将在 Windows 10 X64 系统中安装 Nessus 工具，所以选择下载 Nessus-8.13.1-x64.msi 包。在该下载页面选择并单击该安装包，将弹出一个接受许可协议对话框，单击 I Agreen 按钮，表示许可协议。此时，将开始下载该安装包到该文件保存位置。

步骤2：单击下载完成的安装包，弹出安装提示界面，单击"下一步"按钮，在弹出的对话中，选中 I accept the terms in the license agreement，单击"下一步"按钮，弹出保存位置的对话框，选择保存安装文件的位置，单击"下一步"按钮，弹出 Install 安装界面，单击 Install 按钮，在安装完整对话框中，单击 Finish 按钮，安装完成后 Nessus 会自动打开浏览器，地址为"http://localhost:8834/WelcomeToNessus-Install/welcome"，提示访问 Nessus 服务需要通过 SSL 协议，这里单击 Connect via SSL 链接，将隐私设置错误的提示页面，如图 11-11 所示，在该页面中，单击"高级"

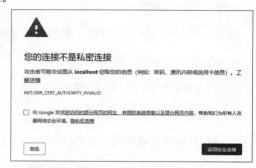

图 11-11　将隐私设置错误的提示页面

按钮，单击"继续前往 localhost（不安全）"按钮，将打开如图 11-12 所示页面。

步骤3：该页面显示了 Nessus 的所有版本，包括 Nessus 免费版、Nessus 专业版、Nessus 管理台、Nessus Scanner 扫描器。本任务选择免费版，即 Nessus Essentials，并单击 Continue 按钮，将打开如图 11-13 所示的页面。该页面用来获取激活码，需要输入注册信息，其中，E-mail 邮箱地址必须是一个真实的地址，用来接收激活码。然后，单击 E-mail 按钮，将显示输入激活码注册页面，用户需将在如图 11-14 所示页面注册 E-mail 邮箱中找到 Nessus 激活码，并填入 Activation Code 单行输入文本框中，单击 Continue 按钮，将打开创建用户账号操作界面，在该页面创建一个账号，用于管理 Nessus 服务，本任务创建一个 root 的用户，并为该用户设置一个密码。设置完成后，单击 Submit 按钮，将开始下载 Nessus 中的插件，进行初始化，初始化完成后，将打开 Nessus Essentials 的欢迎对话框，针对本任务关闭即可。

图 11-12　中小企业网络组网图

图 11-13　获取激活码

步骤4：在浏览器中输入"https://IP:8834"，如"https://127.0.0.1:8834"，将打开 Nessus 的登

录对话框，在该对话框中输入前面创建的用户名和密码，然后单击 Sign In 按钮，登录成功后，将打开 Nessus 操作主界面，如图 11-14 所示界面。

图 11-14　Nessus 操作主界面

步骤 5：单击扫描任务窗口右上角 New Scan 按钮，创建扫描任务，打开如图 11-15 所示窗口。

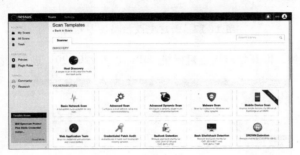

图 11-15　扫描模板界面

步骤 6：在如图 11-15 所示的界面中列出了默认的所有扫描模板，并且将这些模板分为三类，分别是发现（DISCOVERY）、漏洞（VULNERABILITIES）和合规性（COMPLIANCE），扫描主机，一般选择高级扫描（Advanced Scan）模板，该模板允许用户选择使用的插件族和具体的插件。在扫描模板列表中，单击 Advanced Scan 模板按钮，将打开高级扫描模板设置窗口，如图 11-16 所示。

图 11-16　Advanced Scan 模板界面

在配置扫描任务界面的 Settings 选项卡，可以设置扫描任务的名称（Name）、扫描信息（Description）、文件夹（Folder）、目标（Targets）及上传目标（Upload Targets）。其中，扫描任务名称可以设置为任意字符串；描述信息是对扫描的一个简要介绍，可以不用设置；文件夹是用来指定扫描任务所保存的文件夹，默认只有 My Scan 和 Trash 两个文件夹，用户也可以手动创建文件夹；目标可以指定单个、多个主机或一个网段的主机，这里可以使用 IP 地址，也可以使用域名；上传目标就是用户可以手动创建一个主机地址连表，然后单击 Add File 选项按钮指定手动创建的地址列表文件。本实例中 Name：MyScan；Description：扫描目标机漏洞；Folder：默认值；Targets：10.10.220.220；Upload Targets：无。

步骤 7：在配置扫描任务界面的 Plugins 选项卡，列出了所有插件程序，选项卡左侧列出插件族，右侧列出选择当前插件族包括的插件，从该选项卡可以看到这些插件程序默认全部是启动的，为了能够扫描到更多的漏洞，建议启用所有的插件，如果有特定的目标系统，可以针对性地选择启用对应的漏洞插件，这样可以节约扫描时间及网络资源。单击该界面右上角 Disable All 按钮，即可禁用所有已启动的插件类程序，然后，将需要的插件程序设置为启动。本实例中，启用所有的插件。

步骤 8：设置完成后，单击 Save（保存）按钮，即可看到新建的扫描任务 MyScan，如图 11-17 所示。

图 11-17　新建完成扫描任务界面

步骤 9：单击 ▶ 按钮，即开始对指定目标机（IP: 10.10.220.220）进行扫描，如图 11-18 所示。

图 11-18　扫描进行中界面

步骤 10：从该界面中可以看到扫描任务的状态为 ↻，表示正在实施扫描，可单击 ❙❙ 按钮暂停扫描，可单击 ■ 按钮停止扫描。扫描状态显示为图标 ✓，则表示扫描完成，显示结果如图 11-19 所示。

图 11-19　扫描完成界面

步骤 11：单击扫描任务名称 MyScan 按钮，即可查看扫描结果，如图 11-20、图 11-21 所示，从该界面可以看到，该主机共有 17 个漏洞。该漏洞列表包括 Sev（严重级别）、Name（插件名称）、Family（插件族）和 Count（漏洞个数）4 列。

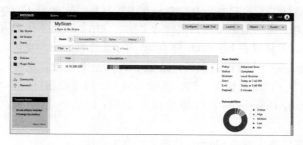

图 11-20　扫描结果界面

图 11-21 VULNERABILITIES 界面

步骤 12：单击对应的插件名称，即可看到该漏洞的信息。例如，查看 Microsoft Windows（Multiple Issues），显示如图 11-22 所示的界面。

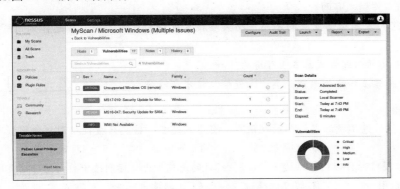

图 11-22 查看"Microsoft Windows"漏洞信息

步骤 13：单击对应的插件名称，即可看到该漏洞的详细信息。例如，查看"MS17-010：Security Update for Microsoft Windows SMB Server"漏洞的详细信息，如图 11-23 所示界面。

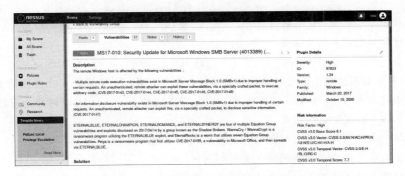

图 11-23 查看"MS17-010: Security Update for Microsoft Windows SMB Server"漏洞信息

该界面显示"MS17-010: Security Update for Microsoft Windows SMB Server"漏洞（"永恒之蓝"）的详细信息、解决方法、输出信息和开放端口。在右侧 Plugin Details 中显示了该漏洞的级别、ID、版本、类型和插件族，还显示了相关的风险信息。通过对该漏洞进行分析可知，通过利用该漏洞向 Microsoft 服务器消息块 1.0（SMBv1）服务器发送经特殊设计的消息，可允许远程代码执行。其中，提供的有效解决方法就是给漏洞主机安装修补程序。

习　题

一、填空题

1. 网络安全是指通过采用各种技术和管理措施，使网络系统正常运行，从而确保网络数据的_____。

2. 发现主机用来探测哪些主机是活动的，进而获取该主机的信息，用户可以使用_____的方式发现主机，也可以采用_____的方式发现主机。

3. 执行命令 namp -sP 10.10.220.220，其中选项 -sP，表示对目标主机实施_____扫描。

4. 使用 Nmap 探测目标主机 10.10.220.220 操作系统类型，执行命令为：_____。

5. 数据加密技术主要分为数据_____和_____。

6. _____是建立在密码体制基础上的一种交互通信协议，它运用密码算法和协议逻辑来实现认证和密钥分配。

7. IPSec 的工作模式有两种：_____和_____。

8. 根据防范的方式和侧重点的不同，防火墙技术可分为很多类型，但总体来讲可分为三大类：_____。

9. 网络防火墙的组网方式基本上可分为 4 种：_____。

10. 根据分析方法和检测原理分类，入侵检测技术可以分为_____。

二、选择题

1. (　　) 指信息不被泄漏给非授权用户、实体或过程，信息只被授权用户使用。

    A. 可靠性　　　　　　B. 可用性　　　　　　C. 保密性　　　　　　D. 完整性

2. 黑客在入侵前对目标网络系统进行(　　)，目的是挖掘出目标网络中被网络管理员所忽略的缺陷。

    A. 漏洞利用　　　　　B. 信息收集　　　　　C. 漏洞攻击　　　　　D. 黑盒测试

3. (　　) 标识网络中的唯一进程。

    A. IP+ 端口号　　　　B. 端口号　　　　　　C. IP　　　　　　　　D. 主机名字

4. (　　) 可以从目标系统中找到容易攻击的漏洞，然后利用该漏洞获取权限，从而实现对目标系统的控制。

    A. 信息收集　　　　　B. 漏洞利用　　　　　C. 嗅探欺骗　　　　　D. 漏洞扫描

5. 采用非对称加密技术的算法是 (　　)。

    A. DES　　　　　　　B. RSA　　　　　　　C. IDEA　　　　　　　D. AES

6. (　　) 是目前网络安全建设的基础与核心，是电子商务、政务系统安全实施的基本保障。

    A. 对称加密技术　　　B. 数字签名技术　　　C. PKI 技术　　　　　D. 非对称加密技术

7. 下面关于防火墙说法正确的是 (　　)。

    A. 防火墙一般由软件以及支持该软件运行的硬件系统构成

    B. 防火墙只能防止未经授权的信息发送到内网

    C. 防火墙能准确地检测出攻击来自哪一台计算机

    D. 防火墙的主要支撑技术是加密技术

8. 以下对防火墙的描述正确的是 (　　)。

    A. 完全阻隔了网络　　　　　　　　　　B. 能在物理层隔绝网络

    C. 仅允许合法的通信　　　　　　　　　D. 无法阻隔黑客的侵入

9. 当保护组织的信息系统时，在网络防火墙被破坏以后，通常的下一道防线是 (　　)。

    A. 个人防火墙　　　　　　　　　　　　B. 防病毒软件

C.入侵检测系统 　　　　　　　　D.虚拟局域网设置

10.入侵检测技术中，信息分析有模式匹配、统计分析和完整性分析三种手段，其中（　　）用于事后分析。

A.信息收集 　　　B.统计分析 　　　C.模式匹配 　　　D.完整性分析

三、简答题

1.常见的网络攻击技术主要包括哪几种？主要防御技术包括哪些？

2.网络计算机采取哪些措施将大大降低安全风险？

3.解释一下概念：密码算法、明文、密文、加密、解密、密钥。

4.在 DES 算法中，如何生成密钥？其依据的数据原理是什么？

5.简述 IPSec 协议的基本工作原理。

6.SSH 协议框架中最主要的三个协议是什么？

7.简述防火墙的基本功能。

8.入侵检测系统的主要功能有哪些？

参 考 文 献

[1] 谢希仁 . 计算机网络 [M].7 版 . 北京：电子工业出版社，2017.

[2] 徐红，曲文尧 . 计算机网络技术基础 [M]. 2 版 . 北京：高等教育出版社，2018.

[3] 华为技术有限公司 . 网络系统建设与运维（中级）[M]. 北京：人民邮电出版社，2020.

[4] 新华三大学 . 路由交换技术详解与实践（第 4 卷）[M]. 北京：清华大学出版社，2018.

[5] 李畅，吴洪贵 . 计算机网络技术实用教程 [M]. 4 版 . 北京：高等教育出版社，2017.

[6] 陈鸣 . 计算机网络自顶向下方法 [M]. 北京：机械工业出版社，2019.

[7] 唐继勇，童均 . 无线网络组建项目教程 [M].2 版 . 北京：中国水利水电出版社，2014.